国家级技工教育规划教材

全国技工院校医药类专业教材

U0273581

# 生物化学

周志涵 主 编

中国劳动社会保障出版社

**图书在版编目（CIP）数据**

生物化学/周志涵主编 . --北京：中国劳动社会
保障出版社，2024. --（全国技工院校医药类专业教材）.
ISBN 978 - 7 - 5167 - 6378 - 0

Ⅰ. Q5

中国国家版本馆 CIP 数据核字第 2024FY6463 号

**中国劳动社会保障出版社出版发行**

（北京市惠新东街 1 号　邮政编码：100029）

\*

北京市科星印刷有限责任公司印刷装订　　新华书店经销

787 毫米×1092 毫米　16 开本　14.5 印张　309 千字
2024 年 7 月第 1 版　　2024 年 7 月第 1 次印刷
定价：38.00 元

营销中心电话：400 - 606 - 6496
出版社网址：http://www.class.com.cn

# 《生物化学》编审委员会

# 总前言

为了深入贯彻党的二十大精神和习近平总书记关于大力发展技工教育的重要指示精神，落实中共中央办公厅、国务院办公厅印发的《关于推动现代职业教育高质量发展的意见》，推进技工教育高质量发展，全面推进技工院校工学一体化人才培养模式改革，适应技工院校教学模式改革创新，同时为更好地适应技工院校医药类专业的教学要求，全面提升教学质量，我们组织有关学校的一线教师和行业、企业专家，在充分调研企业生产和学校教学情况、广泛听取教师意见的基础上，吸收和借鉴各地技工院校教学改革的成功经验，组织编写了本套全国技工院校医药类专业教材。

总体来看，本套教材具有以下特色：

第一，坚持知识性、准确性、适用性、先进性，体现专业特点。教材编写过程中，努力做到以市场需求为导向，根据医药行业发展现状和趋势，合理选择教材内容，做到"适用、管用、够用"。同时，在严格执行国家有关技术标准的基础上，尽可能多地在教材中介绍医药行业的新知识、新技术、新工艺和新设备，突出教材的先进性。

第二，突出职业教育特色，重视实践能力的培养。以职业能力为本位，根据医药专业毕业生所从事职业的实际需要，适当调整专业知识的深度和难度，合理确定学生应具备的知识结构和能力结构。同时，进一步加强实践性教学的内容，以满足企业对技能型人才的要求。

第三，创新教材编写模式，激发学生学习兴趣。按照教学规律和学生的认知规律，合理安排教材内容，并注重利用图表、实物照片辅助讲解知识点和技能点，为学生营造生动、直观的学习环境。部分教材采用工作手册式、新型活页式，全流程体现产教融合、校企合作，实现理论知识与企业岗位标准、技能要求的高度融合。部分教材在印刷工艺上采用了四色印刷，增强了教材的表现力。

本套教材配有习题册和多媒体电子课件等教学资源，方便教师上课使用，可以通过技工教育网（http://jg.class.com.cn）下载。另外，在部分教材中针对教学重点和难点制作了演示视频、音频等多媒体素材，学生可扫描二维码在线观看或收听相应内容。

本套教材的编写工作得到了河南、浙江、山东、江苏、江西、四川、广西、广东等省（自治区）人力资源社会保障厅及有关学校的大力支持，教材编审人员做了大量的工作，在此我们表示诚挚的谢意。同时，恳切希望广大读者对教材提出宝贵的意见和建议。

本书前言

　　自 1903 年生物化学成为一门独立学科，成为医学、医药类学科一门重要专业基础课程以来，针对高职高专、高技、中专、中技等层次的教科书版本层出不穷，但随着职业教育的不断发展，目前在用的生物化学教材内容及形式和章节安排已难以适应当前对应层次学生的水平。基于此，我们编写了本教材。本教材的编写从当代学生的实际水平、教师实际使用的角度出发，以够用、技能为主线，围绕培养中、高级技能型人才的需要，突出技工教育特色。

　　本书的主要特色体现在：（1）内容安排上体现够用原则，囊括了从生物化学基础知识，到生命物质蛋白质、核酸、脂类、糖类等知识，再到相关药物等知识，有利于知识理论体系构建和职业技能的递进培养；（2）设置"资料卡片""趣味学习""课堂练习"等拓展模块。丰富了课堂"教"与"学"的载体；（3）尊重传统教材与适度创新的有机结合，每个章节先明确学习目标，之后以任务引入的方式详述，再通过练习与应用巩固所学知识，最后安排实训项目，力求做到教材即教案，教材即学习笔记，让老师拿来就可以上课，学生看着就能当成笔记，真正成为一本实用的教科书和学生感兴趣的学习读物。

　　本书编写内容分工如下：周志涵负责编写第一章和第三章，赵青云负责编写第二章和第十一章，郭靖负责编写第四章，郭静负责编写第五章，洪剑锋负责编写第六章和第七章，孔维政负责编写第八章，黄飞负责编写第九章，朱克负责编写第十章，赵青云负责编写第十一章，杨纺负责编写第十二章。

　　在本书编写过程中，编者参考了许多文献和资料，在此对相关文章作者表示衷心感谢。由于生物化学的发展非常迅速，涉及的知识领域较广，且编写时间仓促、编者水平有限，本书疏漏和不妥之处在所难免，恳请读者批评指正。

编者

2024 年 7 月

# 目  录

# 第一章

## 绪 论

 **学习目标**

**知识目标**

掌握：什么是生物化学、生化药物。

熟悉：生物化学涉及内容，生化药物的来源、发展和特点。

了解：生物化学的发展过程及与其他学科的关系。

**技能目标**

知道生物体的化学组成，知道生物化学的研究内容及发展。

【任务引入】

从中国古代的酿酒和酿醋工艺的发明、孙思邈发现羊肝能治疗夜盲症，到蛋白质的变性学说和遗传物质 NDA 的发现，科学家们致力于生物体内发生的一切与生命有关活动的研究。从生物体的基本组成研究到物质的代谢和功能研究，从机体整体水平研究到细胞水平研究再到分子水平研究，科学家们从未停止探索生命奥秘的脚步。而围绕这一主线的核心学科就是生物化学。生物化学的研究内容到底是什么？我们学习生物化学的目的是什么？学习本门课程对后续专业课的学习和日常的医药卫生保健有哪些作用？让我们带着这些问题开启本门课程的学习吧！

## 一、生物化学的概念

生物化学是关于生命的化学，是以生物体（人、动物、植物和微生物）为研究对象，研究生命本质的科学；它是运用化学、物理和生物学的理论和方法，研究生物体内各种物质的化学组成、结构、性质、功能及其化学变化规律的科学。

它是从分子水平上来研究的，目的是探讨生命现象的本质并将相关理论知识和研究成果应用于现代工业、现代农业、现代医药等实践领域，为人类服务。进入 21 世纪以来，从事生命科学研究的工作者越来越多，使生物化学的发展突飞猛进，生物化学的地位也日趋重要。

## 二、生物化学的内容

1. 研究对象

生物化学的研究对象是活细胞和生物体。对于医学、药学研究人员而言，其研究的对象为人体。人体是如何构成的呢？从人体解剖学来看，人体由细胞、组织、器官构成；从生物化学的角度看，构成人体的基本成分为水（占 55% ~ 67%）、蛋白质（占 15% ~ 18%）、脂类（占 10% ~ 15%）、糖类（占 1% ~ 2%）、无机盐（占 3% ~ 4%）。故生物化学研究的对象具体是指组成人体的这些物质。

2. 研究的内容

生物化学的研究对象是活细胞和生物体，研究的主要目的是从分子水平上探讨生命现象的本质并把相关基础理论、基本原理和生化技术应用于相关领域、相关学科中，为人类控制生物并改造生物，保障人类身体健康和提高人类生存质量服务。现代生物化学的研究主要集中在以下 3 个方面：

（1）生物体的物质基础。构成生物体的物质包括蛋白质、核酸、酶、维生素、激素、糖类、脂类、信号物质、水和无机盐等。蛋白质、核酸、糖类、脂类属于生物大分子，称为四大结构物质，其中糖类、脂类、蛋白质可为机体代谢提供能量，被称为三大供能物质。生物大分子的特征之一是具有信息功能，可称之为生物信息分子，是一切生命现象的物质基础，对这些物质的分子组成、结构特征、理化性质、生物学功能及结构与功能的关系进行研究，是现代生物化学的研究内容之一。因为这是从相对静止的角度把这些物质孤立起来考虑的，所以对生物体的物质基础部分的研究又称为静态生物化学。

（2）物质代谢及其调控。新陈代谢（metabolism）是生命的基本特征，包括物质代谢和能量代谢两个方面。生物体不断地与外界环境进行有规律的物质交换，更新体内基本物质的化学组成，同时伴随着能量的变化。体内物质代谢几乎都是由一系列酶催化的反应所组成的代谢途径完成的，这些酶促反应和代谢途径相互联系、相互制约，有条不紊地进行，维持着机体的正常生理状态。

物质代谢错综复杂而又有条不紊，源于体内严格的调节和控制机制，一旦物质代谢发生紊乱、调节失控，就会导致组织器官功能异常，机体呈现为病理状态，如贫血、高血糖、痛风等。总之，机体在漫长的进化过程中，已经形成了精细、严密、完善的调控机制，保证新陈代谢的有序进行，使内环境保持相对稳定，各种组织器官功能得以正常发挥。因此，研究物质代谢及其调控是生物化学的主要内容，通常称为动态生物化学。

（3）遗传信息的储存、传递、表达和调控。遗传的物质基础是核酸，除某些 RNA 病毒外，DNA 是遗传信息的携带者，按照遗传学的中心法则将储存在 DNA 分子中的遗传信息以基因（gene）为单位进行复制、转录、翻译，从而完成 RNA 和蛋白质的生物合成，使生物性状得以代代相传。而 RNA 病毒的逆转录现象，则是中心法则的补充和完善。生物体内对基因的复制和表达存在着一整套严密的调控机制，以保证基因表达的量、表达的时间和部位能够满足细胞结构和功能的需求并适应内外环境的变化。遗传信息的储存、传递、表达和调控是现代生物化学研究的重要内容，又被称为信息生物化学。

3. 研究的目的

目前，在医疗和医学界还存在很多未解难题，如肿瘤、艾滋病、肝病的防治等。生物化学作为生命的化学可为解决这些问题提供基础和技术。此外还有很多问题需要我们去解决，比如新药的研制、药物的检测等，这些都需要应用生物化学知识。简而言之，生物化学的研究目的就是服务人类健康，同时改造自然界，使其更适合人类的生存。

## 三、生物化学的发展

生物化学是医药学基础学科中一门非常年轻的学科，但人类由于物质生活的需要，很早就在生产、饮食营养、医药等方面积累了许多有关生物化学的经验。

1. 我国古代的生物化学

（1）生产、饮食方面。四千多年前，夏禹时代就已经发明了用粮食酿酒。商周时期已知制酱和醋。而酒和醋就是利用生物体内的酶催化的化学反应得到的产物。

（2）医疗方面。公元 7 世纪，孙思邈首先用猪肝和羊肝治疗夜盲症。夜盲症大多是缺乏维生素 A 引起的，而猪肝和羊肝中维生素 A 的含量丰富。

2. 我国近现代的生物化学

到了 20 世纪初，我国的生物化学家在血液分析、蛋白质化学、免疫化学及营养学方面取得了一些成就。1965 年，我国在国际上首先用人工的方法合成具有生物活性的结晶牛胰岛素。1981 年，又成功合成具有生物活性的酵母丙氨酸转移核糖核酸。

3. 西方的生物化学

（1）起始阶段（静态生化）：18 世纪中叶至 20 世纪初。这一时期的研究以生物体的化学组成为主。取得的主要成绩包括：1777 年，法国的拉瓦锡（Lavoisier）阐明了呼吸的化学本质，开创了生物氧化及能量代谢的研究；1828 年，德国的维勒（Wohler）由氰酸铵合成尿素，开创有机物人工合成先河；1877 年，德国的霍佩－塞勒（Hopper-Seyle）提出"生物化学"（biochemie）一词；1897 年，德国的比希纳（Buchner）兄弟发现无细胞酵母提取液可发酵糖类生成酒精，奠定了近代酶学的基础；1903 年，德国的纽伯格（Neuberg）使用"生物化学"（biochemistry）一词，至此，生物化学成为一门独立的学科。

（2）快速发展阶段（动态生化）：20 世纪初至下半叶。这一时期的研究以酶学和物质代谢途径等为主。取得的主要成就有：发现了人类必需氨基酸、必需脂肪酸及多种维生素，1911 年，波兰的丰克（Funk）鉴定出糙米中对抗脚气病的物质是胺类（维生素 $B_1$），提出维生素的概念；在内分泌方面，1902 年，英国的斯塔林（Atarling）和贝利斯（Bayliss）发现了促胰液素并于 1905 年提出激素的概念，此后，多种激素被发现并分离、合成；在酶学方面，1926 年，美国的萨姆纳（Sumner）结晶出脲酶（脲即尿素），提出酶的化学本质是蛋白质；在物质代谢方面，基本确定体内主要物质的代谢途径，包括糖代谢途径的酶促反应过程、脂肪酸 β－氧化、尿素循环及三羧酸循环等，如英国的克雷布斯（Krebs）1932 年发现尿素循环、1937 年创立三羧酸循环理论；在遗传学上，1944 年，美国的艾弗里（Avery）完成肺炎球菌转化试验，发现 DNA 是遗传物质。

（3）分子生物学的崛起阶段（分子生物学时代）：20 世纪下半叶至今。主要研究分子生物学、蛋白质、核酸、DNA—双螺旋模型—分子遗传学。1953 年，美国的沃森（Waston）和英国的克里克（Crick）创立的 DNA 双螺旋结构模型及 20 世纪 60 年代中期遗传中心法则的初步确立、遗传密码的发现，为揭示遗传信息传递规律奠定了基础，标志着生物化学发展进入分子生物学时代。

1972 年，美国的伯格（Berg）创建体外重组 DNA 方法，标志着基因工程的诞生，极大推动了医药工业和农业的发展。1982 年，美国的切赫（Cech）从四膜虫中发现了核酶（ribozyme），打破了酶的化学本质都是蛋白质的传统概念。1985 年，美国的穆利斯（Mullis）发明了聚合酶链式反应（polymerase chain reaction，PCR）技术，使人们能够在体外高效率扩增 DNA，该技术现已广泛应用于新型冠状病毒感染（SARS‐CoV‐2）的临床检测。1990年开始实施的人类基因组计划于 2001 年完成了人类基因组"工作草图"，2003 年，成功绘制人类基因序列图，但在 1 号染色体上还存在漏洞和不精确之处。2006 年，英国、美国科学家宣布完成人类 1 号染色体的基因测序，这表明人类最大和最后一个染色体的测序工作已经完成。基因组序列图的完成，首次在分子层面为人类提供了一份生命"说明书"，标志着人类对自身遗传、变异、生长、衰老、疾病和死亡的认识发生了质的飞跃，推动了生命与医药科学的革命性进展。2009 年的诺贝尔生理学或医学奖获得者布莱克本（Blackburn）、格雷德（Greider）、绍斯塔克（Szostak）发现了端粒和端粒酶保护染色体的机理，为人类防治癌症、揭示衰老等提供了崭新的视角。

生物化学在几十年中飞速发展，在较短时期里有大量科学发现，其中很多都称得上是人类认识自然界的里程碑，有划时代的意义，有相当数量的科学家因此获得诺贝尔奖。

## 四、生物化学与其他学科的关系

1. 生物化学的构成体系

生物学包括动物学、植物学、微生物学。化学包括无机化学、有机化学、分析化学、高分子化学。我们认为生物化学是由化学和生物学结合而产生的一门学科，与之密切相关的医药课程中包括生理学、遗传学，并且可以产生多个分支化学，比如农业生物化学、动物生物化学、临床生物化学等分支学科，还包括酶工程、蛋白质工程、基因工程等。

2. 生物化学的应用体系

（1）与医学的关系。生物化学是医学的主要基础课之一，已渗透到医学的各个分支学科，发展为分子免疫学、分子遗传学、分子病理学、分子药理学与临床医学、检验学等。

1）在疾病的发病机制方面。由于基因突变导致蛋白质一级结构改变的"分子病"，基因单碱基的突变所导致的镰状细胞贫血病；蛋白质空间结构改变导致的"构象病"；朊病毒感染引起的"疯牛病"；新冠病毒刺突 S 蛋白与人体细胞表面的 ACE2 受体结合导致新冠病毒感染（COVID‐19）；酶的缺陷或活性异常导致代谢紊乱而引起的先天性代谢缺陷病。例如，糖原储积症是糖代谢途径中酶的缺陷导致代谢紊乱所致，白化病和苯丙酮尿症是缺乏酪氨酸酶和苯丙氨酸羟化酶所致。

2）在血生化检测方面。通过测定血清各种酶及同工酶谱，分析血液化学成分，极大提高了疾病的诊断水平。如测定丙氨酸氨基转移酶、L-乳酸脱氢酶、肌酸激酶同工酶谱等为肝病、心肌梗死的诊断提供了临床依据。

3）在基因诊断和基因治疗方面。应用PCR技术的核酸检测已经成为临床检测新冠病毒感染的"金标准"；癌基因的发现，证明癌基因在正常生理情况下并不引起细胞癌变，只有在某些理化因素或病毒的作用下，才被激活而导致细胞癌变，这为根治肿瘤提供了思路。

**课堂练习**

讨论：维生素A缺乏导致夜盲症；乙型肝炎的生化指标两对半检查。

（2）与药学、制药的关系。近代药理学着重从酶的活性和激素的作用研究药物的代谢转化和代谢动力学以及药物的生理作用，特别是近年来发展极快的生物制药，生物化学在其中起着非常重要的作用。生物化学学科的发展促进了制药工业产品更新、技术进步和行业发展。以生物化学、微生物学和分子生物学为基础发展起来的生物技术制药工业，已经成为制药工业的一个新门类。各种生物技术已经广泛应用于制药工业中；越来越多的重组药物，如人胰岛素、人生长素、人干扰素、人白细胞介素-2、牛碱性成纤维细胞生长因子、人促红素、人用重组单克隆抗体、人用基因治疗制品和各种疫苗等均已在临床广泛使用，新的蛋白质工程药物种类正在日益增加。应用生物工程技术改造传统制药工业，已成为行业的发展方向，生物制药技术和传统的制药技术已经融为一体，迅速发展成为新型的工业生产模式。

## 【资料卡片】

匈牙利科学家阿尔伯特·森特-哲尔吉发现了维生素C，获得了1937年诺贝尔生理学或医学奖。

英国生物化学家克雷布斯发现三羧酸循环，获得1953年诺贝尔生理学或医学奖。

沃森、克里克1953年确定DNA双螺旋结构，与威尔金一起获得1962年诺贝尔生理学或医学奖。

英国生物化学家桑格尔1955年确定牛胰岛素结构，获得1958年诺贝尔化学奖。

桑格尔和吉尔伯特1975年设计出测定DNA序列的方法，获得1980年诺贝尔化学奖。史坦利·布鲁希纳发现一新型致病因子——感染性蛋白颗粒"prion"（疯牛病），获得1997年度诺贝尔生理学或医学奖。

美国加利福尼亚旧金山大学的布莱克本、美国巴尔的摩约翰·霍普金斯医学院的格雷德和美国哈佛医学院的绍斯塔克因发现了端粒和端粒酶保护染色体的机制。获得2009年度诺贝尔生理学或医学奖。

# 练习与应用

## 一、选一选

1. 现代生物化学从（　　）上探讨生命现象的本质。

A. 细胞水平　　　　B. 分子水平　　　　C. 整体水平　　　　D. 酶水平

2. 1965 年，我国在国际上首先人工合成了有生物活性的（　　）。

A. tRNA　　　　B. 生长激素　　　　C. 结晶牛胰岛素　　　　D. 猪胰岛素

3. 下列物质不属于生物大分子的是（　　）。

A. 蛋白质　　　　B. 维生素　　　　C. 核酸　　　　D. 糖类

## 二、填一填

1. 生物化学是以_____为研究对象，研究____的科学。它运用____、____和____的理论和方法，研究生物体内_____及其_____的科学。

2. PCR 是_____的缩写、HGP 是_____的缩写、COVID – 19 是_____的缩写。

## 三、练一练

1. 简述生物化学的研究内容。

2. 简述生物化学和其他学科的关系。

# 第二章

# 蛋白质化学

 ## 学习目标

### 知识目标

掌握：蛋白质的概念、分类和结构，氨基酸的概念、分类和结构，氨基酸和蛋白质的理化性质。

熟悉：蛋白质及氨基酸的生物学功能，药物对蛋白质代谢、合成及结构的影响。

了解：遗传信息的翻译过程，知道常见的多肽及蛋白质类药物。

### 技能目标

知道临床常用氨基酸、多肽和蛋白质类药物的特点及作用，了解氨基酸、蛋白质及多肽在体内的代谢过程。

## 【任务引入】

### "三鹿奶粉"事件

2008 年 6 月 28 日，兰州市医院收治了首例患肾结石病症的婴幼儿。家长反映孩子出生后一直服用三鹿牌婴幼儿奶粉，后经检测，奶粉中含有三聚氰胺。三聚氰胺的结构如图 2-1 所示。

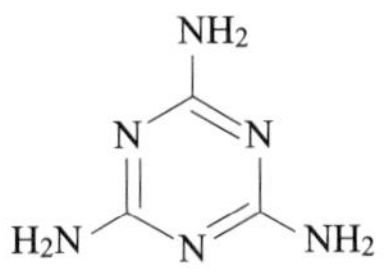

图 2-1 三聚氰胺结构式

三聚氰胺是一种化学原料，其分子中含有大量的氮元素，添加在食品中可以提高食品中蛋白质的检测数值，用普通的全氮测定法测定食品中的蛋白质数值时，根本不会区分这种伪蛋白质。众所周知，蛋白质对补充人们身体的营养非常重要。婴幼儿缺乏蛋白质，可能会出现"大头娃娃"等症状。那么，蛋白质的结构是什么？它对人们的身体起什么作用？为什么检测氮元素可以初步判定蛋白质的含量？这种检测方法是否合理？带着这些疑问，我们一起走进蛋白质化学的学习。

# 第一节　蛋白质的重要性

## 一、蛋白质的含义

蛋白质（protein）是由许多氨基酸（amino acid）通过肽键（peptide bond）相连形成的高分子含氮化合物，是构成细胞的主要成分，是生命活动的物质基础。

蛋白质不仅参与生物体的构成，而且在生物体的生命活动中起重要的作用。机体一切生命活动几乎都离不开蛋白质。因此，蛋白质是生命活动的承担者，无论是简单的低等生物，如病毒、细菌还是复杂的高等动物、植物都毫无例外地含有蛋白质，这些蛋白质是生物体内含量丰富的有机化合物。人体的蛋白质的质量分数占 16% ~ 20%。微生物的蛋白质的质量分数也较高，细菌中蛋白质的质量分数一般为 50% ~ 80%，干酵母中占 46.6%。病毒中除少量核酸外，几乎都是由蛋白质组成的。朊病毒甚至只含有蛋白质这一种化合物。高等植物细胞原生质和种子中也含有较多的蛋白质，如大豆中蛋白质的质量分数约为 40%。

## 二、蛋白质的生物学功能

### 课堂练习

蛋白质的生物学功能有哪些？请同学们根据日常生活经验列出你所熟知的蛋白质的功能。

蛋白质是生命活动的物质基础，是构成机体组织器官的重要成分，在生物体的生命活动中具有重要的生物学功能。

（1）参与细胞间信息传递。如生物膜上的载体蛋白。

（2）可作为生物催化剂（酶）。人体有 4 000 种以上的酶都具有蛋白质组分。

（3）是生物体的重要组成部分和生命活动的物质基础。蛋白质与核酸是细胞自我复制的重要物质，是维持身体组织、器官健康的重要组分。

（4）代谢调节作用。许多激素是蛋白质，如生长素、胰岛素等。

（5）免疫保护作用。如参与机体防御功能的抗体、淋巴因子等。

（6）物质的转运和存储。如脂肪运输需要脂蛋白参与，运载维生素需要专门的运载蛋白完成，铁离子运输需要转铁蛋白参与，血浆蛋白具有运输 $O_2$ 和 $CO_2$ 的作用。

（7）运动与支持作用。如肌动蛋白参与躯体肌肉运动，胶原蛋白、弹性蛋白维持器官、细胞的正常形态。

（8）氧化供能。在机体供能不足时，蛋白质也可以氧化分解为机体提供能量。

## 三、蛋白质的分类

蛋白质的结构复杂，种类繁多，分类方法也多种多样。

1. 根据形状分类

根据分子形状对称性分为球状蛋白质和纤维状蛋白质。球状蛋白质，如血红蛋白，球蛋白溶解性较好，能结晶，大多数蛋白属此类。纤维状蛋白质，如血纤维蛋白质，具有高度不对称结构。纤维状蛋白质有些能溶于水，如肌球蛋白、血纤维蛋白等，大多数不溶于水，如胶原蛋白、弹性蛋白、角蛋白、丝心蛋白等，在生物体内的功能主要是起到保护作用。

2. 根据分子组成分类

根据蛋白质的分子组成，可将蛋白质分为单纯蛋白质和结合蛋白质。蛋白质分子组成中，除了氨基酸再无别的组分的蛋白质称为单纯蛋白质。自然界中许多蛋白质都属于此类，如清蛋白、球蛋白、精蛋白、组蛋白等。单纯蛋白质的分类见表 2 - 1。结合蛋白质分子的组成中，除含有氨基酸构成的多肽链外，还含有非氨基酸的组分的，称为结合蛋白质。结合蛋白质的分类见表 2 - 2。其中非蛋白质部分称为辅基，辅基一般是通过共价键与蛋白质部分相连。构成蛋白质辅基的种类很多，常见的有色素化合物、寡糖、脂质、磷酸、金属离子及核酸等。

3. 根据生物功能分类

根据生物功能分为活性蛋白质和非活性蛋白质。活性蛋白质是指生命过程中一切有活性的蛋白质及其前体分子。根据其具体功能可分为酶、激素、运输蛋白、受体蛋白、膜蛋白等。非活性蛋白是一大类在生物体内起保护或支持作用的蛋白质，如角蛋白、胶原蛋白、弹性蛋白、丝心蛋白等。

表 2 - 1　　　　　　　　　　单纯蛋白质的分类

| 类别 | 特点和分布 | 举例 |
|---|---|---|
| 清蛋白 | 溶于水及稀酸、稀碱和稀盐溶液，需饱和硫酸铵才能沉淀，广泛分布于各种生物体内 | 血清蛋白、乳清蛋白 |
| 球蛋白 | 微溶于水而溶于稀盐溶液，被半饱和硫酸铵沉淀，普遍存在于各种生物体内 | 血清球蛋白、肌球蛋白、植物种子球蛋白 |
| 谷蛋白 | 不溶于水、醇和中性盐溶液，易溶于稀酸或稀碱，分布于各种谷物中 | 米谷蛋白、麦谷蛋白 |
| 醇溶谷蛋白 | 不溶于水及无水乙醇，但溶于70%～80%乙醇，主要存在于植物种子中 | 玉米醇溶蛋白、麦醇溶蛋白 |
| 精蛋白 | 溶于水及稀酸，不溶于氨水，是碱性蛋白，含较多的碱性氨基酸 | 鲑精蛋白 |
| 组蛋白 | 溶于水及稀酸，可被稀氨水沉淀，分子内含碱性氨基酸较多，因而呈碱性 | 小牛胸腺组蛋白 |
| 硬蛋白 | 不溶于水、盐、稀酸或稀碱溶液。分布于生物体内的结缔组织中起保护作用 | 角蛋白、胶原蛋白、弹性蛋白、双硬蛋白 |

表 2 – 2 结合蛋白质的分类

| 类别 | 特点和分布 | 举例 |
|------|-----------|------|
| 核蛋白 | 辅基是核酸，广泛存在于各种细胞中 | 脱氧核糖核蛋白、核糖体、烟草花叶病毒 |
| 脂蛋白 | 与脂质结合的蛋白质，有磷脂、固醇和中性脂等，广泛存在于各细胞中 | 卵黄蛋白、血清 β – 脂蛋白、细胞中多种膜蛋白 |
| 糖蛋白 | 与糖类结合而成的蛋白质，广泛存在于各种细胞中 | 卵清蛋白、γ – 球蛋白、细胞中多种膜蛋白 |
| 磷蛋白 | 磷酸通过酯键与蛋白质中的丝氨酸或苏氨基残基侧链相连，存在于乳、蛋中 | 酪蛋白、胃蛋白酶 |
| 血红素蛋白 | 辅基为血红素，它是卟啉类化合物，卟啉环中心含有金属，存在于各种生物体中 | 血红蛋白、叶绿蛋白、血蓝蛋白、细胞色素类蛋白质 |
| 黄素蛋白 | 辅基为 FAD（黄素腺嘌呤二核苷酸）或 FMN（黄素单核苷酸），广泛存在于各种生物体中 | 琥珀酸脱氢酶、D – 氨基酸氧化酶 |
| 金属蛋白 | 与金属直接结合的蛋白质，广泛存在于各种生物体中 | 乙醇脱氢酶、黄嘌呤氧化酶、铁蛋白 |

# 第二节 蛋白质的分子组成

## 一、蛋白质的元素组成

元素分析结果表明，蛋白质的元素组成相似，主要有碳（50% ~ 55%）、氢（6% ~ 8%）、氧（19% ~ 24%）、氮（13% ~ 19%）以及少量硫。有些蛋白质还含有一些微量元素，如铁、铜、锰、锌、碘等。各种蛋白质的含氮量十分接近且恒定，平均为 16%。由于体内含氮物质以蛋白质为主，因此，通过测定含氮量即可大致推算出样本中蛋白质的质量分数，这是凯氏定氮法测定蛋白质质量分数的依据。

100 g 样品蛋白质的质量分数（g%） = 每克样品含氮克数 × 6.25 × 100

**课堂练习**

按照世界卫生组织（WHO）与中国的婴幼儿配方奶粉标准，婴儿配方奶粉理化指标（0 ~ 12 个月）每 100 g 奶粉蛋白质的质量分数在 10.0 ~ 20.0 g。某实验室抽样检测某奶粉，称取 1 g 奶粉，测定氮的质量分数是 0.024 g，此奶粉是否合格？这样的检测方法有什么弊端？

## 二、组成蛋白质的基本单位——氨基酸

蛋白质是高分子有机化合物，结构复杂、种类繁多，用酸、碱或酶水解均可得到含有不

同氨基酸的混合液，因此氨基酸是蛋白质的基本结构单位。

1. 氨基酸的结构

存在于自然界中的氨基酸有 300 余种，但合成蛋白质的氨基酸只有 20 种，称为基本氨基酸。这些氨基酸有相应的遗传密码，也称为编码氨基酸。基本氨基酸均为 α - 氨基酸，结构通式如图 2 - 2 所示。R 侧链影响蛋白质的空间结构和理化性质。所有的 α - 氨基酸，除 R 侧链不同外，其他结构都是相同的。除甘氨酸外，所有的氨基酸都具有旋光性，具有 L 型和 D 型两种光学异构体。

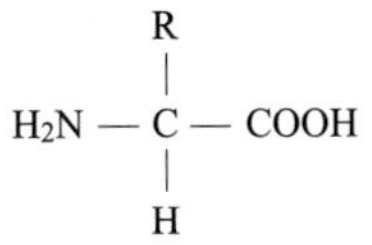

$$H_2N - \underset{\underset{H}{|}}{\overset{\overset{R}{|}}{C}} - COOH$$

图 2 - 2　氨基酸分子结构通式

除甘氨酸外，其余氨基酸的 α - 碳原子都是手性碳原子，存在于天然蛋白质中的氨基酸均为 L - α - 氨基酸。在自然界中还有许多非编码氨基酸，以游离或结合形式存在，有些在代谢中是重要的前体或中间体，如 β - 丙氨酸是构成维生素泛酸的成分，D - 苯丙氨酸参与组成抗生素短杆菌肽。

2. 氨基酸的分类

（1）根据 R 基团化学结构的不同分类。可以分为脂肪族、芳香族和杂环族 3 类。脂肪族氨基酸最多。芳香族氨基酸包括苯丙氨酸、酪氨酸。杂环族氨基酸包括色氨酸、组氨酸、脯氨酸 3 种。杂环化合物构成环的原子除碳原子外，还至少含有一个杂原子，最常见的杂原子是 N、S、O。可分为脂杂环、芳杂环两大类。脂肪族氨基酸（共 15 种）包括：

1）一氨基一羧基氨基酸：甘氨酸、丙氨酸、缬氨酸、亮氨酸、异亮氨酸。

2）羟基氨基酸：丝氨酸、苏氨酸。

3）含硫氨基酸：半胱氨酸、甲硫氨酸（蛋氨基）。

4）酰胺基氨基酸：天冬酰胺、谷氨酰胺。

5）一氨基二羧基氨基酸：天冬氨酸、谷氨酸。

6）二氨基一羧基氨基酸：赖氨酸、精氨酸。

（2）根据 R 侧链（基团）的酸碱性质分类。可以分为酸性氨基酸、中性氨基酸和碱性氨基酸。

1）酸性氨基酸。有天冬氨酸和谷氨酸 2 种，侧链含有羧基，为一氨基二羧基氨基酸。

2）碱性氨基酸。有赖氨酸（侧链有氨基）、精氨酸（侧链有胍基）、组氨酸（侧链有咪唑基）3 种，为二氨基一羧基氨基酸。

3）中性氨基酸。其他 15 种氨基酸均为中性氨基酸。

（3）根据 R 基团的带电性质（极性）分类。可以分为非极性氨基酸（疏水性氨基酸）、不带电荷的极性氨基酸和带电荷的极性氨基酸 3 类，后两者称为亲水性氨基酸。其中，带电荷的氨基酸又可以分为带正电荷的氨基酸和带负电荷的氨基酸两大类。

1）非极性氨基酸。分别是丙氨酸、缬氨酸、亮氨酸、异亮氨酸、苯丙氨酸、色氨酸、甲硫氨酸和脯氨酸。它们的侧链是非极性基团或疏水性基团，在水中的溶解度一般比亲水性氨基酸要小（脯氨酸除外）。

2）不带电荷的极性氨基酸。分别是甘氨酸、丝氨酸、苏氨酸、半胱氨酸、酪氨酸、天冬酰胺和谷氨酰胺。它们的侧链 R 基团是不解离的极性基团或亲水性基团，能与水形成氢键。其中甘氨酸侧链介于极性与非极性之间，有时也归入非极性类，由于侧链是 H 原子，对极性较强的 α–氨基和 α–羧基影响很小，因此，将其归入极性氨基酸比较合理。

3）带电荷的极性氨基酸。带正电荷的氨基酸又叫碱性氨基酸，侧链带有高度极性的 R 基团，会发生解离带上正电荷，包括有赖氨酸、精氨酸和组氨酸 3 种；带负电荷的氨基酸又叫酸性氨基酸，包括天冬氨酸和谷氨酸两种。

（4）根据营养价值分类。分为必需氨基酸和非必需氨基酸。蛋白质是人体必需的营养物质。构成人体蛋白质的氨基酸有 21 种（其中常见的有 20 种，第二十一种为 L–硒半胱氨酸，主要存在于含硒酶中），其中有 8 种氨基酸，包括缬氨酸、蛋氨酸、异亮氨酸、苯丙氨酸、亮氨酸、色氨酸、苏氨酸、赖氨酸不能在体内合成，必须由食物提供，被称为营养必需氨基酸。除此之外的其他氨基酸可以在体内合成，不一定要由食物供给，称为营养非必需氨基酸。

**【资料卡片】**

### 必需氨基酸的记忆口诀

8 种必需氨基酸是衡量食物蛋白质营养价值的重要指标，要牢牢掌握。一种有趣的谐音记忆口诀推荐给大家："一家写两三本书来"。"一"：异亮氨酸；"家"：甲硫氨酸（蛋氨酸）；"写"：缬氨酸；"两"：亮氨酸，"三"：色氨酸；"本"：苯丙氨酸；"书"：苏氨酸；"来"：赖氨酸。

蛋白质的营养价值决定于它所含必需氨基酸的种类、质量分数是否与人体所需要的相似。一般说来，动物蛋白质所含的必需氨基酸种类和比例都比较合乎人体的需要，植物蛋白质则差一些，所以前者的营养价值比后者高。

把几种营养价值较低的蛋白质混合食用，必需氨基酸可以互相补充从而使食物蛋白的营养价值提高，称为食物蛋白质的互补作用。例如，谷类食物中赖氨酸的含量较少，但色氨酸的含量相对较多；有些豆类食物赖氨酸的含量较多，而色氨酸的含量则较少。这两类食物混合食用，使这两种氨基酸的含量相互补充，在比例上更接近人体的需要，提高了营养价值。为了发挥蛋白质的互补作用，食物种类应该多样化，荤素搭配更合理。

如果人体内蛋白质长期供给不足，就会导致蛋白质缺乏症，表现为体重减轻、抵抗力大大降低、创伤修复缓慢，出现水肿、贫血等症状，婴儿常表现为发育迟缓。但蛋白质长期摄入过多也会增加肝肾负担。

**课堂练习**

某公司高管，男士，45岁，在体检中查出其患有中度脂肪肝，且有动脉粥样硬化的倾向。医生经调查发现因其收入较高，职场应酬较多，贪恋美食，长期摄入鸡、鸭、鱼、猪、牛、羊肉及奶粉等高蛋白质食物。蛋白质是人体的主要有机成分，从刚出生的婴儿到成人，都离不开蛋白质的供给。那么，人体是怎样把食物中的蛋白质转变成自身的组成成分的？是不是像人们说的吃肝补肝，吃脑补脑？既然组织的生长、更新离不开蛋白质，那么是不是我们吃的蛋白质越多越好？中国居民每天膳食中应补充多少蛋白质食物？又应如何从食物中选择营养价值更高的蛋白质呢？

【资料卡片】

**如何科学饮食？**

《中国居民膳食指南（2023）》中指出，要适量吃鱼、禽、蛋、瘦肉，每周吃鱼300～500 g、禽肉300～500 g、蛋类300～350 g，平均每天摄入总量120～200 g。适量的意思就是要节制，该男士饮食结构不科学，摄入过多的蛋白质食物，需改变饮食结构。

## 三、肽和肽键

1. 肽

在蛋白质分子中，氨基酸之间通过肽键相互连接，构成的化合物称肽。由两个氨基酸缩合形成的化合物称二肽，由3个氨基酸缩合形成的化合物称三肽，依此类推。一般10个以下氨基酸形成的肽统称为寡肽，10个以上的称为多肽。

2. 肽键

肽键是由一个氨基酸的$\alpha$-羧基（-COOH）与另一氨基酸的$\alpha$-氨基（-NH$_2$）脱水缩合所形成的酰胺键，如图2-3所示。蛋白质的基本结构形式是多肽链，多肽链盘曲、折叠形成特定的空间结构，就成为具有一定功能活性的蛋白质。肽链中的每个氨基酸部分已不是完整的氨基酸，故称为氨基酸残基，如图2-4所示。多肽链有两个游离的末端：一端有游离的氨基，称为氨基末端或N-末端；另一端有游离的羧基，称为羧基末端或C-末端。在书写多肽链中氨基酸顺序时，N-末端在左侧，C-末端在右侧。多肽链的方向从N-末端开始指向C-末端，如由谷氨酸、半胱氨酸、甘氨酸构成的三肽称为谷胱甘肽。

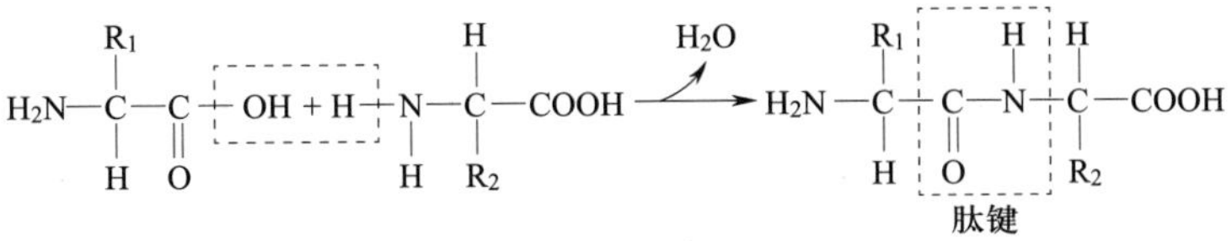

图2-3 肽键的脱水缩合形成过程

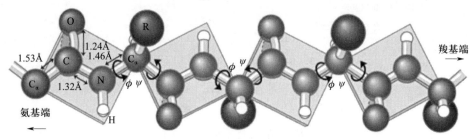

图 2－4　氨基酸残基的结构

# 第三节　蛋白质的分子结构

蛋白质是生物大分子，由许多氨基酸通过肽键连接而成。具有生理功能的蛋白质都具有有序的三维空间结构。蛋白质的分子结构包括一级结构和空间结构。空间结构又称高级结构，包括二级、三级和四级结构等。一级结构是基础，也称基本结构，决定蛋白质的空间结构。

## 一、蛋白质分子的一级结构——基本结构

蛋白质的一级结构又称为共价结构，是指多肽链中氨基酸残基的组成和排列顺序。蛋白质分子中氨基酸的排列顺序是由遗传密码决定的，是蛋白质作用的特异性、空间结构的差异性和生物学功能多样性的基础。蛋白质一级结构中除肽键外，有些还含有少量的二硫键，如图 2－5 所示，是由两分子半胱氨酸残基的巯基脱氢形成的，可存在于肽链内，也可存在于肽链间。

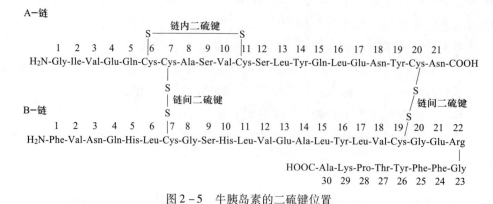

图 2－5　牛胰岛素的二硫键位置

一级结构的研究不仅包括肽链中氨基酸的顺序，还包括肽键数目、末端氨基酸残基种类、链内和链间二硫键位置等。一级结构决定空间结构，是蛋白质发挥生物学功能的基础。

1. 一级结构与空间结构的关系

蛋白质的天然构象，即空间结构由其氨基酸序列决定，直接证据来源于20世纪60年代怀特和安芬森所做的牛胰核糖核酸酶复性实验，如图2-6所示。牛胰核糖核酸酶由124个氨基酸组成，有4对二硫键。牛胰核糖核酸酶通过4个二硫键及次级键，肽链盘曲、折叠成三级结构，具有活性。

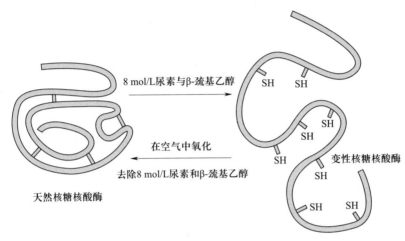

图2-6　牛胰核糖核酸酶复性实验

2. 同源蛋白质的一级结构差异与生物进化

同源蛋白质是指在不同生物体中实现同一功能的蛋白质，如血红蛋白。同源蛋白质一级结构有许多相似之处，常具有相同或相近肽链长度，并且在很多位点上的氨基酸是相同的，被称为不变氨基酸残基，其他位点上的氨基酸残基对于不同来源的蛋白质可能会有所变化，称为可变氨基酸残基。同源蛋白质的氨基酸顺序上存在的这种相似性称为顺序同源现象，对该现象的研究有助于对生物进化中的亲缘关系进行分析，绘制出进化树。细胞色素c（Cyt c）是目前顺序同源现象研究最多的蛋白质。例如，黑猩猩与人的基因组相似度高，常用于药物的动物试验，如HIV病毒试验。不同生物细胞色素c与人细胞色素c氨基酸残基的差异数见表2-3。

表2-3　　　　　不同生物细胞色素c与人细胞色素c氨基酸残基的差异数

| 生物类型 | 氨基酸残基的差异数 | 生物类型 | 氨基酸残基的差异数 |
| --- | --- | --- | --- |
| 黑猩猩 | 0 | 响尾蛇 | 14 |
| 猴子 | 1 | 海龟 | 15 |
| 兔 | 1 | 金枪鱼 | 21 |
| 猪、牛、羊 | 10 | 小蝇 | 25 |
| 狗 | 11 | 蛾 | 31 |
| 驴 | 11 | 小麦 | 35 |
| 马 | 12 | 粗糙链孢霉 | 43 |
| 鸡 | 13 | 酵母 | 44 |

### 3. 一级结构的局部断裂与蛋白质（酶原）激活

生物体内有些蛋白质是以没有活性的前体形式合成的，称蛋白质原。蛋白质原的部分肽链需按照特定方式断裂才能具有活性，这一过程称为蛋白质激活。如胰岛素以前胰岛素原形式合成，其 N 端有一段信号肽，是分泌蛋白质的标志，进入到内质网后，在信号肽酶的作用下，信号肽被切除，生成胰岛素原。胰岛素原含有一段连接肽，在连接肽切除后，才能形成有活性的胰岛素分子，胰岛素分子的形成过程如图 2 - 7 所示。

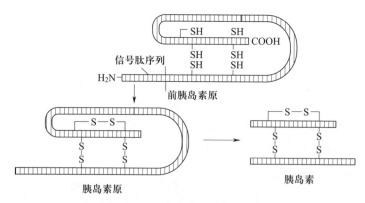

图 2 - 7　胰岛素分子的形成过程

### 4. 一级结构与分子病

每一种蛋白质都有其特定的生物学功能，因蛋白质生物大分子组成和结构发生改变而导致的疾病称为分子病。镰刀型贫血症是最早被认识的一种分子病，流行于非洲一些地区。患者血红细胞形态异常，有很多呈新月形或镰刀形，在红细胞脱氧时镰刀形细胞数量增加，严重时红细胞破裂、溶血而导致死亡。致病原因是患者的血红蛋白异常，正常红细胞与镰刀形红细胞的形态比较如图 2 - 8 所示。

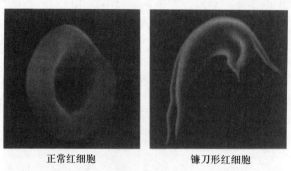

正常红细胞　　　　　　　镰刀形红细胞

图 2 - 8　正常红细胞与镰刀形红细胞的形态

血红蛋白是红细胞内携氧的重要功能蛋白质，为四聚体蛋白质，由两个 α 亚基和两个 β 亚基组成（$\alpha_2\beta_2$），其中 α 亚基包含 141 个氨基酸、β 亚基包含 146 个氨基酸。患者血红蛋白的 β 亚基的 N - 末端的第 6 位的氨基酸由原来正常血红蛋白的高度极性的谷氨酸突变为非极性的缬氨酸。这种改变导致血红蛋白表面电荷减少，在脱氧状态下溶解度下降，发生不正常聚集，形成镰刀形红细胞，严重时甚至出现红细胞破裂溶血。红细胞的变异机理如图 2 - 9 所示。

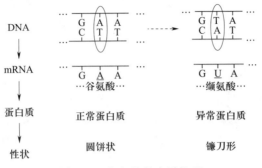

图 2 - 9　红细胞的变异机理

血红蛋白共由 574 个氨基酸残基组成，仅在两个 β 亚基上各改变一个氨基酸残基，生理功能却发生了极大变化，可见，蛋白质的一级结构对于功能具有重要的决定性作用。

## 二、蛋白质的二、三、四级结构——高级结构

蛋白质的二级、三级和四级结构统称为蛋白质的高级结构，也称空间结构。只有特定空间结构的蛋白质才能表现出生物功能。蛋白质的一级结构是依靠肽键（共价键）维持的，而高级结构则通过众多化学键来维持。

1. 维持蛋白质空间结构的化学键

蛋白质空间结构的稳定性主要靠大量弱的相互作用即非共价键或次级键来维持，其中包括氢键、范德华力、疏水作用、盐键。这些次级键的键能往往比共价键低很多，但却是蛋白质空间结构维持的重要和主要力量。此外，还有两种共价键——二硫键和配位键（常与金属共价配位），在维持某些蛋白质的构象中也起重要作用。

（1）氢键。在多肽主链上，存在大量的羰基和亚氨基（每个氨基酸残基都含有一个羰基和一个亚氨基）。亚氨基是理想的供氢体，而羰基的氧原子是理想的受氢体，它们之间形成氢键。

多肽主链的羰基和亚氨基之间形成的氢键是维持蛋白质二级结构的最主要的作用力。部分氨基酸侧链也带有形成氢键的基团，如丝氨酸、苏氨酸的羟基，酪氨酸的酚羟基，半胱氨酸的巯基，天冬氨酸、谷氨酸的侧链羧基等。侧链之间以及侧链与主链之间形成的氢键也是维持蛋白质三级结构的重要力量。

（2）疏水作用。疏水作用也称疏水键，是指非极性基团为了避开极性环境而聚集到一起的作用力。20 种常见的氨基酸中有 8 种属于疏水性氨基酸，即丙氨酸、缬氨酸、亮氨酸、异亮氨酸、色氨酸、甲硫氨酸、脯氨酸、苯丙氨酸，大多分布在球状蛋白质的内部。疏水氨基酸侧链之间形成的疏水作用对于维系蛋白质三级和四级结构具有特别重要的作用。

（3）范德华力。范德华力实质上也是静电力，主要表现为极性基团永久偶极之间的静

电相互作用（定向效应）、极性基团永久偶极与非极性基团诱导偶极之间的静电相互作用（诱导效应）、非极性基团的瞬时之间的静电相互作用（分散效应）。范德华力虽然很弱，但存在范围广泛，数量巨大，可存在于极性基团之间，也可存在于极性与非极性基团之间，或存在于非极性基团之间。范德华力是维持蛋白质三级和四级结构不可忽视的作用力。

（4）盐键。盐键也称为离子键，是由正负离子之间的静电所形成的化学键。在正常生理 pH 值条件下，酸性氨基酸侧链带负电荷、碱性氨基酸侧链带正电荷。多数情况下，这些氨基酸分布于球状蛋白质的表面，与水及溶液中的离子发生相互作用，但有时少数相反电荷的侧链也出现在蛋白质分子的内部形成盐键，盐键的强弱受环境 pH 值、溶剂种类、盐浓度等影响较大。

（5）二硫键。二硫键形成于两个半胱氨酸 –SH 之间，属共价键。可将不同多肽链或同一条多肽链的不同部位相连接。因为只有当肽链形成特定的空间结构后，才能形成正确的二硫键配对，所以二硫键并不指导肽链的折叠，但对其空间构象起稳定作用。二硫键数目越多，蛋白质抗外界因素的作用力就越强，因此，在生物体内一些起保护作用的蛋白质往往含有很多的二硫键。此外，还有一些二硫键是蛋白质行使生物功能所必需的。蛋白质内部的二硫键如图 2 – 10 所示。

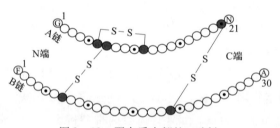

图 2 – 10　蛋白质内部的二硫键

（6）配位键。配位键，又称配位共价键，或简称配键，是一种特殊的共价键。当共价键中共用的电子对是由其中一原子独自供应，另一原子提供空轨道时，就形成配位键。配位键形成后，与一般共价键无异。

2. 蛋白质的二级结构

蛋白质的二级结构是指肽链中的主链借助氢键（肽键中的酰胺氮和羰基氧之间形成氢键）有规则地卷曲、折叠成沿一维方向具有周期性结构的构象，主要研究内容是肽链的共价主链，而不涉及侧链 R 基团的空间排布，是蛋白质的构象单元。基本二级结构有 α – 螺旋、β – 折叠、β – 转角和无规则卷曲等。

（1）α – 螺旋。α – 螺旋是蛋白质分子中最常见且最稳定的二级结构构象，它是多肽主链环绕一个中心轴有规律地盘旋前进形成的螺旋形构象。由于该螺旋最初被发现于 α – 角蛋白中，故称为 α – 螺旋，分为左手螺旋和右手螺旋两种，天然蛋白质中存在的主要是右手螺旋。蛋白质分子的 α – 螺旋结构如图 2 – 11 所示。

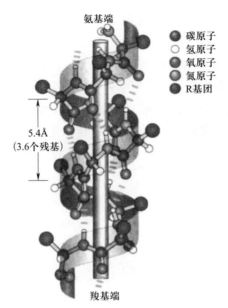

图 2 - 11　蛋白质分子的 α - 螺旋结构示意图

（2）β - 折叠。β - 折叠又称 β - 结构、β - 构象、β - 片层，是蛋白质分子中又一种常见的二级结构。该构象是一种较伸展的构象，由两条或两条以上的肽段充分伸展并侧向聚集，按肽链长轴方向平行排列在一起，相邻肽链的羰基和亚氨基之间（肽链间形成氢键）形成有规则的氢键的一种折叠片层结构。如蚕丝丝心蛋白几乎全部由堆积的反平行 β - 折叠结构组成。球状蛋白质中也广泛存在这种结构，如溶菌酶、核糖核酸酶、木瓜蛋白酶等球状蛋白质中都含有 β - 折叠结构。蛋白质分子的 β - 折叠结构如图 2 - 12 所示。

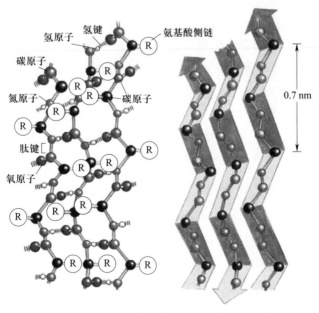

图 2 - 12　蛋白质分子的 β - 折叠结构示意图

（3）β-转角。β-转角又称β-弯曲或发夹结构，是球状蛋白质中发现的第三种二级结构，可占到球状蛋白质全部氨基酸残基的1/4。球状蛋白质分子肽链在盘旋过程中往往发生180°的急转弯，这种回折部位的构象即为β-转角。β转角的第二个氨基酸残基常为脯氨酸，其他残基有甘氨酸、天冬酰胺、天冬氨酸和色氨酸等。

常见转角含有4个氨基酸残基，有两种类型。转角Ⅰ型的主要特点表现为第一个氨基酸残基羰基氧与第四个残基的酰氨氮之间形成氢键，转角Ⅱ型的第三个残基多为甘氨酸，共同点是这两种转角中的第二个氨基酸残基大都是脯氨酸。蛋白质分子的β-转角结构如图2-13所示。

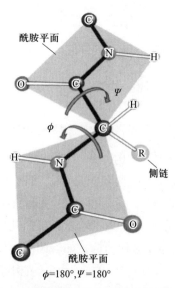

图2-13 蛋白质分子的β-转角结构示意图

（4）无规则卷曲。无规则卷曲也称自由回转，是指没有一定规律的松散结构，这是一种不规则的构象，是多肽主链多向性随机盘旋所形成的构象，常见于球状蛋白质分子中，使蛋白质肽链整体形成球状构象。

无规则卷曲不是任意形成的，在同一种蛋白分子的相应部位，无规则卷曲的具体位点和结构是完全一样的，是由一级结构决定的。因此，从某种意义上来说，无规则卷曲有规律可循，是一种稳定的构象。酶的功能部位常处于这种构象区域，使酶的活性中心具有柔性。

3. 蛋白质的三级结构

球状蛋白质在一级结构和二级结构的基础上，再进行三维多向性盘旋形成近似球状的构象称为蛋白质的三级结构。二级结构讨论的是共价主链的构象，而三级结构则涉及主链和侧链所有的原子和原子团的空间排布关系，但不讨论亚基间和分子间的排布。蛋白质的空间结构是由一级结构决定的，其中二级结构决定于氨基酸的短程顺序，三级结构决定于氨基酸的长程顺序。二硫键是维持三级结构唯一的共价键。维持蛋白质三级结构的主要作用键如图2-14所示。

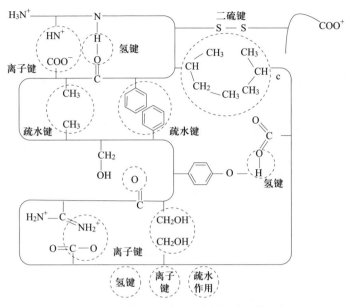

图 2 - 14　维持蛋白质三级结构的主要作用键

4. 蛋白质的四级结构

由多条肽链组成的蛋白质分子中，每一条肽链都独立形成三级结构，这样的三级结构单位再相互缔合，则形成了蛋白质的空间构象，即蛋白质的四级结构，这样的蛋白质被称为寡聚蛋白，寡聚蛋白分子中的每个结构单位称为一个亚基或亚单位。蛋白质的四级结构是指寡聚蛋白分子中亚基与亚基在空间上的相互关系和结合方式，亚基的数目和种类也是四级结构的研究内容，但不涉及亚基本身的构象（是三级结构研究内容）。血红蛋白的四级结构如图 2 - 15 所示。

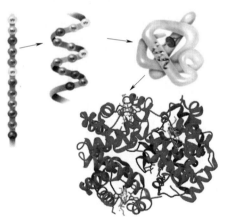

图 2 - 15　血红蛋白的四级结构

## 三、蛋白质结构与功能的关系

蛋白质是生命的物质基础。各种蛋白质都具有其特殊的生物学功能，而所有这些功能都取决于其特定的空间结构。蛋白质分子的一级结构是形成空间结构的物质基础，而蛋白质的生理功能是蛋白质分子特定的天然构象所表现的性质。

1. 蛋白质的一级结构与功能的关系

（1）一级结构是空间结构的基础。蛋白质的一级结构决定多肽链中氨基酸残基的种类、数量及排列顺序，也决定多肽链中氨基酸残基 R 侧链的位置，而 R 侧链的大小、性质又决定着肽链如何盘曲、折叠形成空间结构。因此蛋白质一级结构是其空间结构、理化性质和生理功能的分子基础。

（2）蛋白质有相似的高级结构与功能，因此常常通过比较蛋白质的一级结构来预测蛋白质的同源性。同源蛋白质是由同一基因进化而来的一类蛋白质，其一级结构、空间结构和生物学功能极为相似。同源蛋白质在进化过程中，构成空间结构活性部位的氨基酸残基的种类和空间排布是相对保守、不会改变的。例如，不同哺乳类动物的胰岛素分子的一级结构都是由 A 链和 B 链组成，除个别氨基酸有差异外，其二硫键的配对位置和空间结构极为相似，表明其关键活性部位相对保守，因此，在细胞内都执行着调节糖代谢等生理功能。

2. 蛋白质的空间结构与功能的关系

由一条多肽链组成的蛋白质形成的最高空间结构是三级结构，如肌红蛋白的三级结构是由 153 个氨基酸残基构成的单链球状蛋白质。蛋白质的三级结构由一级结构决定，多肽链中氨基酸残基数目、性质和排列顺序的不同，可以使其构成独特的三级结构，进而决定蛋白质特有的生物学功能。胰岛素尽管由 A、B 两条链构成，但两条链之间通过二硫键相连，而不是通过非共价键相连，使分子只能形成三级结构的空间构象，而不能形成四级结构。因此，胰岛素和肌红蛋白都是以三级结构发挥生物学功能。

由两条或两条以上多肽链组成的蛋白质具有四级结构，其一级结构不变而空间构象发生变化，导致其生物学功能改变的现象称为蛋白质的别构效应或变构效应。分子量较大（>55 000）的蛋白质多为具有四级结构的多聚体。具有四级结构的酶或蛋白质常处于代谢通路的关键部位，调节整个反应过程的速度，这种功能常常通过多聚体的别构作用而实现。组成蛋白质的各个亚基共同控制蛋白质分子完整的生物活性，对别构效应物作出反应。

血红蛋白是具有四级结构的蛋白质，存在于红细胞中，是运输氧气的主要物质。血红蛋白四聚体中每个亚基的 C 端都和其他亚基的 N 端或肽链中某些带电基团形成离子键，当 $O_2$ 与 $\alpha_1$ 亚基的血红素结合后，离子键断裂使其别构，对 $O_2$ 的亲和力增大，产生正协同效应，促使 $\alpha_2$ 亚基与 $O_2$ 结合，别构顺序是 $\alpha_1$、$\alpha_2$、$\beta_1$、$\beta_2$。血红蛋白（HB）四级结构如图 2 - 16 所示。

蛋白质的生理功能有赖于其特定的空间构象，当构象发生变化时，其功能也会随之发生变化。生物体内蛋白质的合成、加工和成熟过程极其复杂，其中多肽链的正确折叠对三维构象的形成和功能的发挥至关重要。若蛋白质在形成空间结构时发生折叠错误，会使其功能发生变化，严重时可引发疾病，称为蛋白质构象病。有些蛋白质错误折叠后形成抗蛋白水解酶的淀粉样纤维沉淀，从而产生毒性，导致疾病，如疯牛病、阿尔茨海默病、人纹状体脊髓变性病等。

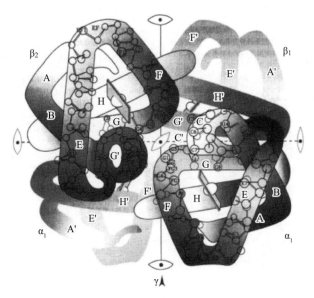

图 2 - 16 血红蛋白（HB）四级结构示意图

# 第四节 蛋白质的理化性质

## 一、蛋白质的两性电离

氨基酸的 α - 氨基和 α - 羧基已经用于形成肽键了，但在 N 末端和 C 末端还有游离的氨基和羧基，可发生解离。可解离基团主要来自氨基酸侧链。很多氨基酸的侧链有可解离基团，其中，有些可以进行酸性解离，如天冬氨酸和谷氨酸的侧链羧基、酪氨酸的酚羟基、半胱氨酸的巯基；有些能进行碱性解离，如赖氨酸的侧链氨基、精氨酸的胍基、组氨酸的咪唑基。如果是结合蛋白质，则辅基中可能也含有可解离基团。

一般情况下，pH 值低，有利于碱性解离，蛋白质中正电荷增加而负电荷减少，带正电荷；pH 值高，则有利于酸性解离，蛋白质中正电荷减少而负电荷增加，带负电荷。蛋白质的两性解离如图 2 - 17 所示。

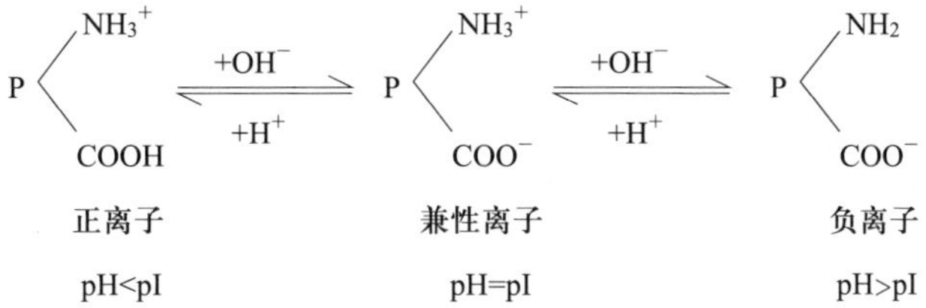

$$P \underset{COOH}{\overset{NH_3^+}{<}} \underset{+H^+}{\overset{+OH^-}{\rightleftharpoons}} P \underset{COO^-}{\overset{NH_3^+}{<}} \underset{+H^+}{\overset{+OH^-}{\rightleftharpoons}} P \underset{COO^-}{\overset{NH_2}{<}}$$

| 正离子 | 兼性离子 | 负离子 |
|---|---|---|
| pH<pI | pH=pI | pH>pI |

图 2 - 17 蛋白质的两性解离

在纯水中不受其他离子干扰时，使蛋白质带正负电荷相等的 pH 值称为该蛋白质的等电点（pI）。蛋白质等电点并非蛋白质的特征性常数，受溶液中盐种类和浓度等影响。

当 pH = pI 时，蛋白质以两性离子形式存在；当 pH < pI 时，蛋白质分子带正电荷；当 pH > pI 时，蛋白质分子带负电荷。大多数蛋白质的等电点在略偏酸性的范围内，这主要是由于羧基的解离度大于氨基的解离度。

一般情况下，酸性氨基酸含量越高，蛋白质 pI 就越低，碱性氨基酸含量越高，pI 就越高。具有可解离的氨基酸位于蛋白质分子内部，参与氢键、盐键的形成以及稳定蛋白质构象，这些氨基酸不会影响蛋白质表面的带电特性，对蛋白质的 pI 没有影响。如肌红蛋白中就有 5 个组氨酸残基分布在分子内部，虽然它们都是碱性氨基酸，但不影响肌红蛋白的 pI。蛋白质的 pI 与酸性氨基酸、碱性氨基酸的比例没有必然的数量关系。

在等电点时，蛋白质的各种物理性质，如溶解度、导电性、黏度都达到最小值。等电点时蛋白质净电荷为零，分子间排斥力消失，双电层被破坏，分子间容易发生聚集而沉淀。

## 二、蛋白质的胶体性质

分散介质在 1 ~ 100 nm 之间的溶液称为胶体溶液，这是在一定条件下能够保持稳定的分散系统。蛋白质相对分子质量大多在 1 万 ~ 100 万，分子大小属于胶体粒子的范围，因此，蛋白质溶液为胶体溶液，表现出很多胶体性质，如丁达尔效应、布朗运动、不能透过半透膜等。

蛋白质胶体溶液要保持稳定需具备两个因素：分子表面带同种电荷和分子表面形成水化层。蛋白质是亲水胶体，疏水氨基酸分布在分子内部，亲水氨基酸则分布在分子表面，亲水氨基酸和水分子之间以氢键连接，构成了蛋白质的结合水。大量亲水氨基酸的存在，使 1 g 蛋白质可结合 0.3 ~ 0.5 g 水，蛋白质表面水化层能有效防止蛋白质分子间聚集。蛋白质胶体颗粒的沉淀原理如图 2 - 18 所示。

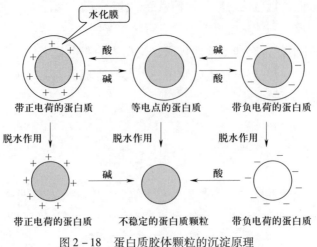

图 2 - 18 蛋白质胶体颗粒的沉淀原理

### 三、蛋白质的变性作用

天然蛋白质受到某些理化因素的作用，有序的空间结构被破坏，导致生物活性丧失，并伴随发生理化性质的异常变化，称为变性作用。蛋白质的变性作用涉及蛋白质二级、三级、四级结构的丧失，但一级结构仍保持不变，肽键不发生断裂，所以蛋白质变性前后分子量没有变化。

1. 蛋白质变性因素

蛋白质变性因素可以分为物理因素和化学因素。

（1）物理因素。如加热、紫外线、超声波、X 射线、高压、表面张力、剧烈振荡、搅拌、研磨等。

（2）化学因素。如酸、碱、有机溶剂、重金属盐、变性剂、生物碱试剂等。

2. 变性蛋白与天然蛋白的区别

变性蛋白与天然蛋白在很多性质上会有区别，主要表现在以下 3 个方面：

（1）理化性质的改变。变性蛋白由于疏水基团的外露，溶解度降低，因此，变性过程常伴随蛋白质的沉淀。同时，蛋白质溶液黏度增加，旋光性变化，等电点有所提高。由于色氨酸、酪氨酸和苯丙氨酸外露，蛋白质的紫外吸收值增加。

（2）生物活性丧失。这是蛋白质发生变性的最重要的标志。

（3）生物化学性质的改变。主要反映在变性后分子结构松散，容易被蛋白酶水解，熟食易于消化就是这个道理。

### 四、蛋白质的沉淀

蛋白质稳定需满足带同种电荷和形成水化层两个条件。破坏蛋白质表面电荷或水化层，稳定性就会下降，形成沉淀，这就是蛋白质的沉淀作用。沉淀作用与蛋白质变性作用是有区别的，发生沉淀作用时，蛋白质的空间结构仍保持原状，具有生物学活性，若恢复到原来的条件，蛋白质可重新溶解。

蛋白质沉淀方法有盐析法、重金属盐沉淀法、生物碱试剂和某些酸类沉淀法、有机溶剂沉淀法、等电点沉淀法以及热变性沉淀法等。

1. 盐析法

在盐浓度很低时，向蛋白质溶液中加入少量的中性盐，如氯化钠、氯化钾、硫酸铵、硫酸钠等，蛋白质溶解度增加，这种现象称为盐溶；当加入大量的中性盐后，蛋白质溶解度下降并发生絮状沉淀，这种现象称为盐析。

盐溶现象是由于少量中性盐有利于双电层的形成，增加了蛋白质和水的亲和力，促进了蛋白质溶解。而盐析现象的发生是由于高浓度的盐结合了大量水，破坏了水化层，加强了蛋白质间直接作用。盐析法是最常用的沉淀蛋白质的方法，不会导致蛋白质的变性。

2. 重金属盐沉淀法

当溶液 pH 值大于蛋白质 pI 时，蛋白质分子带负电荷，可与重金属如 $Hg^{2+}$、$Cu^{2+}$、

$Ag^+$、$Pb^{2+}$ 等结合，生成不溶性盐而沉淀，这种沉淀方法伴随蛋白质的变性。

3. 生物碱试剂和某些酸类沉淀法

生物碱是植物组织中具有显著生理作用的一类含氮的碱性物质。能够沉淀生物碱的试剂称为生物碱试剂。生物碱试剂一般为弱酸性物质，如单宁酸、苦味酸、三氯乙酸等。"柿石症"的产生就是由于空腹吃了大量的柿子，柿子中含有大量的单宁酸，使肠胃中的蛋白质凝固变性而成为不能被消化的"柿石"。

**【资料卡片】**

### 断肠草

断肠草是葫蔓藤科植物葫蔓藤，一年生的藤本植物。其主要的毒性物质是葫蔓藤碱。其中最负盛名的就是马钱科钩吻属的钩吻。钩吻的毒性在于其含有多种生物碱（包括钩吻碱）。一旦发现钩吻中毒的情况，应及时就诊。如果时间紧迫，可以先给误服钩吻者灌一些鹅血、鸭血、羊血，这在临床上已经证明有一定的疗效。

生物碱试剂沉淀蛋白质的机理，是由于在酸性条件下，蛋白质带正电，可以与生物碱试剂的酸根离子结合而产生沉淀。

4. 有机溶剂沉淀法

在蛋白质溶液中加入一定量的极性有机溶剂，如甲醇、乙醇、丙酮等，会导致蛋白质沉淀，这些极性有机溶剂可夺取蛋白质分子表面的水化层，使溶液介电常数下降，增加蛋白质分子间的静电作用，导致聚集而沉淀，这是沉淀蛋白质的常用方法。但有机溶剂的存在会使蛋白质变性，因此需在低温下操作，并尽可能缩短处理时间。

5. 等电点沉淀法

蛋白质在 pI 时溶解度最小，等电点沉淀不会导致蛋白质变性，只要调节 pH 值远离 pI，蛋白质会重新溶解。并非所有的蛋白质在 pI 都能发生沉淀。有些蛋白质亲水性较强，分子周围水化层较厚，即使处于等电点，由于有水化层的保护，分子之间也不会发生聚集沉淀，即使发生沉淀，沉淀得也不完全。

6. 热变性沉淀法

几乎所有的蛋白质在加热变性以后都会凝固沉淀，少量盐类的存在能促进凝固过程，而调节 pH 值至 pI 时，沉淀最为迅速完全（如豆腐的加工）。热变性沉淀的原理是：加热使蛋白质发生变性，分子空间结构被破坏，分布在分子内的疏水基团外露，蛋白质溶解度下降，分子表面的水化层也遭到破坏，分子间发生聚集而沉淀。当溶液 pH 值处于 pI 时，溶质分子间无斥力，这也是重要的促进沉淀的因素。

## 五、蛋白质的紫外吸收

蛋白质分子中含有具有共轭双键的酪氨酸和色氨酸残基，这些氨基酸的侧链基团具有紫外吸收能力，在 280 nm 波长处有特征性吸收峰。在此范围内，蛋白质溶液的光吸收值

（A280）与其质量分数成正比。因此，可利用蛋白质的这一特点测定溶液中蛋白质质量分数。蛋白质的紫外吸收光谱如图2-19所示。

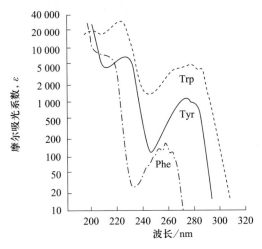

图2-19　蛋白质的紫外吸收光谱

## 六、蛋白质的颜色反应

### 1. 双缩脲反应

双缩脲反应是任何氨基酸都不具有的，因为其反应与肽键形成有关。双缩脲是两分子尿素脱氨缩合生成的产物。两分子双缩脲在碱性条件下与碱性硫酸铜作用，生成紫红色的络合物，这个反应称为双缩脲反应，如图2-20所示。

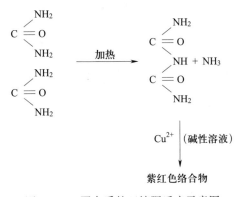

图2-20　蛋白质的双缩脲反应示意图

肽和蛋白质均具有双缩脲分子结构，有双缩脲反应。利用此反应，借助分光光度计可以测定蛋白质含量。需要特别注意的是，双缩脲反应的必要条件是具有至少两个酰胺键。一个二肽分子只有一个酰胺键，因而，二肽不具有双缩脲反应；而三肽分子内有两个肽键，从三肽开始，所有肽与蛋白质都具有该反应。因此，在蛋白质水解过程中，双缩脲反应呈阴性还不能断定蛋白质已完全水解为氨基酸。

**2. Folin - 酚反应**

蛋白质分子中含有酪氨酸，由于酪氨酸的酚羟基具有还原性，在碱性条件下，酪氨酸可使 Folin - 酚试剂（主要成分为磷钼酸和磷钨酸）还原生成蓝色化合物（钼蓝和钨蓝），此蓝色化合物最大吸收波长为 680 nm，利用此反应可以测定酪氨酸的质量分数。Folin - 酚法也是测定蛋白质质量分数的一种常用方法。

**3. 米伦试剂反应**

米伦试剂为 $HgNO_3$ 及 $Hg(NO_3)_2$、$HNO_3$ 及 $H(NO_3)_2$ 的混合物，加入蛋白质溶液后可产生白色沉淀，沉淀加热后变成红色，这是由于蛋白质分子结构中含有酚基。酪氨酸以及含酪氨酸的蛋白质均有此反应。

蛋白质的颜色反应很多（见表 2 - 4），氨基酸的颜色大多在蛋白质中保留了下来，如茚三酮反应、米伦氏反应、乙醛酸反应、坂口反应、黄色反应等，这些反应也可以用于蛋白质质量分数的测定。

表 2 - 4 　　　　　　　　　　　　蛋白质的颜色反应

| 反应基团 | 反应种类 | 作用 |
|---|---|---|
| 苯环（包括苯丙氨酸、色氨酸、酪氨酸） | 与浓硝酸作用产生黄色物质 | 黄蛋白反应，可以用于蛋白质的定性 |
| 酪氨酸的酚基 | （1）Folin - 酚试剂反应生成蓝色物质；（2）和重氮化合物反应生成橘黄色的物质；（3）与 $HgNO_3$、$Hg(NO_3)_2$ 和 $HNO_2$ 作用呈红色 | 可用于酪氨酸及蛋白质的定性定量分析；Pauly 反应的基础，用于检测酪氨酸；米伦氏（Millon）反应的基础，用于检测酪氨酸 |
| 色氨酸的吲哚基 | （1）与乙醛酸及浓硫酸作用生成紫红色物质；（2）与 Folin - 酚试剂反应生成蓝色物质 | 可用于酪氨酸及蛋白质的定性定量分析；Pauly 反应的基础，用于检测酪氨酸；米伦氏（Millon）反应的基础，用于检测酪氨酸 |
| 精氨酸的胍基 | （1）在碱性溶液中与 α - 萘酚和次溴酸盐作用生成红色物质；（2）与硝酸反应生成硝基取代产物 | 坂口氏（Sakaguchi）反应的基础，可以用于蛋白质定性检测；可作为胍基保护剂，用于人工合成肽 |
| 组氨酸的咪唑基 | 咪唑基中的亚氨基与三苯甲基或磷酸基结合 | 有保护咪唑基的作用 |
| 半胱氨酸的巯基 | （1）SH/ - S - S 之间相互转化；（2）氧化成磺酸基；（3）与烷化剂作用 | 组成氧化还原体系，维持蛋白质结构；半胱氨酸代谢中的反应，打开二硫键作为巯基酶的抑制剂 |
| 羟基（丝氨酸、酪氨酸） | 通过乙酰化、磷酸化作用成酯 | 在人工合成肽时保护羟基，生物体内对蛋白质修饰调控的手段 |

最常用的蛋白质测定方法有紫外吸收法、双缩脲法、Folin - 酚法、凯氏定氮法等。前面 3 种主要用于测定溶液状态的蛋白质的质量分数，而凯氏定氮法既可测定溶液状态，也可以测定固态样品中的蛋白质的质量分数。

# 第五节 氨基酸、蛋白质和多肽类药物简介

## 一、分类及作用

1. 氨基酸及其衍生物类药物的分类

氨基酸是构成蛋白质的基本单位，是具有高度营养价值的蛋白质的补充剂，广泛应用于医药、食品、动物饲料和化妆品的制造。氨基酸在临床上主要用来制备复方氨基酸输液，也可用作治疗药物和合成多肽类药物。目前，用作药物的氨基酸有100多种。根据其功能不同可以分为以下4种：

（1）治疗消化道疾病的氨基酸及其衍生物，主要有谷氨酸及其盐酸盐、谷氨酰胺、乙酰谷氨酰胺铝、甘氨酸及其铝盐、磷酸甘氨酸铁等。

（2）治疗肝病的氨基酸及其衍生物，主要有精氨酸盐、谷氨酸钠、甲硫氨酸、瓜氨酸等。

（3）治疗脑及神经系统疾病的氨基酸及其衍生物，主要有谷氨酸钙盐及镁盐、氢溴酸、谷氨酸、色氨酸、5-羟色氨酸及左旋多巴等。

（4）用于肿瘤治疗的氨基酸及其衍生物，主要有偶氮丝氨酸、氯苯丙氨酸、磷天冬氨酸及重氮氧代正亮氨酸等。

2. 多肽和蛋白质类药物的分类

多肽和蛋白质类药物共同的化学本质是由氨基酸以α肽键形成，因此，各多肽或蛋白质之间性质相似，但相对分子质量与生物功能差异较大。这类药物又可进一步细分为多肽、蛋白质类激素和细胞生长因子3类。其中，来源于动植物有机体的多肽和蛋白质类药物称为生化药物，来源于基因工程菌表达生产的多肽、蛋白质类药物称为基因工程药物。

## 二、常见药物

1. 氨基酸及其衍生物类药物

氨基药物有单一氨基酸制剂和复方氨基酸制剂两种。前者如胱氨酸用于抗过敏、治疗肝炎及白细胞减少症；蛋氨酸用于防治肝炎、肝坏死、脂肪肝；精氨酸、鸟氨酸用于治疗肝昏迷；谷氨酸用于治疗肝昏迷、神经衰弱和癫痫病；复方氨基酸主要为患者提供合成蛋白质的原料，以补充消化道摄取的不足。复方氨基酸制剂有以下3类：

（1）水解蛋白注射液。由天然蛋白经酸解或酶解制成的氨基酸复方制剂，因成分中含有小肽物质，不能长期大量使用，以防不良反应，已逐渐为复方氨基酸注射液所替代。

（2）复方氨基酸注射液。由多种单一纯品氨基酸根据需要按比例配制而成，有时还添加高能物质、维生素、糖类和电解质，如由氨基酸与右旋糖酐或乙烯吡咯酮配合而成的复方

氨基酸注射液，已成为较好的血浆代用品。

（3）要素膳。由多种氨基酸、糖类、脂类、维生素、微量元素等各种成分组成的经口或鼻饲，为病人提供营养的代餐制剂。有些氨基酸的衍生物具有特殊的医疗价值。如 N－乙酰半胱氨酸，是全新的黏液溶解剂，用于治疗咯痰困难；L－多巴（L－二羟苯丙氨酸）是治疗帕金森病的最有效药物；S－甲基半胱氨酸能降血脂；S－氨基甲酰半胱氨酸有抗癌作用。

2. 多肽和蛋白质类药物

（1）多肽类药物。活性多肽由多种氨基酸按一定的顺序连接起来，与蛋白质相比，分子质量一般较小，多数无特定的空间构象。某些有一定构象的多肽，其构象的坚固性也远不如蛋白质，构象的浮动性很大。多肽在生物体内浓度很低，但活性很强，对机体生理功能的调节起着非常重要的作用。应用于临床的多肽类药物已有 30 多种，如催产素（9 肽）、加压素（9 肽）、促肾上腺皮质激素（ACTH，39 肽）、胰高血糖素（29 肽）、降钙素（32 肽）等。

（2）蛋白质类药物。蛋白质类药物有单纯蛋白与结合蛋白两类。单纯蛋白类药物的种类最多，常见的有白蛋白、人丙种球蛋白、血纤维蛋白、抗血友病球蛋白、鱼精蛋白、胰岛素、生长素、催乳激素、明胶等。结合蛋白主要有糖蛋白、脂蛋白、色蛋白等。此外，人绒毛膜促性腺激素、促甲状腺激素、促卵泡激素、促黄体激素、胃膜素及植物凝集素等均属于糖蛋白类。

特异免疫球蛋白制剂的发展十分引人注目，如丙种球蛋白 A、丙种球蛋白 M、抗淋巴细胞球蛋白，以及从人血中分离纯化的对麻疹、水痘、破伤风、百日咳、带状疱疹、腮腺病毒有强烈抵抗作用的特异免疫球蛋白制剂等。

3. 生长因子类药物

细胞生长因子的主要功能是对靶细胞起调节作用，并在靶细胞上存在着相应生长因子特性受体位点。细胞生长因子有别于营养因子，营养因子会被细胞所同化，细胞生长因子不受细胞的同化作用。目前，已经发现的细胞生长因子均为多肽与蛋白质类。

4. 酶类药物

绝大多数酶都属于蛋白质。由于酶具有特殊的生物催化活性，故将它们从蛋白质中单列出来进行介绍。目前，酶类药物已经广泛用于疾病的诊断和治疗。按功能的不同，可将酶类药物细分为下列 5 类：

（1）促消化酶类。这类酶广泛存在于人体的消化道中，对食物中的生物大分子（主要是蛋白质、糖和脂类）进行分解。当由于某些原因，人体内这类酶分泌不足时，会消化不良，此时就要补充相应的酶。应用于临床的常见促消化酶类有胃蛋白酶、胰酶、凝乳酶、纤维素酶和淀粉酶等。

（2）消炎酶类。该类酶具有抗菌消炎之功效。如溶菌酶、胰蛋白酶、糜蛋白酶、菠萝蛋白酶、无花果蛋白酶等用于消炎、消肿、清疮、排脓和促进伤口愈合，胶原蛋白酶用于治疗褥疮和溃疡，木瓜凝乳蛋白酶用于治疗椎间盘突出症，胰蛋白酶还用于治疗毒蛇咬伤。

（3）治疗心血管疾病的酶类。弹性蛋白酶能降低血脂，用于防治动脉粥样硬化。激肽释放酶有扩张血管、降低血压等作用。某些酶制剂对溶解血栓有独特效果，如尿激酶、链激酶、纤溶酶及蛇毒溶栓酶。

（4）抗肿瘤类。L–门冬酰胺酶用于治疗淋巴肉瘤和白血病。谷氨酰胺酶、蛋氨酸酶、酪氨酸氧化酶也有不同程度的抗癌作用。

（5）其他酶类。超氧化物歧化酶（SOD）用于治疗类风湿性关节炎和放射病。PEG–腺苷脱氨酶（PEG-adenase bovine）用于治疗严重的联合免疫缺陷症。DNA 酶和 RNA 酶可降低痰液黏度，用于治疗慢性气管炎。细胞色素 C 用于组织缺氧急救，透明质酸用于药物扩散剂，青霉素酶可治疗青霉素过敏。

## 三、氨基酸、蛋白质和多肽类药物发展现状和前景

我国已经成为世界氨基酸的主要供应国，成为全球氨基酸市场主要的供应地，影响着全球市场的变化。在氨基酸的市场及利润驱动下，我国的氨基酸生产企业数量及生产能力急速扩张，生产规模不断扩大。

目前，我国氨基酸产量大幅增多，企业间在技术提升和产业创新上差异不大，同质性竞争较为激烈，氨基酸生产行业急需在高科技和新理念方面作长期规划和全面提升。同时，由于缺乏自主知识产权，部分产品在进入国际市场时受到严格限制。例如，赖氨酸及其盐作为饲用氨基酸，约一半产量进入国际市场。随着产能增幅继续扩大，产量随之增长，国际市场的竞争会更加激烈。因此，提高产品层次，扩大内需，建立知识产权体系是今后发展的重点。

随着我国经济的快速发展，城乡居民生活质量提高，消费观念与消费习惯逐渐改变，氨基酸保健品由过去的奢侈品向日常用品演变，其市场范围逐渐扩大。尽管我国保健品生产与消费市场发展迅速，但与营养保健品市场发达的国家相比仍有较大的差距，因此，具有免疫调节、抗衰老、抗疲劳功效的氨基酸产品在国内市场潜力巨大。

我国从事多肽药物研发生产的企业数量较多，但规模小、市场集中度低，同业竞争激烈。尽管我国在多肽原料生产方面已初具规模，但多为低于 10 个氨基酸的初级产品，高端多肽原料依然依赖进口。随着国内加大对多肽药物的研发投入，虽然外资企业依旧占据一定优势，但本土企业也在崛起。

多肽药物的稳定性是制约其发展的一个重要因素，为了增强多肽结构的稳定性，科研人员致力于通过对多肽结构进行改造和增加屏障，来实现稳定性的优化。对多肽进行改造是将多肽改造成环型，修饰氨基酸骨架，插入非天然氨基酸，替换个别氨基酸，偶联聚乙二醇、脂质和蛋白质等结构，延长蛋白的半衰期，来增加多肽的稳定性，减少多肽药物的注射频率。

随着技术的进步，近年来，给药不便和生产成本高这两大瓶颈均已有一定突破，促成了多肽药物的爆发性增长。首先，给药技术的创新缓解了患者使用多肽药物的不便，推动了多肽药物的发展。其次，多肽药物生产成本的下降激发了制药企业的积极性，提高了多肽药物的普及率。并且，随着仿制药的兴起和多肽技术及生产设备向发展中国家转移，多肽药物定

制生产服务的扩大，跨国制药企业将多肽制备等工艺研发生产环节外包给专业的多肽制造企业（CMO），开展专业化分工，带动了多肽制备技术的迅猛发展，也促进了技术进步和规模效应的发挥，使多肽药物的生产成本逐步下降。

近年来，利用现代生物技术合成的多肽药物已成为药物研发的热点之一，其因适应性广、安全性高且疗效显著，目前已广泛应用于肿瘤、肝炎、糖尿病、艾滋病等疾病的预防、诊断和治疗，具有广阔的开发前景。

由于多肽药物研发难度高，价格比较昂贵，市场主要集中在北美和欧洲等地的发达国家，全球大型药企也加大对多肽药物的布局力度和研发力度，并收购、并购了不少上市药物企业。不过随着2015—2019年多肽专利药大量到期，仿制药大量上市，中国、印度等新兴经济体将与欧美国家争夺部分市场，多肽原料药厂家将受益于仿制药市场的增长。

## 练习与应用

### 一、名词解释

1. 蛋白质一级结构　2. 蛋白质变性　3. 蛋白质等电点　4. 肽　5. 肽键　6. 盐析

### 二、填一填

1. 组成蛋白质的元素主要有_____，构成天然蛋白质的氨基酸有300种，但构成人体蛋白质的氨基酸仅有_____种。

2. 维持蛋白质一级结构的化学键是_____。

3. 维持蛋白质空间结构的非共价键有_____、_____、_____、_____等键和二硫键。

### 三、选一选

1. 蛋白质的组成基本单位是（　　）。

A. 多肽　　　　　　　B. 二肽　　　　　　　C. 氨基酸　　　　　　　D. 一级结构

2. 蛋白质中的氮含量约占（　　）。

A. 6.25%　　　　　　B. 10%　　　　　　　C. 19%　　　　　　　D. 16%

3. 蛋白质变性是由于（　　）。

A. 蛋白质一级结构的改变　　　　　　B. 蛋白质亚基的解聚

C. 蛋白质空间构象被破坏　　　　　　D. 某些酸类沉淀蛋白质

4. 蛋白质分子中，维持一级结构的主要化学键是（　　）。

A. 氢键　　　　　　　B. 肽键　　　　　　　C. 二硫键　　　　　　　D. 盐键

5. 组成蛋白质的氨基酸共有（　　　）。

A. 20 种　　　　　　B. 64 种　　　　　　C. 4 种　　　　　　D. 8 种

6. 某患者的营养配餐样品中氮的含量为 2 g，其蛋白质的含量为（　　　）g。

A. 6. 25　　　　　　B. 12. 5　　　　　　C. 25　　　　　　D. 32

7. （　　　）不是引起蛋白质变性的化学因素。

A. 强酸　　　　　　B. 强碱　　　　　　C. 煮沸　　　　　　D. 乙醇

8. 只有一条肽链的蛋白质必须具备（　　　）结构才有生物学功能。

A. 一级　　　　　　B. 二级　　　　　　C. 三级　　　　　　D. 四级

9. 血红蛋白变性后（　　　）。

A. 一级结构改变，生物活性改变

B. 并不改变一级结构，仍有生物活性

C. 肽键断裂，生物活性丧失

D. 空间构象改变，但仍有生物活性

10. 亚基是指具有（　　　）结构的多肽链。

A. 一级　　　　　　B. 二级　　　　　　C. 三级　　　　　　D. 四级

## 四、做一做

1. 组成蛋白质的基本单位是什么？结构有何特点？其组成元素有哪些？哪种元素可用于蛋白质定量？

2. 维持蛋白质胶体溶液稳定的因素是什么？

3. 举例说明多肽和蛋白质类药物的特点及药理作用。

4. 举例说明临床常用氨基酸类药物的特点及药理作用。

5. 什么是蛋白质的一级结构？与高级结构的关系是什么？

6. 简述常用的沉淀蛋白质的方法及原理。

# 实训一　果蔬中蛋白质含量的测定（考马斯亮蓝法）

## 一、实验目的

1. 掌握蛋白质测定的方法和技术。

2. 了解果蔬中蛋白质的含量。

## 二、实验原理

考马斯亮蓝 G - 250 在酸性游离状态下呈棕红色，最大光吸收在 465 nm 处，当它与蛋白质结合后变为蓝色，最大光吸收在 595 nm 处。在一定的蛋白质浓度范围内，蛋白质 – 染料复合物在波长为 595 nm 处的光吸收与蛋白质的质量分数成正比，通过测定 595 nm 处光吸收的增加量可知与其结合蛋白质的量。

### 三、实验器材

1. 可见光分光光度计。
2. 旋涡混合器。
3. 试管 16 支。

### 四、实验试剂

1. 标准蛋白质溶液 – 牛血清蛋白（BSA）：配制成 1.0 mg/mL 和 0.1 mg/mL 的标准蛋白质溶液。
2. 考马斯亮蓝 G – 250 染料试剂：称 100 mg 考马斯亮兰 G – 250，溶于 50 mL 95% 的乙醇后，再加入 120 mL 85% 的磷酸，用水稀释至 1 L。
3. 0.05 mol/L Tris – HCl 缓冲液（pH 6.8）。
4. 各种果蔬。

### 五、实验操作

1. 标准曲线绘制：取 6 支试管，按表 2 – 5 加入各试剂。

表 2 – 5 　　　　　　　标准曲线绘制各组试剂的添加步骤

| 试剂 ＼ 管号 | 0 | 1 | 2 | 3 | 4 | 5 |
|---|---|---|---|---|---|---|
| 100 μg/mL 牛血清蛋白溶液/mL | 0 | 0.2 | 0.4 | 0.6 | 0.8 | 1 |
| 蒸馏水/mL | 1 | 0.8 | 0.6 | 0.4 | 0.2 | 0 |
| 考马斯亮蓝液/mL | 5 | 5 | 5 | 5 | 5 | 5 |

加入考马斯亮蓝 G – 250 蛋白试剂后，摇匀，放置 2 min 后，在 595 nm 波长下比色测定，记录 A595。以各管相应标准蛋白质含量（g）为横坐标、A595 为纵坐标，绘制标准曲线。

2. 样品制备：称取 1 g 待测新鲜植物样品置于冰浴上的研钵内，加入 1 mL $H_2O$ 或 0.05 mol/L Tris – HCl 缓冲液（pH 6.8）研成匀浆，转入离心管，再用 2 mL 水或缓冲液将附着在研钵壁上的研磨样品洗下并全部转入离心管，在 3 500 rpm 转速下离心 15 ~ 20 min，其上清液即为蛋白质提取液，供分析用（注：盘菜、萝卜稀释至 10 mL）。

3. 样品测定：试管中加自制蛋白质样品 1.0 mL，再加入 5.0 mL 考马斯亮蓝 G – 250 试剂，摇匀，放置 5 min 后，在 595 nm 波长下比色，记录 A595。

### 六、实验结果

根据所测 A595，从标准曲线上查得蛋白质含量。

## 七、注意事项

1. 如果测定要求很严格，可以在试剂加入后的 5 ~ 20 min 内测定光吸收，因为在这段时间内颜色是最稳定的。比色反应需在 1 h 内完成。

2. 测定中，蛋白 – 染料复合物会有少部分吸附于比色杯壁上，实验证明此复合物的吸附量是可以忽略的。不可使用石英比色皿（因不易洗去染色），可用塑料或玻璃比色皿，测定完后可用 95% 的乙醇将蓝色的比色杯洗干净。

# 实训二 蛋白质沉淀、变性反应

## 一、实验目的

1. 了解蛋白质的一些理化性质，认识蛋白质的可逆反应和不可逆反应。
2. 了解蛋白质的沉淀反应、变性作用和凝固作用的原理及其相互关系。

## 二、实验原理

蛋白质是由氨基酸组成的大分子化合物，其分子量颇大，大部分介于一万到百万之间，是一种亲水胶体。蛋白质分子表面的亲水基团（ – OH、 – COOH、 – NH$_3$，以及肽键）在水溶液中能与水分子起水化作用，使蛋白质分子表面形成一个水化层。

蛋白质分子表面上的可解离基团，在适当的 pH 值条件下，都带有相同的净电荷，与其周围的反离子构成稳定的双电层。由于蛋白质溶液具有水化层和双电层两方面的稳定因素，所以胶体系统是相当稳定的。在一定物理化学因素（如盐析、重金属离子、有机酸、无机酸和加热）影响下，蛋白质颗粒失去电荷、脱水甚至变性，以固态形式从溶液中析出，这个过程称为蛋白质的沉淀反应。这种反应可分为两种类型：（1）可逆沉淀反应，蛋白质分子内部结构并未发生显著变化，基本保持原有的性质，沉淀因素除去后，能溶于原来的溶剂中；（2）不可逆沉淀反应，蛋白质分子内部结构、空间构象遭到破坏，失去原来的天然性质。

蛋白质溶液的沉淀稳定是相对的，有条件的。如果条件发生改变，破坏了蛋白质溶液的稳定性，蛋白质就会从溶液中沉淀出来。蛋白质沉淀变性的常见方法见表 2 – 6。

表 2 – 6　　　　　　　　　　　蛋白质沉淀变性的常见方法

| 常用方法 | 原理 | 常用试剂 | 应用 |
| --- | --- | --- | --- |
| 盐析 | 破坏蛋白质胶体溶液的水化层和电荷层 | 硫酸铵、硫酸钠、磷酸钠、氯化钠、硫酸镁 | 分离和纯化蛋白质 |

续表

| 常用方法 | 原理 | 常用试剂 | 应用 |
|---|---|---|---|
| 有机试剂沉淀 | 降低水的介电常数和蛋白质的溶解度 | 乙醇、丙酮、甲醇 | 低温乙醇提取血液中的蛋白质 |
| 强酸、强碱沉淀 | 破坏蛋白质分子结构 | 盐酸、硫酸、硝酸、氢氧化钠 | 灭活病毒 |
| 加热沉淀 | 破坏蛋白质分子结构 | | 鸡蛋、肉类等加工 |
| 重金属盐沉淀 | 生成不溶性盐 | 苦味酸、鞣酸、三氯醋酸 | 重金属盐的病人 |
| 有机酸沉淀 | 生成不溶性盐 | 磺基水杨酸等生物碱试剂 | 沉淀蛋白滤液等 |

## 三、实验材料及设备

1. 材料

蛋白质溶液：取 10 mL 鲜鸡蛋清，用蒸馏水稀释至 100 mL，搅拌后用 4~8 层纱布过滤，新鲜配制。

蛋白质氯化钠溶液：取 20 mL 蛋清，加蒸馏水 200 mL 和饱和氯化钠溶液 100 mL，充分搅匀后用 4~8 层纱布滤去不溶物（加氯化钠的目的是溶解球蛋白）。

2. 试剂

3% 硝酸银、0.5% 乙酸铅、10% 三氯乙酸溶液、饱和硫酸铵溶液、10% 氢氧化钠溶液、浓盐酸、浓硫酸、浓硝酸、5% 磺基水杨酸、0.1% 硫酸铜、饱和硫酸铜溶液、0.1% 乙酸、10% 乙酸、饱和氯化钠溶液、硫酸铵粉。

3. 器材

水浴锅、漏斗、滤纸、吸管、试管及试管架、量筒等。

## 四、实验内容

1. 蛋白质的可逆反应 – 蛋白质的盐析

按照表 2-7 进行实验操作，注意观察记录现象，解释实验结果并得出结论。

表 2-7　　　　　　　　　蛋白质的盐析步骤

| 步骤 | 现象 | 解释结论 |
|---|---|---|
| 取一支试管，加入 3 mL 蛋白质氯化钠溶液和等量的饱和硫酸铵溶液，混匀，静置 10 min | 观察有无蛋白质（球蛋白）的沉淀 | |
| 过滤后，向滤液中加入硫酸铵粉末，边加边用玻璃棒搅拌，直至粉末不再溶解，直至饱和 | 观察有无沉淀（清蛋白）析出 | |
| 静置，弃去上清液，取出部分清蛋白，加少量蒸馏水 | 观察沉淀的再溶解 | |

2. 蛋白质的不可逆反应

（1）重金属离子沉淀蛋白质（3 支试管）。按照表 2-8 进行实验操作，注意观察记录现象，解释实验结果并得出结论。

**表2-8** 重金属离子沉淀蛋白质的步骤

| 分组 | 操作 | 现象 | 操作 | 现象 |
|---|---|---|---|---|
| 试管1 | ① 1 mL 蛋白质溶液；<br>② 3~4 滴 3% 硝酸银溶液 | | ③过量的硝酸银 | |
| 试管2 | ① 1 mL 蛋白质溶液；<br>② 1~3 滴 0.5% 乙酸铅 | | ③过量的乙酸铅 | |
| 试管3 | ① 1 mL 蛋白质溶液；<br>② 3~4 滴 0.1% 硫酸铜 | | ③过量的硫酸铜 | |

（2）有机酸沉淀蛋白质（2支试管）。按照表2-9进行实验操作，注意观察记录现象，解释实验结果并得出结论。

**表2-9** 有机酸沉淀蛋白质的步骤

| 分组 | 操作 | 现象 |
|---|---|---|
| 试管1 | ① 0.5 mL 蛋白质溶液；<br>② 数滴 10% 三氯乙酸溶液 | |
| 试管2 | ① 0.5 mL 蛋白质溶液；<br>② 数滴 5% 磺基水杨酸溶液 | |

（3）无机酸沉淀蛋白质（3支试管）。按照表2-10进行实验操作，注意观察记录现象，解释实验结果并得出结论。

**表2-10** 无机酸沉淀蛋白质的步骤

| 分组 | 操作 | 现象 | 操作 | 现象 |
|---|---|---|---|---|
| 试管1 | ① 15 滴浓盐酸；<br>② 沿管壁加入6滴蛋白质溶液，勿摇 | | ③振荡 | |
| 试管2 | ① 15 滴浓硫酸；<br>② 沿管壁加入6滴蛋白质溶液，勿摇 | | ③振荡 | |
| 试管3 | ① 15 滴浓硝酸；<br>② 沿管壁加入6滴蛋白质溶液，勿摇 | | ③振荡 | |

（4）加热沉淀蛋白质。按表2-11进行实验操作。

**表2-11** 加热沉淀蛋白质的步骤

| 管号　　试剂 | 蛋白质溶液 | 0.1%乙酸 | 10%乙酸 | 饱和氯化钠 | 10%氢氧化钠 | 纯净水 |
|---|---|---|---|---|---|---|
| 1 | 10 | — | — | — | — | 7 |
| 2 | 10 | 5 | — | — | — | 2 |
| 3 | 10 | — | 5 | — | — | 2 |
| 4 | 10 | — | 5 | 2 | — | — |
| 5 | 10 | — | — | — | 2 | 5 |

取试管 5 支按表 2 - 11 添加试剂和操作（单位：滴），注意观察记录现象，解释实验结果并得出结论。

加热沉淀蛋白质的总结见表 2 - 12。

表 2 - 12　　　　　　　　　　加热沉淀蛋白质的总结

| 步骤<br>编号 | 混匀 | 沸水浴中加热 10 min | 中和 | 过量的酸或碱 |
|---|---|---|---|---|
| 1　蛋白质 + 纯净水 | | | | |
| 2　蛋白质 + 1% 乙酸 + 纯净水 | | | | |
| 3　蛋白质 + 10% 乙酸 + 纯净水 | | | | |
| 4　蛋白质 + 10% 乙酸 + 饱和氯化钠 | | | | |
| 5　蛋白质 + 10% 氢氧化钠 + 纯净水 | | | | |

注：卵清蛋白的 PI（等电点）= 4.7；"+"表示沉淀；"-"表示沉淀未生成，或沉淀溶解；沉淀的多少，以"+"的多少表示。

## 五、注意事项

实验操作强酸、强碱时，一定要注意自身和同学的安全，防止强酸、强碱接触衣服、鞋和皮肤。为观察到正常现象，需将试管洗刷洁净。浓度较高的蛋白质溶液，实验现象更明显。变性蛋白质一般易于沉淀，但也可不变性而使蛋白质沉淀，在一定条件下，变性的蛋白质也可不发生沉淀。

## 六、思考题

1. 蛋白质分子中哪些基团分别可以与重金属离子和有机酸作用而使蛋白质沉淀？
2. 举例说明蛋白质变性和沉淀之间的关系。从原理上说明一个蛋白质沉淀的实用例子。

# 第三章

# 核酸化学

 **学习目标**

**知识目标**

掌握：核酸分类，核酸、核苷酸、核苷和碱基的基本概念和结构，核酸的理化性质。

熟悉：核酸的生物学作用，药物对核酸代谢的影响。

了解：遗传信息的传递，相关疾病和基因工程等知识，核酸类药物及其发展。

**技能目标**

知道核酸的基本结构和功能，药物对核酸的合成会产生影响。

## 【任务引入】

1869 年，瑞士科学家米歇尔（Miescher）在研究中发现了酸性含磷化合物，命名为"核质"。1944 年，艾弗里（Avery）、麦克劳德（Macleod）和麦卡蒂（Mccarty）发表了著名的肺炎双球菌实验结论：核酸（DNA）是遗传物质。本章就带领大家去认识什么是核酸，核酸的结构、功能、理化性质，为进一步学习遗传相关知识打下基础。

# 第一节　概述

## 【资料卡片】

### 核酸是如何发现的

生命体是怎么从无到有的？为什么"种瓜得瓜，种豆得豆"？1869 年，瑞士科学家米歇尔在研究中发现了酸性含磷化合物，命名为"核质"，实际上是含蛋白质的核酸制品。20 年后，阿尔特曼（Altmann）纯化得到了不含蛋白质的核酸制品，称为核酸。1893 年，德国的科塞尔（Kossel）认识到染色质是由核酸和组蛋白组成的，认为核质与新组织的形成有关。

但当时生物学界主导观念是"生命就是蛋白质体",科塞尔未能跳出束缚,没有认识到核质是遗传物质,并于1905年改为研究细胞核中碱性蛋白质。1944年,艾弗里、麦克劳德和麦卡蒂发表了著名的肺炎双球菌实验结论——核酸(DNA)才是遗传物质,从此,人类就围绕核酸展开了一系列研究,最终解开了遗传的秘密。

## 一、核酸如何分类

从1869年瑞士的青年科学家米歇尔发现核酸起,不断的研究证明,核酸存在于任何有机体中,包括病毒、细菌、动植物等。核酸是一类含有磷和氮、酸性较强的高分子化合物,它的基本构成单位是单核苷酸。核酸根据所含戊糖的不同,可以分为脱氧核糖核酸(DNA)和核糖核酸(RNA)两大类。

## 二、核酸的分布

DNA主要集中在细胞核内。线粒体、叶绿体也含有DNA。DNA是遗传物质,是遗传信息的载体,相对分子质量一般在$10^6$以上。DNA分布在染色体内,是染色体的主要成分。原核生物无细胞核,染色体含有一条高度压缩的DNA。真核细胞含不止一条染色体,每个染色体只含一个DNA分子。

RNA主要分布在细胞质中。各种病毒都含核蛋白,其核酸要么是DNA,要么是RNA,至今未发现两者都含有的病毒。

## 三、核酸有何作用

DNA是遗传信息的载体,遗传信息的传递是通过DNA的自我复制完成的。

RNA在蛋白质生物合成中起重要作用。动物、植物和微生物细胞内都含有以下3种主要的RNA:

1. 核糖体RNA(rRNA)

核糖体RNA的质量分数大,占细胞RNA总量的80%左右,是构成核糖体的骨架,是蛋白质生物合成的场所。

2. 转运RNA(tRNA)

转运RNA约占细胞RNA总量的15%,在蛋白质的生物合成中具有转运氨基酸的作用。

3. 信使RNA(mRNA)

信使RNA约占细胞RNA总量的5%,其生物学功能是转录DNA上的遗传信息并指导蛋白质的合成,作为蛋白质合成的模板。

## 四、遗传信息如何传递

DNA处于生命活动的中心位置,是传统信息的携带者,储藏着遗传信息,使生物体的后代能保持亲代的生命特征。能编码生物活性产物的DNA片段称为基因(gene),基因具有进行自我复制，把遗传信息传给子代的能力。这样的传递首先要进行 DNA 的合成，合成时是以原来的 DNA 为模版，合成新的与母代相同的 DNA，这一过程称为复制；然后以新的 DNA 作为模版，合成 RNA 的过程称为转录；最后以 3 种 RNA 联合作用翻译成蛋白质。遗传信息中心法则如图 3 - 1 所示。

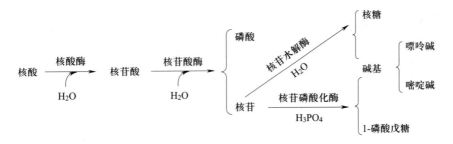

图 3 - 1　遗传信息中心法则

从 DNA 复制到翻译为蛋白质的这一过程，显示了生物遗传信息的传递方向，通常把这一传递方向称为生物遗传学的"遗传中心法则"。另有些病毒分子中，只含有 RNA，缺乏 DNA，它的传递方向与"中心法则"不同，是由 RNA 到 DNA，称为逆转录。

## 第二节　核酸的基本结构

### 一、核酸单位的构成

核酸经彻底水解后，可得到 3 类物质：磷酸、戊糖、碱基。

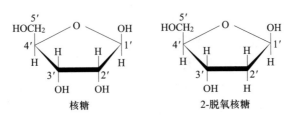

1. 磷酸

磷酸即无机磷酸。

2. 戊糖

核酸中的戊糖有两类：D - 核糖和 D - 2 - 脱氧核糖。核酸就是根据所含戊糖的不同分为 RNA 和 DNA。

核糖　　　　　　　　2-脱氧核糖

### 3. 碱基

核酸中的碱基根据结构分两类：嘧啶碱和嘌呤碱。

其中 RNA 中主要含腺嘌呤、鸟嘌呤、胞嘧啶、尿嘧啶，DNA 中含腺嘌呤、鸟嘌呤、胞嘧啶、胸腺嘧啶。

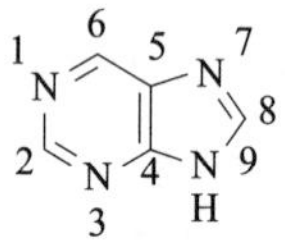

嘌呤碱 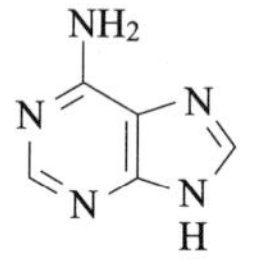    腺嘌呤 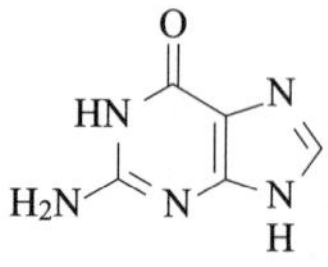    鸟嘌呤

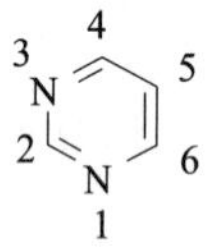

嘧啶碱 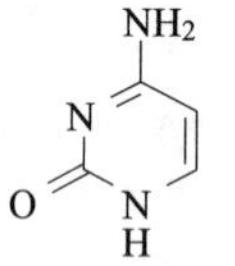    胞嘧啶 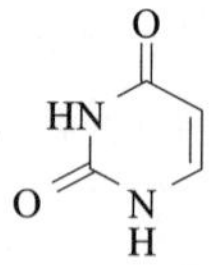    尿嘧啶 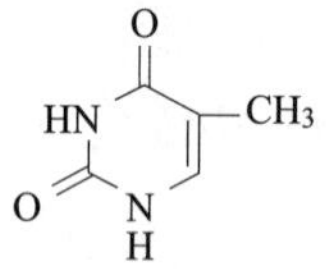    胸腺嘧啶

嘧啶碱是母体化合物嘧啶的衍生物。核酸中常见的嘧啶有 3 种：胞嘧啶、尿嘧啶和胸腺嘧啶。植物 DNA 中有相当量的 5′- 甲基胞嘧啶。在一些大肠杆菌噬菌体中 5′- 羟甲基胞嘧啶代替了胞嘧啶。

嘌呤碱是母体化合物嘌呤的衍生物。核酸中常见的嘌呤有两种：腺嘌呤和鸟嘌呤。

两种核酸基本化学组成比较见表 3 - 1。

表 3 - 1　　　　　　　　　　　　两种核酸基本化学组成

| 核酸的成分 | DNA | RNA |
|---|---|---|
| 嘌呤碱 | 腺嘌呤（A）<br>鸟嘌呤（G） | 腺嘌呤<br>鸟嘌呤 |
| 嘧啶碱 | 胞嘧啶（C）<br>胸腺嘧啶（T） | 胞嘧啶<br>尿嘧啶（U） |
| 戊糖 | D - 2 - 脱氧核糖 | D - 核糖 |
| 酸 | 磷酸 | 磷酸 |

## 二、核酸基本单位——单核苷酸

### 1. 核苷

（1）定义。戊糖和碱基缩合而成的化合物。

（2）戊糖与碱基间的连接方式。糖环上的 $C_1$ 与嘧啶碱的 $N_1$ 和嘌呤碱的 $N_9$ 相连接。这种糖与碱基之间的连接键是 N—C 键，称为 N - 糖苷键。

核苷可分为核糖核苷和脱氧核糖核苷两大类。腺嘌呤核苷、胞嘧啶脱氧核苷的结构（为区别碱基环中的标号，糖环中的碳原子标号用 1′，2′，…表示）如下：

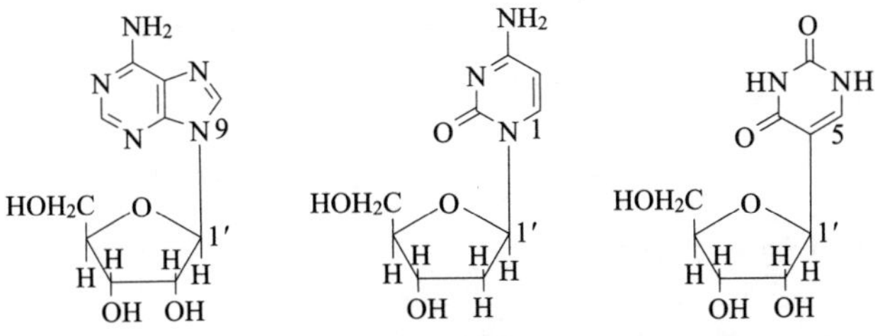

腺嘌呤核苷　　　胞嘧啶脱氧核苷　　　假尿嘧啶核苷

**课堂练习**

试写出 DNA 和 RNA 分子中全部核苷的结构。

2. 单核苷酸

由核苷中戊糖分子上的 –OH 与磷酸之间脱去 1 分子 $H_2O$ 以酯键相连而成的化合物，称为单核苷酸。核糖有 3 个游离的羟基（$2'$，$3'$，$5'$），因此可形成 3 种核苷酸，脱氧核糖只有两个游离的羟基，只能形成两种核苷酸，自然界所发现的核苷酸主要是由戊糖 $5'$ 羟基与磷酸形成酯键的化合物，称为 $5'$ – 核苷酸或一磷酸核苷。核苷酸可分为核糖核苷酸与脱氧核糖核苷酸两大类。两种核苷酸的结构式如下：

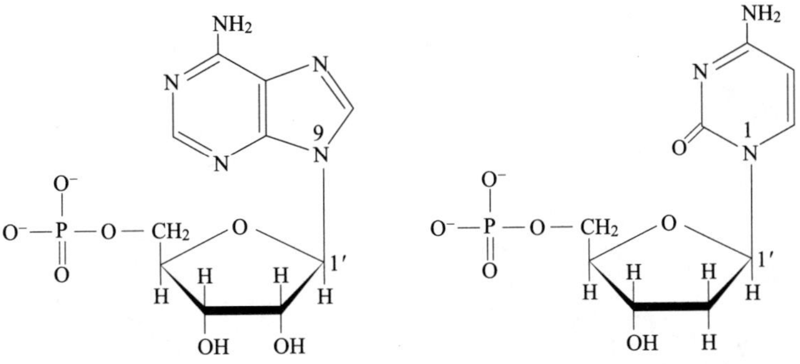

$5'$-腺嘌呤核苷酸　　　　　　　$5'$-胞嘧啶脱氧核苷酸

核糖核苷酸是组成 RNA 的基本单位，脱氧核糖核苷酸是组成 DNA 的基本单位。RNA 和 DNA 的基本组成单位见表 3 – 2。

表 3 – 2　　　　　　　　　　两类核酸的基本组成单位

| 核糖核酸（RNA） | 脱氧核糖核酸（DNA） |
| --- | --- |
| 一磷酸腺苷（AMP） | 一磷酸脱氧腺苷（dAMP） |
| 一磷酸鸟苷（GMP） | 一磷酸脱氧鸟苷（dGMP） |
| 一磷酸胞苷（CMP） | 一磷酸脱氧胞苷（dCMP） |
| 一磷酸尿苷（UMP） | 一磷酸脱氧胸苷（dTMP） |

3. 细胞内的游离核苷酸及其衍生物

核苷酸除构成核酸的基本单位外，生物体内还存在其他游离形式的核苷酸，如多磷酸核苷酸、环化核苷酸和辅酶类核苷酸等。它们大多参与许多重要的代谢反应，具有重要的生理功能。

■ **课堂练习**

试比较 DNA 和 RNA 的基本单位和成分有何不同。

（1）多磷酸核苷酸。一磷酸腺苷（AMP 或腺苷酸）与 1 分子磷酸结合成二磷酸腺苷（ADP），二磷酸腺苷再与 1 分子磷酸结合成三磷酸腺苷（ATP）。磷酸与磷酸之间的连接键水解裂开时能产生较大能量，叫作高能磷酸键，习惯以 ~ 代表。高能磷酸键水解时，每生成 1 mol 磷酸就放出能量约 30.5 kJ（一般磷酸酯水解释能 8.4 ~ 2.5 kJ/mol）。ATP 的化学结构如图 3 - 2 所示。

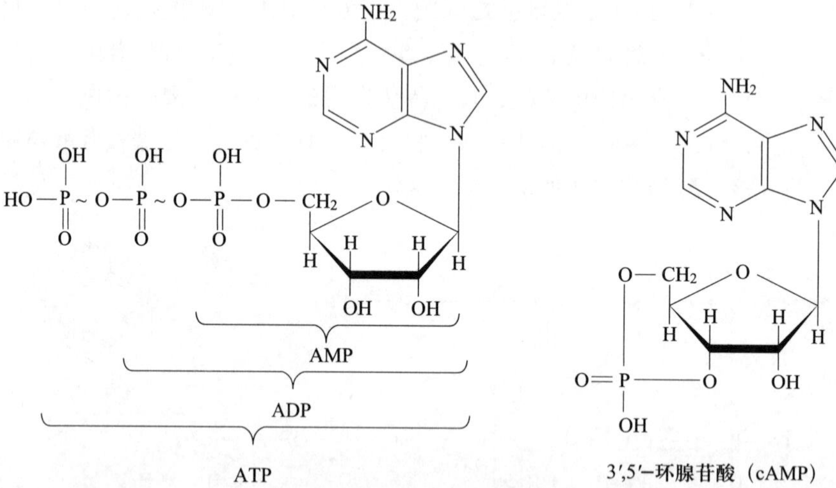

图 3 - 2 ATP 的化学结构

物质代谢所产生的能量能够使 ADP 和磷酸合成 ATP，这是生物体内储能的一种方式。ATP 分解释放出的能量可以支持生理活动（如肌肉的收缩），也可用以促进生物化学反应（如蛋白质的合成）。所以 ATP 是体内储存可利用能的主要形式，也是体内所需能量的主要来源。

其他单核苷酸可以和腺苷酸一样磷酸化，产生相应的高能磷酸化合物。各种三磷酸核苷化合物（可简写为 ATP、CTP、GTP、UTP）实际是体内 RNA 合成的直接原料。各种脱氧三磷酸核苷化合物（可简写为 dATP、dCTP、dGTP 和 dTTP）是 DNA 合成的直接原料。它们在连接起来构成核酸大分子的过程中脱去"多余"的二分子磷酸。有些三磷酸核苷还参与特殊的代谢过程，如 UTP 参加磷脂的合成，GTP 参加蛋白质和嘌呤的合成等。

（2）环化核苷酸。近年来，对 3'，5' - 环腺苷酸（cAMP 或环腺一磷）的作用有了新的认识。cAMP 在体内由 ATP 转化而来，其化学结构如图 3 - 2 所示。cAMP 是与激素作用密切相关的代谢调节物，作为激素作用的"第二信使"。

（3）辅酶类核苷酸。体内某些核苷酸是酶的辅酶或辅基，如尼克酰胺腺嘌呤二核苷酸、黄素单核苷酸、辅酶 A 等，它们都是核苷酸的衍生物，不参与核酸的构成，而参与物质代谢中氢和某些化学基团的传递，在糖、脂肪和蛋白质代谢中起重要作用。

# 第三节　核酸的分子结构

## 一、核酸的一级结构

1. 定义

类似于蛋白质的一级结构，由若干个单核苷酸组成一条多核苷酸链。这条链中单核苷酸的种类、数目和排列顺序称为核酸的一级结构。

2. 单核苷酸之间的连接方式

组成核酸的基本单位是单核苷酸，单核苷酸之间通过上一个核苷酸的 C-3' 与相邻的另一个核苷酸上的 C-5' 之间脱水缩合形成 3'，5'-磷酸二酯键连接，如此形成多核苷酸长链。

3. 多核苷酸链的结构特点

（1）该链有两个末端：3'-OH 末端和 5'-OH 末端。

（2）磷酸和戊糖作为多核苷酸链的骨架，碱基在链的一侧。图 3-3 是多核苷酸链的几种表达方法。B 为线条式缩写，竖线表示核糖的碳链，A、C、T、G 表示不同的碱基，p 代表磷酸基，由 P 引出的斜线一端与糖 $C_{3'}$ 相连，另一端与相邻的糖 $C_{5'}$ 相连。C 为文字式缩写。p 在碱基之左侧，表示 p 在糖 $C_{5'}$ 位置上；p 在碱基之右侧，表示 p 与相邻的糖 $C_{3'}$ 相连接。有时，多核苷酸中磷酸二酯键上的 P 也可省略，而写成…pA—C—T—G…。这两种写法对 DNA 和 RNA 分子都适用。

## 二、核酸的空间结构

1. DNA 的空间结构

DNA 的二级结构是双螺旋结构，其模型是由沃森（Watson）和克里克（Crick）于 1953 年根据对 DNA 钠盐纤维的研究提出的，如图 3-4 所示。其主要特点如下：

（1）DNA 分子是由两条方向相反的平行多核苷酸链构成的，两条链的糖 - 磷酸主链都是右手螺旋，有一共同的螺旋轴。一条链的方向是 5'→3'，另一条链则是 3'→5'。螺旋直径为 2 nm。螺旋表面有一条大沟和一条小沟。

（2）两条链的碱基在内侧，糖 - 磷酸主链在外侧，两条链由碱基间的氢键相连。碱基对的平面约与螺旋轴垂直，相邻碱基对平面间的距离是 0.34 nm。相邻核苷酸彼此相差 36°。双螺旋的每一转有 10 对核苷酸残基，每转高度为 3.4 nm。

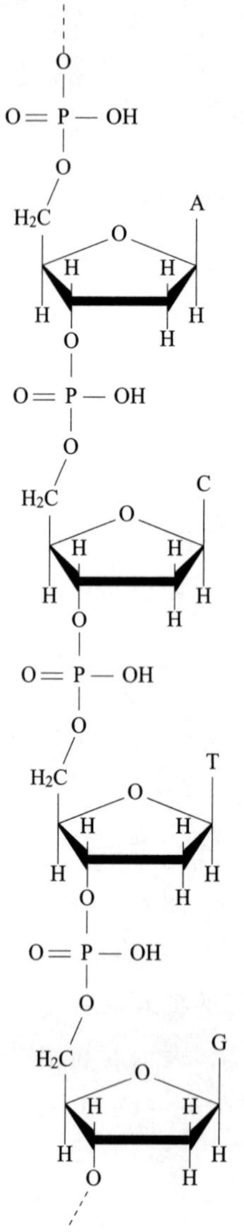

a)

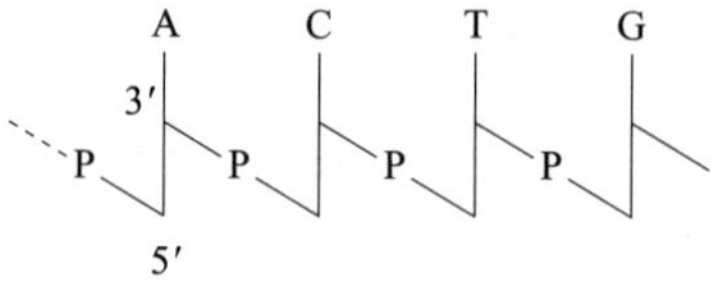


b)

----- pApCpTpG -----

----pA —C —T —G ----

c)

图 3-3　多核苷酸链的一个小片段及缩写符号

a）DNA 中多核苷酸链的一个小片段　b）条线式缩写　c）文字式缩写

（3）碱基配对有一定规律，腺嘌呤一定与胸腺嘧啶成对，鸟嘌呤一定与胞嘧啶成对。A 和 T 间构成两个氢键，G 和 C 间构成 3 个氢键。基于这点，只要知道 DNA 分子中的一条多核苷酸链的核苷酸排列顺序，就能确定另一条链上的核苷酸排列顺序，称为互补链。这种碱基之间的配对称为碱基互补。从图 3-4 中可以看出，DNA 的结构就像一个楼梯，而碱基之间形成的氢键就像楼梯板。

某些小病毒、线粒体、叶绿体以及某些细菌中的 DNA 为双链环形。在细胞内这些环形 DNA 进一步扭曲成“超螺旋”的三级结构，如图 3-5、图 3-6 所示。

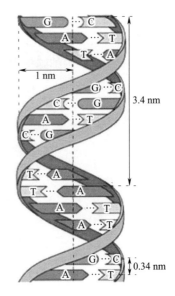

图 3 - 4 DNA 的二级结构

图 3 - 5 多瘤病毒的环状分子和超螺旋结构

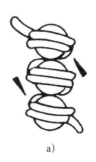

a) b)

图 3 - 6 核粒结构示意图

a）前面 b）背面，圆球代表组蛋白，缠绕在组蛋白上的带子为 DNA 超螺旋

真核细胞染色质和一些病毒的 DNA 是双螺旋线形分子。染色质 DNA 的结构极其复杂。双螺旋 DNA 先盘绕组蛋白形成核粒（超螺旋），许多核粒（或称核小体）由 DNA 链连在一

起构成念珠状结构，念珠状结构进一步盘绕成更复杂更高层次的结构——染色体，如图 3 - 7 所示。根据估算，人 DNA 大分子在染色质中反复折叠盘绕，共压缩 8 000 ~ 10 000 倍，最后全部容纳在直径约 10 μm 的细胞核中。

**课堂练习**

请同学们用头绳或者电话线试试能否做出这些结构。

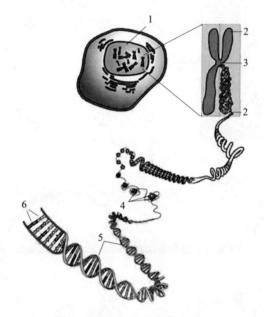

图 3 - 7　DNA 与染色体的关系
1—细胞核　2—端粒　3—着丝粒　4—组蛋白　5—DNA　6—碱基对

2. RNA 的空间结构

RNA 也是无分支的线形多聚核糖核苷酸，主要由 4 种核糖核苷酸组成，即腺嘌呤核糖核苷酸、鸟嘌呤核糖核苷酸、胞嘧啶核糖核苷酸和尿嘧啶核糖核苷酸。这些核苷酸中的戊糖不是脱氧核糖，而是核糖。

对于 mRNA、tRNA、rRNA 的结构，目前比较清楚的是 tRNA，介绍如下：

tRNA 约含 70 ~ 100 个核苷酸残基，是分子量最小的 RNA，占 RNA 总量的 16%，现已发现有 100 多种。tRNA 的主要生物学功能是转运活化的氨基酸，参与蛋白质的生物合成。

tRNA 的二级结构最具特色，呈三叶草型，如图 3 - 8 所示。其主要功能部位有两个：一是氨基酸臂的 3′末端，其结构为 - CCA - OH，起特异结合氨基酸作用；二是有一个反密码环，环上有反密码子，与 mRNA 上的密码子反向互补，于是由 tRNA 携带的氨基酸可被转运到与密码子对应的部位，因此，tRNA 具有携带转运氨基酸的作用。tRNA 的三级结构为倒"L"型，其天然状态下的构象，如图 3 - 9 所示。

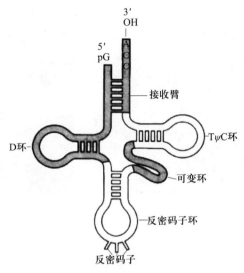

图 3-8 tRNA 的二级结构

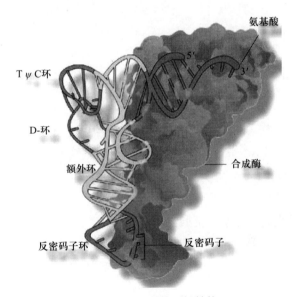

图 3-9 tRNA 的三级结构

**【资料卡片】**

## 神秘的染色体

染色体（chromosome）是细胞内具有遗传性质的物体。因其易被碱性染料染成深色，所以叫染色体（染色质），如图 3-10 所示；其本质是脱氧核苷酸。正常人的体细胞染色体数目为 23 对，并有一定的形态和结构（见图 3-11）。其中第 23 对染色体为性染色体，男性为 XY，女性为 YY。染色体在形态结构或数量上的异常被称为染色体异常，由染色体异常引起的疾病为染色体病。目前，已经发现 100 多种染色体病，包括肿瘤、畸形等。

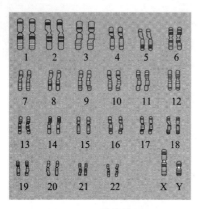

图 3-10 染色体总图

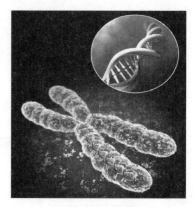

图 3-11 染色体

# 第四节 核酸的理化性质

## 一、核酸的一般性质

1. 分子大小

核酸属于大分子化合物。DNA 分子量一般在 $10^6 \sim 10^{10}$。不同生物、不同种类 DNA 分子量差异很大，如多瘤病毒 DNA 分子量为 $3 \times 10^6$，而果蝇巨染色体 DNA 的分子量为 $8 \times 10^{10}$。RNA 的分子量在数百至数百万之间。

2. 溶解度与黏度

RNA 和 DNA 都是线性大分子，都微溶于水，而不溶于乙醇、乙醚和氯仿等有机溶剂。

高分子溶液比普通溶液黏度要大得多，不规则线团分子比球形分子的黏度大，而线性分子的黏度更大。天然 DNA 分子极为细长，即使是极稀的 DNA 溶液，黏度也极大。RNA 溶液的黏度要小得多。

3. 酸碱性

核酸分子中既含有酸性的磷酸基，又有碱性基团，所以核酸都属于两性电解质。核酸分子中磷酸基团的酸性强，当溶液的 pH 值高于 4 时，呈阴离子状态，因此可以把核酸看成多元酸，具有较强的酸性。DNA 碱基对在 pH 4.0～11.0 最为稳定，超过此范围，DNA 就发生变性。

## 二、核酸的紫外吸收

由于嘌呤碱及嘧啶碱都含有共轭双键，核酸在 240～290 nm 具有紫外吸收，最大吸收值在 260 nm 处。利用这一特性，可以对核酸样品进行定性和定量分析。

### 三、核酸的变性、复性和杂交

1. 核酸的变性

核酸分子具有一定的空间结构，维持这种空间结构的作用力主要是氢键和碱基堆积力。有些理化因素会破坏氢键和碱基堆积力，导致核酸空间结构发生改变，从而引起核酸的理化性质和生物学功能的改变，这种现象称为核酸的变性。

**课堂练习**

提问：核酸变性会导致其分子量降低吗？

引起核酸变性的外部因素有很多，如加热、极端的 pH 值、有机溶剂和尿素等。加热引起 DNA 的变性称为热变性。DNA 变性后，分子双螺旋结构遭到破坏，形成无规则线团，藏在内部的碱基全部暴露出来，对 260 nm 紫外光的吸光度比变性前明显升高，表现出增色效应，如图 3 – 12 所示。

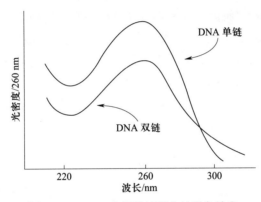

图 3 – 12　DNA 在解链过程中的增色效应

DNA 热变性是一个跃变过程。随着温度的上升，DNA 在 260 nm 的紫外线吸收不断增加，吸收达到饱和，表明 DNA 双链全部解离成单链。通常把 $A_{260}$ 达到最大值一半时，所对应的温度称为溶解温度，用符号 $T_m$ 表示，如图 3 – 13 所示。DNA 的 $T_m$ 值一般在 70 ~ 85 ℃。

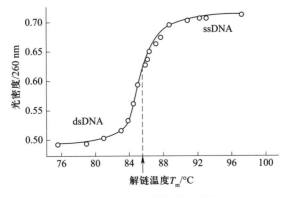

图 3 – 13　DNA 解链温度曲线

## 2. 复性

变性 DNA 在适当条件下，两条彼此分开的链重新缔合成为双螺旋结构的过程称为复性。复性后 DNA 的一系列物理化学性质得到恢复。将热变性 DNA 骤然冷却至低温时，DNA 不可能复性，只有在缓慢冷却时才可以复性，如图 3－14 所示。

图 3－14　DNA 变性与复性

## 3. 核酸的杂交

将不同来源的核酸放在一起变性复性，有可能发生杂交，如图 3－15、图 3－16 所示，核酸分子杂交在分子生物学研究中是一项应用较多的重要实验技术。如果将不同来源的 DNA 单链分子放在同一溶液中，或将 DNA 单链和 RNA 分子放在一起，双链分子的再形成既可以发生在序列完全互补的核酸分子间，也可以发生在那些碱基序列部分互补的不同的 DNA 链之间或 DNA 与 RNA 之间。

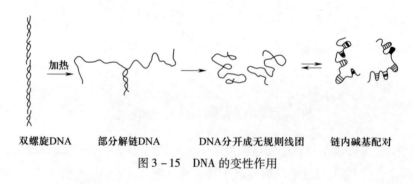

图 3－15　DNA 的变性作用

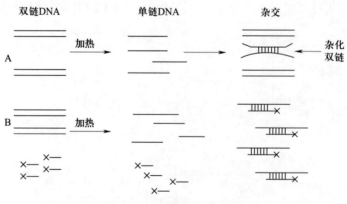

图 3－16　核酸杂交示意图

# 第五节 核酸的分离纯化和含量测定

## 一、核酸的提取

提取核酸的一般原则是先破碎细胞，提取核蛋白使其与其他细胞成分分离。之后用蛋白质变性剂（苯酚）、去垢剂（十二烷基硫酸钠）或蛋白酶处理除去蛋白质。最后所获得的核酸溶液再用乙醇等使其沉淀。

1. DNA 的分离纯化

真核细胞中 DNA 以核蛋白形式存在。DNA 蛋白（DNP）在不同浓度的氯化钠溶液中溶解度显著不同。DNP 溶于水，在 0.14 mol/L 氯化钠溶液中溶解度最小，仅为水中溶解度的 1%。利用这一性质可以将 DNP 从破碎后的细胞匀浆中分离出来。而 DNP 蛋白的蛋白部分可用下列方法除去：

（1）苯酚提取。水饱和的新蒸馏苯酚与 DNP 振荡后，冷冻离心。DNA 溶于上层水相中，中间残留物也杂有部分 DNA，变性蛋白质在酚层内。重复操作几次，将含 DNA 的水相合并，加入 2.5 倍体积预冷的无水乙醇，可将 DNA 沉淀出来。用玻璃钩将 DNA 绕成一团，取出。此法可获得天然状态的 DNA。

（2）去垢剂法。用十二烷基硫酸钠等去垢剂可使蛋白质变性。这种方法可以获得一种既很少降解，又可以复制的 DNA 制品。

（3）酶法。用广谱蛋白酶使蛋白质水解。DNA 制品中有少量 RNA 杂质，可用核糖核酸酶除去。

2. RNA 的分离纯化

细胞内主要的 RNA 分为 mRNA、rRNA 和 tRNA 3 类。目前，在实验室先将细胞匀浆进行差速离心，制得细胞核、核糖体和线粒体等细胞器和细胞质，然后从这些细胞器中分离某一类 RNA。

RNA 在细胞内常和蛋白质结合，所以必须除去蛋白质。从 RNA 提取液中除去蛋白质可以采用下列方法：

（1）盐酸胍分离法。用 2 mol/L 盐酸胍溶液可溶解大部分蛋白质，再冷却至 0 ℃左右，RNA 便从溶液中沉淀出来，再用三氯甲烷除去少量残余蛋白质。

（2）去污剂法。常用十二烷基硫酸钠除去蛋白质。

（3）苯酚法。首先可用 90% 苯酚提取，离心后，蛋白质和 DNA 留在酚层，而 RNA 在上层水相内，然后再进一步分离。

## 二、核酸的含量测定

1. 定磷法

RNA 和 DNA 中都含有磷酸，根据元素分析，RNA 的平均含磷量为 9.4%，DNA 的平均含磷量为 9.9%，因此，可从样品中测得的含磷量来计算 RNA 或 DNA 的含量。

用强酸（如 10 mol/L 硫酸）将核酸样品消化，使核酸分子中的有机磷转变为无机磷，无机磷与钼酸反应生成磷钼酸，磷钼酸在还原剂（如维生素 C）作用下还原成钼蓝，可用比色法测定 RNA 样品中的含磷量。

2. 定糖法

RNA 含有核糖，DNA 含有脱氧核糖，根据这两种糖的颜色反应可对 RNA 和 DNA 进行体积分数测定。

（1）核糖的测定。RNA 分子中的核糖经浓硫酸作用脱水，生成糠醛。糠醛与某些酚类化合物缩合生成有色化合物。如糠醛与地衣酚反应产生深绿色化合物，当有 $Fe^{3+}$ 存在时，反应更灵敏。反应产物在 660 nm 有最大吸收，并且与 RNA 的浓度呈正比。

（2）脱氧核糖的测定。DNA 分子中的脱氧核糖经浓硫酸作用，脱水生成 ω－羟基－γ－酮戊醛，该化合物可与二苯胺反应生成蓝色化合物，在 595 nm 处有最大吸收，并且与 DNA 浓度成正比。

3. 紫外吸收法

利用核酸组分嘌呤环和嘧啶环具有紫外吸收的特性测定核酸的体积分数。通常规定在 260 nm 处，测得样品 DNA 或 RNA 溶液的 $A_{260}$ 值，即可计算出样品中核酸的体积分数。

## 第六节 核酸类药物简介

### 一、定义

核酸类药物即模拟天然核苷或核苷酸结构，终止 RNA/DNA 链延长而发挥作用，通过化学修饰形成与天然核苷或核苷酸类似的药物。此类药物通常作为特定天然核苷或核苷酸的竞争物，掺入合成的 DNA/RNA 链或与核酸聚合酶结合，抑制 RNA/DNA 聚合酶活性，从而终止核酸链延长，起到抑制病毒复制或抑制肿瘤细胞活性的作用。

### 二、核酸类药物分类

根据不同的临床应用，可以将核酸类药物分为抗病毒药物、抗肿瘤药物和抗真菌药物。

1. 抗病毒药物

（1）抗 HIV/HBV 药物。如恩替卡韦、拉米夫定可以用于治疗 HBV（乙型肝炎病毒）感染所致的乙肝，齐多夫定、硫酸阿巴卡韦、阿兹夫定可以与其他药物联合治疗 HIV（人类免疫缺陷病毒）感染所致的艾滋病。替诺福韦不仅可以治疗乙肝，也可以与其他药物联合治疗艾滋病。

（2）抗疱疹病毒药物。碘苷（第一个美国食品药品监督管理局批准上市核苷类药物）

用于治疗疱疹性角膜炎。阿昔洛韦、泛昔洛韦、更昔洛韦等，均可用于治疗疱疹病毒感染所致的带状疱疹、生殖器疱疹和口唇疱疹。

（3）广谱抗病毒药物。如利巴韦林、干扰素等，已用于治疗丙肝等疾病。

2. 抗肿瘤药物

抗肿瘤药物包括阿糖胞苷、去氧氟尿苷、地西他滨等，可以用于治疗急性粒细胞白血病等肿瘤性疾病。我国临床用于抗肿瘤治疗的核酸类似物治疗药物一览表见表3－3。

**表3－3　　　　我国临床用于抗肿瘤治疗的核酸类似物治疗药物一览表**

| 名称 | 主要功效 | 治疗疾病 |
|---|---|---|
| 阿糖胞苷 | 治疗急性淋巴细胞及非淋巴细胞白血病的诱导期及维持巩固期、慢性粒细胞白血病的急变期及恶性淋巴肿瘤的治疗，对头颈部癌、消化道癌及肺癌也有一定的疗效。同时对单纯疱疹病毒、乙型肝炎病毒、水痘－带状疱疹病毒和巨细胞病毒等DNA病毒同样有抑制作用 | 淋巴癌、白血病 |
| 盐酸阿糖胞苷 | 干扰脱氧核糖核酸DNA的合成，从而抑制白细胞的繁殖，实现抗肿瘤的药理作用。它的毒性较低，对于一些难以缓解的急性粒细胞性白血病、急性单核细胞性白血病、红细胞白血病有明显的疗效 | 白血病 |
| 吉西他滨 | 一种抗肿瘤药物，类似于嘧啶的一种新型二氧核苷类抗代谢药，可以用于治疗非小细胞性肺癌，也可以治疗晚期或转移性胰腺癌 | 肺癌、胰腺癌 |
| 氟达拉滨 | 通过抑制核苷酸还原酶、DNA聚合酶、DNA引物酶和DNA连接酶，来抑制DNA的合成，主要用于治疗B细胞慢性淋巴细胞性白血病及非霍奇金淋巴瘤 | 白血病、非霍奇金淋巴瘤 |
| 卡培他滨 | 一种可以在体内转变成5－氟的抗代谢氟嘧啶脱氧核苷氨基甲酸酯类药物，能够抑制细胞分裂、干扰RNA和蛋白质合成，主要用于晚期原发性转移性乳腺癌、直肠癌、结肠癌和胃癌的治疗 | 乳腺癌、直肠癌、结肠癌及胃癌 |
| 地西他滨 | 通过抑制DNA甲基转移酶，减轻DNA的甲基化，从而抑制肿瘤细胞增殖以及防止耐药的发生，为目前已知最强的DNA甲基化特异性抑制剂，适用于治疗骨髓增生异常综合征 | 骨髓增生异常综合征 |
| 氟尿嘧啶 | 又名5－氟尿嘧啶，是现有最常用的抗癌药之一。氟尿嘧啶为抗嘧啶类抗代谢药，在体内转变为去氧氟尿苷，能抑制胸腺嘧啶核苷酸合成酶，而阻断尿嘧啶脱氧核苷转变为胸腺嘧啶脱氧核苷，影响DNA的合成，还可作用于RNA的合成，从而引起细胞的损伤和死亡，对消化道癌及实体瘤有良好疗效 | 消化道癌 |
| 替加氟 | 氟尿嘧啶的衍生物，对多种肿瘤的抑制作用类似于5－氟尿嘧啶，其机制为抑制胸腺嘧啶核苷合成酶，阻断脱氧嘧啶核苷酸转换成胸腺嘧啶核苷酸，从而干扰和阻断DNA、RNA及蛋白质的合成，对治疗实体瘤有效 | 消化系统癌、胃癌、结肠癌、直肠癌，胰腺癌、乳腺癌及肺癌 |

3. 抗真菌药物

抗真菌药物如氟胞嘧啶，可以用于治疗隐球菌脑膜炎等真菌感染性疾病。

4. 神经类药物

代表性药物为胞磷胆碱类。目前，在我国医院脑保护类用药中，胞磷胆碱钠是临床用量最大的神经激活剂，已被《中国药典》（2020年版）收载。

### 三、小核酸药物

小核酸药物又称 RNAi（RNA interference）技术药物。RNAi 是指长链双 RNA（dsRNA）被剪切为 siRNA 后，与蛋白质结合形成 siRNA 诱导干扰复合体（RISC），RISC 再与互补的 mRNA 结合，使靶基因 mRNA 降解，最终沉默特定基因表达。小核酸药物相比现有的小分子和抗体药物具有靶点筛选快、研发成功率高、不易产生耐药性、更广泛的治疗领域和长效性等优点，具有较大发展潜力。随着技术的持续进步，小核酸药物有望形成继小分子药物、抗体之后的现代新药第三次浪潮。

1. 核酸药物分类

小核酸药物主要包括反义寡核苷酸（ASO）、小干扰 RNA（siRNA）、微小 RNA（miR-NA）、小激活 RNA（saRNA）、信使 RNA（mRNA）、RNA 适配（Aptamer）等。RNA 药物分类见表 3 - 4。

表 3 - 4　　　　　　　　　　　　　　RNA 药物分类

| RNA 类别 | 长度及组成 | 作用机制 | 特点 |
|---|---|---|---|
| ASO | 15 ~ 30 nt 单链 | 与 mRNA 或其他 RNA 互补的 DNA 或 RNA 分子。可以与 mRNA 特异性互补结合，抑制该 mRNA 的翻译或降解 | （1）高特异性；（2）合成方便；（3）有 3 种作用机制 |
| siRNA | 16 ~ 27 nt 双链 | 双链 RNA 生成 siRNA，再与多蛋白组分形成 RISC，能将靶基因的 mRNA 切割降解，抑制靶基因的表达 | （1）高特异性且沉默效应较强；（2）无免疫原性；（3）设计合成便利；（4）从蛋白表达层面进行调控 |
| miRNA | 20 ~ 24 nt 单链 | 前体 miRNA 运转到细胞质中形成双链。之后在 RISC 中一条单链 miRNA 被降解，另一条成熟的单链 miRNA 与靶 mRNA 基因序列互补配对，调节基因表达 | （1）不仅具有调控作用，还是很多疾病的标记物；（2）稳定性更强；（3）从基因转录水平进行调控 |

2. 全球小核酸药物发展现状

（1）国外小核酸药物研发。目前全球上市的小核酸药物共有 15 款，约 85% 是 2015 年以后上市。

（2）国内小核酸药物研发：与国外相比，国内目前还暂无获批的小核酸药物，国内的小核酸药企都还处于发展初期或者上升期。

## 练习与应用

### 一、选一选

1. 核酸中核苷酸之间的连接方式是（　　　）。

A. 2′,5′- 磷酸二酯键　　　　　　　　　　B. 氢键

C. 3′,5′ - 磷酸二酯键　　　　　　　　　D. 糖苷键

2. 下列关于 DNA 分子中的碱基组成的定量关系不正确的是（　　）。

A. C + A = G + T　　　　　　　　　B. C = G

C. A = T　　　　　　　　　　　　　　D. C + G = A + T

3. RNA 和 DNA 彻底水解后的产物（　　）。

A. 核糖相同，部分碱基不同

B. 碱基相同，核糖不同

C. 碱基不同，核糖不同

D. 碱基不同，核糖相同

4. 维系 DNA 双螺旋稳定的最主要的力是（　　）。

A. 氢键　　　　　B. 离子键　　　　　C. 碱基堆积力　　　　　D. 范德华力

5. 自然界游离核苷酸中，磷酸通常是位于戊糖的（　　）。

A. C - 2′　　　　B. C - 5′　　　　C. C - 3′　　　　D. C - 2′和 C - 5′

6. 核酸对紫外线的最大吸收峰在（　　）波长附近。

A. 280 nm　　　　B. 260 nm　　　　C. 200 nm　　　　D. 340 nm

7. 维系 DNA 双螺旋稳定的最主要的作用力是（　　）。

A. 氢键　　　　　B. 离子键　　　　　C. 磷酸二酯键　　　　　D. 肽键

8. 嘌呤核苷酸合成途径中，首先合成的是（　　）。

A. IMP　　　　B. AMP　　　　C. GMP　　　　D. XMP

9. tRNA 的作用是（　　）。

A. 把一个氨基酸连接到另一个氨基酸上

B. 将 mRNA 连接到 rRNA 上

C. 增加氨基酸的有效浓度

D. 把氨基酸带到 mRNA 的特定位置上

10. 冈崎片段是指（　　）。

A. 模板上的一段 DNA

B. 在领头链上合成的 DNA 片段

C. 在随从链上由引物引导合成的不连续的 DNA 片段

D. 除去 RNA 引物后修补的 DNA 片段

11. 人体嘌呤分解代谢的终产物是（　　）。

A. 尿素　　　　B. 尿酸　　　　C. 氨　　　　D. β - 丙氨酸

12. 能与密码子 ACU 相识别的反密码子是（　　）。

A. UGA　　　　B. IGA　　　　C. AGI　　　　D. AGU

## 二、填一填

1. 两类核酸在细胞中的分布不同，DNA 主要位于＿＿＿＿＿＿中，RNA 主要位于

_____中。

2. 以 DNA 为模板合成 RNA 称为_____，以 RNA 为模板合成 DNA 称为_____。

3. 核苷酸由_____、_____和_____3 种成分组成。

4. DNA 的三级结构是_____结构，tRNA 的二级结构为_____。

### 三、做一做

1. 何谓 DNA 的二级结构，其要点有哪些？

2. 已知 DNA 某一片段一条碱基顺序为 5′ – CCATTCGAGT – 3′，求其互补链的碱基顺序并指明方向。

3. 什么是 DNA 半保留复制？参与复制的物质有哪些？

# 实训一　核酸（DNA）的提取及鉴定

## 一、实验原理

在生物体内核酸多以核蛋白形式存在于组织中，根据核糖核蛋白和脱氧核糖核蛋白在不同浓度电解质中溶解度有明显差别而进行分离。例如，在 0.14 mol/L 氯化钠溶液中核糖核蛋白溶解度相当大，而脱氧核糖核蛋白溶解度仅为在水中溶解度的 1%，在 1 mol/L 氯化钠溶液中脱氧核糖核蛋白的溶解度比在水中的溶解度大两倍。因此常用 0.14 mol/L 氯化钠溶液提取核糖核蛋白，此时脱氧核糖核蛋白在 pH 4.2 时溶解度最低，而与核糖核蛋白分离。另外，两种核蛋白的溶解度与 pH 值有关，脱氧核糖核蛋白在 pH 4.2 时溶解度最低，核糖核蛋白在 pH 2.2 ~ 2.5 时最低，调节溶液的 pH 值也可促使两者分离。加入蛋白变性沉淀剂如氯仿—异丙醇、十二烷基磺酸钠、热酚等，有助于除去蛋白质。经离心，溶液分为上、中、下 3 层，氯仿密度大在下层、中层为变性蛋白质凝胶、上层为核酸溶液，再利用核酸不溶于乙醇等有机溶剂的性质，从溶液中析出。

动物组织中含有核酸酶，在一定温度下可被 $Mn^{2+}$、$Ca^{2+}$、$Fe^{2+}$ 等离子激活，为避免该酶对核酸的水解作用，可在核酸提取液中加入适量螯合剂（如乙二胺四乙酸、柠檬酸），以除去这些离子，降低核酸酶的活性。整个分离提取过程应在低温下进行。

## 二、实验仪器

公用：1. 匀浆器；2. 离心机；3. pH 试纸；4. 沸水浴；5. 量筒；6. 紫外分光光度计；7. 石蕊试纸。

个人：1. 三角瓶 10 支；2. 中试管 10 支；3. 吸管 5 mL、10 mL 各 1 支；4. 滴管 4 支；5. 离心管 10 支。

## 三、实验试剂

1. 1 mol 氯化钠。

2. 0.14 mol 氯化钠。

3. 氯仿 - 异丙醇混合液。

4. 0.04 mol 氢氧化钠溶液。

5. 乙酸。

6. 95% 乙醇。

7. 5% 硫酸。

8. 二苯胺试剂：称取 1.5 g 二苯胺（如不纯，须在 70% 乙醇中重结晶 2 次），溶于 100 mL 冰醋酸（AR）中，再加入浓硫酸 1.5 mL，摇匀，贮在棕色瓶中放冰箱内保存备用。

## 四、实验操作

1. 核酸的提取

动物组织核酸的提取。

（1）取新鲜肝组织约 5 g，放入研钵中剪碎，分次加入 0.14 mol 氯化钠 10～12 mL，制成匀浆。

（2）取匀浆 5 mL，以 3 000 rpm 转速离心 20 min，溶液分为两层，用滴管吸取上层清液（核糖核蛋白提取液）于另一离心管中（欲定量测定，必须用 0.14 mol 氯化钠重复提取两次，合并上清液），待进一步提取。留下层沉淀，加入 2 倍体积 1 mol 氯化钠，搅匀，置于冰箱过夜或室温下放置 5～6 h。

（3）将放置过夜的 1 mol 氯化钠匀浆混悬液以 3 000 rpm 转速离心 20 min，用滴管吸取上层脱氧核糖核蛋白提取液（欲定量测定，必须用 1 mol 氯化钠重复 2 次，合并上清液），加等体积氯仿 - 异丙醇混合液，振摇 10 min，以 3 000 rpm 转速离心 15 min，弃沉淀。

（4）用滴管吸取上清液于另一试管中，加入 1.5～2.0 倍体积冰 95% 乙醇，边加边用玻棒搅拌，此时纤维状的 DNA 缠绕在玻棒上出现乳白色絮状沉淀，再离心 15 min，弃上清液，用乙醇重复洗涤 2 次，沉淀即为 DNA 制品，用 2 mL 1 mol 氯化钠溶解之，此为 DNA 提取液，留待鉴定或定量测定。

2. DNA 的鉴定

取两试管分别标明测定管与对照管，然后依次加入下列各试剂：

| 管号 | 水解液 | 5% 硫酸 | 二苯胺 |
| --- | --- | --- | --- |
| 测定管 | 4 滴 | — | 6 滴 |
| 对照管 | — | 4 滴 | 6 滴 |

将两试管同时放入沸水浴内，加热 10 min 后，比较两管之颜色。

结果：

# 实训二　核酸的商品学调查

## 一、调查目的

1. 了解核酸的作用。

2. 知道目前市面上常见核酸类的药物、保健品及食品。

## 二、调查准备

1. 将全班同学按每组 5～10 人分组，各组成员分工协作，收集资料，撰写调查报告。写明时间、地点并填写下表。

| 序号 | 名称 | 用途 | 规格 | 用法 | 剂型 | 注意事项 | 储藏 |
|------|------|------|------|------|------|----------|------|
| 1 | | | | | | | |
| 2 | | | | | | | |
| 3 | | | | | | | |
| 4 | | | | | | | |

2. 将各组资料情况进行总结，集体制作专题 PPT，内容至少应包括：上述表格内容，结果与讨论，结论与建议。

## 三、调查地点

药店、网络中心、教室等。

## 四、调查内容

1. 调查目前市面上核酸类药品和保健品。

2. 利用网络、图书等了解核酸研究的现状。

# 第四章

## 酶

 **学习目标**

**知识目标**

掌握：酶的概念，酶促反应的特点及影响因素，酶的分子组成。

熟悉：酶原与酶原激活的概念及机制，酶活性调节。

了解：酶的术语，酶类药物的开发和利用。

**技能目标**

知道酶活性和酶促反应均可调节，知道临床酶类药物。

---

**【任务引入】**

1926年，萨姆纳（Sumner）从刀豆中分离获得了脲酶结晶（该酶催化尿素水解为氨气和二氧化碳），并提出酶的化学本质就是一种蛋白质。后来诺思罗普（Northrop）等得到了胃蛋白酶、胰蛋白酶和胰凝乳蛋白酶的结晶，进一步确认酶的蛋白质本质。20世纪80年代，逐步发现某些RNA分子也具有酶活性，并将这些化学本质为RNA的酶称为核酶，打破了所有酶的化学本质都是蛋白质的传统概念。由于酶独特的催化功能，使它在工业、农业和医疗卫生等领域具有重大实用意义。本章就带领大家去认识酶的概念、组成、结构、功能，以及酶促反应和酶原相关机制，为进一步学习酶代谢相关知识打下基础。

---

## 第一节　概述

### 一、酶的概念

酶（enzyme，E）是活细胞合成的、对其特异底物具有高效催化功能的生物大分子，即生物催化剂（catalyst）。酶作用的物质称为酶的底物（substrate，S），反应后产生的物质叫作产物（product，P）。就化学本质而言酶分为两类：一类是化学本质为蛋白质的酶，另一类是化学本质为核酸的核酶。其中蛋白质的酶是最主要的酶。本章主要讲解化学本质为蛋白质的酶。

**【资料卡片】**

### 酶的发展历程

人们对酶的认识起源于生产与生活实践。我国在远古时代就能利用酶进行酿酒、制酱和制醋等生产实践活动。人类对酶的科学认识始于 19 世纪。1857 年，法国的巴斯德（Pasteur）提出乙醇发酵必须在活细胞中由酵素酶催化。1897 年，德国的比希纳用酵母提取物完成了酒精发酵，证明发酵过程并非必须在活细胞中进行。米凯利斯（Michaelis）和门顿（Menten）于 1913 年推导出米氏方程，定量描述了酶促反应动力学特征。萨姆纳于 1926 年第一次从刀豆中分离出脲酶并制成结晶，证明了"酶是蛋白质"，并于 1946 年获得诺贝尔化学奖。

20 世纪 80 年代初，发现有些 RNA 和 DNA 分子也具有酶活性，并随着对酶的研究不断深入，酶学理论和酶制品已经广泛用于疾病诊断、药物设计、作物育种、病虫害防治、食品加工、工业发酵、纺织印染、日用化工等领域。

## 二、酶的术语

1. 酶的命名

酶的命名方法有习惯命名法和系统命名法两种。

（1）习惯命名法

1）根据酶所催化的底物命名，如淀粉酶、脂酶、弹性蛋白酶。

2）根据酶催化反应的性质命名，如脱氢酶、氨基转移酶。

3）根据综合底物和催化反应性质命名，如乳酸脱氢酶。

4）在上述命名的基础上再加上酶的来源或其他特点，如碱性磷酸酶、胃蛋白酶。

习惯命名法多由酶的发现者决定，简单易懂，应用历史较长，但常出现一酶多名或一名多酶现象，或者名称不能说明反应本质，且缺乏系统性。

（2）系统命名法。国际酶学委员会规定，一种酶只有一个系统名称，每一种酶的名称均由两部分组成：酶所催化的全部底物，底物之间以"："分隔；反应的类型，并在其后加"酶"。每一种酶又以 4 位阿拉伯数字作为分类编号，数字前冠以酶学委员会的英文缩写 EC。

系统命名法虽然合理，但使用不方便，为此，国际酶学委员会常将每种酶的一个习惯名称作为推荐名称。

2. 常见酶的概念

（1）同工酶。同工酶是指催化的化学反应相同，但呈现不同分子结构、理化性质、免疫学性质的一组多态酶。同工酶存在于同一种属或同一个体的不同组织，在代谢物调节方面起重要的作用。

体内的同工酶有多种，其中以乳酸脱氢酶（LDH）、肌酸激酶（CK）在医药方面应用较多。

哺乳动物的乳酸脱氢酶有 5 种同工酶，是由 M 型和 H 型两种亚基以不同比例组成的 5 种四聚体，分别命名为 $LDH_1$（$H_4$）、$LDH_2$（$MH_3$）、$LDH_3$（$M_2H_2$）、$LDH_4$（$M_3H$）和 $LDH_5$（$M_4$）。5 种 LDH 中的 M、H 基比例各异，决定了它们理化性质的差别。

LDH 5 种同工酶在不同组织中的质量分数有所不同，心肌中以 $LDH_1$ 及 $LDH_2$ 的量较多，而骨骼肌及肝中以 $LDH_5$ 和 $LDH_4$ 为主。正常情况下，血浆中的 LDH 较低，在组织病变时这些同工酶释放入血，使血中的 LDH 升高。

肌酸激酶（CK）是二聚体酶，其亚基有 M 型（肌型）和 B 型（脑型）两种。脑中主要含 $CK_1$（BB 型），骨骼肌中主要含 $CK_3$（MM 型），心肌中仅含 $CK_2$（MB 型）。正常血清中主要是 $CK_3$，而对血清中的 $CK_2$ 活性测定对于早期诊断心肌梗死有一定意义。

（2）结构酶。结构酶是指细胞中天然存在的酶。它的含量较为稳定，受外界的影响很小，如糖代谢酶、呼吸酶系等。

（3）诱导酶。诱导酶是指当细胞中加入特定诱导物后诱导产生的酶。它的质量分数在诱导物存在下显著增高，这种诱导物往往是该酶底物的类似物或底物本身。很多酶制剂生产中利用了这种原理。

（4）抗体酶。抗体酶又称催化抗，是指通过一系列化学与生物技术方法制备出的具有催化活性的抗体。它除了具有相应免疫学特性，还类似于酶，能催化某种反应。

【趣味学习】
## 可卡因与抗体酶

可卡因是一种小分子化合物，化学名称为苯甲基芽子碱，也称作古柯碱，能跨越血脑屏障进入大脑，作用于人的中枢神经系统，从而诱发奖赏效应并致瘾。

当神经信号进入多巴胺能神经元突触前细胞后，多巴胺包裹在囊泡内释放进入了突触间隙。突触后膜上的受体与多巴胺结合，引发突触后受体细胞发生一系列的反应进而发生信号传递。突触前膜上也存在多巴胺受体，这些受体能够对突触间隙中的多巴胺进行重吸收，负反馈调节突触前细胞多巴胺的继续释放，最终终止神经信号的传递。可卡因通过阻碍突触前细胞受体对突触间隙中多巴胺的重吸收，导致突触间隙的多巴胺浓度升高，神经信号传递延长。适量的多巴胺能给人带来强烈的奖赏感觉，但是过量的多巴胺会引发很多症状，如嗜睡、心律不齐、疲劳和烦躁不安等。由于可卡因能引发人体中枢神经系统兴奋，从 20 世纪 80 年代中期开始便逐步成为世界主要毒品之一。

2002 年，美国哥伦比亚大学研究组合成了可卡因—苯酰酯水解的过渡态类似物磷酸单酯，以它作为半抗原免疫小鼠，并制备了杂交瘤细胞，获得了第一个抗可卡因催化抗体。该抗体具有很强的酶活性，在啮齿类动物成瘾、毒性和过量服用可卡因模型中，它能够降解可卡因生成无强化和无毒性作用的产物芽子碱甲基酯和苯甲酸，从而有效阻止可卡因诱导的强化作用，避免器官功能障碍和突然死亡。该抗体酶是一个对人类非常适合的候选药物，具有潜在的应用前景。

## 三、酶促反应的特点

酶促反应是指由酶参与催化的化学反应。在化学反应中，反应物分子必须活化后达到或超过一定能量才可能发生化学反应，能量较高的分子称为活化分子。能使底物分子转化成活化分子所需的能量常被称为活化能。

酶具有一般催化剂的作用特点：用量少；能加快反应速度；反应前后自身不发生质和量的改变；催化机制是降低反应的活化能；只能催化热力学允许的化学反应；可以缩短到达化学反应平衡的时间而不改变反应平衡点。除此以外，作为生物催化剂，酶又有以下区别于一般催化剂的作用特点：

1. 催化效率高

催化的高效性是酶的最大特点，在一定程度上，催化剂的作用主要是降低反应所需的活化能，在相同能量的情况下使更多的分子活化。与一般催化剂相比，酶通过其独特的作用机制能更有效地降低反应的活化能，大大增加活化分子的数量，加快反应进程，通常比无机催化剂快 $10^7 \sim 10^{13}$ 倍，比无催化反应效率高 $10^8 \sim 10^{20}$ 倍。酶促反应活化能的改变如图 4-1 所示。

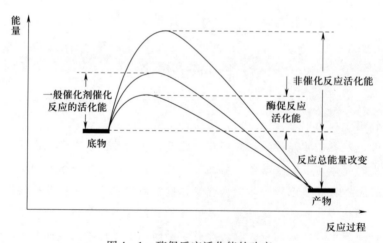

图 4-1 酶促反应活化能的改变

一个碳酸酐酶分子每秒能够催化 $10^5$ 个二氧化碳分子水合，比非催化反应快 $10^7$ 倍。过氧化氢酶催化分解过氧化氢为水和氧气的反应速度比无机催化剂 $Fe^{3+}$ 快 $10^{10}$ 倍，也就是说，用过氧化氢酶在 1 s 内催化的反应，用 $Fe^{3+}$ 做催化剂需要 300 年才能完成。

2. 高度的专一性

酶对其所催化的底物具有选择性。通常情况下，酶只能催化一种或一类相似的化学反应，具有高度专一性（specificity），也称特异性。酶的专一性不仅表现在对底物的选择上，而且反应产物也是专一的，很少有副产品出现。如 DNA 聚合酶执行 DNA 模板指令非常精确，合成多核苷酸链的出错率不到百万分之一。

根据酶对底物选择的严格程度，可以将专一性分为 4 种类型。

（1）绝对专一性。即一种酶只能催化一种底物发生一定的化学反应，并生成一定的产物。如脲酶只能催化尿素水解生成二氧化碳和氨气，对其他一切尿素的衍生物都不起作用。

（2）相对专一性。即一种酶只催化一类化合物或一种化学键。如脂肪酶不仅水解脂肪，也能水解简单的酯类；磷酸酶对一般的磷酸酯键都有水解作用，无论是甘油的还是一元醇或酚的磷酸酯均可被水解。

（3）立体异构专一性。即当底物具有立体异构现象时，一种酶只对底物特定的一种异构体有催化作用。如精氨酸酶只催化 L - 精氨酸水解，对 D - 精氨酸则无效。

酶的立体异构专一性在实践中具有重要意义，例如，某些药物只有某一种构型才有生理效应，而有机合成的药物一般是混合构型产物，若用酶便可进行不对称合成或不对称拆分。如用乙酰化酶制备 L - 氨基酸时，将有机合成的 D - 氨基酸、L - 氨基酸经乙酰化后，再用乙酰化酶处理，这时只有乙酰 - L - 氨基酸被水解，于是便可将 L - 氨基酸与乙酰 - D - 氨基酸分开。

（4）几何异构专一性。有些酶对于顺反异构体只能作用其中之一，这称为几何异构专一性。例如，延胡索酸酶只催化延胡索酸（反丁烯二酸）加水生成 L - 苹果酸，对顺丁烯二酸（马来酸）则无作用。

3. 不稳定性

根据酶的化学本质，无论是蛋白质类酶还是核酸类酶，都容易受理化因素（高温高压、强酸、强碱、有机溶剂等）作用而发生变性。因酶具有不稳定性，故酶的作用条件需温和，一般都在生理条件（常温、常压和接近中性的 pH 值）下进行。但无机催化剂通常要求高温、高压，例如，氨的合成需要几百个大气压的压力和几百度的高温，而固氮菌中的固氮酶能在正常生理条件下完成无机氮的固定。

4. 酶活性的可调节性

正常机体代谢有赖于有条不紊、协调一致的调节过程，这些不同系列反应，称为代谢途径（pathway）。每个系列反应由多个酶按先后顺序进行催化，前一个酶的产物作为后一个酶的底物。一个系列反应中往往第一步反应速度最慢，为限速步骤；整个系列反应的速度取决于限速步骤的酶（限速酶）活力。当终产物积累过多时，便对限速酶产生反馈抑制。生物体主要通过调节酶的活性和酶的含量改变酶的催化效率，如代谢物通过对多酶体系中关键酶或变构酶的抑制与激活等方式改变酶的活性；通过对酶生物合成诱导与阻遏或酶降解速度的调节等方式来改变酶的含量。此外，酶与代谢物在细胞内的区域化分布，同工酶、酶原等形式也可调节酶的催化效率。正是由于以上多种调节作用，使机体内成千上万种代谢反应顺利进行，新陈代谢协调运转。

5. 酶活性测定与酶活性单位

酶活性是指酶催化反应的能力，常用酶促反应速度，即在规定的反应条件下单位时间内底物的消耗量或产物的生成量来衡量。酶促反应速度受到多种因素的影响，故测定酶活性时应注意：各种外界环境因素要相对恒定；酶样品处理要适当；底物量要充足，足以使酶饱和，选择反应的最适温度、最适 pH 值；必要时可以在反应体系中加入恰当的激活剂、辅助因子等。

酶活性单位是指单位时间内消耗一定量的底物或生成一定量的产物所需的酶量。1979年，国际酶学委员会规定，在特定条件下，每秒钟使 1 mol 底物转化为产物所需的酶量为 1催量（1 Kat）。酶的比活力是指 1 mg 蛋白质或酶制剂中所具有的酶活力单位数，该指标用于分析酶纯度。对于同一种酶来说，比活力值越高，其酶纯度越高。

# 第二节　酶的组成、结构与功能的关系

## 一、酶的分子组成

除了核酶外，生物体内大多数酶是蛋白质类酶。酶的催化活性取决于其蛋白质空间构象的完整性。

## 二、酶的分类

1. 根据酶的分子组成分类

根据酶的分子组成可分为单纯酶和结合酶。

（1）单纯酶。是指仅由氨基酸构成的单纯蛋白质，活性仅仅决定于它的蛋白质结构，常见于催化水解反应的酶类，如核糖核酸酶、脲酶、淀粉酶、脂肪酶等。

（2）结合酶。又称全酶，是由蛋白质部分和非蛋白质部分组成的复合物，其中蛋白质部分称为酶蛋白，非蛋白质部分称为辅助因子（辅酶或辅基），即全酶 = 酶蛋白 + 辅助因子。机体内的大多数酶属于结合酶，只有全酶才有催化活性，其发挥催化作用时，需酶蛋白和辅助因子共同参与，将酶蛋白和辅助因子分开后均无催化作用。在酶促反应中，酶蛋白决定反应的特异性，辅助因子决定反应的类型。

酶的辅助因子有金属离子和小分子有机化合物两类。金属离子类辅助因子最常见的有 $Fe^{3+}$（$Fe^{2+}$）和 $Zn^{2+}$ 等。金属辅助因子的作用：①对酶分子的特定空间构象起稳定作用；②传递电子作用；③通过中和阴离子，使静电斥力降低；④作为连接酶和底物的桥梁，使酶对底物起作用。小分子有机化合物类辅助因子分子中常含有维生素类物质，如黄素单核苷酸（FMN）分子中含有维生素 $B_2$。这类辅助因子的主要作用是在酶的催化反应中传递质子、电子或转移基团等。

2. 根据酶蛋白的特点和分子大小分类

根据酶蛋白的特点和分子大小可分为单体酶、寡聚酶、多酶复合体。

（1）单体酶。由一条肽链组成，这类酶很少，大多是催化水解反应的酶，它们的分子量较小，为 13 000 ~ 35 000 Dal（道尔顿）。这类酶有牛胰核糖核酸酶、胰蛋白酶、溶菌酶等。有时，一条多肽链在形成酶的过程中因活性需要而发生了肽键断裂，但各肽段之间有共价键连接，这样的酶可以看作单体酶，如胰凝乳蛋白酶。

（2）寡聚酶。这类酶由两个或两个以上亚基组成，这些亚基或相同或不同。绝大多数寡聚酶含有偶数亚基，以对称形式排列。如 3－磷酸甘油醛脱氢酶由 4 个相同亚基组成，原核生物 RNA 聚合酶由 5 个不同亚基组成。寡聚酶分子量从 35 000 到几百万道尔顿。

（3）多酶复合体。由 2 个以上功能相关的酶组成，通过非共价键彼此嵌合形成的复合体，依次催化一个系列反应，提高反应效率。这类多酶复合物的分子量很高，一般都在几百万道尔顿以上。大肠杆菌脂肪酸合成中的脂肪酸合酶复合体就是一种多酶复合体。

除了上述形式的酶，人们还发现有些酶在一条多肽链上同时表现出多种酶活性，这类酶称为多功能酶。多功能酶往往是基因融合的产物，它可以是单体酶，也可以是寡聚酶或多酶复合体。例如，分解糖原所需要的脱支酶是典型的多功能酶，既有寡聚糖转移酶功能，又有脱支酶功能。

3. 根据酶促反应性质分类

根据酶促反应性质可分为以下 6 类：

（1）氧化还原酶类。氧化还原酶类是指催化氧化还原反应的酶类，如乳脱氢、琥珀酸脱氢酶和细胞色素氧化酶等。

（2）转移酶类。转移酶类是指催化底物之间进行某些基团的转移或交换的酶类，如氨基转移酶、转甲基酶和磷酸化酶等。

（3）水解酶类。水解酶类是指催化水解反应的酶类，如淀粉酶、脂肪酶和蛋白酶等。

（4）裂解酶类或裂合酶类。裂解酶类或裂合酶类是指催化底物移去一个基团并形成双键的反应或逆反应的酶类，如柠檬酸合酶、脱羧酶和醛缩酶等。

（5）异构酶类。异构酶类是指催化分子内基团重排、同分异构体之间相互转化，如磷酸丙糖异构酶、磷酸己糖异构酶和消旋酶等。

（6）合成酶类或连接酶类。合成酶类或连接酶类是指催化底物分子联合成为一种化合物（同时与 ATP 磷酸键断裂释放能量偶联），如谷氨酰胺合成酶和腺苷酸代琥珀酸合成酶。

## 三、酶的分子结构

酶的分子结构是酶功能的物质基础，各种酶的生物学活性之所以有专一性和高效性，都是由其分子结构的特殊性决定的。酶的催化活性不仅与酶分子的一级结构有关，而且与其空间构象有关。如果酶蛋白变性或解离成亚单位，则酶的催化活性通常会丧失，如果酶蛋白分解成其组成的氨基酸，则其催化活性会完全丧失。所以酶具有完整的一、二、三、四级结构是维持其催化活性所必需的。

蛋白质类酶的分子结构特点是具有活性中心。酶分子中存在各种化学基团，如氨基酸残基侧链上的羟基、巯基、氨基和羧基等，但不是所有基团都与酶的活性有关，一般将与酶催化活性密切相关的基团称为酶的必需基团。有些必需基团在一级结构上可能相距较远，甚至可能分散在不同链上，主要依靠酶分子的二级和三级结构的形成（即肽链的盘曲和折叠）才使这些基团彼此靠近，集中于分子表面的某一空间区域，该区域能与底物特异结合并催化底物转化为产物，这一区域称为酶的活性中心，又称"活性部位"，一般处于酶分子的表面或裂隙中，如图4－2所示。

图4－2　酶的活性中心示意图

酶活性中心的必需基团大多有两种：结合基团和催化基团。结合基团与底物结合，形成酶－底物复合物；催化基团促进底物发生化学变化，影响底物中某化学键的稳定性，将其转变为产物。有的必需基团兼有这两方面的功能。对于需要辅酶或辅基的酶，其辅助因子也是活性中心的重要组成部分。某些含金属的酶，其中的金属离子也属于活性中心的一部分。

酶分子中还有一些化学基团不直接参与活性中心的构成，但却是维持酶活性中心应有的空间构象及作为调节剂结合部位所必需的，这些基团可使活性中心的各个有关基团保持最合适的空间位置，间接地对酶的催化作用发挥其不可或缺的作用，这些基团称为酶活性中心外的必需基团。

### 四、酶的作用原理

#### 1. 酶作用的基本原理

在任何化学反应中，只有那些质量分数达到或超过一定限度的"活化分子"才能发生变化形成产物。能引起反应的最低的能量水平称反应能阈（energy threshold），分子由常态转变为活化状态所需的能量称为活化能（activation energy）。活化能是指在一定温度下，1 mol 反应物达到活化状态所需要的自由能，单位是焦耳/摩尔（J/mol），化学反应速度与反应体系中活化分子的浓度成正比。反应所需活化能越少，能达到活化状态的分子就越多，其反应速度必然越大。催化剂的作用是降低反应所需的活化能，以相同的能量能使更多的分子活化，从而加速反应的进行。

酶能显著地降低活化能，故能具备较高的催化效率。大量研究表明，利用中间复合物学说能够解释酶如何能降低底物分子的活化能从而促进反应。即在酶促反应中，酶（E）总是先与底物（S）形成不稳定的酶－底物复合物（ES），该复合物是一种非共价结合，依靠氢键、离子键、范德华力等次级键来维系，再分解成酶（E）和产物（P），E 又可与 S 结合，继续发挥其催化功能，所以少量酶可催化大量底物。

$$E + S \longleftrightarrow ES \longleftrightarrow E + P$$

由于 E 与 S 结合，形成 ES，致使 S 分子内的某些化学键发生极化，呈现不稳定状态或称过渡态，其结合作用比底物与活性中心的结合更紧，并释放一部分结合能使过渡态中间物的活化能更低，因此整个反应的活化能进一步降低，使反应大大加速。

2. 酶作用的机制

不同的酶可有不同的作用机制，并可多种机制共同作用。

（1）底物的"趋近"和"定向"效应。"趋近"效应是指 A 和 B 两个底物分子结合在酶分子表面的某一狭小的局部区域，其反应基团互相靠近，从而降低了进入过渡态所需的活化能。"趋近"效应使酶表面某一局部范围的底物有效浓度远远大于溶液的浓度，大大增加底物的有效浓度，因酶促反应速度与反应物的浓度成正比，在这种局部的高浓度下，反应速度将会相应提高。

酶不仅能使反应物在其表面某一局部范围互相接近，而且还可使反应物在其表面对着特定的基团几何定向，即具有"定向"效应。反应物就可以用一种"正确的方式"互相碰撞而发生反应，如图 4 - 3 所示。

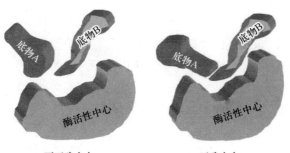

不正确定向　　　　　　　　正确定向

图 4 - 3　底物的"定向"效应

总之，酶可以通过"趋近"效应和"定向"效应使一种分子间的反应变成类似于分子内的反应，使反应得以高速进行。

（2）底物变形与张力作用。酶与底物结合后，底物的某些敏感键发生"变形"，从而使底物分子接近于过渡态，降低反应的活化能。同时，由于底物的诱导，酶分子的构象也会发生变化，并对底物产生张力作用，使底物扭曲，促进 ES 进入过渡状态。

（3）共价催化作用。某些酶与底物结合形成一个反应活性很高的共价中间产物，这个中间产物以较大的概率转变为过渡状态，因此反应的活化能大大降低，底物可以越过较低的能而形成产物。共价催化作用可分为亲核催化作用和亲电子催化作用两大类。

亲核催化作用是指具有一个非共用电子对的基团或原子，攻击缺少电子而具有部分正电性的原子，并利用非共用电子对形成共价键催化反应。

亲电子催化作用是指催化剂和底物的作用。与亲核催化相反，亲电子催化剂从底物中吸取一个电子对。

（4）酸碱催化作用。酸碱催化作用中所用到的酸碱催化剂有两种：一是狭义的酸碱催化剂，即 $H^+$ 与 $OH^-$。由于酶促反应的最适 pH 值一般接近于中性，因此 $H^+$ 及 $OH^-$ 的催化作用在酶促反应中的重要性比较有限。二是广义的酸碱催化剂作用，即质子供体与质子受体（对应于酸或碱）的催化在酶促反应中的重要性较大。细胞内许多有机反应均属广义酸碱催化作用。影响酸碱催化反应速度的因素有两个，一个是酸碱的强度，另一个是供出质子或接受质子的速度。由于酶分子中存在多种供出质子或接受质子的基团，因此酶的酸碱催化效率比一般酸碱催化剂高得多。

### 五、酶原与酶原的激活

有些酶在细胞内合成及初分泌时以无活性的酶的前体存在，必须在一定条件下激活才能发挥活性，这种酶的前体称为酶原。酶原在一定的条件下，可转化成有催化活性的酶，这一过程称为酶原激活。

酶原激活的实质是酶活性中心形成或暴露的过程。酶原在一定的条件下，水解掉一个或几个特定的肽键，构象得以发生改变，即酶蛋白分子内一处或几处肽键发生断裂，进而形成新的空间结构，使活性中心形成或暴露，无活性的酶原激活成有活性的酶。

$$无活性的酶原 \xrightarrow{\text{激活作用}} 有活性的酶$$

体内的酶原有很多，如胃蛋白酶原、凝血酶原和纤溶酶原等。它们都要转化成有活性的酶才能发挥功能。如胰腺细胞合成、分泌的胰蛋白酶原，随胰液进入小肠，在肠激酶的作用下，将氨基末端水解掉一个六肽，其分子构象发生改变而形成酶的活性中心，即被激活成胰蛋白酶，进而发挥水解蛋白质的作用，如图4-4所示。

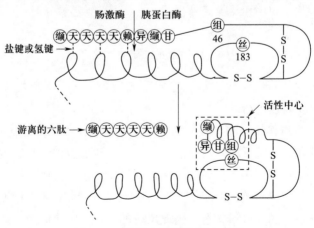

图4-4　胰蛋白酶原的激活过程

酶原激活过程常具有级联反应性质。如机体进食蛋白质，胰蛋白酶原被激活后，生成的胰蛋白酶可进一步激活胰凝乳蛋白酶原和羧肽酶原 A 等。另外，胰蛋白酶还可自身激活，从而加快对食物蛋白的消化。

**课堂练习**

为什么酶原不直接以酶形式存在呢？

酶原激活具有重要的生理意义。避免细胞产生的酶对细胞进行自身消化，并使酶在特定的部位和环境中发挥作用，保证体内代谢正常进行。另外，酶原可视为酶的储存形式，当机体需要时被激活，发挥催化作用。凡是能提高酶活性的物质，都称为激活剂。酶的激活剂多为无机离子或简单有机化合物。酶原激活一旦异常，会导致相关疾病，如目前认为胰蛋白酶原异常激活，导致胰腺自身消化，是急性胰腺炎主要发病机制。

# 第三节 影响酶促反应速度的因素

酶促反应动力学是研究酶促反应速率及各种因素对酶促反应速率影响规律的科学。影响因素主要有六种：底物浓度、酶浓度、温度、pH 值、抑制剂和激活剂。研究酶促反应动力学规律，不仅有利于酶功能及酶作用机理的阐明，而且在疾病诊断与治疗、药物设计与开发、食品工业以及农业病虫害防治等方面具有重要的实际意义。当研究影响酶促反应的某一因素时，需要假定反应体系中其他影响因素保持不变或处于理想状态。为避免酶促反应过程中底物消耗或产物堆积等因素对反应速度的影响，应选取酶促反应初始时的速度进行研究。

## 一、底物浓度

在其他因素不变的情况下，底物浓度对酶促反应的影响规律符合米氏方程式。米氏方程式提出的依据是中间产物学说，这一学说提出酶首先与底物结合形成酶-底物复合物，也称中间产物，中间产物再分解成产物，并释放出酶。

1913 年，米凯利斯和门顿根据中间产物学说，并借助 $V$（酶促反应速度）和 $[S]$（底物浓度）的矩形双曲线关系研究酶促反应动力学，得出了酶促反应速度和底物浓度关系的数学方程式，简称米氏方程，如图 4-5 所示。

$$V = \frac{V_{max}[S]}{K_m + [S]}$$

方程式中 $V_{max}$ 表示最大反应速度，$[S]$ 为底物浓度，$K_m$ 是米氏常数，$V$ 是在不同 $[S]$ 时的反应速度。

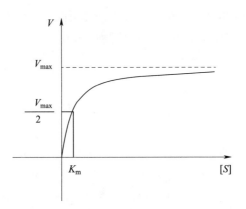

图 4 - 5　底物浓度对酶促反应速度的影响

米氏方程的推导是建立在一些假设基础之上的：测定的反应速度为初速度（即底物消耗不超过 5% 反应），此时不考虑逆反应；反应开始时底物浓度远超过酶浓度，故在测定初速度时底物 $[S]$ 变化可以忽略不计；中间产物（ES）的生成速度与分解速度相等。从米氏方程可以得出，当底物浓度很低时，$V \approx V_{max}[S]/K_m$，酶促反应速度与底物浓度成正比。当底物浓度很高时，$V \approx V_{max}$，此时反应速度为最大速度。

米氏常数 $K_m$ 的意义：$K_m$ 是酶的特性常数之一，$K_m$ 在数值上等于酶促反应速度为最大反应速度一半时的底物浓度；$K_m$ 的大小可近似表示酶对底物亲和力（$K_m$ 越大，酶与底物亲和力越小，$K_m$ 越小，酶与底物亲和力越大）；$K_m$ 大小与反应底物、酶的结构及反应所处环境的温度、pH 值和离子强度等有很大关系，而与酶浓度无关。

$K_m$ 是酶促反应动力学中的一个重要参数。实际应用中，$K_m$ 不但可以用来鉴别同工酶，还可以确定反应体系内最适底物的种类和浓度，并用以判断酶的专一性。

## 二、酶浓度

在酶促反应体系中，当底物浓度远远大于酶的浓度时，酶促反应速度和酶浓度成正比例关系，即 $V = k[E]$（$V$ 代表反应速度、$k$ 代表斜率、$[E]$ 代表酶浓度），如图 4 - 6 所示。

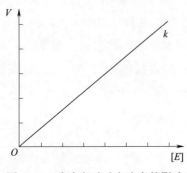

图 4 - 6　酶浓度对反应速度的影响

### 三、温度

酶促反应中，温度对酶促反应速度（酶活性）有双重影响作用。在一定温度范围内，温度升高，活化底物分子数会增加，因而反应速度加快；超过一定的温度范围后，酶开始变性，酶促反应速度下降。酶反应的最适温度就是这两种过程平衡的结果。在低于最适温度时，以前一种效应为主；在高于最适温度时，以后一种效应为主。一般情况下，温度每升高10 ℃，酶促反应速度大约增加1倍；温度升高到60 ℃以上时，大多数酶趋向受热变性，酶促反应速度随温度上升反而下降；温度升高到80 ℃以上时，大多数酶发生变性且不可逆转。但有些耐高温的酶具有重要的应用价值，如Taq DNA聚合酶最适温度为70 ℃，是当前基因克隆、分析中常用的商品酶。通常将酶促反应速度达到最大时的环境温度称为酶的最适温度，如图4-7所示。

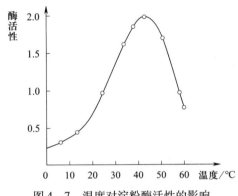

图4-7　温度对淀粉酶活性的影响

酶最适温度与底物种类、作用时间等因素有关，故酶的最适温度不是酶的特征性常数，它常与酶促反应时间有很大关系。如果缩短反应时间，酶可耐受较高的温度，即酶的最适温度可升高；反之，延长反应时间，酶的最适温度可下降。由此，若想确定酶的最适温度，只能限定在固定的反应时间内。此外，最适温度还受到其他条件如底物浓度、底物种类、pH值、离子强度和保温时间等因素的影响。

温度对酶促反应速度的影响在医药应用方面有重要的理论指导意义。低温条件虽然降低了酶的活性，但能延长酶的寿命，这就是为什么酶试剂保存要求低温的原因。临床上有时采用低温麻醉进行手术，也是为了降低酶活性，降低组织细胞代谢速度，提高机体对营养物质和氧缺乏的耐受力。低温保存酶制剂和菌种，也是利用低温可降低酶活性。而高温灭菌则是利用微生物体内多数酶因热变变性而失活的原理。

【资料卡片】

#### 液氮冷冻治疗

液氮冷冻治疗是近代治疗领域中的一门新技术。正常细胞在极度冷冻的状态下，会发生不可逆转的损害，因此，可通过极度冷冻状态将病区细胞迅速杀死，使病区得到正常的恢复。一般用来治疗瘊子、鸡眼、神经性皮炎以及皮肤病等。

### 四、酸碱度

反应体系酸碱度（pH值）对酶促反应速度的影响近似于双重影响，如图4-8所示。酶促反应介质的pH值对酶活性中心的电荷情况、底物与辅酶的解离状态等均可产生影响，进而影响酶促反应速度。

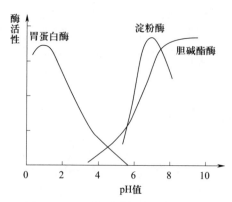

图4-8　pH值对某些酶活性的影响

酶只在一定pH值范围内有活性，在此范围内，酶促反应速度随pH值升高而增加，直到最大，然后开始降低，反应速度最大时的溶液pH值，称为酶的最适pH值。不同的酶最适pH值也不相同，机体内大多数酶的最适pH值接近中性。但也有一些特殊的酶，如胆碱酯酶最适pH值为9.8，胃蛋白酶最适pH值为1.8，这些酶的反应速度-pH值曲线形状不是典型的钟形，而是半钟形或其他。酶的最适pH值不是酶的特性常数，受其他因素的影响很大，环境pH值过高或过低于最适pH值，均会导致酶促反应速度下降，甚至酶可完全变性而失活。pH值对酶催化活性的影响主要表现在：①影响酶分子构象的稳定性。酶是蛋白质，过酸过碱都会引起酶分子构象发生变化而失活。②影响酶分子的解离状态。酶只有在一定解离状态时才能与底物结合，表现出活性。③影响底物的解离。酶只与某种解离状态的底物形成复合物。测定酶的活性或提取和纯化酶时须选用适宜pH值的缓冲液，以保证酶所处的环境pH值相对恒定。

和最适温度一样，最适pH值只是酶的一个特性，不是常数。酶的最适pH值受酶纯度、底物种类、缓冲液种类和浓度等的影响。

### 五、激活剂

酶的激活剂是指使酶从无活性变成有活性或使酶活性增强的物质。常见的激活剂有无机离子和小分子有机化合物，如$Mg^{2+}$是大多数激酶和合成酶激活剂，胆汁酸盐是胰脂酶激活剂，$Cl^-$是唾液淀粉酶的激活剂。激活作用可能有以下3方面的机制：①与酶分子中的氨基酸侧链基团结合，稳定酶催化作用所需的空间结构；②作为底物或辅助因子与酶蛋白之间联系的桥梁；③作为辅酶或辅基的一个组成部分协助酶的催化作用。还有些酶的催化作用易受某些抑制剂的影响，凡能除去抑制剂的物质也可称为激活剂，如乙二胺四乙酸（EDTA），它是金属螯合剂，能除去重金属杂质，从而解除重金属对酶的抑制作用。

有些激活剂对酶促反应是必不可少的，缺少激活剂则酶无催化活性，称为必需激活剂，如 $Mg^{2+}$、$Mn^{2+}$ 等；有些酶促反应若激活剂不存在，酶仍有一定的催化活性，只是催化效率降低，这类激活剂称为非必需激活剂。

激活剂的作用是相对的，一种酶的激活剂对另一种酶来说，也可能是一种抑制剂。不同浓度的激活剂对酶活性的影响也不相同。

**课堂练习**

激活剂使酶活性增强的机理是什么？

提示：稳定改变中心，提高亲和力。

1. 与底物结合，使底物形状更适合酶的活性中心。

2. 与别构酶的别构中心结合，使酶的构象变化，更适合与底物的结合。

## 六、抑制剂

酶的抑制剂是指选择性地使酶活性降低或丧失，而不引起酶分子变性或水解的物质。抑制剂大多与酶活性中心以内或以外的必需基团特异地结合，直接或间接地影响酶的活性中心，从而抑制酶的催化能力。如果除去抑制剂，酶的活性可以恢复。各种理化因素使酶变性而导致酶的活性丧失，是无选择性的，因此不属于酶的抑制作用。根据抑制剂与酶结合的紧密程度不同，可将酶的抑制作用分为不可逆性抑制和可逆性抑制两大类。

1. 不可逆性抑制

抑制剂与酶活性中心上的必需基团共价结合，引起酶活性丧失，这些抑制剂不能通过透析、超滤和凝胶过滤等物理方法除去，只能借助药物才能解除，称为酶的不可逆性抑制作用。常见的不可逆性抑制剂包括乐果、敌百虫和敌敌畏等有机磷类农药和 $Hg^{2+}$、$Pb^{2+}$、$Ag^+$ 和 $As^{3+}$ 等重金属离子。

## 【资料卡片】

### 有机磷农药中毒

属于有机磷类的常用农药包括甲拌磷（3911）、内吸磷（1059）、对硫磷（1605）、敌敌畏、乐果、敌百虫和马拉硫磷（4049）等。一般中毒的原因是直接皮肤接触、呼吸道摄入及误服、误用。经皮肤吸收，进展缓慢；经口及呼吸道摄入，进展快速。

有机磷对人畜的毒性主要是对乙酰胆碱酯酶的抑制，引起乙酰胆碱蓄积，使胆碱能神经受到持续冲动，导致先兴奋后衰竭的一系列的毒蕈碱样、烟碱样和中枢神经系统等症状，严重患者可因昏迷和呼吸衰竭而死亡。有机磷杀虫药大都呈油状或结晶状，色泽由淡黄至棕色，稍有挥发性，且有蒜味。除敌百虫外，一般难溶于水，不易溶于多种有机溶剂，在碱性条件下易分解失效。常用的剂型有乳剂、油剂和粉剂等。

临床上常用胆碱酯酶复活药，如解磷定（PAM）、氯磷定（PAM－CI）和双复磷等药物解除有机磷类农药对羟基酶的抑制作用，PAM 可与有机磷类农药结合形成稳定的复合物，从而解除有机磷类农药对胆碱酯酶的抑制作用。

重金属离子 $Pb^{2+}$、$Ag^+$、$As^{3+}$ 等能与酶分子上的巯基（－SH）结合，从而抑制酶的活性。

砷中毒是应用含砷药物剂量过大所致，或误食含砷的毒鼠、灭螺和杀虫药，以及被此类杀虫药刚喷洒过的瓜果和蔬菜、毒死的禽和畜肉类等所致。三氧化二砷（$As_2O_3$），又称砒霜，红、白信石等。毒性很大，经口服 5～50 mg 即可中毒，服 60～100 mg 即可致死。砒霜纯品外观和食盐、糖、面粉和石膏等相似，误食或误用会中毒，饮食被三氧化二砷污染的井水和食物也会中毒，孕期或哺乳期的妇女中毒可导致胎儿或乳儿中毒。

路易氏气是一种含砷的有毒气体，它能与体内的巯基酶结合而使其活性受到抑制，引起人畜中毒。临床上常用富含巯基的二巯基丙醇和二巯基丁二酸钠等药物来解除巯基酶中毒，这是由于这些药物中含有 2 个巯基，当体内达到一定浓度后此类药物可与毒剂结合，使巯基酶活性得以恢复。

**【资料卡片】**

### 致命的氰化物

氰化物是一种可迅速致命的血液性毒剂，常见的有氰化氢、氰化钠、氰化钾和氰化钙等。氰化物（$CN^-$）可与多种金属离子结合形成稳定的络合物，抑制一些含金属离子辅酶的酶的活性。如氰化物可抑制含铁卟啉辅基的细胞色素氧化酶，从而阻断呼吸链中的电子传递。氰化物中毒初期患者表现为头痛、头晕及呼吸加快，而后期由于缺氧使血液呈暗紫色，出现昏迷现象。美国食品药品监督管理局（FDA）批准亚硝酸盐注射液同硫代硫酸钠注射液共同用于治疗氰化物中毒。

2. 可逆性抑制

抑制剂通过非共价键与酶或酶－底物复合物可逆性结合，引起酶活性降低或丧失。这类抑制剂与酶结合疏松，可以采用透析、超滤和凝胶过滤等物理方法除去，恢复活性，称为酶的可逆性抑制作用。可逆性抑制作用主要有 3 种类型：竞争性抑制、非竞争性抑制和反竞争性抑制。

（1）竞争性抑制。竞争性抑制剂（I）与酶作用的底物（S）结构相似，能与底物竞争酶的活性中心，从而阻碍酶与底物的有效结合，这种抑制作用称为竞争性抑制作用，如图 4－9 所示。竞争性抑制剂的抑制强度取决于其与酶活性中心的亲和力大小，以及其与底物浓度的相对比例。这类抑制剂与酶结合形成的酶－抑制剂复合物（EI），由于酶的活性中心被结合，因而 EI 不能再与底物结合，致使酶促反应速度下降。竞争性抑制作用使 $K_m$ 增大，$V_{max}$ 不变。

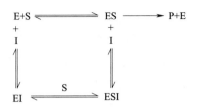

式中 I——抑制剂；

    EI——酶－抑制剂复合物；

    ES——酶底复合物；

    ESI——酶底物抑制剂复合物；

    P——产物。

图 4-9 竞争性抑制过程

一些药物的作用机制是竞争性抑制作用，例如，磺胺类药物的抑菌作用、某些化疗药物的抗肿瘤作用。

【资料卡片】

### 青霉素的抑菌作用

革兰阳性菌细胞壁上的转肽酶可利用肽多糖合成细胞壁，而临床药物青霉素结构与此肽多糖结构相似，故青霉素可作为转肽酶的竞争性抑制剂，用以抑制细胞壁合成，达到抑制细菌繁殖的目的。

磺胺类药物是临床常用的抗菌药物之一。一些细菌在生长繁殖时，不能直接利用环境中的叶酸，而是以对氨基苯甲酸（PABA）、谷氨酸和二氢蝶呤为底物，在二氢叶酸合成酶催化下合成二氢叶酸（$FH_2$），$FH_2$ 在二氢叶酸还原酶催化下合成四氢叶酸（$FH_4$），$FH_4$ 是一碳单位的载体，参与核苷酸的合成。磺胺类药物的化学结构与对氨基苯甲酸相似，通过竞争性抑制二氢叶酸合成酶，抑制二氢叶酸的合成，从而引起细菌核酸合成受阻，进而抑制细菌生长繁殖，如图 4-10 所示。人类可直接利用食物中的叶酸，将其还原为四氢叶酸再利用，故不受磺胺类药物干扰。

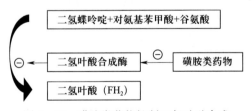

图 4-10 磺胺类药物抑制二氢叶酸合成

（2）非竞争性抑制。有些抑制剂与酶活性中心以外的必需基团结合，不影响酶的活性中心与底物结合；酶与底物结合后也不影响与抑制剂的继续结合，即二者之间互不干扰，无竞争关系，但是酶（E）-底物（S）-抑制剂（I）的复合物（ESI）不能释放出产物，这种抑制作用称为非竞争性抑制作用。

非竞争性抑制作用与竞争性抑制作用不同之处在于非抑制剂能与 ES 结合，而 S 又能与

EI 结合，都形成 ESI。高浓度的底物不能使这种类型的抑制作用完全逆转，因为底物并不能阻止抑制剂与酶结合。这是由于抑制剂和酶的结合部位与酶的活性部位不同，EI 的形成发生在酶分子的不被底物作用的一个部位。此类抑制剂不改变酶的 $K_m$ 值，但 $V_{max}$ 减小。

许多酶能被重金属离子如 $Ag^+$、$Hg^{2+}$ 或 $Pb^{2+}$ 等抑制，都是非竞争性抑制的例子。例如，脲酶对这些离子极为敏感，微量重金属离子即起抑制作用。

重金属离子与酶的巯基（—SH）形成硫醇盐：

$$E - SH + Ag^+ = E - S - Ag + H^+$$

因为巯基对酶的活性是必需的，故形成硫醇盐后即失去酶的活性。由于硫醇盐的形成具有可逆性，这种抑制作用可以通过加适当的巯基化合物（如半胱氨酸、谷胱甘肽等）的办法去掉重金属而得到解除。通常用碘代乙酰胺检查酶分子的巯基：

$$RSH + ICH_2CONH_2 \longrightarrow RS - CH_2CONH_2 + HI$$

各种有机汞化合物（如对氯汞苯甲酸）、各种砷化合物及 N - 乙基顺丁烯二酰亚胺也可以和巯基进行反应，抑制酶的作用。

（3）反竞争性抑制。有些抑制剂不与酶结合，而是与中间产物酶 - 底物复合物（ES）结合，减少了中间产物（ES）的量，同时所生成的酶 - 底物 - 抑制剂复合物（ESI）也不能释放出产物，使产物生成减少，达到抑制作用。这种抑制作用中抑制剂不影响 E 和 S 结合形成中间复合物，反而促进二者结合，称为反竞争性抑制作用，反竞争性抑制过程如图 4 - 11 所示。

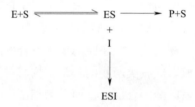

图 4 - 11　反竞争性抑制过程

反竞争性抑制剂不能与游离酶相结合，而只能与酶 - 底物复合物（ES）相结合生成酶 - 底物 - 抑制剂复合物（ESI），这种抑制作用使 $V_{max}$、$K_m$ 都变小，但 $V_{max}/K_m$ 比值不变。例如，氰化物对芳香硫酸脂酶的抑制作用即是此类抑制作用。反竞争性抑制作用在单底物酶反应中比较少见。

# 第四节　酶类药物简介

## 一、酶类药物的定义

酶类药物是指用于某些疾病的预防、治疗和诊断的酶。

## 二、酶类药物的分类

通过补充外源性的酶类药物，可以治疗因酶的含量不足或酶活力降低引发的疾病。用于治疗疾病的酶类药物主要有以下几类。

1. 助消化酶

此类药物有胃蛋白酶、胰蛋白酶、胰脂肪酶、胰淀粉酶等。早期使用的消化剂，其最适pH 值为中性至微碱性，常将酶与胃酸中和剂碳酸氢钠一起服用。近些年，复合消化剂较为常用，其中含有蛋白酶、淀粉酶、纤维素酶和脂肪酶。此消化剂已可以从微生物中提取，且在胃、肠中均能起到促消化作用。

2. 消炎酶

此类药物有胰蛋白酶、凝乳蛋白酶、溶菌酶、菠萝蛋白酶、木瓜蛋白酶、枯草杆菌蛋白酶、胶原蛋白酶、黑曲霉蛋白酶等。蛋白酶水解炎症部位纤维蛋白及脓液中黏蛋白，溶菌酶水解细菌细胞壁主要成分——肽聚糖中的糖苷键。上述酶适用于抗炎、消肿、清疮、排脓与促进伤口愈合。

3. 防治冠心病用酶

胰弹性蛋白酶具有脂蛋白酶的作用，能降低血脂、防治动脉粥样硬化；激肽释放酶（血管舒缓素）有舒张血管作用，临床用于治疗高血压和动脉粥样硬化。

4. 止血酶和抗血栓酶

止血酶有凝血酶和凝血酶激活酶。抗血栓酶有纤溶酶、葡激酶、尿激酶与链激酶，后两者的作用是使无活性的纤溶酶原转化为有活性的纤溶酶，使血液中纤维蛋白溶解，防止血栓形成，可用于脑血栓和心肌梗死等疾病的预防和治疗。

5. 抗肿瘤酶

L-天冬酰胺酶能水解破坏肿瘤细胞生长所需的 L-天冬酰胺。临床上用于治疗淋巴肉瘤和白血病。谷氨酰胺酶也有类似作用。

6. 其他酶类药物

细胞色素 C 是呼吸链电子传递体，可用于治疗组织缺氧；超氧化物歧化酶用于治疗类风湿关节炎和放射病；青霉素酶治疗青霉素过敏；透明质酸酶可作为药物扩散剂并治疗青光眼。

## 三、酶类药物与疾病诊断

近年来酶药物学也取得了很大的突破，出现一批新的酶品种，聚乙二醇修饰等新技术的应用使酶更加稳定，酶药物具有更好的应用前景。

临床上常通过测定体液中酶量或酶活性的变化来进行疾病的辅助诊断。酶可用于产前筛查，对许多遗传性疾患或先天性疾病进行检测预防。可利用血液、羊水标本检查酶的缺陷或其基因表达的缺陷，从而采取措施，防患于未然，从健康角度提高人口出生质量。例如，唐氏综合征筛查。唐氏综合征又称为 21 三体综合征，患者的第 21 对染色体比正常人多出一条，是最常见的染色体非整倍体疾病。唐氏综合征筛查是在特定孕周通过检测孕妇血清中妊娠相关血浆蛋白、甲胎蛋白、人绒毛膜促性腺激素、游离雌三醇和抑制素－A的含量，结合孕妇的年龄、孕周、体重、是否吸烟、是否患有胰岛素依赖性糖尿病等临床信息，通过风险评估软件计算风险值。

## 四、药物的酶法生产

利用酶的催化作用将前体物质转变为药物的技术过程称为药物的酶法生产。在药物的酶法生产过程中，常使用到固定化酶，如制造新型的人工肾。这种人工肾是由微胶囊的脲酶和微胶囊的离子交换树脂的吸附剂组成。前者水解尿素产生氨，后者吸附除去产生的氨，以降低患者血液中过高的非蛋白氮。

【资料卡片】

### 唾液酸苷酶抑制剂与流感

血细胞凝集素和唾液酸苷酶两种糖蛋白均分布在流感病毒的表面。血细胞凝集素特异识别宿主细胞表面的糖链受体唾液酸，介导流感病毒感染宿主。流感病毒对宿主细胞糖链受体的识别具有很强的特异性。例如，人流感病毒血细胞凝集素主要识别末端为唾液酸 a－(26) 半乳糖的糖链受体，该受体分布在人呼吸道上皮细胞表面。病毒进入宿主细胞后，利用宿主的复制系统获得自身的核酸和蛋白，最后组装成病毒颗粒。在成熟的病毒脱离宿主细胞时，由于新形成的病毒表面血细胞凝集素分子与宿主细胞表面的唾液酸以糖苷键相连，病毒无法扩散。病毒利用其表面唾液酸苷酶水解糖苷键，切断连接后成为成熟的病毒颗粒，最终脱离宿主细胞，进而不断扩散。

在病毒感染早期，对病毒扩散进行控制是治疗流感的有效方法之一。由于唾液酸苷酶具有促进病毒扩散的作用，科学家期望利用该酶的抑制剂降低或者抑制酶的活性，从而阻断病毒的扩散，以达到治疗流感的目的。达菲主要成分是磷酸奥司他韦，是唾液酸苷酶的抑制剂，它与唾液酸苷酶水解唾液酸苷的过渡态类似物在结构上具有相似性，能够抑制酶的活性，是目前治疗流感的常用药物之一。

# 练习与应用

## 一、选一选

1. 下列叙述不正确的是（　　）。

A. 酶活性最高时的温度称为酶的最适温度

B. 最适温度是酶的一个特征常数

C. 使酶活性最高时的 pH 值称为酶的最适 pH 值

D. 增加底物浓度可解除竞争性抑制

2. 关于竞争性抑制剂叙述错误的是（　　）。

A. 结构与底物相似

B. 与酶的活性中心结合

C. 结合力为非共价键

D. 抑制程度仅与抑制剂浓度有关

3. 竞争性抑制剂对酶促反应的影响是（　　）。

A. $K_m \downarrow$，$V_{max} \uparrow$

B. $V_{max}$ 不变，$K_m \uparrow$

C. $K_m \uparrow$，$V_{max} \uparrow$

D. $K_m$ 不变，$V_{max} \uparrow$

4. 酶的变（别）构调节特点是（　　）。

A. 通过酶的调节部位（亚基）起作用

B. 其反应动力学符合米氏方程

C. 通过磷酸化起作用

D. 不可逆

5. 决定酶特异性（专一性）的部分是（　　）。

A. 酶蛋白

B. 辅基或辅酶

C. 金属离子

D. 底物

6. 当底物浓度达到饱和后，若再增加底物浓度，则（　　）。

A. 反应速度随底物浓度增加而加快

B. 随着底物浓度的增加酶逐渐失活

C. 酶的结合部位全部被底物占据，反应速度不再增加

D. 再增加酶浓度反应速度不再加快

7. 酶能加速化学反应的进行是由于（　　）。

A. 向反应体系提供能量

B. 降低反应的自由能变化

C. 降低反应的活化能

D. 降低底物的能量水平

8. 某一酶促反应的速度为最大反应速度的80%时，$K_m$ 等于（　　）。

A. $[S]$

B. $1/2\,[S]$

C. $1/4\,[S]$

D. $0.4\,[S]$

9. 下列有关酶的叙述正确的是（　　）。

A. 体内所有具有催化活性的物质都是酶

B. 酶在体内不能更新

C. 酶是由活细胞合成的具有催化作用的蛋白质或核酸

D. 酶能改变反应的平衡点

10. 酶蛋白变性后其活性丧失，这是因为（　　）。

A. 酶蛋白被完全降解为氨基酸

B. 酶蛋白的一级结构受破坏

C. 酶蛋白的空间结构受到破坏

D. 酶蛋白不再溶于水

## 二、填一填

1. 酶的特性包括极高的催化效率、高度的特异性、_____、活性可调节性。

2. 敌敌畏中毒时，_____酶受到抑制。

3. 酶活性最高时的温度称为酶的_____。

4. 酶可逆抑制的类型有_____、_____、_____。

5. 具有催化活性的 RNA，称为_____。

## 三、做一做

1. 简述酶作为生物催化剂与一般催化剂的共性及个性。

2. 试解释酶原激活有哪些生理意义。

3. 目前临床应用的酶类药物有哪些种类？请做简要说明。

# 实训一　测定酶活性的影响因素

## 一、实验目的

1. 理解影响酶活性的主要因素，正确判断温度、pH 值、激活剂和抑制剂对酶活性的影响。

2. 学会温度、pH 值、激活剂和抑制剂对酶活性影响的各项操作，培养分析和解决实验中遇到问题的能力。

## 二、实验原理

温度、pH 值、激活剂和抑制剂对酶活性均可产生影响。本实验以淀粉为底物，检测上述 4 种因素对唾液淀粉酶活性的影响。

淀粉酶可催化淀粉发生水解反应，其最终产物是麦芽糖。淀粉被水解的程度不同，产物就不同，淀粉酶的活性越强，水解程度越大，水解产物分子就越小，淀粉剩余越少。在水解反应过程中，淀粉的分子量逐渐变小，形成若干分子量不等的过渡性产物，称为糊精。淀粉遇碘变蓝，麦芽糖遇碘不显色，糊精中分子量较大者遇碘呈蓝紫色，随着糊精的继续水解，对碘呈色越浅。因此，本实验通过向反应系统中加入碘液，根据显色，检测淀粉水解程度，借此判断唾液淀粉酶活性受影响情况。

$Cl^-$ 是淀粉酶的激活剂，$Cu^{2+}$ 是淀粉酶的抑制剂。

## 三、实验器材和试剂

1. 实验器材

10 mm × 100 mm 试管、试管架、恒温水浴箱、沸水浴、冰浴、记号笔、滴管、烧杯

（50 mL、100 mL、250 mL）若干只。

2. 实验试剂

（1）1%淀粉溶液。取可溶性淀粉1 g，加5 mL蒸馏水，调成糊状，再加80 mL蒸馏水，加热并不断搅拌，使其充分溶解，放冷，最后用蒸馏水稀释至100 mL。

（2）pH 6.8缓冲液。取0.2 mol/L磷酸氢二钠溶液772 mL，0.1 mol/L柠檬酸溶液228 mL，混合后即成。

（3）pH 3.0缓冲液。取0.2 mol/L磷酸氢二钠溶液205 mL，0.1 mol/L柠檬酸溶液795 mL，混合后即成。

（4）pH 8.0缓冲液。取0.2 mol/L磷酸氢二钠溶液972 mL，0.1 mol/L柠檬酸溶液28 mL，混合后即成。

（5）稀碘溶液。取碘2 g，碘化钾4 g，溶于1 000 mL蒸馏水中，储于棕色瓶中。

（6）1%氯化钠溶液。

（7）1%硫酸铜溶液。

（8）1%硫酸钠溶液。

## 四、实验步骤

（提示：各组可根据自己实验的实际情况确定加入试剂的量，但要有可比性）

1. 稀释唾液的制备

将口腔清理干净，清水漱口后，作咀嚼运动，待唾液产生充分，将唾液自然流入50 mL的烧杯中，加蒸馏水稀释备用（稀释倍数根据具体情况而定）。

2. 温度对酶促反应的影响

（1）取3支试管，编号，每管各加入pH 6.8缓冲液20滴，1%淀粉溶液10滴。

（2）将1号管放入37 ℃恒温水浴中，2号管放入沸水浴中，3号管放入冰浴中。

（3）各管放置5 min后，分别加稀释唾液5滴，再放回原处。

（4）放置10 min后取出，分别向各管加稀碘溶液1滴，分别观察3管中的颜色，做好记录。

3. pH值对酶促反应的影响

（1）取3支试管，编号。按表加入试剂（以滴为单位）。

**pH值对酶活性的影响**

| 管号 | pH 3.0缓冲液 | pH 6.8缓冲液 | pH 8.0缓冲液 | 1%淀粉溶液 | 稀释唾液 |
| --- | --- | --- | --- | --- | --- |
| 1 | 20 | — | — | 10 | 5 |
| 2 | — | 20 | — | 10 | 5 |
| 3 | — | — | 20 | 10 | 5 |

（2）将3支试管分别摇匀放入37 ℃恒温水浴中保温。

（3）5～10 min后，取出，分别加入1滴稀碘溶液，分别观察3管中的颜色，做好记录。

4. 激活剂与抑制剂对酶促反应的影响

（1）取 4 支试管，编号。按表加入试剂（以滴为单位）。

**激活剂与抑制剂对酶活性的影响**

| 管号 | pH 6.8 缓冲液 | 1% 淀粉溶液 | 蒸馏水 | 1% 氯化钠 | 1% 硫酸铜 | 1% 硫酸钠 | 稀释唾液 |
|---|---|---|---|---|---|---|---|
| 1 | 20 | 10 | 10 | — | — | — | 5 |
| 2 | 20 | 10 | — | 10 | — | — | 5 |
| 3 | 20 | 10 | — | — | 10 | — | 5 |
| 4 | 20 | 10 | — | — | — | 10 | 5 |

（2）摇匀各管，放入 37 ℃恒温水浴中保温。

（3）5～10 min 后，取出，分别加入稀碘溶液 1 滴，观察各管颜色，做好记录。

## 五、实验结果及分析

请根据自己的实验现象完成各表。

1. 温度对酶促反应的影响

| 管号 | 颜色 | 原因 |
|---|---|---|
| 1 | | |
| 2 | | |
| 3 | | |

2. pH 对酶活性的影响

| 管号 | 颜色 | 原因 |
|---|---|---|
| 1 | | |
| 2 | | |
| 3 | | |

3. 激活剂与抑制剂对酶活性的影响

| 管号 | 颜色 | 原因 |
|---|---|---|
| 1 | | |
| 2 | | |
| 3 | | |

## 六、实验思考

操作步骤 4 "激活剂与抑制剂对酶促反应的影响"中，为什么设计第 4 管？该管应与哪管颜色相同？

# 实训二 酶的营养学调查

## 一、实训目的

1. 了解酶的营养价值和作用原理。

2. 知道目前市面上常见酶类药物、保健品、食品及化妆品等。

## 二、实训准备

1. 将全班同学按每组 5～10 人分组，各组成员分工协作，收集资料，撰写调查报告。写明时间、地点并填写下表。

| 序号 | 名称 | 用途 | 规格 | 用法 | 剂型 | 注意事项 | 存储 |
|---|---|---|---|---|---|---|---|
| 1 | | | | | | | |
| 2 | | | | | | | |
| 3 | | | | | | | |
| 4 | | | | | | | |

2. 将各组资料情况进行总结，集体制作专题 PPT，内容至少应包括：上述表格内容，结果与讨论，结论与建议。

## 三、实训地点

药店、信息中心、保健品公司、化妆品生产企业、教室等。

## 四、实训内容

1. 调查目前市面上酶类药品、保健品、食品及化妆品等。

2. 利用网络、图书等了解有关酶研究的最新进展及将研究成果转化为应用的最新方式和领域等情况。

# 第五章

# 维生素

 **学习目标**

**知识目标**

掌握：维生素的概念、命名及分类。

熟悉：维生素的主要生化作用及相应缺乏症或中毒症状。

了解：维生素的化学本质、主要来源及导致其缺乏的原因。

**技能目标**

能应用维生素的相关知识，识别维生素的缺乏及中毒，并分析其原因，制定预防措施。

## 【任务引入】

科学家们在探索饮食与疾病的关系时，发现新鲜水果和蔬菜可以防治坏血病、糙米可以治疗脚气病、猪肝可以治疗夜盲症等。这些食物中具有治疗作用的物质可统称为维生素。本章将带领大家认识维生素的概念、维生素缺乏症及摄入过多导致的中毒症状、维生素的命名与分类等内容。

## 【趣味学习】

### 维生素的发现

维生素是营养素中发现最晚的一类，它的发现改变了人类的饮食方式，也改变了人们对疾病的认识，避免了众多维生素缺乏症的困扰。人们对维生素的认识是从寻找脚气菌开始的。在东南亚以大米为主食的地区的人们长期受脚气病的折磨，患这种病的人会觉得身体疲乏，四肢无力，严重的会因病死亡。19世纪末，荷兰病理学家、细菌学家克里斯蒂安·埃克曼（Christiaan Eijkman）开始追踪人们认为的会造成脚气病的细菌。之后，另一位科学家格林斯G. 开始追踪脚气病菌。1906年，两位科学家共同发表了一篇论文，提到精米中缺乏一种健康因子，导致脚气病或者多发性神经炎。1912年，科学家们首次提取了少量抗脚气病的物质，将之命名为vitamin，一直沿用至今，称之为维生素或维他命。

# 第一节　概述

## 一、维生素的概念

维生素是维持机体正常生命活动所必需的一类小分子有机化合物。机体不能自行合成或合成量不能满足需求，必须由食物供给的营养素，常以其本体或前体形式存在于天然食物中。

## 二、维生素的缺乏症或中毒症状

维生素种类繁多，生理功能各异，既不构成机体组织和细胞的组成成分，也不是供能物质，主要是参与调节人体物质代谢，在维持机体正常生理功能方面发挥重要作用。例如，构成酶的辅助因子中常含有维生素。维生素每日需要量常以毫克或微克计算，因体内不能合成或合成量过少，必须从外界环境中摄入。维生素是人体必需营养素，一旦长期缺乏某种维生素，机体会发生物质代谢障碍，出现相应的维生素缺乏症。

一般情况下，通过合理膳食，机体可以得到所需的全部维生素。引起维生素缺乏的常见原因主要有：①摄入不足。如饮食单一、严重偏食，食物的储存或烹调方法不当等，造成维生素大量丢失与破坏。②吸收障碍。常见于消化系统疾病，如长期腹泻、消化道梗阻、胆道疾病等会造成维生素的吸收和利用减少；摄入脂肪量过少，常伴有脂溶性维生素吸收障碍。③需求量增加。如妊娠期妇女、哺乳期妇女、儿童、慢性消耗性疾病患者。④药物因素。抗生素使用不合理，如抑制肠道菌群的抗生素过度使用，抑制了肠道正常菌群的生长，从而影响维生素 K、维生素 PP、维生素 $B_6$、生物素等的生成，导致维生素需求增加。长期服用异烟肼（抗结核药物）可引起维生素 $B_6$、维生素 PP 的缺乏。日光照射不足使皮肤的维生素 $D_3$ 合成不足，易造成钙吸收不足，导致小儿佝偻病及成人软骨病。

## 三、维生素的命名与分类

维生素通常按其被发现的先后顺序，以拉丁字母命名，如维生素 A、B 族维生素、维生素 C、维生素 D、维生素 E、维生素 K 等；也可按其化学结构特点命名，如硫胺素、核黄素、钴胺素等；也可按其生理功能或治疗作用命名，如抗脚气病维生素、抗佝偻病维生素、抗眼干燥症维生素等。所以，同一种维生素会出现两个或两个以上的名称。一些维生素在最初发现时被认为是一种，后来经研究证明是多种维生素混合存在，如 B 族维生素命名时在拉丁字母右下角标注 1、2、3 等数字加以区别，即维生素 $B_1$、维生素 $B_2$、维生素 $B_6$、维生素 $B_{12}$ 等。

维生素按溶解度不同可分为两大类：脂溶性维生素和水溶性维生素。

# 第二节 脂溶性维生素

脂溶性维生素主要有4种，即维生素A、维生素D、维生素E、维生素K。均为疏水性化合物，易溶于有机溶剂，不溶于水，可随脂类物质吸收，在血液中与特异蛋白结合运输，主要储存在肝脏，可通过胆汁酸代谢排出体外，但排泄效率低，长期摄入过多会发生积累而引起中毒。

【趣味学习】

**慎补脂溶性维生素**

媒体总有许多补充维生素类保健品的广告，不停地提醒父母应该给孩子补充各种各样的维生素。其实这些广告往往存在着许多误导消费者的语句和错误的信息。人体内可储存大量脂溶性维生素，如果补充过量，易产生严重的后果。鱼肝油含有维生素A和D，用于预防小儿佝偻病，但年轻的父母一定要注意不是所有的孩子都需要补充，只有出现以下几种情况才需要补充：（1）母乳不足；（2）断乳后未及时添加蛋黄、动物肝脏等富含维生素A、D的辅食；（3）患有慢性腹泻、肝胆疾病等影响维生素A、D的吸收或患有慢性消耗性疾病使维生素A、D的消耗增多；（4）缺少日照或生长过快使需要量增多等。否则，会由于维生素A、D过量而引起恶心、头痛、眼睛发炎、皮肤瘙痒、肾结石等中毒症状。

## 一、维生素A

### 1. 化学本质

维生素A是由β-白芷酮环与两分子异戊二烯构成的不饱和一元醇，又称抗眼干燥症维生素。因其化学性质活泼，易氧化，遇光、热更易氧化，故应放在棕色瓶内避光保存。天然的维生素A有维生素$A_1$（视黄醇）、维生素$A_2$（3-脱氢视黄醇）两种形式。视黄醇、视黄醛和视黄酸是维生素A在体内的活性形式。

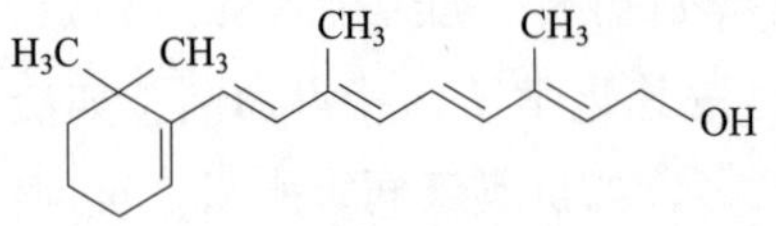

维生素$A_1$ 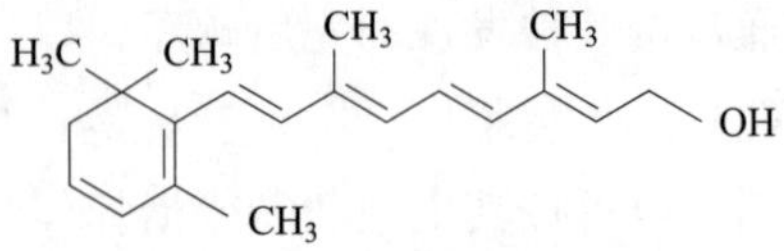 维生素$A_2$

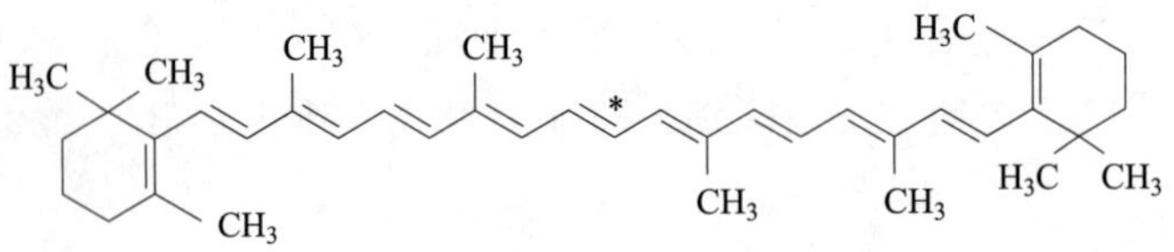

β-胡萝卜素

2. 来源

维生素 A 主要来源于动物性食品（如肉类、蛋黄、乳制品、肝、鱼肝油等），植物性食物（如胡萝卜、番茄、枸杞、菠菜、红辣椒等）不含维生素 A，但含有多种胡萝卜素，被称为维生素 A 原。维生素 A 原在机体内可转变为维生素 A，其中 β - 胡萝卜素的转换率最高，是最重要的维生素 A 原。

3. 生化作用

（1）参与合成视紫红质，维持眼的暗视觉。人眼对弱光的感受依赖于视觉细胞中的视紫红质，维生素 A 是其构成成分，故维生素 A 缺乏时，视紫红质合成减少，对弱光敏感性降低，轻者暗适应时间延长，严重时可导致夜盲症。

（2）维持上皮组织结构的完整与功能的健全。维生素 A 参与糖蛋白的合成，而糖蛋白是维持上皮组织的结构完整和功能健全的重要成分。当维生素 A 缺乏时，上皮组织糖蛋白合成减少，可引起皮肤、呼吸道、消化道、眼睛等器官的上皮组织干燥、增生、角质化，表现为皮肤粗糙、毛囊角质化、脱屑等。眼部的病变表现为眼干燥症（干眼病）。

（3）具有抗氧化作用。维生素 A 和 β - 胡萝卜素是有效的抗氧化剂，能清除自由基，防止脂质过氧化，故能防止自由基蓄积引起的肿瘤和多种疾病的发生。此外，动物实验证明，维生素 A 及其衍生物可诱导肿瘤细胞分化与凋亡，减轻致癌物的作用，抑制肿瘤的生长。

（4）促进生长发育。维生素 A 的衍生物视黄酸在基因表达和人体生长、发育、细胞分化等过程中具有重要的调控作用。视黄酸对于维持上皮组织的正常形态和生长具有重要的作用。当维生素 A 缺乏时，儿童会出现生长缓慢、发育不良等情况。

维生素 A 摄入过多会引起中毒，多见于婴幼儿服用鱼肝油过量引起。维生素 A 中毒的主要表现有头痛、恶心、共济失调、肝大、高脂血症、长骨增厚、高钙血症等。妊娠期妇女摄入过多，易发生胎儿畸形，故应适量摄取。

## 二、维生素 D

1. 化学本质

维生素 D 是类固醇的衍生物，含有环戊烷多氢菲结构，又称抗佝偻病维生素。化学性质比较稳定，不易被热、碱和氧破坏。天然维生素 D 主要有维生素 $D_2$（麦角钙化醇）和维生素 $D_3$（胆钙化醇）两种形式。其活性形式为 1,25 - 二羟维生素 $D_3[1,25-(OH)_2-D_3]$。

7 - 脱氢胆固醇存在于动物皮下，它可能是由胆固醇转化来的，在紫外线作用下形成维生素 $D_3$，有助于佝偻病的预防和治疗。

7-脱氢胆固醇　　　　　　　维生素D₃

麦角固醇（ergosterol）广泛存在于酵母菌、真菌中，它经日光和紫外线照射可以转化为维生素 $D_2$。

麦角固醇             维生素$D_2$

### 2. 来源

动物性食品（如鱼油、乳汁、蛋黄、肝等）富含维生素 $D_3$。在紫外线照射下，人体皮肤中储存的 7 - 脱氢胆固醇可转变成维生素 $D_3$，故 7 - 脱氢胆固醇又被称为维生素 $D_3$ 原。植物性食品（如植物油、酵母）含有维生素 $D_2$ 原，即麦角固醇，经紫外线照射可转变为能被人吸收的维生素 $D_2$。

$$VD_3 \xrightarrow[\text{肝脏}]{\text{25-羟化酶}} 25\text{-(OH)-}VD_3 \xrightarrow[\text{肾脏}]{1\alpha\text{-羟化酶}} 1,25\text{-(OH)}_2\text{-}VD_3$$

### 3. 生化作用

（1）调节钙磷代谢。1,25 - 二羟维生素 $D_3$ 可促进小肠对钙、磷的吸收，促进肾小管对钙、磷的重吸收，从而维持血浆中钙、磷浓度的正常水平，有利于新骨的生成与钙化。维生素 D 还可促进成骨细胞的形成及钙在骨质中的沉积，有利于骨骼和牙齿的形成与钙化。当维生素 D 缺乏时，婴幼儿易导致佝偻病，成年人则引起软骨病。

（2）过量摄入维生素 D 可导致中毒。主要表现为高钙血症、高钙尿症、高血压病、软组织钙化、骨硬化等。

## 三、维生素 E

### 1. 化学本质

维生素 E 是苯并二氢吡喃的衍生物，属于酚类化合物，分为生育酚、生育三烯酚两大类。自然界中以 $\alpha$ - 生育酚的生理活性最高，分布最广。

维生素 E 为微带黏性的淡黄色油状物。在无氧条件下对热稳定，对酸、碱有一定抵抗力，但对氧极为敏感，易被氧化而保护其他物质不被氧化，是动物和人体中最有效的抗氧化剂。在机体中，维生素 E 主要存在于细胞膜、血浆脂蛋白和脂库中。

生育酚                 $\alpha$-生育酚

2. 来源

维生素 E 主要存在于植物油、油性种子、麦芽、豆类、绿叶蔬菜中。

3. 生化作用

（1）抗氧化作用。维生素 E 能清除自由基，防止生物膜的不饱和脂肪酸被氧化产生脂质过氧化物，从而保护细胞膜的结构与功能。维生素 E 与抗氧化剂（维生素 C、谷胱甘肽、硒等）协同作用，可更有效地清除自由基。当维生素 E 缺乏时，红细胞膜易被氧化破坏，发生溶血。

（2）促进血红素代谢。维生素 E 能提高血红素合成过程中的关键酶的活性，促进血红素的合成。新生儿缺乏维生素 E 会引起轻度溶血性贫血，可能与血红蛋白合成减少、红细胞寿命缩短有关，故妊娠期妇女、哺乳期妇女、新生儿应注意适当补充维生素 E。

（3）影响生育功能。动物实验发现，维生素 E 缺乏会导致动物生殖器官受损，甚至不育。临床上常用维生素 E 防治男女不育症、先兆流产及习惯性流产，但它对人类生殖功能的影响尚不明确。

（4）其他作用。维生素 E 具有调节信号转导和基因表达的作用，具有抗炎、维持正常免疫功能、抑制细胞增殖、降低血浆低密度脂蛋白浓度等作用，在防治冠心病、心肌梗死、脑卒中、肿瘤及延缓衰老等方面有一定作用。

## 四、维生素 K

1. 化学本质

维生素 K 是 2 - 甲基 - 1,4 - 萘醌的衍生物，又称凝血维生素。化学性质稳定，耐热耐酸，但易被光和碱破坏，故应避光保存。天然维生素 K 主要以维生素 $K_1$ 和维生素 $K_2$ 两种形式存在。临床上应用的是人工合成的维生素 $K_3$ 和维生素 $K_4$，是 2 - 甲基 - 萘醌的衍生物，其活性高于维生素 $K_1$ 和维生素 $K_2$，可口服及注射。

维生素 $K_1$

2. 来源

维生素 $K_1$ 主要存在于肝、鱼、肉类、绿叶蔬菜（如菠菜、莴苣等）中，维生素 $K_2$ 是肠道细菌合成的产物。

3. 生化作用

（1）促进凝血因子的合成。维生素 K 与凝血有关，能够促进凝血因子的生物合成。凝血因子 Ⅱ、凝血因子 Ⅶ、凝血因子 Ⅸ、凝血因子 Ⅹ、抗凝血因子蛋白 C 和蛋白 S 在体内的激活，均需在 γ - 谷氨酰羧化酶（维生素 K 为其辅酶）的作用下完成。故维生素 K 是合成凝血因子Ⅱ、凝血因子Ⅶ、凝血因子Ⅸ、凝血因子Ⅹ所必需的，可维持其正常水平，促进凝血作用。当维生素 K 缺乏时，凝血因子合成受阻，凝血时间延长，易引起凝血障碍，发生肌肉、皮下、内脏出血。维生素 K 是目前常用的止血剂之一。

（2）参与骨盐代谢。骨中骨钙蛋白、骨基质的 γ - 羧基谷氨酸（Gla）蛋白都是维生素 K 依赖性蛋白。研究发现，服用低剂量维生素 K 的妇女，其脊柱和股骨颈的骨盐密度明显低于服用大剂量维生素 K 时的骨盐密度。

（3）对减少动脉钙化具有重要作用。大剂量的维生素 K 可以降低动脉硬化的风险。

维生素 K 一般不易缺乏。维生素 K 不能通过胎盘屏障，新生儿出生后肠道内无细菌，故新生儿易发生维生素 K 缺乏症，会因凝血障碍而发生出血倾向，故需肌内注射或静脉滴注进行补充。胰腺、胆道疾病及肠黏膜萎缩、脂肪便、长期应用广谱抗生素等也会引起维生素 K 缺乏症。

**课堂练习**

为什么临床上建议新生儿注射维生素 K？

脂溶性维生素的基本情况见表 5 - 1。

表 5 - 1　　　　　　　　　脂溶性维生素的基本情况

| 名称 | 活化形式 | 生理功能 | 缺乏症或中毒 |
| --- | --- | --- | --- |
| 维生素 A | 视黄醇、视黄醛、视黄酸 | 1. 参与合成视紫红质，维持眼的暗视觉；<br>2. 维持上皮组织结构的完整与功能的健全；<br>3. 具有抗氧化作用；<br>4. 促进生长发育 | 缺乏时导致夜盲症、干眼病（眼干燥症）、儿童生长缓慢和发育不良；<br>过量摄入时，婴幼儿中毒的主要表现有头痛、恶心、共济失调、肝大、高脂血症、长骨增厚、高钙血症等；<br>妊娠期妇女易发生胎儿畸形 |
| 维生素 D | $1,25 - (OH)_2 - D_3$ | 1. 调节钙磷代谢；<br>2. 促进小肠对钙磷的吸收；<br>3. 促进肾小管对钙、磷的重吸收；<br>4. 促进骨盐代谢与骨和牙齿的钙化 | 缺乏时导致佝偻病（婴幼儿）、软骨病（成人）；<br>过量摄入时，中毒的主要表现为高钙血症、高钙尿症、高血压、软组织钙化、骨硬化等 |
| 维生素 E | — | 1. 抗氧化作用；<br>2. 促进血红素代谢；<br>3. 影响生育功能；<br>4. 其他作用（抗炎、维持正常免疫功能等） | 未发现典型缺乏症或中毒症状 |
| 维生素 K | — | 1. 促进凝血因子的合成；<br>2. 参与骨盐代谢；<br>3. 维生素 K 对减少动脉钙化具有重要作用 | 缺乏时导致凝血功能障碍、出血（新生儿，胰腺、胆道疾病及肠黏膜萎缩、脂肪便、长期应用广谱抗生素的人群）；<br>未发现典型中毒症状 |

# 第三节　水溶性维生素

水溶性维生素主要有 B 族维生素、维生素 C。B 族维生素主要有维生素 $B_1$、维生素 $B_2$、维生素 $B_6$、维生素 $B_{12}$、维生素 PP、泛酸、叶酸、生物素等，主要构成机体的辅酶，参与体内物质代谢。维生素 C 是机体中重要的抗氧化剂之一。

水溶性维生素能溶于水，可随尿液排出体外，因此少有中毒现象出现。多数水溶性维生素机体内无储存，必须从膳食中摄取，长期摄取不足会引起缺乏症。除维生素 $B_{12}$ 外，其余的水溶性维生素都能自由吸收，并在体液中自由转运。

## 一、维生素 $B_1$

1. 化学本质

维生素 $B_1$ 是由含硫的噻唑环和含氨基的嘧啶环通过甲烯基连接而成的化合物，故称硫胺素，又称抗脚气病维生素。其纯品多以盐酸盐形式存在，极易溶于水，为白色结晶，耐热、耐酸，但在碱性条件下加热易分解。

硫胺素易被小肠吸收，入血后主要在肝及脑组织中经硫胺素焦磷酸激酶的催化作用生成硫胺素焦磷酸（TPP），构成某些酶的辅酶。TPP 是维生素 $B_1$ 在体内的活性形式。

硫胺素焦磷酸（TPP）

有氧化剂存在时，维生素 $B_1$ 易被氧化转变为脱氢硫胺素（又称硫色素）。脱氢硫胺素在紫外线照射下呈蓝色荧光，可用于维生素 $B_1$ 的检测和定量分析。

2. 来源

维生素 $B_1$ 广泛分布于动植物性食物中，如谷类和豆类的种皮、麦麸、胚芽、酵母、干果、蔬菜等富含维生素 $B_1$，在动物的肝、肾、脑、瘦肉及蛋类中含量也较多。需要注意的是，精白米和精白面粉中维生素 $B_1$ 的含量远不如标准米、标准面粉的高。

3. 生化作用

（1）TPP 是 α - 酮酸氧化脱羧酶的辅酶。α - 酮酸氧化脱羧酶（如丙酮酸氧化脱氢酶系、α - 酮戊二酸脱氢酶系等）是糖代谢过程中的关键酶。当缺乏维生素 $B_1$ 时，TPP 合成不足，导致糖代谢中间产物 α - 酮酸的氧化脱羧反应发生障碍，糖的有氧氧化过程受阻。一方面导致神经组织的能量供应不足；另一方面使糖代谢中间产物（如丙酮酸、乳酸等）堆积而刺激神经末梢，导致慢性末梢神经炎及其他神经病变；严重时心肌能量供应也减少，出现下肢水肿、心动过速、心力衰竭等症状。此症状称为维生素 $B_1$ 缺乏症，临床上称为"脚气病"。

（2）TPP 是转酮醇酶的辅酶。转酮醇酶在磷酸戊糖途径中发挥着重要作用。当维生素 $B_1$ 缺乏时，转酮醇酶合成不足，使磷酸戊糖途径受阻，导致体内核苷酸合成、神经髓鞘中鞘磷脂的合成受影响，也可导致末梢神经炎及其他病变。

（3）维生素 $B_1$ 影响乙酰胆碱的合成与分解。乙酰胆碱作为一种神经递质，由乙酰辅酶 A 和胆碱合成，经胆碱酯酶催化分解。TPP 可以促进乙酰胆碱的合成，抑制其分解。当维生素 $B_1$ 缺乏时，一方面 TPP 合成不足使乙酰辅酶 A 合成减少，进而导致乙酰胆碱的合成减少；另一方面维生素 $B_1$ 对胆碱酯酶的抑制减弱，乙酰胆碱分解加强，进而影响神经传导，主要表现为胃肠蠕动变慢、消化液分泌减少、食欲缺乏、消化不良等症状。

导致维生素 $B_1$ 缺乏的常见原因是膳食中含量不足，如长期以精白米或精白面为主食的人群；需要量增加、吸收障碍、酒精中毒也会导致维生素 $B_1$ 的缺乏。

## 二、维生素 $B_2$

1. 化学本质

维生素 $B_2$ 又称核黄素，是 D－核糖醇与 7,8－二甲基异咯嗪的缩合物，为橙黄色针状晶体，在酸性环境中稳定，在碱性环境下不耐热，遇光易被破坏，故应用棕色瓶避光保存。

在 430～440 nm 蓝光或紫外线照射下，维生素 $B_2$ 的水溶液发出绿色荧光，光线强弱与其的质量分数成正比，可利用此性质进行定量分析。

2. 来源

维生素 $B_2$ 分布广泛，尤其是在奶及奶制品、肝、酵母、蛋类、肉类中含量丰富。

3. 生化作用

（1）维生素 $B_2$ 在体内转变成 FMN、FAD，构成体内氧化还原酶的辅基。维生素 $B_2$ 主要在小肠上段通过转运蛋白主动吸收，再经小肠黏膜黄素激酶催化转变成黄素单核苷酸（FMN），在焦磷酸化酶的催化下，FMN 进一步生成黄素腺嘌呤二核苷酸（FAD）。FMN 和

FAD 是体内维生素 $B_2$ 的活性形式。FMN 和 FAD 是体内氧化还原酶的辅基，主要起传递氢的作用，广泛参与体内的各种氧化还原反应。

（2）促进生长发育，维持皮肤和黏膜的完整性。FMN 和 FAD 能促进糖类、脂肪、氨基酸的代谢，对维持皮肤、黏膜、视觉的正常功能均有一定作用。缺乏维生素 $B_2$ 时，易引起口角炎、舌炎、唇炎、阴囊炎、脂溢性皮炎、眼睑炎眼干燥等疾病。

缺乏维生素 $B_2$ 的主要原因是食物烹调不当或膳食供应不足。

临床上用光照疗法治疗新生儿黄疸时，会破坏皮肤胆红素，核黄素同时也会被破坏，引起新生儿维生素 $B_2$ 缺乏症。因此，治疗新生儿黄疸原发病的同时，应注意补充维生素 $B_2$。

## 三、维生素 $B_6$

1. 化学本质

维生素 $B_6$ 是吡啶衍生物，包括吡哆醇、吡哆醛、吡哆胺，它以磷酸酯的形式存在于体内。维生素 $B_6$ 在酸性环境中稳定，在碱性环境中易被破坏，遇光、紫外线、高温会迅速被破坏。磷酸吡哆醛和磷酸吡多胺是维生素 $B_6$ 的活性形式。

吡哆醇　　　　　　　　　吡哆醛　　　　　　　　　吡哆胺

维生素 $B_6$ 与三氯化铁反应呈红色，与对氨基苯磺酸反应呈橘红色，可利用此性质进行维生素 $B_6$ 的定量测定。

2. 来源

维生素 $B_6$ 广泛分布于动植物食品中，在肝、鱼、肉类、全麦、米糠、种子、坚果、酵母、蛋黄、肾、绿叶蔬菜中含量丰富。另外，维生素 $B_6$ 也可由肠道细菌合成。

3. 生化作用

（1）磷酸吡哆醛构成转氨酶的辅酶。磷酸吡哆醛是转氨酶的辅酶，在氨基酸转氨基过程中起转移氨基的作用。

（2）磷酸吡哆醛构成脱羧酶的辅酶。磷酸吡哆醛是脱羧酶的辅酶，参与氨基酸及其衍生物的脱羧反应，如磷酸吡哆醛构成谷氨酸脱羧酶的辅酶，可促进谷氨酸脱羧生成 γ - 氨基丁酸（GABA），后者对中枢神经有抑制作用。临床上常用维生素 $B_6$ 治疗妊娠呕吐、小儿惊厥、精神焦虑等。

（3）磷酸吡哆醛构成 δ - 氨基 - γ - 酮戊酸（ALA）合成酶的辅酶。磷酸吡哆醛是 ALA 合成酶的辅酶，参与血红素的合成。维生素 $B_6$ 缺乏时血红蛋白的合成受阻，造成小细胞低血色素性贫血。

（4）磷酸吡哆醛构成同型半胱氨酸分解代谢酶的辅酶。维生素 $B_6$ 缺乏时，同型半胱氨酸分解受阻，引起高同型半胱氨酸血症，进而导致心脑血管疾病（如高血压、血栓形成、动脉粥样硬化等）。

（5）服用异烟肼需补充维生素 $B_6$。抗结核药异烟肼可与磷酸吡哆醛的醛基结合成腙，从尿中排出，导致维生素 $B_6$ 缺乏。因此，服用异烟肼时，应注意及时补充维生素 $B_6$。

人类至今尚未发现维生素 $B_6$ 缺乏引起的典型疾病。过量服用维生素 $B_6$ 会引起中毒，当摄入量超过 200 mg/d 时可引起神经损伤，主要表现为感觉性周围神经病。

### 四、维生素 $B_{12}$

1. 化学本质

维生素 $B_{12}$ 含钴，是体内唯一含有金属元素的维生素，又称钴胺素。在弱酸性水溶液中稳定，易被日光、氧化剂、还原剂破坏，尤其在强酸、强碱条件下极易被破坏。

维生素 $B_{12}$ 在体内有多种存在形式，如羟钴胺素、氰钴胺素、甲钴胺素、5′-脱氧腺苷钴胺素，后两者是维生素 $B_{12}$ 的活性形式，也是血液中存在的主要形式。甲钴胺片常用于口服，盐酸羟钴胺素性质稳定，是注射用维生素 $B_{12}$ 的常用形式。

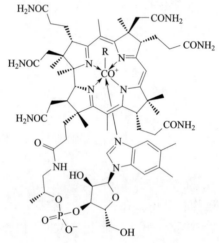

R= 5′-deoxyadenosyl, CH₃, OH, CN

2. 来源

动物性食物如肝、肾、瘦肉、鱼及蛋类食物中的维生素 $B_{12}$ 含量较高，肠道细菌也可合成，但不存在于植物中。维生素 $B_{12}$ 必须与胃壁细胞分泌的高度特异的内因子（一种糖蛋白）结合后才能以主动转运的方式吸收。

3. 生化作用

（1）以辅酶形式参与甲基的转移。甲钴胺素构成转甲基酶的辅酶，参与一碳单位的代谢，与四氢叶酸常相互联系，与多种化合物的甲基化有关。如甲钴胺素是转甲基酶的辅酶，该酶催化同型半胱氨酸和 $N^5 - CH_3 - FH_4$（$N^5$ 甲基四氢叶酸）反应生成甲硫氨酸和四氢叶酸。

维生素 $B_{12}$ 缺乏时，可使四氢叶酸的利用率降低，导致一碳单位的代谢障碍，核酸合成受阻，进而可引起巨幼红细胞性贫血，增加动脉粥样硬化、血栓生成和高血压的危险性。因此，临床上常用维生素 $B_{12}$ 和叶酸联合治疗巨幼红细胞性贫血。

（2）具有营养神经的作用。维生素 $B_{12}$ 的活性形式 5′-脱氧腺苷钴胺素是 L-甲基丙二酰辅酶 A 变位酶的辅酶，影响脂肪酸的正常合成。维生素 $B_{12}$ 缺乏时，可引起脂肪酸合成障碍，影响神经髓鞘质的转换，造成髓鞘质变性退化，进而引发进行性脱髓鞘等神经组织病变。因此，维生素 $B_{12}$ 具有营养神经的作用。

正常膳食很少发生维生素 $B_{12}$ 的缺乏。但内因子分泌减少（如萎缩性胃炎、胃大部分切除术后的患者，或长期服用埃索美拉唑镁肠溶片的患者），可引起维生素 $B_{12}$ 的缺乏。

**课堂练习**

维生素 $B_{12}$ 的活性形式有哪些？有什么临床应用？

## 五、维生素 PP

1. 化学本质

维生素 PP 又称抗癞皮病维生素，是吡啶衍生物，包括尼克酸（也称烟酸）和尼克酰胺（也称烟酰胺），两者在体内可相互转化。维生素 PP 为白色结晶，性质稳定，溶于水和乙醇，不易被酸、碱、热破坏。

维生素 PP 与溴化氰反应可生成黄绿色化合物，可利用此性质进行维生素 PP 的定量分析。维生素 PP 在体内的活性形式是烟酰胺腺嘌呤二核苷酸（$NAD^+$，辅酶 I）和烟酰胺腺嘌呤二核苷酸磷酸（$NADP^+$，辅酶 II）。

尼克酸　　　　　尼克酰胺

2. 来源

维生素 PP 广泛存在于动植物食物中，尤以肉类、马铃薯、酵母、谷类、花生中含量丰富。机体可利用色氨酸合成少量的维生素 PP，因转化效率较低，不能满足机体需要。

3. 生化作用

（1）维生素 PP 缺乏时可引起癞皮病。$NAD^+$ 和 $NADP^+$ 是多种不需氧脱氢酶（如 L-乳酸脱氢酶、L-谷氨酸脱氢酶等）的辅酶，在生物氧化过程中起传递氢的作用，广泛参与体内各种代谢（如糖代谢、脂类代谢、氨基酸代谢等）。维生素 PP 缺乏时可引起癞皮病（又称对称性皮炎），主要表现为皮炎、腹泻、痴呆。皮炎常对称出现于皮肤暴露部位，痴呆则是神经组织变性的结果。

（2）抑制脂肪动员。维生素 PP 可抑制脂肪动员，使肝中极低密度脂蛋白（VLDL）的合成下降，从而降低血浆中胆固醇的含量。近年来，临床上用维生素 PP 治疗高胆固醇血症。但服用过量维生素 PP 会引起血管扩张、脸颊潮红、胃肠不适、痤疮等毒性症状。长期服用量超过 500 mg/d 可引起肝损伤。

抗结核药物异烟肼与维生素 PP 结构相似，二者会发生拮抗作用，若长期服用异烟肼，可引起维生素 PP 的缺乏。玉米中的烟酸（结合型）不能被人体直接利用，且玉米中色氨酸含量极低，因此，长期以玉米为主食者易缺乏维生素 PP。

## 六、泛酸

### 1. 化学本质

泛酸（pantothenic acid）由二甲基羟丁酸和 β-丙氨酸组成，又称遍多酸、维生素 $B_5$，因其广泛存在于动植物组织中而得名。泛酸呈淡黄色，油状物，在中性环境中对热稳定，在酸、碱环境中加热易被破坏。

泛酸在肠道内被吸收后，经磷酸化后与半胱氨酸反应，生成 4-磷酸泛酰巯基乙胺，后者是辅酶 A（CoA）和酰基载体蛋白（ACP）的组成成分，参与酰基转移反应。泛酸在体内的活性形式是 CoA、ACP。

### 2. 来源

泛酸在自然界广泛分布，肠道细菌也能合成泛酸，故尚未发现缺乏症。

### 3. 生化作用

CoA、ACP 是酰基转移酶的辅酶，在代谢中起传递酰基的作用，广泛参与糖、脂类、蛋白质的代谢及肝的生物转化作用。体内有 70 多种酶需由 CoA、ACP 组成。

## 七、叶酸

### 1. 化学本质

叶酸（folic acid）由 2-氨基-4-羟基-6-甲基蝶呤啶、对氨基苯甲酸（PABA）、L-谷氨酸 3 部分组成，又名蝶酰谷氨酸、维生素 $B_9$。叶酸为黄色结晶，在中性、碱性环境中耐热，在酸性环境中不稳定，加热或光照易被分解，故应避光冷藏。

叶酸

叶酸在小肠上段被吸收后，先生成二氢叶酸，再进一步还原为 5,6,7,8-四氢叶酸

（THF 或 FH$_4$）。FH$_4$ 为叶酸在体内的活性形式。

2. 来源

叶酸因其在植物的绿叶中大量存在而得名，在肝、酵母、水果中含量也很丰富，肠道细菌也可合成。

3. 生化作用

（1）叶酸的活性形式 FH$_4$ 是一碳单位的载体。FH$_4$ 是一碳单位转移酶的辅酶，参与一碳单位代谢，而一碳单位在体内参与嘌呤、胸腺嘧啶核苷酸等的合成、甲硫氨酸循环，在氨基酸、核苷酸代谢中起重要作用。叶酸缺乏时，嘌呤、嘧啶合成受阻，DNA 合成受抑制，骨髓幼红细胞 DNA 合成减少，细胞分裂速度减慢，细胞体积变大，造成巨幼细胞贫血。因此，临床上常用叶酸治疗巨幼细胞贫血。

（2）特殊人群需补充叶酸。叶酸缺乏多见于需要量增加但未及时补充的人群，如妊娠期、哺乳期妇女等。这类人群因代谢较旺盛，应适量补充叶酸。补充叶酸可以降低胎儿神经管畸形的发病率，孕妇缺乏叶酸易导致胎儿出现先天缺陷和流产。长期口服避孕药、抗惊厥药、肠道抑菌药，会干扰叶酸的吸收及代谢，故应适当补充叶酸。

（3）其他作用。叶酸缺乏可影响同型半胱氨酸甲基化生成甲硫氨酸，引起高同型半胱氨酸血症，增加发生动脉粥样硬化、血栓生成、高血压的危险性。

## 八、生物素

1. 化学本质

生物素（biotin）是由噻吩环和尿素结合形成的双环化合物，其侧链有一个戊酸，又称维生素 B$_7$、维生素 H、辅酶 R。生物素为无色针状结晶，耐酸不耐碱，常温稳定，氧化剂、高温可使其失活。自然界中存在的生物素至少有两种：α - 生物素和 β - 生物素。

2. 来源

生物素在动植物中分布广泛，如肝、蛋类、鱼类、牛奶、酵母、花生、蔬菜、谷类等食物中富含生物素，在啤酒中含量较高。肠道细菌也可以合成生物素。

3. 生化作用

生物素构成机体中多种羧化酶（如丙酮酸羧化酶、乙酰辅酶 A 羧化酶等）的辅基，参与二氧化碳的固定和羧化过程，在糖类、脂类、氨基酸、核苷酸代谢中发挥重要作用。有研究表明，生物素可参与细胞信号转导、基因表达过程，影响细胞周期、转录及 DNA 损伤的修复。

生物素很少出现缺乏。大量食用生鸡蛋清可导致机体缺乏生物素，因为新鲜鸡蛋清中有一种抗生物素蛋白能与生物素结合，妨碍其吸收，蛋清加热后该蛋白遭到破坏而不再影响生物素的吸收。生物素缺乏的主要症状有疲乏、食欲缺乏、恶心、呕吐、皮炎、脱屑性红皮病。

## 九、维生素 C

### 1. 化学本质

维生素 C 是含有六个碳原子的不饱和多羟基内酯化合物，又称 L‑抗坏血酸，为无色片状结晶，呈酸性，具有很强的还原性，在 pH < 5.5 的酸性环境中较为稳定，遇碱、热、氧化剂等易被氧化分解。

维生素C

### 2. 来源

维生素 C 存在于新鲜的果蔬中，尤其是在猕猴桃、柑橘类、鲜枣、番茄、辣椒中含量丰富，但久存的果蔬中维生素 C 含量会大量减少，烹饪不当也会导致维生素 C 的大量流失。

### 3. 生化作用

（1）构成羟化酶的辅酶，参与体内多种羟化反应。体内胆固醇的转化、胶原蛋白的合成、芳香族氨基酸的代谢、肉碱的合成、非营养物质的转化等过程都需要依赖维生素 C 的羟化酶参与。例如，维生素 C 缺乏时，胶原蛋白合成不足，可出现毛细血管通透性和脆性增加，易破裂出血以及出现牙龈出血、牙齿松动、骨折、创伤不易愈合等症状，称为维生素 C 缺乏症，也称为坏血病。维生素 C 缺乏时，肉碱合成减少，导致脂肪酸 β 氧化减弱，患者出现倦怠乏力，这也是坏血病的症状之一。

（2）作为抗氧化剂，参与体内氧化还原反应。维生素 C 具有较强的还原性，可保护维生素 A、维生素 E、B 族维生素免遭氧化，并能促进叶酸还原，转变成其活性形式四氢叶酸；可通过氧化自身来维持谷胱甘肽的还原性；可将 $Fe^{3+}$ 还原成 $Fe^{2+}$，促进铁的吸收，恢复血红蛋白的运氧能力。

（3）具有增强机体免疫力的作用。维生素 C 可促进淋巴细胞的增殖与趋化作用，促进免疫球蛋白的合成，提高吞噬细胞的吞噬能力，从而提高人体免疫力。临床上常用于病毒性疾病、心血管疾病等的支持治疗。

水溶性维生素的基本特点见表 5 – 2。

| 表 5 – 2 | | 水溶性维生素的基本特点 | |
|---|---|---|---|
| 名称 | 活化形式 | 生理功能 | 缺乏症或中毒 |
| 维生素 B$_1$ | TPP | 1. TPP 是 - 酮酸氧化脱羧酶的辅酶；<br>2. TPP 是转酮醇酶的辅酶；<br>3. 维生素 B$_1$ 影响乙酰胆碱的合成与分解 | 缺乏时导致脚气病、食欲缺乏、消化不良等；<br>未发现典型中毒症状 |

续表

| 名称 | 活化形式 | 生理功能 | 缺乏症或中毒 |
|------|----------|----------|--------------|
| 维生素 $B_2$ | FMN、FAD | 1. 在体内转变成 FMN、FAD，构成体内氧化还原酶的辅基；<br>2. 促进生长发育，维持皮肤和黏膜的完整性 | 缺乏时易引起口角炎、舌炎、唇炎、阴囊炎、脂溢性皮炎、眼睑炎眼干燥等疾病；<br>未发现典型中毒症状 |
| 维生素 $B_6$ | 磷酸吡哆醛、磷酸吡哆胺 | 1. 构成转氨酶、脱羧酶、ALA 合成酶、同型半胱氨酸分解代谢酶的辅酶；<br>2. 服用异烟肼需补充维生素 $B_6$ | 未发现典型缺乏症；<br>过量服用可引起中毒，当摄入量超过 200 mg/d 时可引起神经损伤，主要表现为感觉性周围神经病 |
| 维生素 $B_{12}$ | 甲钴胺素、5′-脱氧腺苷钴胺素 | 1. 以辅酶形式参与甲基的转移；<br>2. 具有营养神经的作用 | 缺乏时导致巨幼细胞贫血、神经组织病变；<br>未发现典型中毒症状 |
| 维生素 PP | $NAD^+$、$NADP^+$ | 1. 维生素 PP 缺乏时可引起癞皮病；<br>2. 抑制脂肪动员 | 缺乏时可引起癞皮病；<br>服用过量会引起血管扩张、脸颊潮红、胃肠不适、痤疮等毒性症状；长期服用量超过 500 mg/d 可引起肝损伤 |
| 泛酸 | CoA、ACP | 酰基转移酶的辅酶，传递酰基 | 未发现典型缺乏症及中毒症状 |
| 叶酸 | $FH_4$ | 1. 叶酸的活性形式四氢叶酸是一碳单位的载体；<br>2. 特殊人群需补充叶酸；<br>3. 其他作用 | 缺乏时导致巨幼细胞贫血、胎儿神经管缺陷、流产；<br>未发现典型中毒症状 |
| 生物素 | — | 构成多种羧化酶的辅基，参与二氧化碳的固定和羧化 | 未发现典型缺乏症及中毒症状 |
| 维生素 C | — | 1. 构成羟化酶的辅酶，参与体内多种羟化反应；<br>2. 作为抗氧化剂，参与体内氧化还原反应；<br>3. 具有增强机体免疫力的作用 | 缺乏时导致坏血病；<br>未发现典型中毒症状 |

# 第四节　维生素类药物简介

维生素在维持人体正常生理功能、物质代谢中发挥重要作用。临床上，维生素类药物主要用来治疗各种维生素缺乏症，补充特殊人群需要，或作为某些疾病的辅助用药。但若长期过量摄入某些维生素有发生中毒的危险。

维生素类药物种类较多，根据其用途可分为两大类：治疗用维生素、营养补充用维生素。

1. 治疗用维生素

治疗用维生素应按缺乏症进行选择，多为单一品种，用量采用治疗剂量。如维生素 A 用于治疗夜盲症、眼干燥症；维生素 D 用于治疗佝偻病、骨软化症、骨质疏松症等；维生素 E 用于治疗先兆流产、不育；维生素 $B_1$ 用于治疗脚气病；维生素 PP 用于治疗癞皮病；维生素 C 用于治疗坏血病等。

2. 营养补充用维生素

营养补充用维生素主要用于预防因饮食不平衡、肠道疾病、妊娠期妇女等需求量增加的特殊人群的维生素缺乏，常为多品种、小剂量、连续服用，可以全面补充各种维生素，以改善机体的生理功能、代谢状态。

常用的复合维生素类药物有复合维生素、复合维生素 B 等。复合维生素是将各种维生素按照一定剂量比例合成的复合剂型，如维生素 AD 滴剂、鱼肝油乳等，用于预防、治疗因饮食不平衡引起的维生素缺乏症。复合维生素 B 用于治疗因 B 族维生素缺乏引起的各种疾病，如食欲缺乏、营养不良、糙皮病、脚气病、痤疮、脂溢性皮炎等，也可用于补充妊娠期、哺乳期、发热引起的维生素缺乏。

另外，维生素还用于某些疾病的辅助治疗。如维生素 E 用于防治冠心病、动脉粥样硬化、肌痉挛、红斑狼疮，减轻肠道慢性炎症，抗衰老等，还可用于生产各种功能性食品。维生素 $B_1$ 用于辅助治疗周围神经炎、心肌炎等。维生素 $B_6$ 用于防治异烟肼中毒、妊娠、放化疗所致的呕吐及小儿惊厥等。叶酸用于预防胎儿先天性神经管畸形、巨幼细胞贫血的治疗。维生素 C 可用于各种急慢性传染性疾病、紫癜等的辅助治疗，慢性铁中毒、特发性高铁血红蛋白症的治疗等。

近年来，维生素及其衍生物在肿瘤防治方面的辅助作用引起普遍关注，其作用包括：清除氧自由基，保护细胞膜；增强淋巴系统的免疫功能；减少肿瘤细胞的耐药性；抑制端粒酶活性，促进肿瘤细胞分化等。有研究表明，一些维生素具有靶向作用于肿瘤细胞的能力，为肿瘤细胞的靶向给药治疗提供了依据。例如，叶酸和生物素的纳米粒、脂质体等靶向给药系统，明显降低了化疗药物的毒副反应，进一步拓宽了维生素类药物在疾病防治中的应用。

## 练习与应用

### 一、选一选

1. 榨苹果汁时加入维生素 C，可以防止果汁变色，这说明维生素 C 具有（　　）。

A. 还原性　　　　　B. 氧化性　　　　　C. 碱性　　　　　D. 酸性

2. 含有金属元素的维生素是（　　）。

A. 维生素 $B_{12}$　　　B. 维生素 D　　　　C. 维生素 A　　　　D. 维生素 C

3. 长期食用高级精细加工大米，容易缺乏的维生素是（　　　）。

A. 维生素 E　　　　　B. 维生素 D　　　　　C. 维生素 A　　　　　D. 维生素 $B_1$

4. 维生素 $B_{12}$ 主要用于（　　　）。

A. 血栓性疾病　　　　　　　　　　B. 纤溶亢进所致的出血

C. 双香豆素类过量引起的出血　　　　D. 巨幼红细胞性贫血

5. 坏血病患者应该多吃（　　　）。

A. 糙米和肝脏　　　B. 鱼肉和猪肉　　　C. 鸡蛋和鸭蛋　　　D. 水果和蔬菜

6. 泛酸是（　　　）的辅助因子的组成成分。

A. CoA－SH　　　　　B. FAD　　　　　C. $NAD^+$　　　　　D. $NADP^+$

7. 转氨酶的辅酶是（　　　）。

A. $FH_4$　　　　　B. 生物素　　　　　C. 磷酸吡哆醛　　　　　D. TPP

8. 烟酸缺乏时可引起（　　　）。

A. 糙皮病　　　　　B. 成人佝偻病　　　　C. 脚气病　　　　　D. 坏血病

9. 维生素 A 缺乏时可引起（　　　）。

A. 角膜软化症　　　B. 成人佝偻病　　　C. 脚气病　　　　　D. 坏血病

10. 维生素 $B_1$ 缺乏时可引起（　　　）。

A. 糙皮病　　　　　B. 成人佝偻病　　　　C. 脚气病　　　　　D. 角膜软化症

11. 坏血病是由（　　　）缺乏所导致的。

A. 核黄素　　　　　B. 维生素 $B_1$　　　　C. 维生素 C　　　　　D. 维生素 PP

12. 维生素 D 缺乏时可引起（　　　）。

A. 糙皮病　　　　　B. 佝偻病　　　　　C. 角膜软化症　　　　D. 坏血病

13. 临床上常用（　　　）辅助治疗婴儿惊厥和妊娠呕吐。

A. 维生素 $B_6$　　　B. 维生素 $B_2$　　　C. 维生素 D　　　　　D. 维生素 E

## 二、填一填

1. 维持人体正常代谢所必需的小分子有机化合物，大部分需要从食物中摄取的是_____。

2. 以酶或辅酶形式参与人体新陈代谢及重要生化反应的是_____。

3. 属于脂溶性维生素的是_____、_____、_____、_____。

4. 维生素 $B_{12}$ 的活性形式是_____、_____。

## 三、做一做

1. 说明维生素缺乏症的主要原因。

2. 体内缺乏哪些维生素可以导致巨幼细胞贫血？为什么？

3. 为什么长期单食玉米的地区，可能发生癞皮病？

4. 有人认为"新鲜生鸡蛋的营养价值高于熟鸡蛋，长期食用对人体有益"，这种说法对吗？为什么？

## 实训　维生素的应用情况调查

### 一、实训目的

1. 了解维生素的应用情况。
2. 知道目前市面上常见的维生素类药物、保健品及食品。

### 二、实训准备

1. 将全班同学按每组 5～10 人分组，各组成员分工协作，收集资料，撰写调查报告。写明时间、地点并填写下表。

| 序号 | 名称 | 用途 | 规格 | 用法 | 剂型 | 注意事项 |
|---|---|---|---|---|---|---|
| 1 | | | | | | |
| 2 | | | | | | |
| 3 | | | | | | |
| 4 | | | | | | |
| 5 | | | | | | |
| 6 | | | | | | |
| 7 | | | | | | |
| 8 | | | | | | |
| 9 | | | | | | |
| 10 | | | | | | |

2. 将小组资料情况进行总结，小组制作专题 PPT 进行汇报，内容至少应包括：上述表格内容，结果与讨论，结论与建议。

### 三、实训地点

药店、校医院、互联网、教室等。

### 四、实训内容

1. 调查目前市面上维生素类药品和保健品。
2. 利用互联网、图书等了解维生素研究的进展情况。

# 第六章

# 生物氧化

 ## 学习目标

**知识目标**

掌握：生物氧化的概念、特点和体内产生 ATP 的两种方式。

理解：呼吸链及影响氧化磷酸化的因素。

了解：非营养物质在体内的生物转化。

**技能目标**

依据 ATP 的生成方式，学会代谢物生成 ATP 的计算。

## 【任务引入】

生物氧化在细胞的线粒体及线粒体外均可进行，但氧化过程不同。线粒体内的氧化伴随着 ATP 的生成；而线粒体外如内质网、过氧化物酶体、微粒体等的氧化不伴随 ATP 生成，主要和代谢物或药物、毒物的生物转化有关。肝脏微粒体发生的氧化反应是肝脏生物转化的一部分，为了便于后续药理课程的学习，本章除了主要介绍线粒体氧化知识之外，还将肝脏的生物转化内容纳入本章一并介绍。

# 第一节　概述

## 一、生物氧化的概念

生物体内物质的氧化分解统称为生物氧化（biological oxidation），主要指糖、脂肪、蛋白质等有机物在体内经过一系列氧化分解，最终生成二氧化碳和水并释放能量的过程。这些能量中有相当一部分使 ADP 磷酸化为 ATP，供生命活动之需，其余能量主要以热能形式释放，用于维持体温。

## 二、生物氧化的特点及方式

### 1. 生物氧化的特点

有机物（如葡萄糖）在体内氧化和体外燃烧有共同的特点，其终产物都是二氧化碳和水，化学反应的本质都是氧化还原反应，所产生的能量也一样多，但生物体内的氧化还有着自己的特点。

（1）生物氧化在细胞内温和的环境（体温 37 ℃左右、pH 值接近中性）中进行，且均需要水的参与和酶的催化。

（2）氧化过程中产生的水是由有机物脱下的氢经呼吸链的传递，最终活化的氢（$H^+$）与活化的氧（$O^{2-}$）结合生成。

（3）氧化所产生的能量逐步释放，以避免损害机体，同时有利于被机体捕捉和利用。能量中的一部分以高能化合物的形式储存，另一部分以热能形式散失。

（4）二氧化碳是通过有机酸和氨基酸的脱羧基作用产生的。

（5）生物氧化在细胞内受到精细的调控，有很强的适应性，可随生理条件和环境的变化而改变反应的强度和代谢的方向

### 2. 生物氧化的方式

生物氧化的方式包括脱氢、加水脱氢、加氧和失电子，其中脱氢是主要方式。

（1）脱氢

$$SH_2 \xrightarrow{\ -2H\ } S$$

（2）加水脱氢

$$\begin{array}{ccc}
\begin{array}{l}CHO\\ CH\!-\!OH\\ CH_2\!-\!O\!-\!\textcircled{P}\end{array}
& \xrightarrow[\substack{NAD^++Pi \quad NADH+H^+}]{\text{3-磷酸甘油醛脱氢酶}} &
\begin{array}{l}COO\sim\textcircled{P}\\ CH\!-\!OH\\ CH_2\!-\!O\!-\!\textcircled{P}\end{array}
& \xrightarrow[\substack{ADP \quad ATP}]{\text{磷酸甘油酸激酶}} &
\begin{array}{l}COOH\\ CH\!-\!OH\\ CH_2\!-\!O\!-\!\textcircled{P}\end{array}
\end{array}$$

（3）加氧

$$RH + O_2 + NADPH + H^+ \xrightarrow{\text{加单氧酶系}} ROH + NADP^+ + H_2O$$

（4）失电子

$$Fe^{2+} \xrightarrow{\ -e\ } Fe^{3+}$$

# 第二节　线粒体氧化体系

生物氧化包括线粒体氧化体系和非线粒体氧化体系。线粒体氧化体系与能量生成有关，

是指营养物质在线粒体内彻底氧化分解生成二氧化碳和水，同时释放出能量的过程；非线粒体氧化体系则与能量的生成无关，主要与体内代谢物或药物、毒物等的清除、排泄有关。

## 一、呼吸链的概念

线粒体是动物细胞的细胞器，由内膜、外膜和基质3部分构成，线粒体内膜上存在着一系列的酶和辅助因子。代谢物分子脱下的氢，经过一系列由酶和辅助因子组成的传递体传递，最终传递给氧结合生成水，此传递体系与细胞呼吸密切相关，被称为呼吸链。这些酶和辅助因子按照一定的顺序排列在线粒体的内膜上，起传递氢（称为递氢体）和传递电子（称为递电子体）的作用。因递氢体和递电子体都可传递电子，因此又称为电子传递链。

## 二、呼吸链的主要成分和作用

1. 尼克酰胺腺嘌呤二核苷（$NAD^+$）

$NAD^+$又称为辅酶Ⅰ（CoI），是体内多种脱氢酶的辅酶。$NAD^+$分子中的尼克酰胺能与代谢物上脱下的两个氢可逆地结合生成还原型NADH，从而具备了接收和释放氢的能力。尼克酰胺只能接收一个氢和一个电子，另外一个质子总是游离在基质中。其反应过程如下：

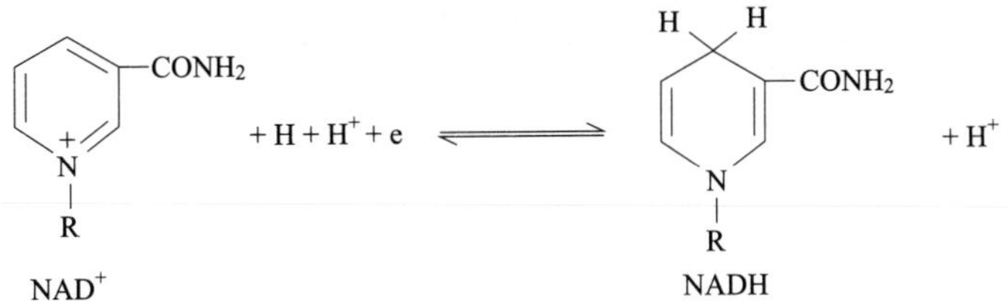

2. 黄素蛋白

黄素蛋白有黄素单核苷酸（FMN）和黄素腺嘌呤二核苷酸（FAD）两种辅基，FAD和FMN分子中的异咯嗪能可逆地加氢和脱氢，因此也具有传递氢的能力。其反应过程如下：

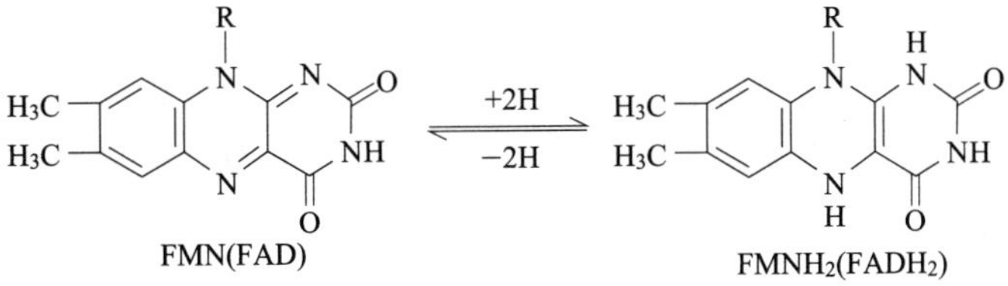

3. 铁硫蛋白

铁硫蛋白分子中所含的非卟啉铁和对酸不稳定的硫构成铁硫中心（Fe-S），作用是传递电子。铁硫中心通过铁原子的价态变化传递电子：$Fe^{3+} + e \rightleftharpoons Fe^{2+}$。

4. 辅酶Q（Q）

辅酶Q又称为泛醌（ubiquinone），是一种脂溶性醌类化合物，因其广泛存在而得名，在呼吸链中接受黄素蛋白和铁硫蛋白复合物传递过来的氢，被还原成氢醌型（$QH_2$），再将电子传递给细胞色素体系，将质子留在基质中，本身又被氧化为醌型（Q）。

$$MeO\text{—}CH_3,\ MeO\text{—}R,\ O,\ Q \xrightleftharpoons[-2H]{+2H} MeO\text{—}CH_3,\ MeO\text{—}R,\ OH,\ OH,\ QH_2$$

5. 细胞色素类（Cyt）

细胞色素是分布于线粒体内膜上的一类以铁卟啉衍生物为辅基的结合蛋白，目前已发现30 多种，参与呼吸链组成的有细胞色素 a、$a_3$、b、c、$c_1$，其中细胞色素 $aa_3$ 被称为细胞色素氧化酶。在呼吸链中，细胞色素依靠铁原子价态的可逆变化传递电子：$Fe^{3+} + e \rightleftharpoons Fe^{2+}$。传递顺序是 $Cytb \rightarrow Cytc_1 \rightarrow Cytc \rightarrow Cytaa_3 \rightarrow O_2$。

## 三、呼吸链中传递体的顺序及呼吸链的分类

呼吸链的组成成分按照其标准氧化还原电位由低到高的顺序排列在线粒体的内膜上，使电子从呼吸链氧化还原电位低的一端向高的一端传递。各组成成分的标准氧化还原电位见表 6 – 1。

表 6 – 1　　　　　　　　　呼吸链各组分的标准氧化还原电位

| 氧化还原对 | $E°/V$ | 氧化还原对 | $E°/V$ |
|---|---|---|---|
| $NAD^+/NADH + H^+$ | – 0.32 | $Cytc_1 Fe^{3+}/Fe^{2+}$ | 0.22 |
| $FMN/FMNH_2$ | – 0.30 | $CytcFe^{3+}/Fe^{2+}$ | 0.25 |
| $FAD/FADH_2$ | – 0.06 | $CytaFe^{3+}/Fe^{2+}$ | 0.29 |
| $Q/QH_2$ | 0.10 | $Cyta_3 Fe^{3+}/Fe^{2+}$ | 0.55 |
| $CytbFe^{3+}/Fe^{2+}$ | 0.08 | $1/2O_2/H_2O$ | 0.82 |

用去垢剂温和处理线粒体内膜后可得到 4 种电子传递复合体，每一种复合体都具有特定的组成和传递电子的功能。复合体 I 包括呼吸链上 $NAD^+$ 至泛醌之间的组分，又称为 NADH – 泛醌还原酶，能将氢从 NADH 传递到辅酶 Q；复合体 II 介于代谢物琥珀酸至泛醌之间，又称为琥珀酸 – 泛醌还原酶，可将氢从琥珀酸传递至泛醌；复合体 III 包括辅酶 Q 到 Cytc 之间的组分，亦被称为泛醌 – Cytc 还原酶，能在泛醌和细胞色素 C 之间传递电子；复合体 IV 即 $Cytaa_3$，可将电子从 Cytc 传递到氧。线粒体内主要存在两条呼吸链，即 NADH 氧化呼吸链和 $FADH_2$ 氧化呼吸链。

1. NADH 氧化呼吸链

生物氧化中大多数脱氢酶的辅酶均为 $NAD^+$。代谢物脱下的氢传递到 $NAD^+$ 后使其变成 $NADH + H^+$，再将氢经 FMN 传递给 Q 生成 $QH_2$，后者将氢分成质子（$H^+$）和电子（e），其中电子传递给细胞色素体系，而 $H^+$ 则释放到基质中。细胞色素体系将电子沿着 $Cytb \rightarrow Cytc_1 \rightarrow Cytc \rightarrow Cytaa_3$ 的顺序传递，最后传递给氧生成 $O^{2-}$，后者再与基质中的 $H^+$ 结合生成

水。NADH 呼吸链的组分序列如图 6-1 所示。

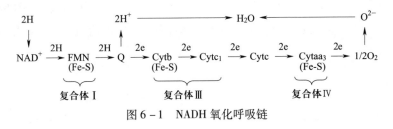

图 6-1 NADH 氧化呼吸链

### 2. FADH₂氧化呼吸链

生物氧化中还有一类脱氢酶的辅基为 FAD，代谢物上脱下来的氢由 FAD 接受后生成 FADH₂，后者将氢传递给 Q 生成 QH₂，再往下的传递与 NADH 氧化呼吸链相同，如图 6-2 所示。

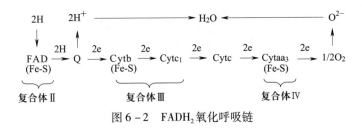

图 6-2 FADH₂氧化呼吸链

## 四、能量的生成、储存和利用

### 1. 高能化合物

生物氧化过程中所产生的能量，60%左右以热能的形式散失，其余能量可储存在一些高能化合物中。在生物体内，凡是键的水解释放出 21 kJ/mol 以上键能的化合物称为高能化合物。高能化合物种类很多，如 ATP、CTP、GTP、UTP、1,3-二磷酸甘油酸、磷酸烯醇式丙酮酸、乙酰辅酶 A、琥珀酰辅酶 A 等，其中含有高能磷酸基团（用～P 来表示）的化合物称为高能磷酸化合物，以 ATP 最为重要。

### 2. ATP 的生成方式

体内 ATP 的生成方式有两种：底物磷酸化（substrate phosphorylation）和氧化磷酸化（oxidative phosphorylation）。

（1）底物磷酸化。代谢物由于脱氢或脱水等作用引起分子内部能量重新分配而形成高能化合物，其在酶的作用下可释放出能量使 ADP 磷酸化为 ATP，这种生成 ATP 的方式称为底物磷酸化。

$$3\text{-磷酸甘油醛} \xrightleftharpoons[\text{NAD}^+ + \text{Pi} \quad \text{NADH} + \text{H}^+]{\text{3-磷酸甘油醛脱氢酶}} 1,3\text{-二磷酸甘油酸} \xrightleftharpoons[\text{ADP} \quad \text{ATP}]{\text{磷酸甘油酸激酶}} 3\text{-磷酸甘油酸}$$

（2）氧化磷酸化。代谢物脱下的氢经呼吸链传递给氧的过程中释放出能量，使 ADP 磷酸化为 ATP，这种呼吸链上的氧化反应与 ADP 磷酸化反应相偶联的作用称为氧化磷酸化。

体内绝大部分 ATP 是通过氧化磷酸化产生的。在氧化磷酸化过程中，每消耗 1/2 摩尔 $O_2$生成 ATP 的摩尔数（或每一对电子通过呼吸链传递给氧生成 ATP 的个数）称为 P/O 值。在 NADH 呼吸链中，P/O 值接近于 3，而 $FADH_2$呼吸链的 P/O 值接近于 2。氧化磷酸化偶联部位如图 6－3 所示。

FAD
NAD⁺ → FMN → Q → Cytb → Cytc₁ → Cytc → Cytaa₃ → 1/2O₂
ADP+~P → ATP
ADP+~P → ATP
ADP+~P → ATP

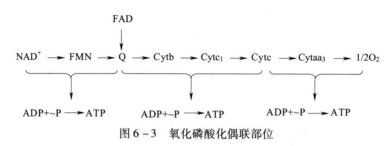

图 6－3　氧化磷酸化偶联部位

近年来，大量实验证明，一对电子经过 NADH 氧化呼吸链的传递，其 P/O 值为 2.5，即生成 2.5 分子 ATP；而一对电子经过 $FADH_2$ 氧化呼吸链的传递，其 P/O 值为 1.5，即生成 1.5 分子 ATP。

氧化磷酸化依靠电子传递的有序进行以及与之相偶联的磷酸化反应正常发生，有些物质能够抑制氧化磷酸化反应，被称为氧化磷酸化反应的抑制剂。这些抑制剂分为两种：阻断剂和解偶联剂。例如，粉蝶霉素 A、鱼藤酮、异戊巴比妥、二巯基丙醇、抗霉素 A、CO、$CN^-$、$N_3^-$、$H_2S$ 等阻断剂能够在呼吸链的某些特定部位阻断电子的传递，部分阻断剂的阻断部位如图 6－4 所示。解偶联剂如 2,4－二硝基苯酚可将呼吸链的氧化反应和磷酸化反应的偶联分割开来，使氧化反应产生的能量不用于磷酸化产生 ATP，而是以热能的形式散失。

**【资料卡片】**

**棕色脂肪组织**

人体和哺乳动物中都存在含有大量线粒体的棕色脂肪组织，该组织存在丰富的解偶联蛋白，可以通过氧化磷酸化解偶联释放热能，从而达到御寒的效果。新生儿如缺乏棕色脂肪组织，则会因为不能维持正常体温使皮下脂肪凝固，从而患上硬肿症。

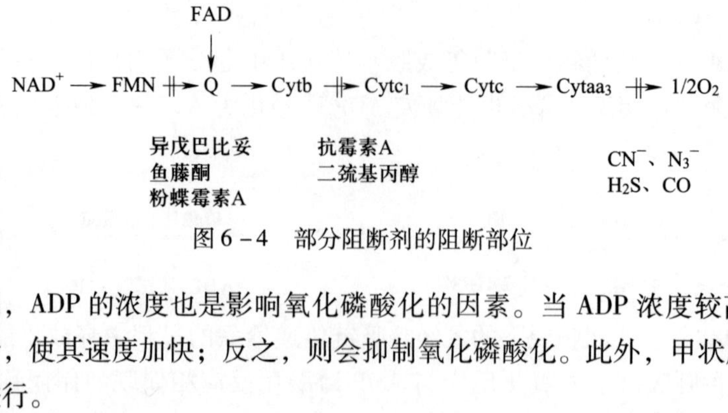

FAD
NAD⁺ → FMN ⫲ Q → Cytb ⫲ Cytc₁ → Cytc → Cytaa₃ ⫲ 1/2O₂
异戊巴比妥
鱼藤酮
粉蝶霉素A
抗霉素A
二巯基丙醇
CN⁻、N₃⁻
H₂S、CO

图 6－4　部分阻断剂的阻断部位

除了抑制剂，ADP 的浓度也是影响氧化磷酸化的因素。当 ADP 浓度较高时，可促进氧化磷酸化的进行，使其速度加快；反之，则会抑制氧化磷酸化。此外，甲状腺素等也能影响氧化磷酸化的进行。

3. 生物体内能量的转换、储存和利用

生物体内能量的生成和利用都以 ATP 为中心。ATP 作为能量载体分子，在分解代谢中产生，又在合成代谢等耗能过程中利用。ATP 分子性质稳定，但不在细胞内储存，寿命仅数分钟，不断进行 ADP - ATP 的再循环，伴随着自由能的释放和获得，完成不同生命过程间能量的转换。

磷酸肌酸作为能量的储存形式，存在于需能较多的肌肉和脑组织中。ATP 充足时，通过转移末端~P 给肌酸，生成磷酸肌酸；当迅速消耗 ATP 时，磷酸肌酸可分解补充 ATP 的不足。

总之，生物体内能量的储存和利用都以 ATP 为中心，如图 6-5 所示。

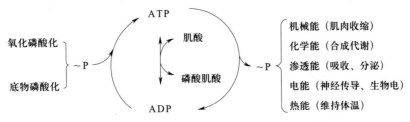

图 6-5　生物体内能量的储存和利用

4. 生物氧化中二氧化碳的生成

体内二氧化碳主要由有机酸脱羧所生成，根据脱羧是否伴随着脱氢分为直接脱羧和氧化脱羧两类，也可根据所脱羧基在有机酸分子中的位置将脱羧反应分为 α - 脱羧和 β - 脱羧。

【资料卡片】
**过氧化物酶体氧化体系**

过氧化物酶体存在于动物组织的肝、肾、中性粒细胞和小肠黏膜细胞中。主要含有过氧化氢酶和过氧化物酶。一些氨基酸和黄嘌呤等代谢物进行脱氢反应后，在呼吸链的末端会产生过氧化氢，其可使一些具有特殊生理活性的酶和蛋白质丧失活性，而且还会造成生物膜的严重损伤，所以过氧化氢产生过多会对机体产生危害。过氧化氢酶和过氧化物酶可将过氧化氢转变为无害的物质加以利用。谷胱甘肽过氧化物酶可在红细胞中催化还原型谷胱甘肽（G-SH）与过氧化氢作用生成还原型的谷胱甘肽（G-S-S-G）和水。

# 第三节　生物转化

## 一、生物转化的概念

非营养物质在机体内的代谢转变过程称为生物转化（biotransformation）。人体肝、肾、肠、肺、皮肤等组织的细胞都具有生物转化功能，可使非营养物质改变其原有的结构和性质，增强水溶性，便于排出体外。由于肝细胞存在的生物转化酶系种类多、含量高，所以肝脏是生物转化的最主要器官。

## 二、生物转化的意义

1. 改变药物活性

许多药物在体内需要经过生物转化作用后才能发挥作用，如水合氯醛等；同时大多数药物要通过生物转化作用灭活后排出体外。

2. 解毒作用

机体内肝、肾、肠、皮肤等器官可将血液运输而来的药物、毒物、废物等有害物质进行生物转化而使其利于排出体外，达到解毒的作用。

3. 灭活体内活性物质

为维持代谢调节和功能的正常，机体通过生物转化作用将激素、神经递质等的一些体内活性物质灭活。

## 三、生物转化的类型

生物转化反应可分为第一相和第二相两个反应类型。在第一相反应类型中，非营养物质在有关酶系的催化下经氧化、还原或水解反应改变其化学结构，形成某些活性基团（如—OH、—SH、—COOH、—NH$_2$等）或进一步使这些活性基团暴露，产生非营养物质的一级代谢物。在第二相反应中，非营养物质的一级代谢物在另外一些酶系统催化下通过上述活性基团与细胞内的某些化合物结合生成二级代谢物，它们的极性（亲水性）一般有所增强，利于排出。

1. 第一相反应

（1）氧化反应。氧化反应是生物转化中最重要的反应，主要通过肝脏中的一些氧化酶系来完成，包括加单氧酶、单胺氧化酶和脱氢酶。加单氧酶系又称为羟化酶或混合功能氧化酶。加单氧酶系的羟化作用不仅增加药物或毒物的水溶性，有利于排泄，而且也参与体内许多药物、毒物、维生素 D$_3$、食品添加剂、类固醇激素和胆汁酸盐代谢的羟化过程。如维生素 D$_3$羟化成具有生物活性的 $1,25-(OH)_2-D_3$。单胺化酶可催化各种胺类氧化脱氨为醛类。脱氢酶系主要催化醇和醛氧化为相应的醛和酸。加单氧酶系的反应通式如下：

$$RH+O_2+NADPH+H^+ \xrightarrow{\text{加单氧酶系}} ROH+NADP^++H_2O$$

（2）还原反应。还原反应通过肝细胞微粒体中硝基还原酶和偶氮还原酶将硝基化合物和偶氮化合物转变为相应的胺类。

（3）水解反应。肝细胞的微粒体和胞液中含有一些水解酶类，例如，酯酶、酰胺酶、糖苷酶等，能将脂类、酰胺类和糖苷类进行水解。

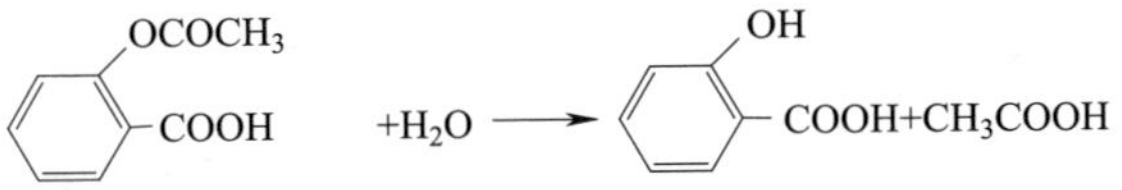

2. 第二相反应

（1）葡萄糖醛酸化反应。肝细胞的葡萄糖醛酸基转移酶可催化尿苷二磷酸葡萄糖醛酸（UDPGA）中的葡萄糖醛酸基结合到含羟基、羧基和氨基等基团的非营养物质上，使其水溶性增加，更易于排出体外。例如，UDPGA 与苯酚生成苯 - β - 葡萄糖醛酸苷：

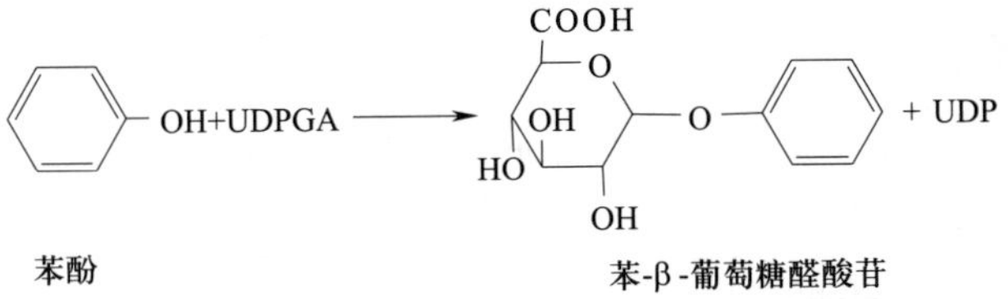

苯酚　　　　　　　　　　　苯-β-葡萄糖醛酸苷

（2）硫酸结合反应。在各组织内广泛存在的硫酸转移酶能够以 3′ - 磷酸腺苷 5′ - 磷酰硫酸（PAPS）为硫酸供体，将醇、酚、芳香胺类转化为硫酸酯。例如，雌酮转化为雌酮硫酸酯：

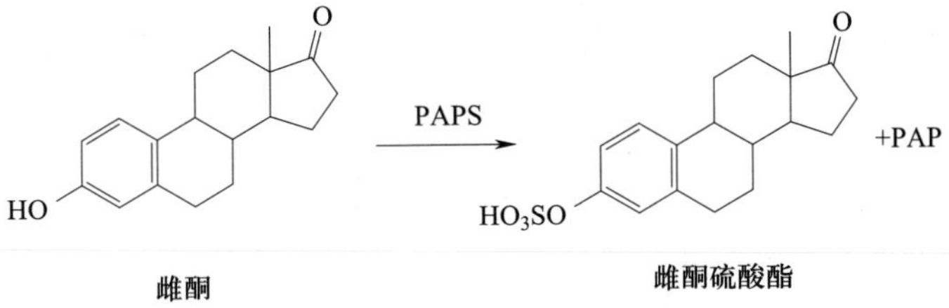

雌酮　　　　　　　　　　　雌酮硫酸酯

（3）乙酰基结合反应。乙酰辅酶 A 在乙酰基转移酶的催化下可与各种芳香胺、氨基酸和胺类结合，生成乙酰类化合物，其虽可使这些物质的水溶性下降，但它们的活性和毒性也大为降低。例如，异烟肼的乙酰化：

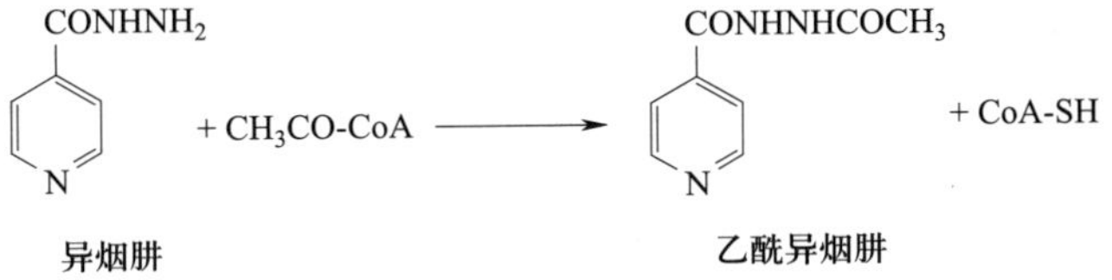

异烟肼　　　　　　　　　　乙酰异烟肼

（4）谷胱甘肽结合反应。在肝细胞的胞液中，谷胱甘肽 - S - 转移酶能催化谷胱甘肽与能够引起细胞坏死或致癌的卤代化合物和环氧化合物结合，产物随胆汁进入肠腔排泄或生成硫醚氨酸，通过肾脏排泄。例如，谷胱甘肽与环氧萘的结合。

（5）甘氨酸结合反应。在甘氨酸酰基转移酶的催化下，甘氨酸可与含羧基的化合物结合。例如，甘氨酸与胆酸结合生成甘氨胆酸。

（6）甲基结合反应。甲基转移酶可将 S - 腺苷蛋氨酸提供的甲基转移到含氮杂环化合物上，使其甲基化灭活。例如，尼克酰胺的甲基化。

## 四、生物转化的特点

### 1. 多样性

某一种非营养物质在体内进行生物转化通常有一个主反应，也可以进行其他多种副反应。

### 2. 连续性

生物转化的第一相和第二相两个反应类型通常是连续的，即很多非营养物质在进行了第一相反应后，还要进行第二相反应才能完成生物转化，很少发生经过一步生物转化反应就能完成解毒作用的。

### 3. 解毒性与致毒性

机体内大多数物质经过生物转化作用后毒性会减弱或者消失，但也有少数物质的毒性反而增强。所以，生物转化作用有解毒与致毒双重性。

## 五、影响生物转化的因素

生物转化作用受年龄、性别、肝脏疾病及药物等体内外各种因素的影响。例如，新生儿生物转化酶发育不全，对药物及毒物的转化能力较差，易发生药物及毒素中毒等。老年人因器官退化，对氨基比林、保泰松等的药物转化能力降低，用药后药效较强，副作用较大。此外，某些药物或毒物可诱导转化酶的合成，使肝脏的生物转化能力增强，称为药物代谢酶的诱导。

【资料卡片】

#### 黄曲霉素的生物转化

黄曲霉素是黄曲霉和寄生曲霉的代谢产物，也是一种剧毒物和强致癌物质，在体内能通过多条途径进行生物转化，这体现了生物转化的多样性。其中的一条途径是在加单氧酶的作用下，黄曲霉素经过第一相反应类型中的氧化反应，生成2,3-环氧黄曲霉素，又在谷胱甘肽-S-转移酶的作用下发生第二相反应类型中的结合反应生成谷胱甘肽结合产物，从而消除其毒性，这既体现了生物氧化的连续性，同时也体现了解毒性。另外，黄曲霉素氧化所生成的2,3-环氧黄曲霉素可与DNA分子中的鸟嘌呤结合，引起DNA突变，成为原发性肝癌发生的重要危险因素，这也是生物氧化致毒性的表现。

## 练习与应用

## 一、选一选

1. 生物机体内能量的储存和利用是以（　　　）为中心的。

A. UTP        B. CTP        C. ATP        D. C～P

2. 被称为细胞色素氧化酶的是（　　）。

A. $Cytaa_3$　　　　　　B. $Cytc_1$　　　　　　C. $Cytc$　　　　　　D. $Cytb$

3. （　　）不是 $FADH_2$ 呼吸链的组成成分。

A. $FAD$　　　　　　　B. $Cytb$　　　　　　　C. $Fe-S$　　　　　　D. $NADH$

4. 下列只能传递电子不能传递氢的是（　　）。

A. $NADH$　　　　　　B. $FADH_2$　　　　　　C. $FMNH_2$　　　　　D. $Cytb$

5. （　　）是生物转化作用最主要的器官。

A. 肾　　　　　　　　B. 肝　　　　　　　　C. 肠　　　　　　　　D. 皮肤

6. 代谢物脱下来的 2H 通过 $FADH_2$ 呼吸链可生成（　　）分子 ATP。

A. 1.5　　　　　　　　B. 2　　　　　　　　C. 2.5　　　　　　　D. 3

## 二、想一想

人们常说"呼吸就是吸入氧气，呼出二氧化碳"，这是不是就说明我们吸入的氧气在体内变成了二氧化碳被呼出来了呢？如果不是，我们吸入的氧气去了哪里，而我们呼出来的二氧化碳又是怎么来的呢？

# 第七章

# 糖代谢

 **学习目标**

**知识目标**

掌握：糖的概念及主要生物学功能，以及糖的无氧氧化、有氧氧化、糖原的分解与合成及糖异生途径，包括血糖的来源和去路。

理解：糖的分类、重要多糖的化学机构及生理功能，糖磷酸戊糖途径及糖分解代谢的调节。

了解：糖原合成与分解、糖异生的调节，糖类在制药工业中的应用。

**技能目标**

多糖分离纯化的一般方法及鉴定技术。

【任务引入】

糖代谢主要指糖在体内的分解代谢和合成代谢。糖的分解代谢是指大分子糖经消化分解成小分子糖（主要是葡萄糖），吸收后进一步氧化，同时释放能量的过程。糖的合成代谢是指体内小分子物质转变为糖的过程。本章从糖的基本知识入手，主要介绍葡萄糖在体内的代谢。

## 第一节　糖的概述

### 一、糖的化学

糖类（saccharide）是自然界存在的一大类具有广谱化学结构和生物学功能的有机化合物，广泛存在于生物体内，其中植物中含量最丰富，可达到其干重的 85% ~ 95%。人体中虽然糖的含量只占干重的 2% 左右，但其却是人体生命活动中不可或缺的能源物质和碳源。

1. 糖的概念

糖是多羟基醛、多羟基酮及其衍生物和聚合物的总称。大多数糖类只由碳、氢、氧 3 种元素组成，其分子式符合 $C_n(H_2O)_m$，所以过去认为糖类物质是碳与水的化合物，因此称其为碳水化合物（carbohydrate）。但后来发现，有些糖，如鼠李糖（$C_6H_{12}O_5$）和脱氧核糖（$C_5H_{10}O_4$）等，它们的分子中 H、O 原子数之比并非 2∶1；而一些非糖物质，如甲醛（$CH_2O$）、乙酸（$C_2H_4O_2$）和乳酸（$C_3H_6O_3$）等，它们的分子中 H、O 之比却都是 2∶1。所以"碳水化合物"这一名称并不恰当，但由于沿用已久，此名称至今仍然被广泛使用。

2. 糖的分类

糖根据其水解产物的不同可分为四大类。

（1）单糖。单糖是不能被水解成更小分子的最简单糖类。单糖根据其分子中所含碳原子的数目分为丙糖、丁糖、戊糖、己糖等。按分子中官能团的不同，单糖也可被分为醛糖（如葡萄糖）和酮糖（如果糖）。

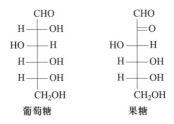

葡萄糖　　　　　果糖

（2）寡糖。寡糖是由单糖缩合而成的短链结构的糖（通常包含 2～6 个单糖分子），其中以双糖最为常见，如麦芽糖（2 分子葡萄糖脱水缩合而成）、蔗糖（1 分子葡萄糖与 1 分子果糖脱水缩合而成）和乳糖（1 分子葡萄糖与 1 分子半乳糖脱水缩合而成）等。

（3）多糖。多糖是由许多单糖分子以糖苷键相连形成的高分子化合物，可分为同聚多糖和杂聚多糖。

1）同聚多糖。同聚多糖是由同一种单糖组成的聚合物，如淀粉、糖原、纤维素等。

2）杂聚多糖。两种或两种以上不同单糖组成的聚合物，如透明质酸、硫酸软骨素以及肝素等。透明质酸是一种由葡萄糖醛酸和 N–乙酰葡萄糖胺组成的双糖聚合而成的直链高分子多糖。

透明质酸

（4）结合糖。结合糖是糖与非糖物质的结合物，如糖蛋白和糖脂。

## 二、生理功能

1. 氧化供能

糖是人和动物的主要能源物质，通常人体所需能量的 50%～70% 来自糖的氧化分解。

1 mol 葡萄糖在体内完全氧化可释放 2 840 kJ 的能量，其中大约34％转化为 ATP，以供机体生命活动所需能量，另外部分能量以热能形式散发以维持身体体温。

2. 结构功能

糖是构成人体组织结构的重要成分。糖脂和糖蛋白是构成神经组织和生物膜的成分；蛋白聚糖和糖蛋白参与构成结缔组织、软骨和骨基质；核糖及脱氧核糖分别是 RNA 和 DNA 的组成成分。

3. 碳的来源

糖代谢的中间产物可为体内其他含碳化合物的合成提供原料，例如，糖在体内可转变为脂肪酸和甘油，进而合成脂肪；可转变为非必需氨基酸，参与组织蛋白质合成；可转变为葡萄糖醛酸参与机体生物转化等。

4. 其他生物学功能

体内多种重要的生物活性物质如 $NAD^+$、FAD、ATP 等是糖的磷酸衍生物；某些血浆蛋白质、抗体、酶和激素等分子中也含有糖；部分膜糖蛋白参与细胞间的信息传递，与细胞的免疫、识别作用有关。

### 三、糖的消化与吸收

食物中糖的主要成分是淀粉，淀粉的消化主要在小肠进行，在胰液 α - 淀粉酶及肠道内其他水解酶（如 α - 葡萄糖苷酶、α - 临界糊精酶等）作用下，淀粉最终水解为葡萄糖。

葡萄糖在小肠黏膜细胞通过主动转运的形式被吸收，在吸收过程中，伴有 $Na^+$ 的转运和 ATP 的消耗。

## 第二节　糖的分解代谢

葡萄糖进入组织细胞后，根据机体生理需要在不同组织间进行分解代谢。按其反应条件和途径不同，分解代谢可分 3 种：糖的无氧氧化、有氧氧化和磷酸戊糖途径。

### 一、糖的无氧氧化

机体在无氧或者缺氧的条件下，葡萄糖或者糖原氧化分解产生乳酸，并产生少量能量的过程称为糖的无氧氧化。由于此中间代谢过程与酵母菌的乙醇发酵过程大致相同，因此又称为糖酵解途径（glycolytic pathway），也称为 EMP 途径。整个反应过程都发生在胞液中。

1. 反应步骤

（1）6 - 磷酸葡萄糖的生成。葡萄糖在细胞内通过己糖激酶的催化，并由 ATP 提供能量和磷酸基团，被磷酸化生成 6 - 磷酸葡萄糖，并消耗 ATP。

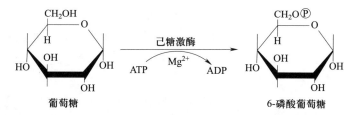

葡萄糖       己糖激酶    6-磷酸葡萄糖

此反应为不可逆反应，催化此反应的己糖激酶专一性不强，可作用于多种己糖，如葡萄糖、果糖、甘露糖等。

糖原进行糖酵解时，首先由糖原磷酸化酶催化糖原生成 1 – 磷酸葡萄糖，此反应在磷酸葡萄糖变位酶的催化下完成，不消耗 ATP。

（2）6 – 磷酸果糖的生成。6 – 磷酸葡萄糖在磷酸葡萄糖异构酶的催化下，生成 6 – 磷酸果糖，该反应需要 $Mg^{2+}$ 的参与。

6-磷酸葡萄糖      磷酸葡萄糖异构酶、$Mg^{2+}$      6-磷酸果糖

（3）1,6 – 二磷酸果糖的生成。6 – 磷酸果糖在 6 – 磷酸果糖激酶的催化下生成 1,6 – 二磷酸果糖，该反应需要 ATP 和 $Mg^{2+}$ 的参与，反应过程消耗 1 分子 ATP。

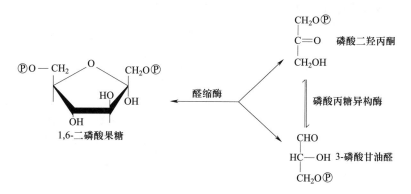

6-磷酸果糖      6-磷酸果糖激酶      1,6-二磷酸果糖

（4）磷酸丙糖的生成。1,6 – 二磷酸果糖在醛缩酶的作用下裂解为 3 – 磷酸甘油醛和磷酸二羟丙酮。3 – 磷酸甘油醛与磷酸二羟丙酮是同分异构体，可在磷酸丙糖异构酶的催化下相互转变。由于 3 – 磷酸甘油醛能够继续进行后续的分解反应，因此磷酸二羟丙酮只有转变为 3 – 磷酸甘油醛后才能进行后续的反应。

1,6-二磷酸果糖    醛缩酶    磷酸二羟丙酮    磷酸丙糖异构酶    3-磷酸甘油醛

（5）3－磷酸甘油醛的氧化。3－磷酸甘油醛在3－磷酸甘油醛脱氢酶的催化下脱氢氧化，脱下的氢由 NAD$^+$ 接受。在此反应过程中，醛基脱氢氧化并磷酸化形成高能磷酸化合物 1,3－二磷酸甘油酸。

$$
\begin{array}{ccc}
\text{CHO} & & \text{COO}\textcircled{P} \\
| & \xrightarrow{\text{3-磷酸甘油醛脱氢酶}} & | \\
\text{HC—OH} + \text{Pi} & & \text{HC—OH} \\
| & \text{NAD}^+ \quad \text{NADH+H}^+ & | \\
\text{CH}_2\text{O}\textcircled{P} & & \text{CH}_2\text{O}\textcircled{P} \\
\text{3-磷酸甘油醛} & & \text{1,3-二磷酸甘油酸}
\end{array}
$$

（6）3－磷酸甘油酸的生成。1,3－二磷酸甘油酸在磷酸甘油酸激酶催化下，将高能磷酸基团转移给 ADP，使之生成 ATP，其本身转变为3－磷酸甘油酸。这种生成 ATP 的方式称为底物磷酸化。

$$
\begin{array}{ccc}
\text{COO}\textcircled{P} & & \text{COOH} \\
| & \xrightarrow[\text{Mg}^{2+}]{\text{磷酸甘油酸激酶}} & | \\
\text{HC—OH} & & \text{HC—OH} \\
| & \text{ADP} \quad \text{ATP} & | \\
\text{CH}_2\text{O}\textcircled{P} & & \text{CH}_2\text{O}\textcircled{P} \\
\text{1,3-二磷酸甘油酸} & & \text{3-磷酸甘油酸}
\end{array}
$$

（7）2－磷酸甘油酸的生成。在磷酸甘油酸变位酶的作用下，3－磷酸甘油酸 $C_3$ 位上的磷酸基团转移到 $C_2$ 位上，生成2－磷酸甘油酸。该反应需要 $Mg^{2+}$ 参与。

$$
\begin{array}{ccc}
\text{COOH} & & \text{COOH} \\
| & \xrightleftharpoons{\text{磷酸甘油酸变位酶}} & | \\
\text{HC—OH} & & \text{HC—O}\textcircled{P} \\
| & & | \\
\text{CH}_2\text{O}\textcircled{P} & & \text{H}_2\text{C—OH} \\
\text{3-磷酸甘油酸} & & \text{2-磷酸甘油酸}
\end{array}
$$

（8）磷酸烯醇式丙酮酸的生成。2－磷酸甘油酸经烯醇化酶作用脱水，分子内部能量重新分布，生成高能磷酸化合物磷酸烯醇式丙酮酸，该反应需要 $Mg^{2+}$ 或者 $Mn^{2+}$ 参与。

$$
\begin{array}{ccc}
\text{COOH} & & \text{COOH} \\
| & \xrightleftharpoons{\text{烯醇化酶、Mg}^{2+}\text{或Mn}^{2+}} & | \\
\text{HC—O}\textcircled{P} & & \text{C—O}\textcircled{P} + \text{H}_2\text{O} \\
| & & \| \\
\text{H}_2\text{C—OH} & & \text{CH}_2 \\
\text{2-磷酸甘油酸} & & \text{磷酸烯醇式丙酮酸}
\end{array}
$$

（9）丙酮酸的生成。磷酸烯醇式丙酮酸在丙酮酸激酶的催化下，将高能磷酸基团转移给 ADP，使之生成 ATP，其自身生成烯醇式丙酮酸，继而生成丙酮酸。

$$
\begin{array}{ccccc}
\text{COOH} & & \text{COOH} & & \text{COOH} \\
| & \xrightarrow[\text{Mg}^{2+}]{\text{丙酮酸激酶}} & | & \longrightarrow & | \\
\text{C—O}\textcircled{P} & & \text{C—OH} & & \text{C}=\text{O} \\
\| & \text{ADP} \quad \text{ATP} & \| & & | \\
\text{CH}_2 & & \text{CH}_2 & & \text{CH}_3 \\
\text{磷酸烯醇式丙酮酸} & & \text{烯醇式丙酮酸} & & \text{丙酮酸}
\end{array}
$$

（10）乳酸的生成。丙酮酸在无氧条件下，通过乳酸脱氢酶的催化，还原生成乳酸。该反应由 $NADH + H^+$ 提供还原所需要的 2H。

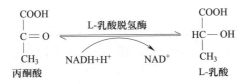

$$丙酮酸 \quad\quad\quad L\text{-乳酸}$$

综上所述，糖酵解过程的总方程式为：

$$葡萄糖 + 2H_3PO_4 + 2ADP \longrightarrow 2乳酸 + 2ATP + 2H_2O$$

2. 反应特点

（1）糖酵解全过程在无氧条件下的胞液中进行，终产物为乳酸。

（2）糖酵解中有一次氧化反应，生成 $NADH + H^+$，其缺氧时被氧化成 $NAD^+$，有氧时进入呼吸链产生能量。

（3）糖酵解是不需氧的产能过程，产能方式为底物磷酸化。1 分子葡萄糖氧化为 2 分子丙酮酸，经两次底物磷酸化，产生 4 分子 ATP，减去葡萄糖活化时消耗的 2 分子 ATP，可净产生 2 分子 ATP。若从糖原开始，糖原中的一个葡萄糖单位通过糖酵解则净产生 3 分子 ATP。

（4）糖酵解途径中己糖激酶（葡萄糖激酶）、6 - 磷酸果糖激酶和丙酮酸激酶催化的反应是不可逆的，是糖无氧分解的关键酶。其中 6 - 磷酸果糖激酶是最重要的限速酶。

3. 生理意义

（1）糖酵解是机体在缺氧情况下快速供能的重要方式。在生理条件下，如剧烈运动时，肌肉仍处于相对缺氧状态，必须通过糖酵解提供急需的能量。在病理性缺氧情况下，如心肺疾病、呼吸受阻、严重贫血、大量失血等造成机体缺氧时，也可通过加强糖酵解以满足机体能量需求。如机体相对缺氧时间较长，而导致糖酵解终产物——乳酸堆积，会引起代谢性酸中毒。

（2）糖酵解是成熟红细胞的唯一供能途径。成熟红细胞没有线粒体，不能进行糖的有氧分解，完全依赖糖酵解供能。血循环中的红细胞每天大约分解 30 g 葡萄糖，其中经糖酵解途径代谢占 90% ~95%，磷酸戊糖途径代谢占 5% ~10%。

（3）糖酵解是某些组织生理情况下的供能途径。视网膜、睾丸、神经髓质和皮肤等少数组织即使在机体供氧充足的情况下，仍以糖酵解为主要供能途径。

## 二、糖的有氧氧化

葡萄糖或糖原在有氧条件下，彻底氧化分解生成二氧化碳和水并释放大量能量的过程，称为糖的有氧氧化。它是体内糖氧化供能的主要途径。大多数组织细胞通过糖有氧氧化获得能量。

1. 反应过程

糖的有氧氧化分为 3 个阶段：①葡萄糖或糖原转变为丙酮酸，在胞液中进行；②丙酮酸进入线粒体氧化脱羧，生成乙酰辅酶 A；③乙酰辅酶 A 进入三羧酸循环，彻底氧化为二氧化碳和水并释放大量能量。

（1）丙酮酸的生成。此阶段的反应步骤与糖酵解途径相似，所不同的是 3 - 磷酸甘油醛脱下的氢并不用于还原丙酮酸，而是生成 $NADH + H^+$ 进入呼吸链，与氧结合生成水，同时释放能量以合成 ATP。

（2）丙酮酸氧化脱羧生成乙酰辅酶 A。丙酮酸在丙酮酸脱氢酶复合体的催化下脱羧，并与辅酶 A 结合成高能化合物乙酰辅酶 A。该反应由 5 步反应组成，其总反应式如下：

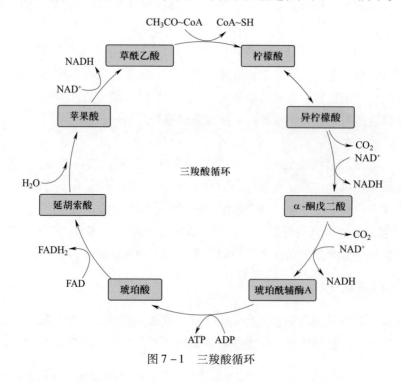

丙酮酸脱氢酶复合体属于多酶复合体，存在于线粒体内，包括丙酮酸脱氢酶、二氢硫辛酰转乙酰酶、二硫辛酰脱氢酶 3 种不同的酶和 6 种辅助因子：焦磷酸硫胺素（TPP）、FAD、$NAD^+$、CoA、$Mg^{2+}$、硫辛酸。

（3）乙酰辅酶 A 进入三羧酸循环。三羧酸循环（tricarboxylic acid cycle，TCA）又称为柠檬酸循环，该循环途径最先由克雷布斯提出，因此又称为克雷布斯循环。乙酰辅酶 A 进入该循环后完全氧化生成二氧化碳和水，其全部化学反应过程如图 7 - 1 所示。

图 7 - 1　三羧酸循环

TCA 循环的化学反应如下：

1）柠檬酸的生成。乙酰辅酶 A 与草酸乙酸缩合成柠檬酸，这是 TCA 循环的第一步反应，由柠檬酸合成酶催化，该反应为不可逆反应。

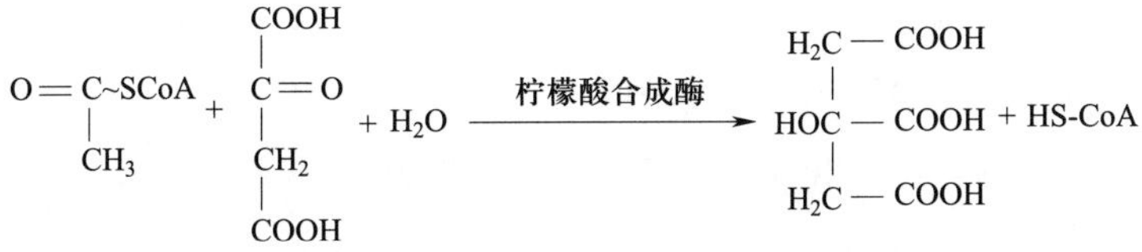

$$乙酰辅酶A + 草酰乙酸 + H_2O \xrightarrow{\text{柠檬酸合成酶}} 柠檬酸 + HS\text{-}CoA$$

2）柠檬酸转变成异柠檬酸。该反应中，柠檬酸先脱水变成顺乌头酸，再加水生成异柠檬酸，催化这两步反应的酶是乌头酸酶。

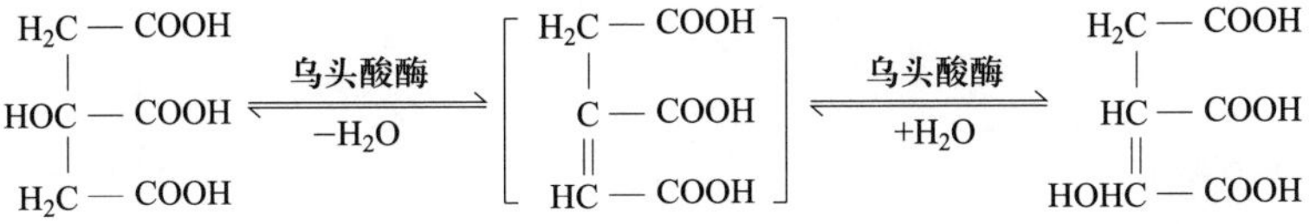

3）$\alpha$-酮戊二酸的生成。异柠檬酸在异柠檬酸脱氢酶的催化下生成 $\alpha$-酮戊二酸，该反应有两种辅酶，分别为 $NAD^+$ 和 $NADP^+$，且都需要 $Mg^{2+}$ 或者 $Mn^{2+}$ 激活。

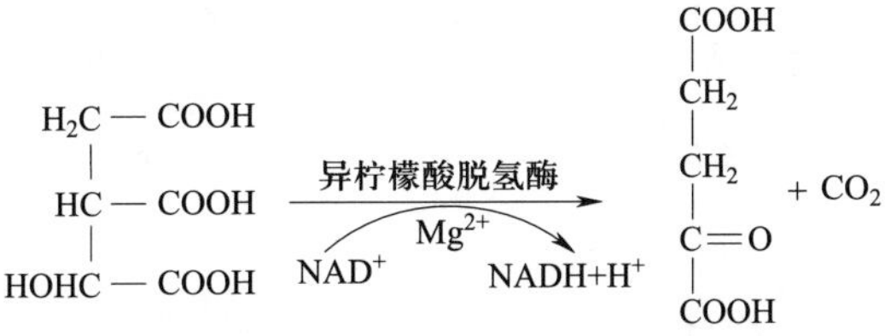

4）琥珀酰辅酶A的生成。$\alpha$-酮戊二酸在 $\alpha$-酮戊二酸脱氢酶复合体的催化下，与辅酶A反应生成琥珀酰辅酶A。$\alpha$-酮戊二酸脱氢酶复合体催化，复合体包括 $\alpha$-酮戊二酸脱氢酶、二氢硫辛酰转琥珀酰酶、二氢硫辛酰脱氢酶3种酶和TPP、CoA、$NAD^+$、FAD、硫辛酸等辅酶以及 $Mg^{2+}$。

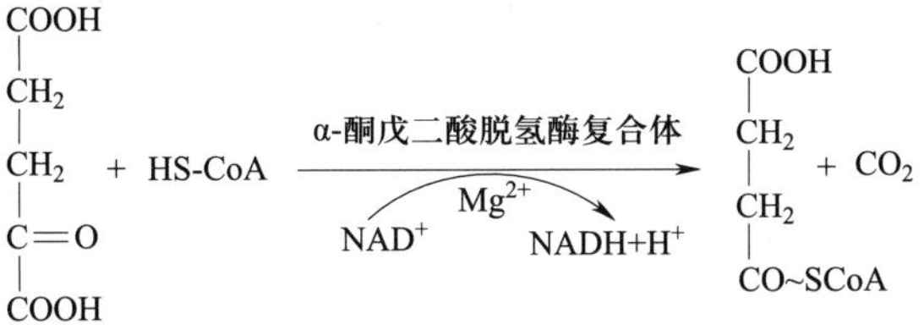

5）琥珀酸的生成。琥珀酰辅酶A在琥珀酰辅酶A合成酶的催化下生成琥珀酸。该反应需要磷酸和鸟苷二磷酸（GDP）的参与。

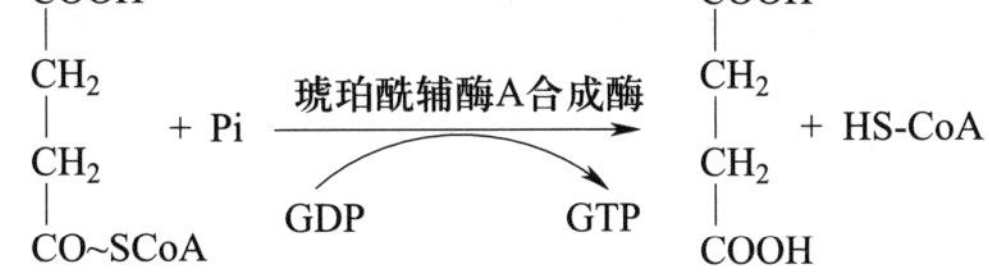

该反应中，琥珀酰辅酶 A 中的高能硫酯基团转换成高能磷酸基团，GDP 因此和磷酸合成鸟苷三磷酸（GTP），其可在核苷二磷酸激酶的催化下，将高能磷酸基团转移给 ADP 生成 ATP。

6）延胡索酸的生成。琥珀酸在琥珀酸脱氢酶的催化下生成延胡索酸，该反应的辅酶为 FAD。

$$
\begin{array}{ccc}
\text{COOH} & & \text{COOH} \\
| & \text{琥珀酸脱氢酶} & \| \\
\text{CH}_2 & \longrightarrow & \text{CH} \\
| & \text{FAD} \quad \text{FADH}_2 & \| \\
\text{CH}_2 & & \text{CH} \\
| & & | \\
\text{COOH} & & \text{COOH} \\
\text{琥珀酸} & & \text{延胡索酸}
\end{array}
$$

7）L - 苹果酸的生成。延胡索酸在延胡索酸酶的作用下发生水合作用，生成 L - 苹果酸。

$$
\begin{array}{ccc}
\text{COOH} & & \text{COOH} \\
| & & | \\
\text{CH} & \text{延胡索酸酶} & \text{CH}_2 \\
\| + \text{H}_2\text{O} & \longrightarrow & | \\
\text{CH} & & \text{HC—OH} \\
| & & | \\
\text{COOH} & & \text{COOH} \\
\text{延胡索酸} & & \text{L-苹果酸}
\end{array}
$$

8）草酰乙酸的生成。L - 苹果酸在苹果酸脱氢酶的作用下脱氢氧化，生成草酰乙酸，其辅酶为 $NAD^+$。

$$
\begin{array}{ccc}
\text{COOH} & & \text{COOH} \\
| & & | \\
\text{CH}_2 & \text{苹果酸脱氢酶} & \text{CH}_2 \\
| & \longrightarrow & | \\
\text{HC—OH} & \text{NAD}^+ \quad \text{NADH+H}^+ & \text{C}=\text{O} \\
| & & | \\
\text{COOH} & & \text{COOH} \\
\text{L-苹果酸} & & \text{草酰乙酸}
\end{array}
$$

由上可见，TCA 循环从含有 2 个碳原子的乙酰辅酶 A 与草酰乙酸缩合开始，到循环最终又重新生成草酰乙酸，生成的草酰乙酸又可与另一分子乙酰辅酶 A 进入下一轮循环。在一个循环过程中，通过脱羧作用生成 2 分子二氧化碳；通过脱氢作用产生 4 对氢原子，其中 3 对氢原子还原了 $NAD^+$，1 对氢原子还原了 FAD，还有 1 次底物磷酸化产生 1 分子 ATP。

2. 糖有氧氧化的生理意义

（1）提供能量糖的有氧氧化是人与动物体内产生能量的主要过程。在机体内，糖的有氧氧化各个阶段都偶联着 ADP 转变成 ATP 的磷酸化反应，即氧化过程所释放的自由能截获为高能磷酸化合物以 ATP 的形式储存起来，供生理活动所需。葡萄糖有氧分解过程中形成 ATP 的各步反应和形成数目见表 7 - 1。

表 7 - 1　　　　葡萄糖有氧分解过程中形成 ATP 的各步反应和形成数目

| 反应步骤 | ATP 分子生成数 |
| --- | --- |
| 葡萄糖→6 - 磷酸葡萄糖 | - 1 |
| 6 - 磷酸果糖→1,6 - 二磷酸果糖 | - 1 |

续表

| 反应步骤 | ATP 分子生成数 |
|---|---|
| 3 – 磷酸甘油醛→1,3 – 二磷酸甘油酸 | 2.5×2 或者 1.5×2 * |
| 1,3 – 二磷酸甘油酸→3 – 磷酸甘油酸 | 1×2 ** |
| 磷酸烯醇式丙酮酸→烯醇式丙酮酸 | 1×2 |
| 丙酮酸→乙酰辅酶 A | 2.5×2 |
| 异柠檬酸→α – 酮戊二酸 | 2.5×2 |
| α – 酮戊二酸→琥珀酰辅酶 A | 2.5×2 |
| 琥珀酰辅酶 A→琥珀酸 | 1×2 |
| 琥珀酸→延胡索酸 | 1.5×2 |
| 苹果酸→草酰乙酸 | 2.5×2 |
| 1 分子葡萄糖有氧氧化共获得 | 32（或者30） |

＊：根据 $NADH + H^+$ 进入线粒体的方式不同，如果经过苹果酸穿梭系统，1 个 $NADH + H^+$ 可产生 2.5 个 ATP 分子；如果经过 α – 磷酸甘油穿梭系统，则只产生 1.5 个 ATP 分子。

＊＊：1 分子葡萄糖生成了 2 分子 3 – 磷酸甘油醛，因此要乘以 2。

（2）三羧酸循环是体内营养物质彻底氧化分解的共同途径

三大营养物质糖、脂肪、蛋白质经代谢均可生成乙酰辅酶 A 或三羧酸循环的中间产物（如草酰乙酸、α – 酮戊二酸等），经三羧酸循环彻底氧化生成二氧化碳和水，并产生大量 ATP，供生命活动之需。

（3）三羧酸循环是体内物质代谢相互联系的枢纽

糖、脂肪和氨基酸均可转变为三羧酸循环的中间产物，通过三羧酸循环相互转变、相互联系。乙酰辅酶 A 可以在胞液中合成脂肪酸；许多氨基酸的碳架是三羧酸循环的中间产物，可以通过草酰乙酸转变为葡萄糖；草酰乙酸和 α – 酮戊二酸通过转氨基反应合成天冬氨酸、谷氨酸等一些非必需氨基酸。

## 三、糖的磷酸戊糖途径

糖无氧氧化和有氧氧化是体内糖分解代谢的主要途径，但许多组织细胞还有另一种葡萄糖降解途径，即磷酸戊糖途径（pentose phosphate pathway），又称为磷酸己糖旁路。参与磷酸戊糖途径的酶类都分布在肝脏、脂肪组织等的细胞液中。

1. 磷酸戊糖途径的反应过程

磷酸戊糖途径从 6 – 磷酸葡萄糖开始，其反应过程比较复杂，大致可分为 3 个阶段。

（1）磷酸戊糖的生成在此阶段，磷酸己糖经脱氢、加水、再脱氢、脱羧，转化为磷酸戊糖。

1）6 – 磷酸葡萄糖氧化生成 6 – 磷酸葡萄糖酸。6 – 磷酸葡萄糖先由 6 – 磷酸葡萄糖脱氢酶催化脱氢生成 6 – 磷酸葡萄糖酸内酯，再由专一的内酯酶催化水解成 6 – 磷酸葡萄糖酸。

6-磷酸葡萄糖脱氢酶催化的反应在生理条件下不可逆。

$$
\begin{array}{c}
\text{CHO} \\
\text{H——OH} \\
\text{HO——H} \\
\text{H——OH} \\
\text{H——OH} \\
\text{CH}_2\text{O}\textcircled{P}
\end{array}
+ \text{H}_2\text{O}
\xrightarrow[\text{NADP}^+ \quad \text{NADPH+H}^+]{\text{6-磷酸葡萄糖脱氢酶}}
\begin{array}{c}
\text{COOH} \\
\text{H——OH} \\
\text{HO——H} \\
\text{H——OH} \\
\text{H——OH} \\
\text{CH}_2\text{O}\textcircled{P}
\end{array}
$$

6-磷酸葡萄糖 　　　　　　　　　　　　　　6-磷酸葡萄糖酸

2）6-磷酸葡萄糖酸生成5-磷酸核酮糖。此反应由6-磷酸葡萄糖酸脱氢酶催化，其辅酶也为 NADP$^+$，此酶不仅催化底物脱氢，也催化底物进行脱羧反应。

$$
\begin{array}{c}
\text{COOH} \\
\text{H——OH} \\
\text{HO——H} \\
\text{H——OH} \\
\text{CH}_2\text{O}\textcircled{P}
\end{array}
\xrightarrow[\text{NADP}^+ \quad \text{NADPH+H}^+]{\text{6-磷酸葡萄糖酸脱氢酶}}
\begin{array}{c}
\text{CH}_2\text{OH} \\
\text{C}=\text{O} \\
\text{H——OH} \\
\text{H——OH} \\
\text{CH}_2\text{O}\textcircled{P}
\end{array}
+ \text{CO}_2
$$

6-磷酸葡萄糖酸 　　　　　　　　　　　　　　5-磷酸核酮糖

（2）磷酸戊糖的异构化。5-磷酸核酮糖由磷酸戊糖异构酶和磷酸核酮糖差向异构酶催化，分别异构化转变成5-磷酸核糖和5-磷酸木酮糖。

$$
\begin{array}{c}
\text{CHO} \\
\text{HC——OH} \\
\text{H——OH} \\
\text{H——OH} \\
\text{CH}_2\text{O}\textcircled{P}
\end{array}
\underset{\text{磷酸戊糖异构酶}}{\rightleftharpoons}
\begin{array}{c}
\text{CH}_2\text{OH} \\
\text{C}=\text{O} \\
\text{H——OH} \\
\text{H——OH} \\
\text{CH}_2\text{O}\textcircled{P}
\end{array}
\underset{\text{磷酸核酮糖差向异构酶}}{\rightleftharpoons}
\begin{array}{c}
\text{CH}_2\text{OH} \\
\text{C}=\text{O} \\
\text{HO——H} \\
\text{H——OH} \\
\text{CH}_2\text{O}\textcircled{P}
\end{array}
$$

5-磷酸核糖 　　　　　　　　　5-磷酸核酮糖 　　　　　　　　　5-磷酸木酮糖

（3）基团转移反应磷酸戊糖经过一系列反应，重新生成磷酸己糖。

1）5-磷酸核糖和5-磷酸木酮糖进行转酮基反应。这两种磷酸戊糖经转酮基反应生成7-磷酸景天庚酮糖及3-磷酸甘油醛，催化该反应的酶是转酮酶，其辅酶是焦磷酸硫胺素（TPP），反应还需要 Mg$^{2+}$ 的参与。

$$
\begin{array}{c}
\text{CHO} \\
\text{HC——OH} \\
\text{H——OH} \\
\text{H——OH} \\
\text{CH}_2\text{O}\textcircled{P}
\end{array}
+
\begin{array}{c}
\text{CH}_2\text{OH} \\
\text{C}=\text{O} \\
\text{HO——H} \\
\text{H——OH} \\
\text{CH}_2\text{O}\textcircled{P}
\end{array}
\xrightarrow[\text{TPP, Mg}^{2+}]{\text{转酮酶}}
\begin{array}{c}
\text{CH}_2\text{OH} \\
\text{C}=\text{O} \\
\text{HO——C——H} \\
\text{H——C——OH} \\
\text{H——C——OH} \\
\text{CH}_2\text{O}\textcircled{P}
\end{array}
+
\begin{array}{c}
\text{CHO} \\
\text{H——OH} \\
\text{CH}_2\text{O}\textcircled{P}
\end{array}
$$

5-磷酸核糖 　　　5-磷酸木酮糖 　　　　　　7-磷酸景天庚酮糖 　　　3-磷酸甘油醛

2）7-磷酸景天庚酮糖和3-磷酸甘油醛进行转醛醇基反应。催化此反应的酶为转醛酶，该酶将磷酸庚酮糖中的二羟丙酮三碳单位转移到3-磷酸甘油醛的醛基上，生成4-磷酸赤藓糖和6-磷酸果糖。

CH₂OH / C=O / HO—C—H / H—C—OH / H—C—OH / CH₂O℗
7-磷酸景天庚酮糖

\+

CHO / H—C—OH / CH₂O℗
3-磷酸甘油醛

→ 转醛酶 →

CHO / H—C—OH / H—C—OH / CH₂O℗
4-磷酸赤藓糖

\+

CH₂OH / C=O / HO—C—H / H—C—OH / CH₂O℗
6-磷酸果糖

3）5-磷酸木酮糖和4-磷酸赤藓糖进行转酮基反应。催化此反应的酶为转酮酶，经转酮基反应生成3-磷酸甘油醛和6-磷酸果糖。

CH₂OH / C=O / HO—C—H / H—C—OH / CH₂O℗
5-磷酸木酮糖

\+

CHO / H—C—OH / H—C—OH / CH₂O℗
4-磷酸赤藓糖

⇌ 转酮酶 / TPP，Mg²⁺ ⇌

CHO / H—C—OH / CH₂O℗
3-磷酸甘油醛

\+

CH₂OH / C=O / HO—C—H / H—C—OH / H—C—OH / CH₂O℗
6-磷酸果糖

4）6-磷酸果糖异构化生成6-磷酸葡萄糖。反应由磷酸己糖异构酶催化，生成6-磷酸葡萄糖。

CH₂OH / C=O / HO—C—H / H—C—OH / H—C—OH / CH₂O℗
6-磷酸果糖

→ 磷酸葡萄糖异构酶 →

CHO / H—C—OH / HO—C—H / H—C—OH / H—C—OH / CH₂O℗
6-磷酸葡萄糖

5）2分子3-磷酸甘油醛由磷酸丙糖异构酶和醛缩酶催化，转变成1,6-二磷酸果糖，经二磷酸果糖磷酸酶水解又生成6-磷酸果糖，后者可以异构化生成6-磷酸葡萄糖。

CHO / H—C—OH / CH₂O℗ + CHO / H—C—OH / CH₂O℗
3-磷酸甘油醛

⇐ 磷酸丙糖异构酶 / 醛缩酶 ⇐

℗O—CH₂ O CH₂O℗ / HO OH / OH
1,6-二磷酸果糖

→ 二磷酸果糖磷酸酶 / H₂O → Pi →

℗O—CH₂ O CH₂OH / HO OH / OH
6-磷酸果糖

2. 磷酸戊糖途径的生理意义

（1）生成5-磷酸核糖。途径中6-磷酸葡萄糖经脱氢、脱羧反应生成的5-磷酸核糖，是体内核酸生物合成所必需的。

（2）生成NADPH作为供氢体。途径中两次脱氢反应生成的NADPH具有重要的生理作用，是体内多种物质生物合成的供氢体，如脂肪酸、胆固醇及类固醇激素等的生物合成，对于维持红细胞的正常功能及血红蛋白处于还原状态是必需的，也是谷胱甘肽还原酶的辅酶，它可使氧化型谷胱甘肽（G-S-S-G）转变成还原型谷胱甘肽（G-SH），对保护细胞中的巯基酶及蛋白质免受氧化等均有重要作用。

（3）提供能量。磷酸戊糖途径虽非机体获取能量的主要途径，但在需要时 NADPH 可以通过转氢酶作用，使 NAD$^+$ 还原成 NADH，后者通过呼吸链氧化和氧化磷酸化过程可生成 ATP 提供能量。

# 第三节　糖原的合成与分解

糖原是动物体内糖的储存形式，摄入体内的糖类大部分转变成脂肪后储存于脂肪组织，只有小部分以糖原形式储存。人体肝糖原总量为 70～100 g，肌糖原为 180～300 g。肌糖原可为肌肉收缩提供能量；肝糖原是血糖的重要来源，对于某些将葡萄糖作为能量来源的组织，如脑、红细胞等尤为重要。

## 一、糖原的合成

由单糖（主要为葡萄糖）合成糖原的过程称为糖原的合成。包括下列 5 步反应：

1. 6-磷酸葡萄糖的生成

该反应与葡萄糖酵解的第一个反应相同。

$$葡萄糖 + ATP \xrightarrow{\text{己糖激酶}} 6\text{-磷酸葡萄糖} + ADP$$

2. 1-磷酸葡萄糖的生成

该反应由磷酸葡萄糖变位酶催化。

$$6\text{-磷酸葡萄糖} \xrightarrow{\text{磷酸葡萄糖变位酶}} 1\text{-磷酸葡萄糖}$$

3. 尿苷二磷酸葡萄糖的生成

该反应中 1-磷酸葡萄糖与尿苷三磷酸（UTP）在尿苷二磷酸葡萄糖焦磷酸化酶（UDPG 焦磷酸化酶）的催化下，生成尿苷二磷酸葡萄糖（UDPG），同时释放出焦磷酸（PPi）。

$$1\text{-磷酸葡萄糖} + UTP \xrightarrow{\text{尿苷二磷酸葡萄糖焦磷酸化酶}} 尿苷二磷酸葡萄糖 + PPi$$

4. 1,4-糖苷键葡萄糖聚合物的生成

在少量糖原的存在下，由糖原合成酶催化，可将 UDPG 分子中的葡萄糖基转移到糖原的非还原性末端的葡萄糖残基的 4 位羟基上，形成一个新的 α-1,4-糖苷键，使原来的"引物"增加一个葡萄糖残基。这个反应可反复进行，从而生成大分子葡萄糖聚合物。

$$尿苷二磷酸葡萄糖 + 糖原引物(G_n) \xrightarrow{\text{糖原合酶}} UDPG + 糖原(G_{n+1})$$

5. 糖原分支的形成

糖原合酶只能延长糖链，不能形成分支，当糖链长度达到 12～18 个葡萄糖单位时，分支酶可将一段糖链（6~7 个葡萄糖单位）转移到邻近的糖链上，以 α - 1,6 - 糖苷键相连，形成分支结构。

## 二、糖原的分解

肝糖原分解为葡萄糖以补充血糖的过程，称为糖原分解（glycogenolysis）。

1. 糖原分解为 1 - 磷酸葡萄糖

从糖原分子的非还原端开始，糖原磷酸化酶催化 α - 1,4 - 糖苷键水解，逐个生成 1 - 磷酸葡萄糖。

$$\text{糖原引物}(G_n) + Pi \xrightarrow{\text{糖原磷酸化酶}} \text{1-磷酸葡萄糖} + \text{糖原}(G_{n-1})$$

糖原磷酸化酶是催化糖原分解的关键酶，此酶只能水解 α - 1,4 - 糖苷键。此酶受到共价修饰调节和变构调节双重调节作用。发生磷酸化的糖原磷酸化酶 a 是有活性的，而脱磷酸化的糖原磷酸化酶 b 是无活性的。AMP 是糖原磷酸化酶 b 变构激活剂，ATP 是糖原磷酸化酶 a 的变构抑制剂。脱支酶主要功能是具有 α - 1,6 - 糖苷酶活性，催化分支点的葡萄糖单位水解，生成游离葡萄糖，在磷酸化酶和脱支酶的协同和反复作用下，形成 15% 的游离葡萄糖和 85% 的 1 - 磷酸葡萄糖。

2. 1 - 磷酸葡萄糖异构为 6 - 磷酸葡萄糖

$$\text{1-磷酸葡萄糖} \underset{}{\overset{\text{磷酸葡萄糖变位酶}}{\rightleftharpoons}} \text{6-磷酸葡萄糖}$$

3. 6 - 磷酸葡萄糖水解为葡萄糖

$$\text{6-磷酸葡萄糖} \xrightarrow[\underset{H_2O}{}]{\text{葡萄糖-6-磷酸酶}} \overset{}{\underset{Pi}{}} \text{葡萄糖}$$

葡萄糖 - 6 - 磷酸酶只存在于肝和肾，而不存在于肌肉中，因此只有肝糖原能直接分解为葡萄糖，补充血糖浓度。而肌糖原不能分解为葡萄糖，只能进行糖酵解或有氧氧化。

## 三、糖原合成与分解的生理意义

在正常生理情况下维持血糖浓度相对恒定，保证依赖葡萄糖供能的组织（脑、红细胞）的能量供给。如当机体糖供应丰富（如进食后）和细胞能量充足时，合成糖原将能量储存起来，以免血糖浓度过度升高。当糖供应不足（如空腹）或能量需求增加时，储存的糖原分解为葡萄糖，维持血糖浓度。

# 第四节　糖异生作用

非糖物质转变为葡萄糖或糖原称为糖异生作用（gluconeogenesis）。丙酮酸、乳酸、生糖氨基酸、甘油等均可在哺乳动物的肝和肾中转变为葡萄糖或糖原。肾在正常情况下糖异生能力只有肝的十分之一，但长期饥饿时肾糖异生能力可大为增强。糖异生途径基本上是糖酵解的逆过程，但并不完全相同。糖酵解途径中大多数反应是可逆的，只有己糖激酶、磷酸果糖激酶和丙酮酸激酶所催化的三步反应在肌细胞内均不可逆。在糖异生过程中，这些步骤将被旁路反应所代替。

## 一、糖异生的途径

1. 丙酮酸转变为磷酸烯醇式丙酮酸

这一过程需要肝细胞液和线粒体酶的协同作用来完成。首先是丙酮酸的羧化反应，由线粒体的丙酮酸羧化酶催化。

丙酮酸羧化酶需要生物素作为辅基，生物素羧基起羧基中间载体的作用。在线粒体内形成的草酰乙酸受线粒体的苹果酸脱氢酶催化还原成苹果酸。由此形成的苹果酸通过线粒体内膜的二羧酸转运系统运出线粒体进入细胞液。在细胞液内，苹果酸再被细胞液的苹果酸脱氢酶催化氧化成草酰乙酸。

细胞液中生成的草酰乙酸受磷酸烯醇式丙酮酸羧激酶的催化生成磷酸烯醇式丙酮酸和二氧化碳，在此反应中 GTP 提供磷酸基团和反应所需的能量。

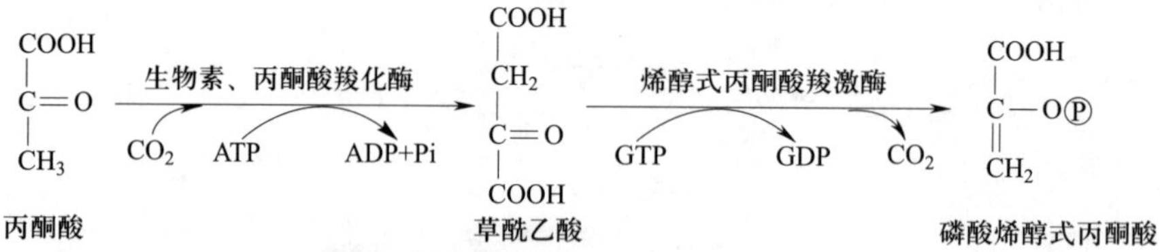

2. 1,6 – 二磷酸果糖到 6 – 磷酸果糖的转变

细胞液中的果糖 –1,6 – 二磷酸酶催化 1,6 – 二磷酸果糖的 1 位磷酸基团水解，生成 6 – 磷酸果糖。

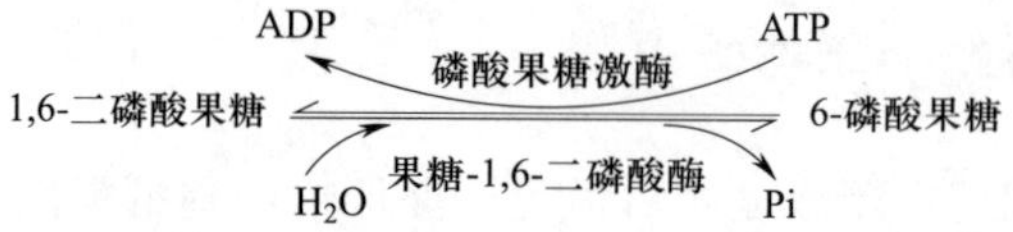

3. 6 – 磷酸葡萄糖到游离葡萄糖的转变

细胞液中的葡萄糖 –6 – 磷酸酶催化 6 – 磷酸葡萄糖 6 位的上磷酸基团水解，生成游离葡萄糖。

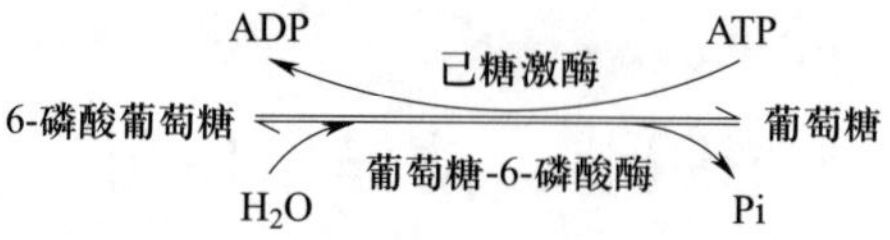

综上所述，从丙酮酸到葡萄糖的糖异生作用总反应式如下：

2 丙酮酸 +4ATP +2GTP +2NADH +2H$^+$ +6H$_2$O→葡萄糖 +2NAD$^+$ +4ADP +2GDP +6H$_3$PO$_4$

## 二、糖异生的生理意义

首先，糖异生可以在饥饿的情况下保证血糖浓度相对恒定。体内储存的糖原有限，饥饿时很快被耗尽，所以要靠非糖物质的转变补充糖原。其次，当肌肉激烈运动时产生大量乳酸，乳酸迅速扩散到血液，随血液流至肝，先氧化成丙酮酸，再经过糖异生作用转变为葡萄糖或糖原，可以补充血糖，也可重新合成肌糖原被储存，这一循环过程称为 Cori 循环，通过该循环可回收乳酸中的能量。最后，糖异生作用还可促进脂肪氧化供能，当体内糖不够时，大量脂肪氧化分解，产生的酮体必须经过 TCA 循环才能彻底氧化，此时糖异生作用对维持 TCA 循环的正常进行起主要作用。

# 第五节　血糖和糖代谢紊乱

## 一、血糖

1. 血糖的来源

（1）食物中的糖。食物中的糖经过消化，再由肠吸收的葡萄糖可直接进入血液循环成为血糖，所以食物中的糖是血糖的主要来源。

（2）空腹时肝糖原分解。储存的肝糖原分解生成的葡萄糖进入血液循环。

（3）肝的糖异生作用。许多非糖物质，如乳酸、甘油、丙酮酸及生糖氨基酸等在肝内可经糖异生作用转变成葡萄糖而进入血液循环。

2. 血糖的去路

（1）氧化分解供能。葡萄糖进入各器官组织被氧化分解为二氧化碳和水，同时释放能量，供给机体各种生理活动的需要。这是最主要的去路。

（2）合成糖原。血糖进入肝和肌肉后，可合成肝糖原及肌糖原而储存。

（3）转化为非糖物质。血糖在机体组织细胞中可转变为非糖物质，如脂肪及某些氨基酸。

（4）转变成其他糖及糖衍生物。如核糖、脱氧核糖、氨基多糖、糖醛酸等。

（5）随尿排出。血糖从尿排出是一种不正常的去路，但在某些情况下，血糖超过了肾小管对糖的最大重吸收能力（即肾糖阈，其值为 8.9 mmol/L），此时一部分糖从尿中排出。

## 二、糖代谢紊乱

1. 高血糖和糖尿病

空腹时血糖浓度高于 7.3 mmol/L 称为高血糖。如果血糖值超过肾糖阈值 8.9 mmol/L，可出现糖尿。造成高血糖主要有两个因素：一是糖的来源突然增高造成，如一次进食或静脉输入大量葡萄糖。情绪激动也可以使肾上腺素分泌增加，肝糖原大量分解成葡萄糖进入血液，使血糖浓度增加。这种现象称为生理性高血糖。二是病理性原因造成的高血糖，如糖尿病。

糖尿病是一种以糖代谢紊乱为主要表现的慢性、复杂的代谢性疾病，是胰岛素相对不足、绝对不足或利用缺陷而引起的。糖尿病在临床上常常表现为：细胞较少利用葡萄糖作为能源，葡萄糖通过肾从尿中大量排出而出现糖尿并带走大量的溶剂（水），蛋白质和脂肪分解增多，疲乏无力，体重减轻。为了补偿损失的糖分和水分，维持机体活动，患者常多饮、多食、易饥，故糖尿病的表现常被描述为"三多一少"，即多饮、多尿、多食和体重减轻。

除上述糖尿病所引起的高血糖和糖尿外，有些肾小管重吸收功能降低的人肾糖阈比正常人低，即使血糖含量在正常范围，也可出现糖尿，称肾性糖尿。

2. 低血糖症

血糖浓度低于 3.9 mmol/L 时，可出现低血糖症，表现为饥饿感和四肢无力，以及因低血糖刺激而引起的交感神经兴奋和肾上腺素分泌增加的症状，如脸色苍白、心慌、多汗、头晕、手颤等。低血糖症多见于胰岛 β - 细胞增生和肿瘤、腺垂体或肾上腺皮质功能减退、长期不能进食、重肝疾病等。

# 第六节　糖类药物简介

## 一、糖类药物的分类及作用

1. 糖类药物的分类

（1）单糖。如葡萄糖、果糖、氨基葡萄糖等。

（2）寡糖。如蔗糖、麦芽糖、乳糖、乳果糖（lactulose）等。

（3）多糖。如右旋糖酐、甘露聚糖、香菇多糖、茯苓多糖等。糖类药物研究最多的是多糖类药物，已发现具有一定生理活性的多糖有来源于植物的黄芪多糖、人参多糖、刺五加多糖、麦麸多糖、黄精多糖、昆布多糖、菊糖、褐藻多糖、波叶多糖、茶叶脂多糖、葡萄皮脂多糖、麦秸半纤维素 B、针裂蹄多糖、酸模多糖、地衣多糖。来源于微生物的多糖有猪苓多糖、银耳多糖、香菇多糖、灵芝多糖、黑木耳多糖、云芝多糖、茯苓多糖、竹黄多糖、木蹄多糖、蘑菇多糖、裂褶多糖、亮菌多糖、酵母多糖、细菌脂多糖、大肠埃希菌脂多糖、变形杆菌热源多糖、NK$_{131}$细菌多糖和产氨短杆菌外多糖。来源于动物的多糖有肝素、硫酸乙酰肝素、硫酸软骨素、硫酸皮肤素、硫酸角质素、透明质酸、壳多糖和胎盘脂多糖等。

（4）糖的衍生物。如 6 - 磷酸葡萄糖、1,6 - 二磷酸果糖、磷酸肌醇等。

2. 糖类药物的作用

（1）调节免疫功能。主要表现为影响补体活性，促进淋巴细胞增殖，激活或提高吞噬细胞的功能。增强机体的抗炎、抗氧化和抗衰老作用。如 PS－K 多糖和香菇多糖对小鼠 S180 瘤株有明显抑制作用，已作为免疫型抗肿瘤药物；猪苓多糖能促进抗体的形成，是一种良好的免疫调节剂。

（2）抗感染作用。多糖可以提高机体组织细胞对细菌、原虫、病毒和真菌感染的抵抗力。如甲壳素对皮下肿胀有治疗作用，对皮肤伤口有愈合作用。

（3）加快细胞增殖生长。通过促进细胞 DNA 和蛋白质的合成，加快细胞的增殖生长。

（4）抗辐射损伤作用。茯苓多糖、紫菜多糖、透明质酸、甲壳素等均能抗 $^{60}$Co、γ 射线的损伤，有抗氧化、防辐射作用。

（5）抗凝血作用。肝素是天然抗凝剂。甲壳素、芦荟多糖、黑木耳多糖等也具有肝素样的抗凝血作用。用于防治血栓、周围血管病、心绞痛、充血性心力衰竭与肿瘤的辅助治疗。

（6）降血脂、抗动脉粥样硬化作用。类肝素（heparinoid）、硫酸软骨素、小相对分子质量肝素等具有降血脂、降血胆固醇、抗动脉粥样硬化作用，用于防治冠心病和动脉硬化。

（7）维持血液渗透压。右旋糖酐可以代替血浆蛋白以维持血液渗透压。中相对分子质量右旋糖酐用于增加血容量，维持血压，以抗休克为主；低相对分子质量右旋糖酐主要用于改善微循环，降低血液黏度；低相对分子质量右旋糖酐是一种安全有效的血浆扩充剂。海藻酸钠能增加血容量，使血压恢复正常。

## 二、常见糖类药物

1. 透明质酸

透明质酸广泛存在于人和脊椎动物体内，是组成结缔组织的细胞外基质、眼球玻璃体、脐带和关节液的几种糖胺聚糖之一。在人的皮肤真皮层和关节滑液中含量最多，具有保水、润滑和清除自由基等重要的生理作用。透明质酸作为药物，主要应用于眼科治疗手术，如晶状体植入与摘除、角膜移植、抗青光眼手术等，还用于治疗骨关节炎、外伤性关节炎和滑囊炎以及加速伤口愈合。透明质酸在化妆品中的应用更为广泛，它能保持皮肤湿润光滑、细腻柔嫩，富有弹性，具有防皱、抗皱、美容保健和恢复皮肤生理功能的作用。目前，国际上添加透明质酸的产品种类已从最初的膏霜、乳液、化妆水、精华素胶囊、膜贴扩展到浴液、粉饼、口红、洗发护发剂等，应用日趋广泛。

2. 硫酸软骨素

硫酸软骨素滴眼液用于治疗角膜炎、角膜溃疡、角膜损伤等。其主要成分为硫酸软骨素，是从动物组织提取、纯化制备的酸性黏多糖类物质，是构成细胞间质的主要成分，对维持细胞环境的相对稳定性和正常功能具有重要作用，可加速伤口愈合，减少瘢痕组织的产生。通过促进基质的生成，为细胞的迁移提供构架，有利于角膜上皮细胞的迁移，从而促进角膜创伤愈合。硫酸软骨素还能够改善血液循环，加速新陈代谢，促进渗出液的吸收和炎症的消除。

# 练习与应用

## 一、选一选

1. 下列糖酵解的特点中是错误的是 （　　）。

A. 没有氧的参与

B. 终产物是乳酸

C. 产能较少

D. 己糖激酶、磷酸甘油酸激酶和丙酮酸激酶是其关键酶

2. 巴斯德效应是 （　　）。

A. 糖的无氧分解抑制糖的有氧氧化

B. 糖的无氧分解抑制磷酸戊糖途径

C. 糖的无氧分解抑制糖异生

D. 糖的有氧氧化抑制糖的无氧分解

3. 一分子葡萄糖彻底氧化为二氧化碳和水时净生成 ATP 数为 （　　）。

A. 18　　　　　　　B. 24　　　　　　C. 32 或 30　　　　　　D. 36 或 38

4. 红细胞中还原型谷胱甘肽不足，易引起溶血，原因是缺乏 （　　）。

A. 葡萄糖激酶　　　　　　　　　　B. 果糖二磷酸酶

C. 磷酸果糖激酶　　　　　　　　　D. 6 – 磷酸葡萄糖酸脱氢酶

5. 合成糖原时，葡萄糖基的直接供体是 （　　）。

A. 1 – 磷酸葡萄糖　　B. CDPG　　　　C. UDPG　　　　D. GDPG

6. 有关三羧酸循环叙述正确的是 （　　）。

A. 循环一周可生成 4 个 NADH 和 2 个 FADH

B. 循环一周可从 GDP 生成 2 个 CTP

C. 乙酰辅酶 A 可异生为葡萄糖

D. 丙二酸可抑制延胡索酸转变为苹果酸

7. 降低血糖浓度的激素是 （　　）。

A. 胰高血糖素　　　B. 胰岛素　　　　　C. 生长素　　　　　D. 肾上腺素

8. 体内产生 NADPH 的途径是 （　　）。

A. 磷酸戊糖途径　　B. 糖的有氧分解　　C. 糖的无氧分解　　D. 糖异生作用

9. 肌糖原不能补充血糖，是因为肌肉缺乏 （　　）。

A. 6 – 磷酸果糖激酶　　　　　　　B. 6 – 磷酸葡萄糖脱氢酶

C. 葡萄糖激酶　　　　　　　　　　D. 葡萄糖 – 6 – 磷酸酶

10. 糖原分解的关键酶是（　　　）。

A. 分支酶

B. 脱支酶

C. 糖原磷酸化酶

D. 葡萄糖 – 6 – 磷酸酶

## 实训　多糖的制备及一般鉴定

### 一、实验原理

银耳是我国一种传统的珍贵药用真菌，具有滋补强壮、扶正固本之功效。银耳中含有的多糖类物质具有明显提高机体免疫功能、抗炎症和抗放射等作用。

用固体法培养获得的银耳子实体，经沸水抽提、三氯甲烷 – 正丁醇法除蛋白质和乙醇沉淀分离可制得银耳多糖粗品，再用 CTAB（溴化十六烷基三甲胺）络合法进一步精制可得银耳多糖纯品。然后进行定性和定量测定及杂质含量测定。

### 二、实验仪器

布氏漏斗，500 mL 抽滤瓶，250 mL 分液漏斗，10 mL、100 mL 量筒，离心机，250 mL、500 mL 和 1 000 mL 烧杯，水浴锅，透析袋，滤纸，层析缸，搅拌器，真空干燥箱，分光光度计。

### 三、实验试剂

银耳子实体 20 g，硅藻土，活性炭，95% 乙醇，甲苯胺，乙醚，无水乙醇，浓硫酸，α – 萘酚，2 mol/L 氢氧化钠溶液，2 mol/ L 氯化钠溶液，三氯甲烷 – 正丁醇溶液（4 : 1）。

2% CTAB：取 2 g CTAB 浴于 100 mL 蒸馏水中，摇匀备用。

斐林试剂：A 液，将 34. 5 g 硫酸铜（含 5 分子结晶水）溶于 500 mL 水中；B 液，将 125 g 氢氧化钠和 13 g 酒石酸钾钠溶于 500 mL 水中。临用时，将 A、B 两液等量混合。

### 四、实验操作

1. 提取

将 20 g 银耳子实体和 800 mL 水加入 1 000 mL 烧杯中，于沸水浴中加热搅拌 8 h，离心去残渣（3 000 r/min，25 min）。上清液用硅藻土助滤，水洗，合并滤液后与 80 ℃ 水浴搅拌浓缩至糖浆状。然后加入 1/4 体积的三氯甲烷 – 正丁醇溶液摇匀，分层，用分液漏斗分出下层三氯甲烷和中层变性蛋白，然后重复去蛋白质操作两次。上清液用 2 mol/L 氢氧化钠调至 pH 7.0，加热回流用 1% 活性炭脱色，抽滤，滤液扎袋，流水透析 48 h。透析液离心（3 000 r/min，10 min），上清液于 80 ℃水浴浓缩，加三倍量 95% 乙醇，搅拌均匀后，离心（3 000 r/min，10 min），沉淀用无水乙醇洗涤二次，乙醚洗涤一次，真空干燥，得银耳多糖粗品。

2. 纯化

取粗品 1 g，溶于 100 mL 水中，溶解后离心（3 000 r/min，10 min），除去不溶物，上清液加 2% CTAB 溶液至沉淀完全，摇匀，静置 4 h。离心（3 000 r/min，10 min），上清液扎袋流水透析 12 h。将透析液于 80 ℃水浴浓缩，加 3 倍量 95% 乙醇，搅拌均匀后，离心（3 000 r/min，10 min），沉淀，分别用无水乙醇、乙醚洗涤，真空干燥，得银耳多糖。

3. 理化性质分析

将纯化的银耳多糖分别加入水、乙醇、丙酮、乙酸乙酯和正丁醇中，观察其溶解性。另在浓硫酸存在下观察银耳多糖与 α-萘酚的作用，于界面处观察颜色变化。

4. 含量测定

多糖在浓硫酸中水解后，进一步脱水生成糖醛类衍生物，与蒽酮作用形成有色化合物，可进行比色测定。另外以 Folin 酚法测定银耳多糖样品中蛋白质含量，以紫外分光光度法测定样品中核酸的含量。

# 第八章

# 脂类代谢

 **学习目标**

**知识目标**

掌握：脂类的概念、分类、生理功能；脂肪的动员，脂肪酸的氧化过程，酮体代谢的特点及意义。

熟悉：血脂及血浆脂蛋白的分类及功能；脂类在体内的消化吸收过程，脂肪分解代谢与合成代谢途径。

了解：类脂生物合成的基本途径；常用的脂类药物和调节血脂药物。

**技能目标**

能读懂与脂类检查相关的化验单；知道哪些药物属于脂类药物以及脂类药物的作用。

**【任务引入】**

冠心病、脑卒中和外周动脉疾病等心脑血管疾病，是导致我国居民残疾、死亡的主要疾病，统称为动脉粥样硬化性心血管疾病。虽然其发生、发展是一漫长的过程，但首次发病就有致死、致残的高风险，是人类死亡的主要原因。而有效控制血脂异常，对预防冠心病和脑卒中等疾病有重要意义。那么，你了解血脂及其检查的相关常识吗？

## 第一节　概述

**【资料卡片】**

### 血脂四项

所谓血脂四项，主要包括总胆固醇、甘油三酯、高密度脂蛋白胆固醇和低密度脂蛋白胆固醇水平的测定。这4个指标中最重要的当属低密度脂蛋白胆固醇水平。研究发现，该项血脂水平的异常和心脑血管疾病发生的风险呈正相关。而对于存在心脑血管疾病的患者，在血脂的控制上也是以低密度脂蛋白胆固醇水平的下降幅度为最主要的观测目标。除此以外，高密度脂蛋白胆固醇水平，被认为是一种有益的胆固醇，它可将胆固醇转移到肝脏中进行代谢。甘油三酯主要提供人体所需的能量，该指标水平过高，容易导致脂肪肝。

## 一、脂类的概念、分类

脂类是由脂肪酸和醇作用生成的酯及其衍生物的统称，是一类不溶于水而溶于脂溶性溶剂的有机化合物。脂类包括脂肪和类脂。

1. 脂肪

脂肪即三（脂）酰甘油，又称甘油三酯（triglyceride，TG）。其结构式为：

$$
\begin{array}{c}
\quad\quad\quad\quad\quad\quad\quad\quad O \\
\quad\quad\quad\quad\quad\quad\quad\quad \| \\
\quad\quad O \quad\quad CH_2\!-\!O\!-\!C\!-\!R_1 \\
\quad\quad \| \quad\quad\quad | \\
R_2\!-\!C\!-\!O\!-\!CH \quad\quad O \\
\quad\quad\quad\quad\quad | \quad\quad \| \\
\quad\quad\quad\quad CH_2\!-\!O\!-\!C\!-\!R_3
\end{array}
$$

女性体内脂肪含量大于男性，女性体内脂肪占体重的 20% ~30%，男性体内脂肪占体重的 10% ~20%。

2. 类脂

类脂主要包括磷脂（phospholipid，PH）、胆固醇（cholesterol，CH）（cholesterol ester，CE）等。类脂约占体重的 5%，体内含量比较恒定，又称固定脂或基本脂。

（1）磷脂。磷脂包括甘油磷脂和鞘磷脂两类，它们主要参与细胞膜的组成。甘油磷脂是第一大类膜脂鞘脂（sphingolipid），也称磷酸甘油酯，包括鞘磷脂和鞘糖脂。甘油磷脂由甘油、脂肪酸、磷酸及含氮化合物等组成。其结构式为：

$$
\begin{array}{c}
\quad\quad\quad\quad\quad\quad\quad\quad O \\
\quad\quad\quad\quad\quad\quad\quad\quad \| \\
\quad\quad O \quad\quad CH_2\!-\!O\!-\!C\!-\!R_1 \\
\quad\quad \| \quad\quad\quad | \\
R_2\!-\!C\!-\!O\!-\!CH \quad\quad O \\
\quad\quad\quad\quad\quad | \quad\quad \| \\
\quad\quad\quad\quad CH_2\!-\!O\!-\!P\!-\!O\!-\!X \\
\quad\quad\quad\quad\quad\quad\quad\quad | \\
\quad\quad\quad\quad\quad\quad\quad\quad OH
\end{array}
$$

磷脂可根据与磷酸相连的取代基团的不同进行分类，见表 8-1。

表 8-1　　　　　　　　　　体内重要的几种甘油磷脂

| X 取代基 | 磷脂名称 |
| --- | --- |
| $-CH_2CH_2NH_2$ | 磷脂酰乙醇胺（脑磷脂） |
| $-CH_2CH_2N^+$（$CH_3$）$_3$ | 磷脂酰胆碱（卵磷脂） |
| $-CH_2CHNH_2COOH$ | 磷脂酰丝氨酸 |

续表

| X 取代基 | 磷脂名称 |
|---|---|
| 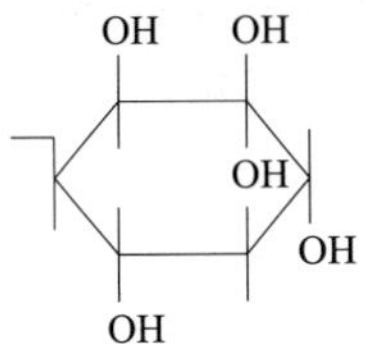  | 磷脂酰肌醇 |
| 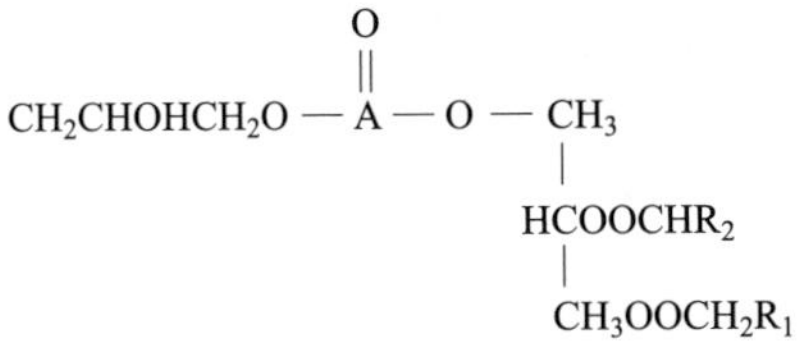 $\begin{array}{c} O \\ \parallel \\ CH_2CHOHCH_2O-A-O-CH_3 \\ \mid \\ HCOOCHR_2 \\ CH_3OOCH_2R_1 \end{array}$ | 二磷脂酰甘油（心磷脂） |

（2）胆固醇。胆固醇最初是从动物胆石中分离出来的，是环戊烷多氢菲的衍生物。胆固醇 $C_3$ 位上的羟基可与脂肪酸酯化形成胆固醇酯。

胆固醇

## 二、脂类的特点

（1）不溶于水而易溶于如乙醚、丙酮及氯仿等非极性溶剂。

（2）是由脂肪酸与醇所组成的酯类。

（3）能被生物体利用，作为构造、修补组织或供给能量之用。

## 三、脂类的生理功能

1. 脂肪的生理功能

（1）储能和供能脂肪是疏水性物质，在体内不伴有水的储存，所占体积小，1 g 脂肪所占体积仅为 1 g 糖原的 1/4，而氧化 1 g 脂肪释放热量是等量糖或蛋白质的 2 倍以上，因此脂肪是体内储存能量的最有效的方式。正常情况下，人体能量的 17% ~ 25% 由脂肪提供。在饥饿或禁食情况下，机体所需能量主要由脂肪氧化供给。

（2）维持体温和保护内脏。脂肪不易导热，分布在人体皮下的脂肪可防止体内热量过多地从体表散发，具有维持正常体温的作用。同时，皮下和内脏周围的脂肪组织还能缓冲外力冲击，使内脏器官免受损伤。

（3）促进脂溶性维生素的吸收。脂溶性维生素 A、D、E、K 需要溶解在脂肪中才能被吸收。

（4）提供必需脂肪酸。脂肪酸分为饱和脂肪酸（saturated fattyacid）和不饱和脂肪酸（unsaturated fatty acid），常见的脂肪酸见表 8-2。动物体内的饱和脂肪酸以软脂酸、硬脂酸含量最多、分布最广；根据所含双键的多少，不饱和脂肪酸分为单不饱和脂肪酸和多不饱和脂肪酸。有一些多不饱和脂肪酸不能在体内合成或合成量太少，不能满足机体代谢需要，必须从食物中摄取，故将它们称为必需脂肪酸。

表 8-2                                          常见的脂肪酸

| 类别 | 习惯名称 | 系统名称 | 分子式 |
|------|----------|----------|--------|
| 饱和脂肪酸 | 月桂酸 | 十二烷酸 | $CH_3(CH_2)_{10}COOH$ |
| | 豆蔻酸 | 十四烷酸 | $CH_3(CH_2)_{12}COOH$ |
| | 软脂酸 | 十六烷酸 | $CH_3(CH_2)_{14}COOH$ |
| | 硬脂酸 | 十八烷酸 | $CH_3(CH_2)_{16}COOH$ |
| | 花生酸 | 二十烷酸 | $CH_3(CH_2)_{18}COOH$ |
| 不饱和脂肪酸 | 软油酸 | 9-十六碳烯酸 | $CH_3(CH_2)_5CH=CH(CH_2)_7COOH$ |
| | 油酸 | 9-十八碳烯酸 | $CH_3(CH_2)_7CH=CH(CH_2)_7COOH$ |
| | 亚油酸 | 9,12-十八碳二烯酸 | $CH_3(CH_2)_4(CH=CHCH_2)_2(CH_2)_6COOH$ |
| | α-亚麻酸 | 9,12,15-十八碳三烯酸 | $CH_3CH_2(CH=CHCH_2)_3(CH_2)_6COOH$ |
| | γ-亚麻酸 | 6,9,12-十八碳三烯酸 | $CH_3(CH_2)_4(CH=CHCH_2)_3(CH_2)_3COOH$ |
| | 花生四烯酸 | 5,8,11,14-二十碳四烯酸 | $CH_3(CH_2)_4(CH=CHCH_2)_4(CH_2)_2COOH$ |
| | EPA | 5,8,11,14,17-二十碳五烯酸 | $CH_3CH_2(CH=CHCH_2)_5(CH_2)_2COOH$ |
| | DPA | 7,10,13,16,19-二十二碳五烯酸 | $CH_3CH_2(CH=CHCH_2)_5(CH_2)_4COOH$ |
| | DHA | 4,7,10,13,16,19-二十二碳六烯酸 | $CH_3CH_2(CH=CHCH_2)_6CH_2COOH$ |

2. 类脂的生理功能

（1）构成生物膜结构成分。磷脂和胆固醇是细胞膜、核膜、线粒体膜等生物膜的主要结构成分。在膜的磷脂双分子层结构中，磷脂占 60%~70%，而胆固醇约占 20%。

（2）转变成多种重要生理活性物质。胆固醇在体内可转变生成肾上腺皮质激素、胆汁酸和性激素等具有重要生理功能的物质。

## 四、脂类的消化和吸收

食物中的脂类主要是脂肪。脂肪在成人的口腔和胃中不能被消化，而在小肠上段经胆汁酸盐的作用，乳化成水包油的小胶体颗粒，增加与消化液的接触。继而在胰腺分泌的胰脂肪酶与辅脂酶的催化作用下，脂肪被水解为甘油、脂肪酸和二酰甘油、一酰甘油，然后与胆汁乳化成混合微团。这种微团体积很小，极性较强，可被肠黏膜细胞吸收。

　　脂类的吸收主要是在十二指肠及盲肠。甘油及中短链脂肪酸（≤10C）无需混合微团协助，直接吸收进入小肠黏膜细胞，进而通过门静脉进入血液。长链脂肪酸及其他脂类消化产物随微团吸收入小肠黏膜细胞，再与一酰甘油重新结合成脂肪。脂肪再与载脂蛋白、磷脂、胆固醇等结合成乳糜微粒，经淋巴进入血液循环。

# 第二节　血脂

## 一、血脂的组成与含量

　　血脂是血浆中脂类物质的总称，包括脂肪、胆固醇、胆固醇酯、磷脂和游离脂肪酸（free fatty acid，FFA）等。血脂在体内的含量易受年龄、性别、营养状况、疾病等多种因素的影响，波动范围较大（见表8-3）。

表8-3　　　　　　　　　　　　　　正常人空腹血脂的组成与含量

| 脂类名称 | 正常参考值/（mmol/L） | 脂类名称 | 正常参考值/（mmol/L） |
|---|---|---|---|
| 脂肪 | 0.5~1.71 | 游离胆固醇 | 1.0~1.8 |
| 总胆固醇 | 3.1~5.7 | 磷脂 | 48.4~80.7 |
| 胆固醇酯 | 1.8~5.2 | 游离胆固醇 | 0.195~0.805 |

## 二、血脂的存在形式——血浆脂蛋白

　　在血液中大多数脂质的转运是以脂蛋白复合体形式进行的，如血浆脂蛋白，如图8-1所示。游离的脂肪酸只要结合到血浆中的血清蛋白或其他蛋白质上则可转运，但是磷脂、三酰甘油、胆固醇和胆固醇酯都是以更复杂的脂蛋白颗粒形式转运的。

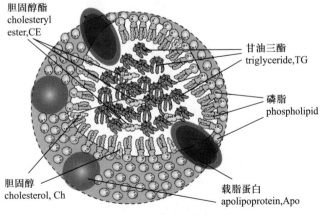

图8-1　血浆脂蛋白模型

血浆脂蛋白中脂质和蛋白质的质量分数是相对固定的。因为大多数蛋白质的密度为1.3~1.4 g/cm³，脂质聚集体的密度一般为0.8~0.9 g/cm³，所以复合体中蛋白质的质量分数越高，复合体的密度越大。脂蛋白依密度大小可分为乳糜微粒（chylomicron）、极低密度脂蛋白（very low density lipoprotein，VLDL）、中间密度脂蛋白（intermediate density lipoprotein，IDL）、低密度脂蛋白（low density lipoprotein，LDL）和高密度脂蛋白（high density lipoprotein，HDL）（见表8-4）。

表8-4　　　　　　　　　主要的人血浆脂蛋白的组成和性质

| 脂蛋白的类别 | 密度/(g·cm⁻³) | 颗粒直径/nm | 组成/(% 干重) | | | | |
|---|---|---|---|---|---|---|---|
| | | | 蛋白质 | 游离胆固醇 | 胆固醇酯 | 磷脂 | 三酰甘油 |
| 乳糜微粒 | 0.92~0.96 | 100~500 | 2 | 1 | 30 | 8 | 86 |
| VLDL | 0.95~1.006 | 30~80 | 10 | 8 | 14 | 18 | 50 |
| IDL | 1.006~1.019 | 25~50 | 18 | 8 | 22 | 22 | 30 |
| LDL | 1.019~1.063 | 18~28 | 25 | 9 | 40 | 21 | 5 |
| HDL | 1.063~1.21 | 5~15 | 50 | 3 | 17 | 27 | 3 |

血浆脂蛋白因所含脂类及蛋白质的质量分数不同，其密度、颗粒大小、表面电荷、电泳行为及免疫性均有不同。一般用电泳法及超速离心法可将血浆脂蛋白分为4类。

1. 电泳法

电泳法主要根据不同脂蛋白的表面电荷不同，在电场中具有不同的迁移率，按其在电场中移动的快慢，将脂蛋白分为α-脂蛋白（Alpha lipoprotein）、前β-脂蛋白（Before the beta lipoprotein）、β-脂蛋白（Beta lipoprotein）及乳糜微粒（chylomicron，CM）4类，如图8-2所示。

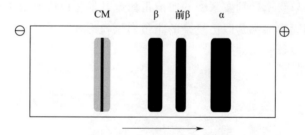

图8-2　电泳法分离脂蛋白

2. 超速离心法

由于各种脂蛋白含脂类及蛋白质比例各不相同，因而其密度也不相同。按密度大小依次分为乳糜微粒、极低密度脂蛋白（very low density lipoprotein，VLDL）、低密度脂蛋白（low density lipoprotein，LDL）和高密度脂蛋白（high density lipoprotein，HDL），如图8-3所示。

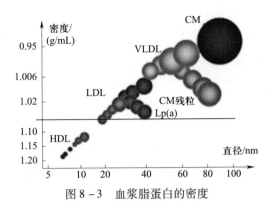

图 8 - 3 血浆脂蛋白的密度

## 第三节 脂肪的代谢

### 一、脂肪的动员

体内的脂肪除了由食物补充外，主要由糖类转化而成。各种组织中的脂肪不断地进行代谢，脂肪的合成与分解在正常情况下处于动态平衡。

体内各组织细胞除成熟的红细胞外，几乎都有氧化脂肪和脂肪分解产物的能力。一般情况下，脂肪在体内氧化时，先要进行脂肪动员，储存在脂肪细胞中的脂肪，被脂肪酶逐步水解为游离脂肪酸及甘油并释放入血以供其他组织氧化利用的过程，称为脂肪的动员。

$$三酰甘油 \xrightarrow[\text{R}_1\text{-COOH}]{\text{三酰甘油脂肪酶}} 二酰甘油 \xrightarrow[\text{R}_2\text{-COOH}]{\text{二酰甘油脂肪酶}} 一酰甘油 \xrightarrow[\text{R}_3\text{-COOH}]{\text{一酰甘油脂肪酶}} 甘油$$

三酰甘油脂肪酶催化的反应是三酰甘油水解的限速步骤，故此酶为限速酶，且此酶对激素特别敏感，又称为激素敏感脂肪酶。其中，肾上腺素、胰高血糖素及促肾上腺皮质激素等能促进脂肪分解，称为脂解激素；胰岛素、前列腺素等能抑制脂肪动员，称为抗脂解激素。

### 二、脂肪的分解代谢

1. 甘油的分解代谢

甘油的氧化分解主要在肝中进行，彻底氧化分解或经糖异生途径生成葡萄糖。甘油的分解过程如下：

$$
\begin{array}{c}
\text{CH}_2\text{OH} \\
| \\
\text{CH}-\text{OH} \\
| \\
\text{CH}_2\text{OH} \\
\text{甘油}
\end{array}
\xrightarrow[\text{甘油激酶}]{\text{ATP} \quad \text{ADP}}
\begin{array}{c}
\text{CH}_2\text{OH} \\
| \\
\text{CH}-\text{OH} \\
| \\
\text{CH}_2\text{OPO}_3\text{H}_2 \\
\alpha\text{-磷酸甘油}
\end{array}
\xrightarrow[\substack{\text{磷酸甘油脱氢酶} \\ \text{（线粒体）}}]{\text{FAD} \quad \text{FADH}_2}
\begin{array}{c}
\text{CH}_2\text{OH} \\
| \\
\text{C}=\text{O} \\
| \\
\text{CH}_2\text{OPO}_3\text{H}_2 \\
\text{磷酸二羟丙酮}
\end{array}
\longrightarrow 进入糖代谢途径
$$

生成的磷酸二羟丙酮经异构化生成3-磷酸甘油醛。3-磷酸甘油醛是糖酵解的一个中间产物，可沿酵解途径生成丙酮酸，进入三羧酸循环，彻底氧化成二氧化碳和水，同时释放能量。

磷酸甘油脱氢酶催化的反应是可逆的，因此糖代谢中的中间产物磷酸二羟丙酮也能还原成磷酸甘油。由于甘油只占整个脂肪分子很小部分，所以脂肪氧化提供的能量主要来自脂肪酸部分。

2. 脂肪酸的分解代谢

（1）脂肪酸的活化。脂肪酸的分解代谢，原核细胞在细胞溶胶内进行，真核生物在线粒体基质进行。脂肪酸在进入线粒体基质之前，先与 CoA-SH 结合形成硫酯化合物。催化此反应的酶称为脂酰-CoA 合成酶，又称硫激酶Ⅰ（fatty acid thiokinase Ⅰ），存在于线粒体外膜。催化反应需要一分子 ATP。生成的 PPi 立即水解，因此反应的总体为不可逆的。

$$\text{R} - \text{COOH} + \text{ATP} + \text{HS-CoA} \underset{\text{Mg}^{2+}}{\overset{\text{脂酰−CoA合成酶}}{\rightleftharpoons}} \text{R} - \text{CO} \sim \text{SCoA} + \text{AMP} + \text{PPi}$$

（2）脂酰 CoA 进入线粒体。10 个碳原子以下的短链或中长链脂肪酸可轻易透过线粒体内膜，但是更长链的脂酰-CoA 就不能轻易地透过线粒体内膜，需要一个特殊的运输机制，如图 8-4 所示。这就是先与一个极性分子即肉碱（carnitine）结合的转运机制。细胞溶胶中的脂酰-CoA 通过位于线粒体内膜外侧面的肉碱脂酰转移酶Ⅰ（carnitine acyl transferase Ⅰ）的催化与肉碱结合，同时脱下 CoA，又通过线粒体内膜上的肉碱脂酰转移酶（carnitine acyl translocase）被运送到线粒体基质内，在此又通过肉碱脂酰转移酶Ⅱ立即将脂酰基转移到基质的 CoA 上，又形成脂酰-CoA，而肉碱本身再通过原来的肉碱脂酰移位酶返回到细胞溶胶中。

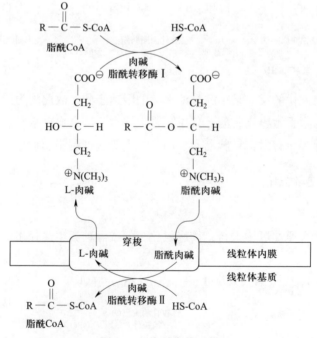

图 8-4　肉碱穿梭系统

## 【趣味学习】

### 肉毒碱

又叫左旋肉碱、肉碱等，化学名称为 L–β–羟基–γ三甲基氨基丁酸，分子式 $C_7H_{15}NO_3$。一般成人体内含有 20 g 左右，除人体自身可以合成外，可另从日常饮食中摄入。左旋肉碱可以促使脂肪分子进入线粒体，发生分解反应并释放能量。服用左旋肉碱能够在减少身体脂肪、降低体重的同时，不减少水分和肌肉，在 2003 年被国际肥胖健康组织认定为最安全无副作用的减肥营养补充品。但是需要说明的是，左旋肉碱不是减肥药，它的主要作用是运输脂肪到线粒体中燃烧，是一种运载酶。要想用左旋肉碱减肥，必须配合适当的运动，控制饮食。

（3）脂肪酸的 β–氧化。脂酰 CoA 进入线粒体后逐步发生氧化分解，其氧化过程从羧基端 β–碳原子开始，故称 β–氧化。β–氧化过程包括下面 4 步反应，如图 8–5 所示。

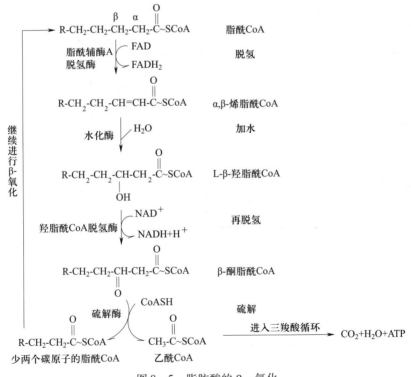

图 8–5　脂肪酸的 β–氧化

1）脱氢。在脂酰 CoA 脱氢酶的催化下，脂酰 CoA 的 α、β 碳原子各脱下一个氢原子，生成 α,β–烯脂酰 CoA。FAD 接受脱下的氢原子生成 $FADH_2$。

2）加水。在水化酶的作用下，α,β–烯脂酰 CoA 加水生成 L–β–羟脂酰 C。

3）再脱氢。在羟脂酰 CoA 脱氢酶的作用下，L–β–羟脂酰 CoA 的 β 碳原子上脱下

2H，生成 β-酮脂酰辅酶 A。脱下的氢原子由 NAD$^+$ 接受，生成 NADH + H$^+$。

4）硫解。在 β-酮脂酰辅酶 A 硫解酶的催化下，β-酮脂酰辅酶 A 的 α 与 β 原子之间发生断裂，生成 1 分子乙酰辅酶 A 和少 2 个碳原子的脂酰辅酶 A。

比原来少 2 个碳原子的脂酰辅酶 A，又可以进行上述脱氢、加水、再脱氢、硫解的 4 步反应，如此反复，最后脂酰辅酶 A 全部分解成乙酰辅酶 A，进入三羧酸循环，产生大量的 ATP。

**课堂练习**

1 分子软脂酸彻底氧化分解产生的二氧化碳和水，能产生多少分子的 ATP?

## 三、酮体的生成和利用

### 1. 酮体的生成

酮体在肝细胞线粒体内合成，原料为乙酰辅酶 A，反应分 3 步进行，如图 8 – 6 所示。

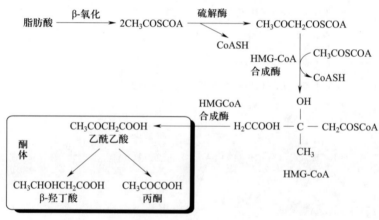

图 8 – 6　酮体的生成

（1）2 分子乙酰辅酶 A 缩合生成乙酰乙酰辅酶 A，并释放出 1 分子 CoA – SH。

（2）乙酰乙酰 CoA 再与 1 分子乙酰辅酶 A 缩合生成 β-羟基-β-甲基戊二酸单酰辅酶 A（HMG – CoA），并释放出 1 分子 CoA – SH。

（3）HMG – CoA 裂解生成乙酰乙酸，同时释放出 1 分子 CoA – SH。乙酰乙酸在 β-羟丁酸脱氢酶催化下，被还原生成 β-羟丁酸，或脱羧生成丙酮。肝细胞线粒体含有酮体合成酶系，但氧化酮体的酶活性低，因此肝脏不能利用酮体。酮体在肝内生成后，经血液运输至肝外组织氧化分解。

### 2. 酮体的利用

肝脏虽有活性很强的生成酮体的酶系，但缺乏利用酮体的酶。肝外许多组织，特别是骨骼肌、心肌、脑等都具有活性很强的利用酮体的酶系，酮体在这些酶的催化作用下转化为乙酰 CoA，进入三羧酸循环彻底氧化，如图 8 - 7 所示。

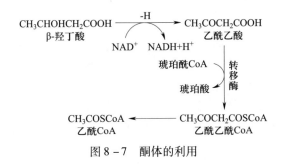

图 8 - 7　酮体的利用

【资料卡片】

## 饥饿性酮症

当人较长时间处于饥饿状态，会使肝脏内糖原逐渐降低而致耗竭。这样一方面缺乏食物补充，另一方面自身储存于肝的葡萄糖耗竭，机体所需的能源就要另辟"途径"，即由体内储存的脂肪取代。但脂肪分解代谢增强时往往氧化不全，容易产生过多的酮体。简单来讲就是饥饿导致体内产生的酮体增多，超出人体代谢能力，一步步发展下去，会使血液酸化发生代谢性酸中毒。饥饿性酮症轻者仅血中酮体增高，尿中出现酮体，临床上可无明显症状。和糖尿病酮症酸中毒相比，虽然两者都是酮症，但是饥饿性酮症的特点为血糖正常或偏低，有酮症，但酸中毒不严重。饭后，尿中酮体基本消失。两者在中、重度患者的临床表现上很相似，早期出现四肢无力、疲乏、口渴、尿多、食欲不振、恶心呕吐加重等症状。随着病情发展，患者出现头痛，深大呼吸、呼气有烂苹果味，逐渐陷入嗜睡、意识模糊及昏迷。

## 四、脂肪的合成代谢

脂肪组织和肝脏是体内合成脂肪的主要场所。合成脂肪的直接原料是 3 - 磷酸甘油和脂酰 CoA。

1. 3 - 磷酸甘油的合成

3 - 磷酸甘油是合成脂肪的前体之一，它有两个来源：一是由糖酵解中间产物——磷酸二羟丙酮在 3 - 磷酸甘油脱氢酶（glycerol phosphate dehydrogenase）催化下，以 NADH 为辅酶还原形成：

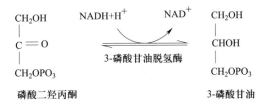

二是由脂肪水解产生的甘油，在 ATP 参与下经甘油激酶（glycerol kinase）催化而形成。

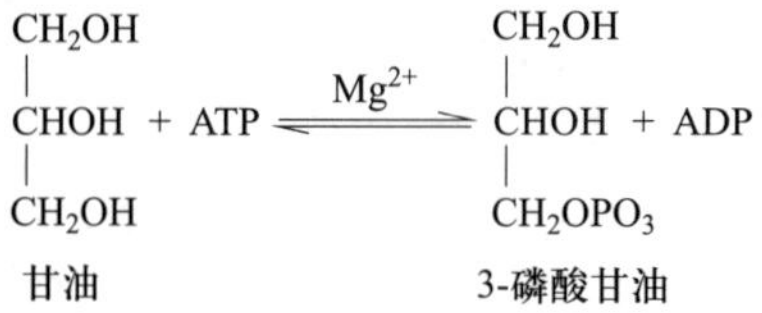

$$
\begin{array}{ccc}
\text{CH}_2\text{OH} & & \text{CH}_2\text{OH} \\
| & & | \\
\text{CHOH} + \text{ATP} \xrightarrow{\quad\text{Mg}^{2+}\quad} & \text{CHOH} + \text{ADP} \\
| & & | \\
\text{CH}_2\text{OH} & & \text{CH}_2\text{OPO}_3 \\
\text{甘油} & & \text{3-磷酸甘油}
\end{array}
$$

由于脂肪组织缺乏有活性的甘油激酶，因此这种组织中三酰甘油合成所需的 3 - 磷酸甘油来自糖代谢。

2. 脂肪酸的生物合成

线粒体内膜不能容许乙酰 - CoA 穿过，因此乙酰 - CoA 必须加以改造，成为可以穿过内膜的分子。乙酰 - CoA 若与草酰乙酸缩合形成柠檬酸就克服了这一障碍。穿过线粒体内膜到细胞溶胶后，即由溶胶中的 ATP - 柠檬酸裂解酶（ATP-citrate lyase）将柠檬酸裂解为乙酰 - CoA 和草酰乙酸。不参与脂肪酸合成的草酰乙酸也不能穿过线粒体膜回到线粒体基质，它必须转变为能够穿过线粒体内膜的苹果酸或丙酮酸。催化这一反应的酶为苹果酸脱氢酶。苹果酸由苹果酸酶氧化脱羧形成丙酮酸。进入线粒体内的苹果酸再经氧化又变回草酰乙酸。参与作用的辅酶为 $NADP^+$，它被还原为 NADPH。还原型 NADPH 为合成脂肪酸所必需。

（1）脂肪酸的合成过程。乙酰 CoA 的活化。由乙酰 CoA 羧化酶催化，生物素是该酶的辅基，1 分子乙酰 CoA 羧化为丙二酸单酰 CoA。

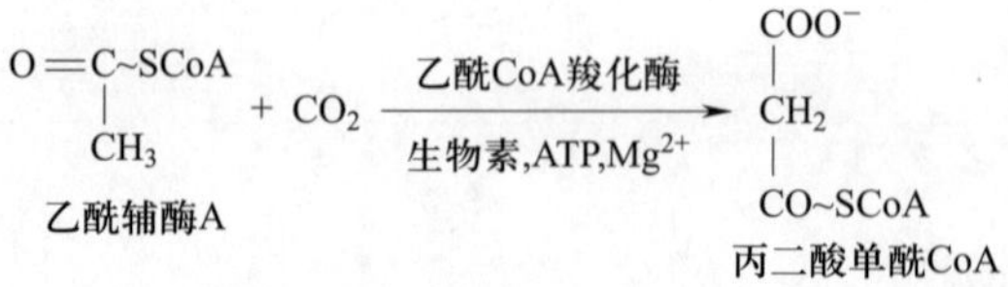

$$
\begin{array}{ccc}
\text{O}=\text{C}\sim\text{SCoA} & & \text{COO}^- \\
| & & | \\
\text{CH}_3 \quad + \text{CO}_2 \xrightarrow[\text{生物素,ATP,Mg}^{2+}]{\text{乙酰CoA羧化酶}} & \text{CH}_2 \\
\text{乙酰辅酶A} & & | \\
& & \text{CO}\sim\text{SCoA} \\
& & \text{丙二酸单酰CoA}
\end{array}
$$

（2）软脂酸（16C）的生物合成。在脂肪酸合成酶系催化下，1 分子乙酰 CoA 和 7 分子丙二酰 CoA 经过 7 次的缩合、加氢、脱水、再加氢的重复反应，每重复一次增加两个碳原子，使含两个碳的乙酰 CoA 生成 16 碳的软脂酸。软脂酸的合成如图 8 - 8 所示。

由乙酰 - CoA 合成软脂酸的总反应式如下：

8 乙酰 - CoA + 14NADPH + 14H$^+$ + 7ATP ⟶ 软脂酸 + 8HSCoA + 14NADP$^+$ + 7ADP + 7Pi + 7H$_2$O

（3）碳链的缩短与延长。脂肪酸碳链的缩短可以通过 β - 氧化来进行；加长过程基本是 β - 氧化的逆过程，在内质网和线粒体内均可进行。

3. 脂肪的生物合成

由脂酰辅酶 A 和 3 - 磷酸甘油合成甘油三酯分以下 3 个步骤：

（1）酰甘油磷酸的合成。在甘油磷酸脂酰转移酶催化下，脂酰辅酶 A 与 3 - 磷酸甘油反应生成单脂酰甘油磷酸，又称为溶血磷脂酸。

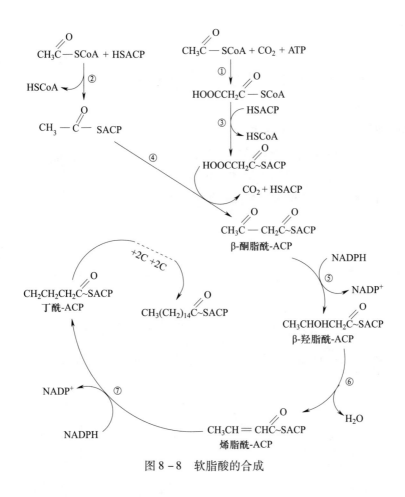

图 8 - 8　软脂酸的合成

（2）形成磷脂酸。溶血磷脂酸在甘油磷酸脂酰转移酶的催化下，再与第二个脂酰 CoA 反应形成磷脂酸。它是合成三酰甘油和一些磷脂的重要前体。

磷脂酸的合成还有另一起始物，其反应包括如下步骤：

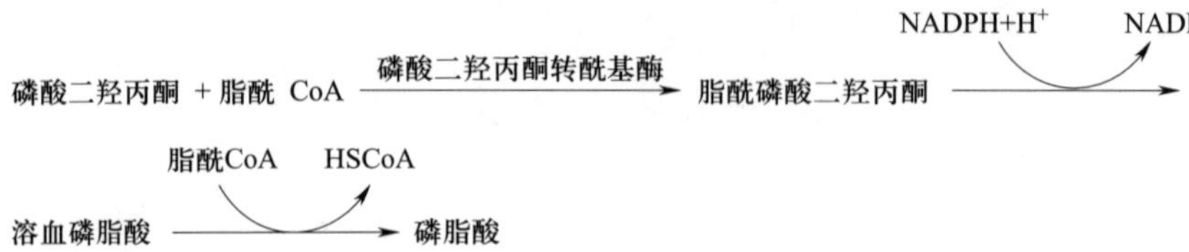

形成磷脂酸的脂酰 CoA 大多为 $C_{16}$ 和 $C_{18}$ 的，但在磷脂酸中 $C_1$ 上结合的脂肪酸多为饱和脂肪酸，而 $C_2$ 上结合的脂肪酸多为不饱和脂肪酸。

（3）磷脂酸的水解。磷脂酸被磷酸酶水解形成甘油二酯：

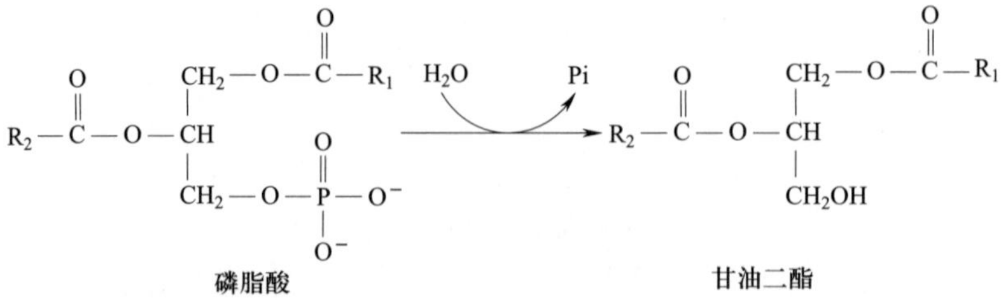

4. 甘油三酯的形成。甘油二酯在甘油二酯转酰基酶催化下与第三个脂酰 CoA 反应形成甘油三酯：

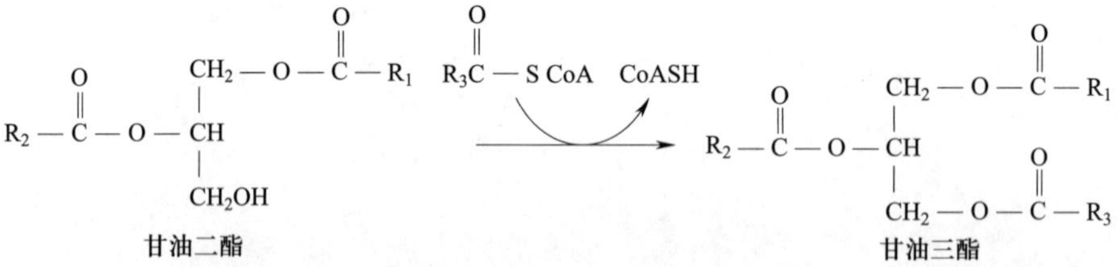

# 第四节　类脂的代谢

## 一、磷脂的代谢

各种不同磷脂的合成可以归纳为几种基本模式，即先合成一些简单的前体，然后再组装成各种磷脂。大致的程序是：①合成骨架分子，即甘油和鞘氨醇；②脂肪酸以酯键或酰胺键结合到骨架分子上；③以磷酸二酯键的形式在骨架分子上加入一个极性的亲水头部基团；④在有些情况下极性头部基团还可发生变化或转换形成其他最终产物。

1. 甘油磷脂的合成

（1）合成部位。机体各组织都可以进行磷脂的合成。动物的各种细胞都有合成磷脂的功能，以肝、肾、肠等组织最为活跃。细胞磷脂的合成主要在光面内质网的表面以及线粒体的内膜进行。甘油磷脂的合成在细胞内质网上进行，通过高尔基体加工，最后被组织生物膜利用或成为脂蛋白分泌出细胞。新合成的一些磷脂保留在合成部位，大多数的磷脂则被运送到其他细胞的不同部位。

（2）合成原料。包括脂肪酸、α-磷酸甘油、胆碱、乙醇胺、丝氨酸、ATP 和 CTP 等。脂肪酸和 α-甘油主要由葡萄糖转变生成，经脂酰基转移反应生成二酰甘油。胆碱和乙醇胺可以从食物中获取，也可以由丝氨酸在体内转变而来。

（3）合成过程。甘油磷脂的合成途径主要是二酰甘油途径。该途径首先是胆碱或乙醇胺在相应的激酶作用下生成磷酸胆碱或磷酸乙醇胺，然后与 CTP 作用生成的 CDP-胆碱、CDP-乙醇胺再转移到二酰甘油分子上，合成磷脂酰胆碱和磷脂酰乙醇胺，如图 8-9 所示。

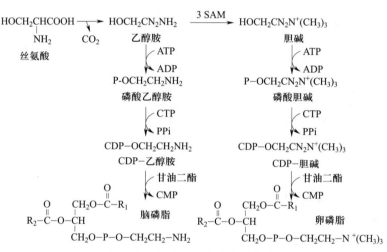

图 8-9　脑磷脂和卵磷脂的合成

2. 甘油磷脂的分解

甘油磷脂的分解由多种磷脂酶催化完成。这些磷脂酶包括磷脂酶 A1、A2、B、C、D 5 种，它们能特异地作用于磷脂的酯键，生成不同的产物，如图 8-10 所示。

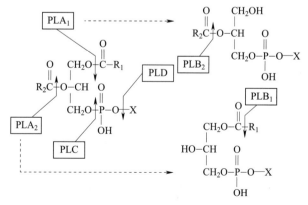

图 8-10　磷脂酶的作用部位

## 二、胆固醇的代谢

1. 胆固醇的合成

（1）合成部位。成人除脑组织和成熟红细胞外，全身各组织均可合成胆固醇，其中肝脏是主要合成场所，其次是小肠。胆固醇合成主要在胞质和内质网中进行。

（2）合成原料。乙酰 CoA 是合成胆固醇的基本原料，还需要 ATP 供能、NADPH + H 提供氢。乙酰 CoA 都是在线粒体内生成的，但胆固醇合成酶系存在于胞质及内质网中，乙酰 CoA 必须转运到胞质才能参与胆固醇的合成。乙酰 CoA 不能自由透过线粒体内膜，需要通过柠檬酸 – 丙酮酸循环进入胞质。

（3）合成过程。胆固醇合成过程比较复杂，整个过程可分为 3 个阶段。①甲羟戊酸（MVA）的合成。在胞质中，3 分子乙酰 CoA 经硫解酶及 HMG – CoA 合成酶催化合成 HMG – CoA（羟甲基戊二酰 CoA），再由 HMG – CoA 还原酶催化，NADPH + H 提供氢还原生成 MVA。此过程是不可逆的，HMG – CoA 还原酶是胆固醇合成的限速酶。②鲨烯的合成。MVA 在 ATP 提供能量的条件下，脱羧、脱羟基后生成五碳的二甲基丙烯焦磷酸（DPP），3 分子 DPP 缩合成十五碳的焦磷酸法尼酯，2 分子焦磷酸法尼酯再缩合成三十碳的鲨烯。③胆固醇的合成。鲨烯与胆固醇载体蛋白结合后进入内质网，在环化酶、单加氧酶等的作用下，环化生成羊毛脂固醇，再经氧化、脱羧、还原等反应，生成二十七碳的胆固醇。

2. 胆固醇的去路

胆固醇（cholesterol）的分解代谢与一般脂质不同，它不被降解，不氧化为水和二氧化碳，而是通过氧化形成许多具有特殊生物活性物质的前体。它在肝脏中代谢的主要途径是转化为胆汁酸。在 7 – α – 羟化酶（7 – α – hydroxylase）作用下，先转变为 7 – α – 羟胆固醇。然后经多步反应转变为胆汁酸。胆汁酸形成后，绝大部分都转变为胆汁酸盐（胆盐）进入肠道。胆汁酸盐对来自膳食中脂质的消化和吸收是不可或缺的。它可以乳化肠内的脂质，帮助肠内消化脂质的酶对脂质进行分解。进入肠道的剩余胆汁酸在细菌作用下，其 C5、C6 间的双键被还原成为饱和单键。这个化合物称为类固醇（coprosterol），被直接排出体外。肌体每日随粪便排泄的胆固醇大约 0.4 g。

（1）构成组织细胞成分。胆固醇是生物膜的重要组分，在红细胞膜和神经髓鞘膜中含量较高。

（2）转变为具有重要生理活性的物质。

1）转变为胆汁酸。人体内约有80%的胆固醇转变为胆酸，胆酸再与甘氨酸或牛磺酸结合生成胆汁酸，胆汁酸以钠盐或钾盐的形式存在，称为胆汁酸盐，随胆汁排入肠道，促进脂类的消化吸收。

2）转变为维生素 $D_3$。储存于皮下的 7 - 脱氢胆固醇，经紫外线照射转变成维生素 $D_3$。

3）转变为类固醇激素。胆固醇在卵巢可转变成孕酮及雌性激素，在睾丸可转变成睾酮等雄性激素，在肾上腺皮质细胞内可转变成肾上腺皮质激素。

## 【资料卡片】

### 肥胖与高脂血症

肥胖病人的机体组织对游离脂肪酸的动员和利用减少，血中的游离脂肪酸积聚，血脂容量增高。肥胖病人空腹及餐后血浆胰岛素浓度常增高，约比正常人高一倍，而胰岛素有促进脂肪合成、抑制脂肪分解的作用，故肥胖者常出现高脂血症，血中甘油三酯水平升高。如肥胖者进食过多的碳水化合物，则血浆甘油三酯水平增高更为明显。此外，肥胖者餐后血浆乳糜微粒澄清时间延长，血中胆固醇也可升高。甘油三酯和胆固醇升高与肥胖程度成正比，形成的高脂血症易诱发动脉粥样硬化、冠心病、胆石症和痛风等疾病。

# 第五节　脂类药物简介

## 一、定义

脂类药物是一些具有特定的生理、药理效应的化合物。主要包括胆酸、色素、磷脂、不饱和脂肪酸和固醇等几类物质（见表 8 - 5）。

## 二、分类

1. 胆酸类

胆酸类化合物是一类肝脏产生的甾体物质，对肠道脂肪起乳化作用，促进脂肪消化吸收，同时维持肠道正常菌群的平衡，保持肠道正常功能。如胆酸钠可用于治疗胆囊炎、鹅去氧胆酸可用于治疗胆结石；猪去氧胆酸可治疗高脂血症，也是制作人工牛黄的原料之一。

2. 色素类

色素类药物包括胆绿素、胆红素、血红素、原卟啉、血卟啉等。胆红素有清除氧自由基的功能，用于消炎，也是人工牛黄的主要成分；原卟啉可改善肝脏代谢功能；血卟啉及其衍生物是光敏化剂，可停留在癌细胞中，是激光治疗癌症的辅助剂。

### 3. 磷脂类

主要有脑磷脂和卵磷脂。二者具有增强神经元的作用，常用于防治神经衰弱和阿尔茨海默病；磷脂还可以乳化脂肪、促进胆固醇的转运，可用于防治动脉粥样硬化；卵磷脂还可用于治疗肝炎、脂肪肝及其引起的营养不良。

### 4. 不饱和脂肪酸类

主要包括亚麻酸、二十二碳六烯酸（DHA）、二十碳五烯酸（EPA）、前列腺素（PG）等。DHA、EPA 有抑制血小板聚集、扩张血管、调血脂的作用，可用于防治高脂血症、动脉粥样硬化和冠心病。DHA 还可以提高大脑神经元功能。PG 共有 9 型，具有多种生理功能，如能使动脉血管平滑肌扩张，降低血压和抑制血小板聚集；抑制胃酸分泌；促进卵巢平滑肌收缩引起排卵，增强子宫收缩，促进分娩等。

### 5. 固醇类

主要包括胆固醇、麦角固醇和 β – 谷固醇。胆固醇是激素、胆酸及人工牛黄的重要原料；β – 谷固醇具有抗炎、抗肿瘤及免疫调节等功能。

表 8 – 5　　　　　　　　　　　　脂类药物的来源和主要用途

| 名称 | 来源 | 主要用途 |
| --- | --- | --- |
| 脑磷脂 | 动物脑 | 止血、防治动脉粥样硬化和神经衰弱 |
| 卵磷脂 | 动物脑、大豆 | 防治动脉粥样硬化和神经衰弱、治疗肝疾患 |
| 胆酸钠 | 牛、羊胆汁 | 治疗胆囊炎、胆汁缺乏 |
| 胆酸 | 牛、羊胆汁 | 人工牛黄原料 |
| 去氢胆酸 | 胆酸脱氢 | 治疗胆囊炎 |
| 鹅去氧胆酸 | 禽胆汁或半合成 | 治疗胆结石 |
| 猪去氧胆酸 | 猪胆汁 | 人工牛黄原料 |
| 亚油酸 | 玉米油、大豆油 | 降血脂 |
| 亚麻酸 | 月见草油 | 降血脂 |
| 花生四烯酸 | 猪肾上腺 | 合成前列腺素原料 |
| 二十碳五烯酸 | 鱼油 | 降血脂、抗凝血 |
| 二十二碳六烯酸 | 鱼油 | 防治动脉粥样硬化、健脑益智 |
| 前列腺素雌酮、前列腺素二羟雌酮 | 羊精囊提取的酶使有关前体转化 | 中期引产、催产 |
| 胆固醇 | 动物神经组织、羊毛脂 | 人工牛黄原料 |
| 麦角固醇 | 发酵 | 维生素原料 |
| 胆红素 | 胆汁 | 人工牛黄原料 |

**【资料卡片】**

## 牛黄

　　天然牛黄，是指牛的胆结石。牛黄完整者多呈卵形，质轻，表面金黄至黄褐色，细腻而有光泽。中医学认为牛黄气清香，味微苦而后甜，性凉。可用于解热、解毒、定惊。内服治高热神志昏迷、癫狂、小儿惊风、抽搐等症。外用治咽喉肿痛、口疮痈肿。天然牛黄很珍贵，国际上的价格要高于黄金，现在大部分使用的是人工牛黄。人工牛黄是按照天然牛黄的主要成分——胆红素、胆酸、胆固醇、无机盐等人工配制而成。其制作工艺简单，价格便宜，在一定程度上满足了人们的需求。

# 练习与应用

## 一、选一选

1. 以下不属于类脂的是（　　　）。

A. 胆固醇　　　　　　B. 糖脂　　　　　　C. 脂肪　　　　　　D. 卵磷脂

2. 激素敏感性脂肪酶是指（　　　）。

A. 三酰甘油脂肪酶　　　　　　　　B. 二酰甘油脂肪酶

C. 一酰甘油脂肪酶　　　　　　　　D. 脂肪酰肉毒碱转移酶Ⅱ

3. 下列脂蛋白中胆固醇的质量分数最高的是（　　　）。

A. CM　　　　　　B. VLDL　　　　　　C. LDL　　　　　　D. HDL

4. 酮体生成过多主要是因为（　　　）。

A. 摄入脂肪过多　　　　　　　　B. 糖供给不足或利用障碍

C. 生成酮体的酶活性过高　　　　D. 肝功能低下

5. 脂肪酸氧化后能进入三羧酸循环的是（　　　）。

A. 乙酰 CoA　　　　　　　　　　B. 脂酰 CoA

C. 丙二酸单酰 CoA　　　　　　　D. $CO_2 + H_2O + ATP$

6. 脂肪酸的 $\beta$ – 氧化分为 4 个阶段，其先后顺序是（　　　）。

A. 脱氢→加水→再脱氢→硫解　　　B. 脱氢→加水→硫解→再脱氢

C. 脱氢→硫解→加水→再脱氢　　　D. 脱氢→再脱氢→加水→硫解

7. 长期饥饿后，血液中（　　　）的含量增加。

A. 葡萄糖　　　　　B. 血红素　　　　　C. 酮体　　　　　D. 乳酸

8. 正常血浆脂蛋白按密度由高至低顺序的排列为（　　　）。

A. CM→VLDL→IDL→LDL　　　　　B. CM→VLDL→LDL→HDL

C. VLDL→CM→LDL→HDL　　　　　D. HDL→LDL→VLDL→CM

9. 抑制（　　）的活性可控制胆固醇的生物合成。

A. HMG – CoA 合成酶　　　　　　B. HMG – CoA 还原酶

C. 脂肪酸合成酶系　　　　　　　D. 脂酰 CoA 合成酶

10. 下列（　　）在人体内不能合成，必须来源于食物。

A. 软脂酸　　　　B. 硬脂酸　　　　C. 油酸　　　　D. 花生四烯酸

## 二、答一答

1. 何谓酮体？酮体是否为机体代谢产生的废物？为什么？

2. 合成脂肪的原料乙酰 CoA 在哪个部位生成？进入哪个部位合成脂肪酸？

# 实训　血清胆固醇含量的测定

## 一、实验原理

血清中总胆固醇（TC）包括胆固醇酯（CE）和游离型胆固醇（FC），酯型占 70%，游离型占 30%。胆固醇酯酶（CEH）先将胆固醇酯水解为胆固醇和游离脂肪酸（FFA），胆固醇在胆固醇氧化酶（COD）的作用下氧化生成胆甾烯酮和过氧化氢。过氧化氢经过氧化物酶（POD）催化与 4 – 氨基安替比林（4 – AAP）和酚反应，生成红色的醌亚胺，其颜色深浅与胆固醇的质量分数呈正比，在 500 nm 波长处测定吸光度，与标准管比较可计算出血清胆固醇的质量分数。

## 二、实验器材和试剂

1. 实验器材

试管、吸管、试管架、微量加样器、恒温水浴锅、分光光度计等。

2. 实验试剂

（1）酶应用液。胆固醇试剂的组成见表 8 – 6，此外还需要胆酸钠和 Triton – 100。

表 8 – 6　　　　　　　　　　　　胆固醇试剂的组成

| 试剂名称 | 浓度 | 试剂名称 | 浓度 |
|---|---|---|---|
| 4 – 氨基安替比林 | 0.5 mmol/L | 游离胆固醇 | ≥500 U/L |
| pH 6.8 磷酸盐缓冲液 | 75 mmol/L | 磷脂 | ≥1 000 U/L |
| 胆固醇酯酶 | ≥800 U/L | 游离胆固醇 | 3.5 mmol/L |

（2）5.17 mmol/L 胆固醇标准液。精确称取胆固醇 200 mg 溶于无水乙醇，移入 100 mL 容量瓶中，用无水乙醇稀释至刻度（也可用异丙醇配制）。

## 三、实验操作

取试管 3 支，编号，按表 8 - 7 操作。

表 8 - 7　　　　　　　　　　酶法测定血清胆固醇操作步骤　　　　　　　　　　mL

| 加入物 | 测定管 | 标准管 | 空白管 |
|---|---|---|---|
| 血清 | 0.04 | | |
| 胆固醇标准液 | | 0.04 | |
| 蒸馏水 | | | 0.04 |
| 酶应用液 | 4.00 | 4.00 | 4.00 |

混匀后，放置在 37 ℃水浴中保温 15 min，在 500 nm 波长处比色，以空白管调零，读取各管吸光度。

## 四、实验结果及分析

$$血清总胆固醇含量 = A_{测定}/A_{标准} \times 5.17$$

# 第九章

## 氨基酸代谢

 **学习目标**

**知识目标**

掌握：氨基酸的脱氨基作用，氨的来源、去路及转运，一碳单位的代谢。

熟悉：尿素合成的要点及过程，氨基酸的脱羧基作用。

了解：氨基酸的代谢概况，α-酮酸的代谢，芳香族氨基酸的代谢。

**技能目标**

能够运用氨基酸代谢的相关知识，从生物化学角度探讨肝性脑病的发病机制及治疗原则。

【任务引入】

蛋白质是一类重要的生物大分子，是生命的物质基础。氨基酸是蛋白质的基本组成单位。氨基酸的重要生理功能之一是在体内合成组织蛋白，氨基酸在体内的代谢包括合成代谢和分解代谢。蛋白质的合成与"基因信息的传递与表达"关系密切，将在后续的内容讲解，本章主要阐述氨基酸的分解代谢。

## 第一节 氨基酸的分解代谢

### 一、氨基酸的代谢概况

食物蛋白质经消化吸收的氨基酸（外源性氨基酸）与体内组织蛋白质降解产生的氨基酸及体内合成的非必需氨基酸（内源性氨基酸）混为一体，分布于体内各处参与代谢，共同组成氨基酸代谢库（或称氨基酸代谢池）。此代谢库中的氨基酸主要用于合成组织蛋白质；小部分通过分解途径进行分解代谢，并参与合成多种具有重要生理活性的含氮化合物。

正常情况下，代谢库中氨基酸的来源和去路处于动态平衡状态，如图 9 - 1 所示。

1. 氨基酸的来源

（1）食物蛋白质经消化吸收后进入体内的氨基酸。

（2）组织蛋白质分解产生的氨基酸。

（3）体内合成的非必需氨基酸。

2. 氨基酸的去路

（1）合成组织蛋白质。

（2）转变成其他非蛋白质含氮物质（嘌呤和嘧啶等）。

（3）通过脱氨基作用等途径进行分解代谢。

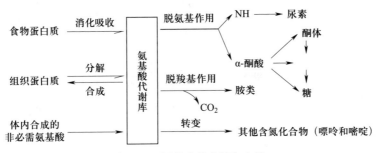

图 9 - 1　氨基酸的来源与去路

## 二、氨基酸的脱氨基作用

脱氨基作用是指氨基酸脱去氨基生成氨和相应 α - 酮酸的过程。这是氨基酸分解代谢的主要方式，此反应在体内大多数组织细胞内均可进行。氨基酸脱氨基的方式主要有氧化脱氨基作用、转氨基作用、联合脱氨基作用等，其中以联合脱氨基作用最为重要。

1. 氧化脱氨基作用

氧化脱氨基作用是指氨基酸在酶的催化作用下，脱氢氧化的同时脱去氨基的过程。催化这个反应的酶有多种，最为重要的是 L - 谷氨酸脱氢酶。它以 $NAD^+$ 或 $NADP^+$ 为辅酶的反应过程如图 9 - 2 所示。

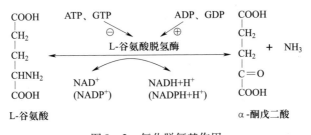

图 9 - 2　氧化脱氨基作用

L - 谷氨酸脱氢酶在肝、脑、肾等组织中普遍存在，活性高，专一性强，只能催化 L - 谷氨酸脱氢氧化，此酶催化的是可逆反应，因而可由 α - 酮戊二酸还原加氨生成 L - 谷氨酸，此反应称为还原基氨化作用，是体内合成非必需氨基酸的重要途径之一。

2. 转氨基作用

转氨基作用是指在转氨酶催化下，将 α–氨基酸的氨基转给另一个 α–酮酸的，生成相应的 α–酮酸和另一种新的 α–氨基酸的过程。

在转氨基作用中，氨基只是从一种分子脱下来转移到另一种分子上，并没真正脱去，体内氨基酸的数量在反应前后没有变化，也未产生游离氨，并未达到把氨基脱下来的目的。该反应是可逆的，可使 α–氨基酸的氨基转出氨基生成相应的 α–酮酸，也可以使 α–酮酸接受氨基生成相应的 α–氨基酸。反应过程如图 9 – 3 所示。

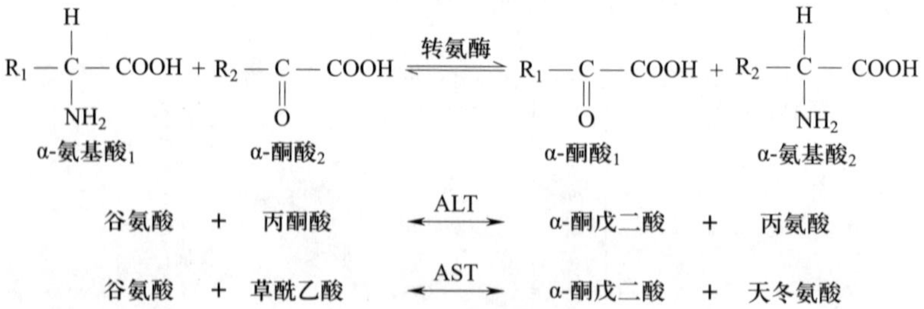

图 9 – 3　转氨基作用

转氨酶的种类多，专一性强，其中以催化有谷氨酸参加反应的转氨酶最为重要。体内较为重要的转氨酶有两种：①丙氨酸氨基转移酶（ALT），又称谷丙转氨酶（GPT），在肝中含量最多，活性最强；②天冬氨酸氨基转移酶（AST），又称谷草转氨酶（GOT），在心肌中含量最多，活性最强。

转氨酶属于细胞内酶，广泛分布于各种组织细胞中，但在不同组织细胞中含量相差甚远，见表 9 – 1。正常情况下血清中含量很低，当心肌细胞或肝细胞等组织细胞受损伤时，转氨酶大量释放入血，造成血清中转氨酶活性显著增高，故可作为临床诊断疾病的指标。如急性肝炎患者血清中 ALT 活性显著升高；心肌梗死患者血清中 AST 明显升高。因此，测定血清氨基转移酶的活性变化，可作为对某些疾病进行诊断和判断预后的重要参考指标之一。

表 9 – 1　　　　　　　　　　正常人组织中 ALT 和 AST 的活性　　　　　　　　　　　　　　g

| 组织 | AST | ALT | 组织 | AST | ALT |
|---|---|---|---|---|---|
| 心脏 | 156 000 | 7 100 | 胰脏 | 28 000 | 2 000 |
| 肝 | 142 000 | 44 000 | 脾脏 | 14 000 | 1 200 |
| 骨骼肌 | 99 000 | 4 800 | 肺 | 10 000 | 700 |
| 肾 | 91 000 | 19 000 | 血清 | 20 | 16 |

转氨基作用不仅是体内多数氨基酸脱氨基的重要方式，也是机体合成非必需氨基酸的重要途径。

**课堂练习**

转氨酶的辅酶是（　　　）。

A. TPP　　　　　　B. 磷酸吡哆醛　　　　C. 生物素　　　　　　D. 核黄素

3. 联合脱氨基作用

联合脱氨基作用是指转氨基作用和氧化脱氨作用偶联进行的反应。它是体内大多数氨基酸脱氨基的主要方式。生物体内联合脱氨基作用主要有两种方式。

（1）转氨基作用与谷氨酸氧化脱氨基作用的偶联。在肝、肾等组织中转氨酶催化多种氨基酸与 α－酮戊二酸进行氨基转移，生成相应的 α－酮酸和谷氨酸，谷氨酸再经 L－谷氨酸脱氢酶的作用脱去氨基生成 α－酮戊二酸和氨。反应过程如图 9－4 所示。

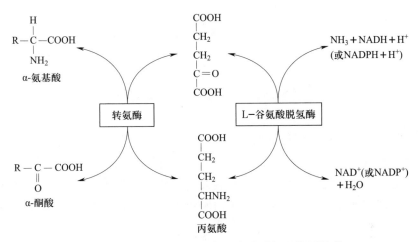

图 9－4　转氨基作用与谷氨酸氧化脱氨基作用偶联

（2）转氨基作用与嘌呤核苷酸循环偶联。在肌肉组织中谷氨酸脱氢酶活性较低，难以进行上述联合脱氨方式，大多数是通过嘌呤核苷酸循环脱去氨基。

氨基酸通过连续的转氨基作用，将氨基转移给草酰乙酸，生成天冬氨酸；天冬氨酸与次黄嘌呤核苷酸（IMP）反应生成腺苷酸代琥珀酸，后者经过裂解，释放出延胡索酸并生成腺嘌呤核苷酸（AMP）。AMP 在活性较强的腺苷酸脱氨酶催化下脱去氨基生成 IMP，最终完成了氨基酸的脱氨基作用。反应过程如图 9－5 所示。

图 9－5　转氨基作用与嘌呤核苷酸循环偶联

### 三、氨基酸的脱羧基作用

部分氨基酸可在氨基酸脱羧酶的催化下进行脱羧基作用，生成二氧化碳和胺，脱羧酶的辅酶为磷酸吡哆醛。脱羧基作用不是体内氨基酸分解的主要方式，但可生成具有重要生理功能的活性物质。

1. γ - 氨基丁酸

γ - 氨基丁酸（GABA）由谷氨酸在谷氨酸脱羧酶催化下脱羧基生成，此酶在脑组织中活性较高。γ - 氨基丁酸是中枢神经系统的抑制性神经递质，对中枢神经系统有抑制作用。由于维生素 $B_6$ 是脱羧酶的辅酶成分，所以，服用维生素 $B_6$ 可以提高谷氨酸脱羧酶的活性，增加 γ - 氨基丁酸的生成，对中枢神经系统有抑制作用。临床上常用维生素 $B_6$ 防治神经性妊娠呕吐及小儿惊厥。

$$HOOC-CH-CH_2-CH_2-COOH \xrightarrow{CO_2} CH_2-CH_2-CH_2-COOH$$

谷氨酸　　　　　　　　　　　　　γ-氨基丁酸

2. 组氨酸

组氨酸在组氨酸脱羧酶的催化下脱羧生成组胺。组胺广泛分布于乳腺、肝、肺、肌肉及胃黏膜等的肥大细胞中，是一种强烈的血管舒张剂，能增加毛细血管通透性。创伤性休克、过敏反应或炎症等病变部位可因肥大细胞释放大量组胺，引起血管扩张、血压下降、支气管哮喘及水肿等临床表现。组胺还可刺激胃蛋白酶和胃酸的分泌，常用于胃分泌功能的研究。

$$L\text{-}组氨酸 \xrightarrow{L\text{-}组氨酸脱羧酶} 组胺 + CO_2$$

3. 5 - 羟色胺

色氨酸在色氨酸羟化酶和 5 - 羟色氨酸脱羧酶的协同催化下，生成 5 - 羟色胺（5 - HT）。5 - 羟色胺广泛分布于体内各组织，脑中的 5 - 羟色胺作为抑制性神经递质，与睡眠、疼痛和体温调节有密切关系。在外周组织，5 - HT 有收缩血管的作用，但对骨骼肌血管具有扩张作用。

$$色氨酸 \xrightarrow{色氨酸羟化酶} 5\text{-}羟色氨酸 \xrightarrow{5\text{-}羟色氨酸脱羧酶} 5\text{-}HT + CO_2$$

4. 多胺

多胺由鸟氨酸及蛋氨酸经脱羧基等作用生成，包括腐胺、精脒和精胺。存在于精液及细胞核糖体中，是调节细胞生长的重要物质。精脒和精胺是多胺物质，能促进细胞生长和分裂。凡生长旺盛的组织如胚胎、再生肝、癌瘤组织等，其鸟氨酸脱羧酶（多胺合成限速酶）活性较强，多胺含量也较高，进行血和尿中多胺含量检测可作为恶性肿瘤辅助诊断和观察疗效的生化指标之一。维生素 A 对鸟氨酸脱羧酶具有抑制作用，可使多胺合成减少，减缓癌细胞的生成和分裂，故有一定的抗癌效果。

## 四、氨的代谢

氨是机体正常代谢产物，是一种强烈的神经毒物。脑组织对氨的作用尤为敏感，人体血氨浓度过高会引起中毒。正常人血氨浓度一般不超过 0.06 mmol/L，这是因为机体可以通过各种途径使氨的来源和去路保持相对平衡，血氨浓度相对恒定。

1. 氨的来源

（1）氨基酸脱氨基产生的氨。这是体内氨的主要来源。

（2）肠道吸收的氨。肠道吸收的氨有两个来源：一部分是肠道内蛋白质和氨基酸在肠道细菌的腐败作用下产生的氨；另一部分是血中尿素进入肠道，经细菌尿素酶水解产生的氨。

【资料卡片】

### 高血氨病人为何禁止用碱性肥皂水灌肠

氨在肠道的吸收受肠道 pH 值影响，pH 值下降，$NH_3$ 与 $H^+$ 结合成 $NH_4^+$，不易被吸收而排除；pH 值升高，肠道氨吸收增加。所以临床上对高血氨病人采用弱酸性透析液作结肠透析，而禁止用碱性肥皂水灌肠，就是为了减少氨的吸收，如图 9-6 所示。

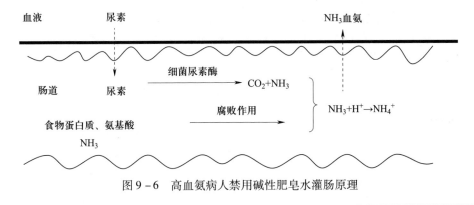

图 9-6　高血氨病人禁用碱性肥皂水灌肠原理

（3）肾产生的氨。血液中的谷氨酰胺流经肾时，被肾小管上皮细胞中的谷氨酰胺酶水解产生谷氨酸和氨，大部分氨以铵盐形式随尿液排出，小部分被重新吸收入血成为血氨。酸性尿时，有利于氨以铵盐形式随尿液排出，而使血氨降低；碱性尿时，氨被肾小管上皮细胞吸收入血，使血氨升高。故临床上肝硬化腹水的患者，不宜使用碱性利尿药。

体内的氨必须以无毒的形式经血液运往肝或肾，以解除氨毒性。氨在血液中主要以丙氨酸和谷氨酰胺两种形式运输。

2. 氨的去路

（1）合成尿素。合成尿素是氨的主要去路，合成尿素的器官是肝，尿素是通过鸟氨酸循环（又称尿素循环）形成的，尿素由肾随尿排出体外。鸟氨酸循环的基本反应过程分为以下 4 步：

1）氨甲酰磷酸的合成。氨气与二氧化碳由氨甲酰磷酸合成酶 I 催化，消耗 2 分子 ATP，合成氨甲酰磷酸。

2）瓜氨酸的生成。在鸟氨酸氨甲酰基转移酶的催化下，氨甲酰磷酸与鸟氨酸合成瓜氨酸。

3）精氨酸的生成。瓜氨酸在精氨酸基琥珀酸合成酶和精氨酸基琥珀酸裂解酶相继催化下，接受天冬氨酸的氨基生成精氨酸。精氨酸代琥珀酸合成酶是尿素合成的限速酶。

4）尿素的生成。精氨酸在精氨酸酶催化下水解，生成尿素和鸟氨酸，如图 9 - 7 所示。

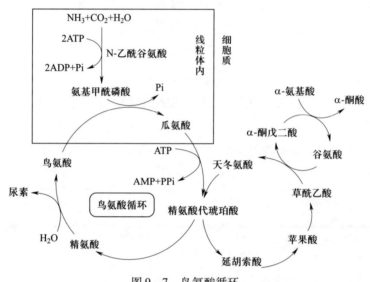

图 9 - 7　鸟氨酸循环

鸟氨酸循环是耗能的不可逆过程，每循环一次，使 2 分子氨气和 1 分子二氧化碳合成一分子尿素，同时消耗 3 分子 ATP。在鸟氨酸循环中，鸟氨酸、瓜氨酸、精氨酸对循环有作用。故临床上常以精氨酸治疗高氨血症。

尿素生成的生理意义：使有毒的氨生成无毒的尿素随尿排出，起解氨毒的作用。

## 【资料卡片】

### 鸟氨酸循环

氨合成尿素是在肝脏中进行的，然后通过血液运输至肾，由尿排除。正常成人尿素氮占排氮总量的 80% ~ 90%，可见肝在解除氨毒中起到极其重要的作用。

1932 年，Krebs 等人利用大鼠肝切片作体外实验，发现在供能的条件下，可由二氧化碳和氨合成尿素。若在反应体系中加入少量的精氨酸、鸟氨酸或瓜氨酸可加速尿素的合成，而这种氨基酸的含量并不减少。为此，Krebs 和 Kurt Henseleit 首次提出尿素合成的鸟氨酸循环（ornithine cycle），也叫 Krebs-Kurt Henseleit 循环。即首先鸟氨酸与氨及二氧化碳结合生成瓜氨酸；瓜氨酸再接受一分子氨而生成精氨酸；精氨酸水解产生尿素，并重新生成鸟氨酸，鸟氨酸可继续参与第二轮循环。

（2）合成谷氨酰胺。在动物的肝、肌肉、脑等组织中，广泛存在着谷氨酰胺酶，它可催化氨和谷氨酸合成谷氨酰胺，如图9-8所示。

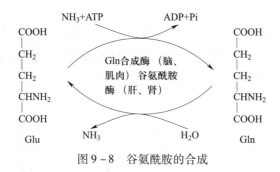

图9-8　谷氨酰胺的合成

谷氨酰胺的合成有重要的生理意义，谷氨酰胺是氨的一种解毒形式，也是氨的储存和运输形式。临床上对肝性脑病患者可服用或输入谷氨酸盐以降低血氨浓度。

（3）合成非必需氨基酸和其他含氮物质（嘌呤、嘧啶等）。

**课堂练习**

氨的主要去路是什么？合成尿素的器官是什么？尿素是通过什么途径形成的？

## 五、α–酮酸的代谢

氨基酸经脱氨基产生的α–酮酸主要有3条代谢途径。

1. 生成非必需氨基酸。循氨基酸脱氨基作用的逆向途径，α–酮酸可经转氨基作用或还原加氨基反应生成相应的氨基酸，这是机体合成非必需氨基酸的重要途径。

2. 转变生成糖或酮体。体内大多数氨基酸经脱氨基作用生成的α–酮酸可以沿着糖异生途径转变生成糖，称为生糖氨基酸，如丙氨酸、谷氨酸、蛋氨酸、天冬氨酸等。有的氨基酸可转变成酮体，称为生酮氨基酸，如亮氨酸、赖氨酸。既能转变成糖，又能转变成酮体的氨基酸，称为生糖兼生酮氨基酸，如色氨酸、酪氨酸、异亮氨酸、苯丙氨酸等，见表9-2。

表9-2　　　　　　　　　　　　　　　氨基酸生糖及生酮性质的分类

| 类　别 | 氨基酸 |
|---|---|
| 生糖氨基酸 | 甘氨酸、丝氨酸、缬氨酸、组氨酸、精氨酸、丙氨酸、谷氨酸、谷氨酰胺、蛋氨酸、天冬氨酸、天冬酰胺、脯氨酸、半胱氨酸 |
| 生酮氨基酸 | 亮氨酸、赖氨酸 |
| 生糖兼生酮氨基酸 | 色氨酸、酪氨酸、异亮氨酸、苯丙氨酸、苏氨酸 |

3. 氧化功能　α–酮酸可通过三羧酸循环彻底氧化成二氧化碳和水，同时释放能量，因此氨基酸（蛋白质）也是机体生命活动的能源物质之一。

# 第二节　个别氨基酸的代谢

因各种氨基酸分子中 R – 侧链不同，决定了它们在代谢上具有一定的特殊性。通过代谢可以生成机体需要的多种活性物质，或是提供重要物质的合成原料。

## 一、一碳单位的代谢

1. 一碳单位的概念

某些氨基酸在分解代谢过程中产生的含有一个碳原子的有机基团，称为一碳单位，如甲基（—$CH_3$）、亚甲基（—$CH_2$—，甲烯基）、次甲基（＝ CH—，甲炔基）、甲酰基（—CHO）及亚氨甲基（—CH ＝ NH）等，但二氧化碳不属于一碳单位。一碳单位的生成、转变、运输及参与物质合成的反应过程叫作一碳单位代谢。

2. 一碳单位的载体

四氢叶酸（$FH_4$）是一碳单位的载体，即是一碳单位代谢的辅酶。哺乳类动物体内，四氢叶酸由叶酸经二氢叶酸还原酶催化生成。一碳单位不能游离存在，常与四氢叶酸结合而转运和参加代谢。

3. 一碳单位的生成和相互转变

一碳单位主要来源于丝氨酸、甘氨酸、组氨酸和色氨酸的分解代谢。各种不同形式一碳单位中碳原子的氧化状态不同。在适当条件下，他们可以通过氧化还原反应而彼此转变。但 $N_5$—$CH_3$—$FH_4$ 一旦生成，就不能转变成其他形式的一碳单位。

4. 一碳单位的生理功能

（1）与细胞增殖、组织生长和机体发育等重要过程密切相关。一碳单位的主要生理功能是参与体内嘌呤、嘧啶的合成，是合成嘌呤、嘧啶的原料之一。四氢叶酸缺乏时，一碳单位代谢出现障碍，嘌呤核苷酸和嘧啶核苷酸不能合成，DNA 和 RNA 的生物合成受到影响，导致细胞增殖、分化、成熟受阻。这种影响严重阻碍红细胞发育和成熟，可引起巨幼红细胞贫血。磺胺类药物及某些抗恶性肿瘤药物（甲氨蝶呤等）也正是分别通过干扰细菌及恶性肿瘤细胞的叶酸、四氢叶酸的合成，进一步影响一碳单位代谢与核酸合成而发挥其药理作用。

（2）一碳单位将氨基酸代谢、核酸代谢密切联系起来。

## 二、芳香族氨基酸的代谢

芳香族氨基酸包括苯丙氨酸、酪氨酸和色氨酸。其中苯丙氨酸可以转化为酪氨酸，两者在体内可生成多种生物活性物质；若其代谢出现障碍，会导致多种疾病的发生。

1. 苯丙氨酸的代谢

（1）羟化为酪氨酸。在苯丙氨酸羟化酶的催化下，苯丙氨酸被不可逆地羟化为酪氨酸，这是其主要代谢途径。

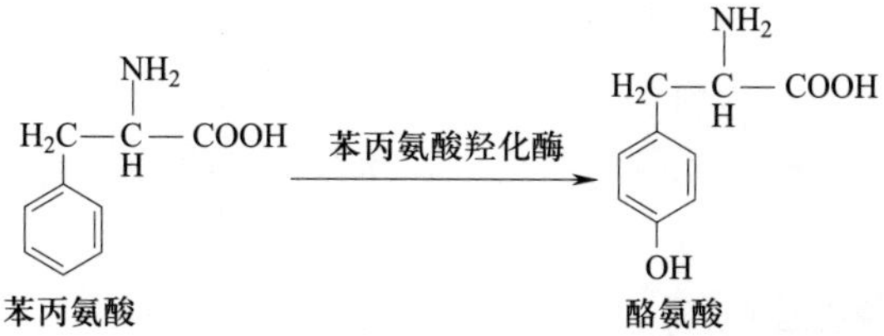

（2）转变为苯丙酮酸。正常情况下，这是一条次要的代谢途径。先天性苯丙氨酸羟化酶缺陷患者不能将苯丙氨酸羟化为酪氨酸，使苯丙氨酸转氨基生成苯丙酮酸，出现苯丙酮酸尿症。苯丙酮酸对神经具有毒害作用，常引起智力发育障碍。

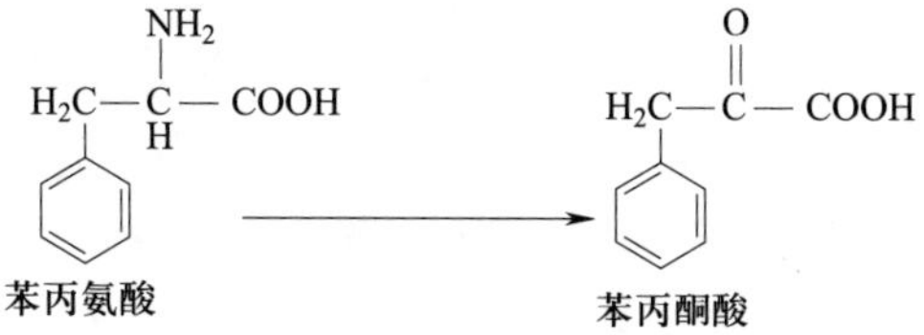

2. 酪氨酸的代谢

（1）转化为神经递质和激素。酪氨酸在体内可转化为多种重要的生物活性物质，如多巴胺、去甲肾上腺素、肾上腺素等神经递质和激素。多巴胺是一种神经递质，也是合成肾上腺素、去甲肾上腺素等物质的前体，具有增高血糖和血压等生理作用。多巴胺在甲状腺还可转变为甲状腺素。

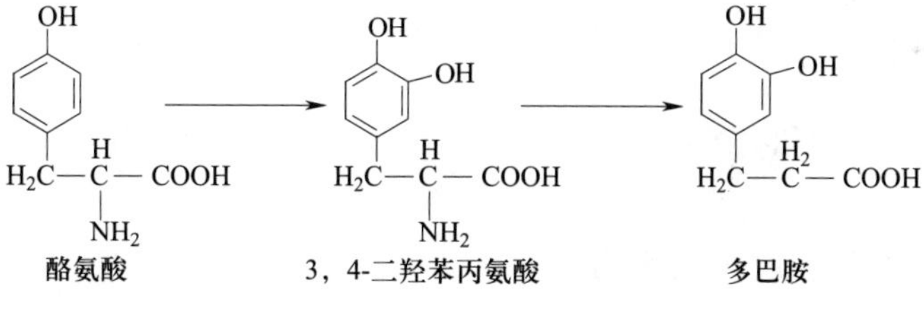

（2）转化为黑色素。酪氨酸酶催化多巴脱氢生成多巴醌，最终转化为黑色素，成为人毛发、皮肤及眼球的色素。白化病患者是因遗传性酪氨酸酶缺陷，故不能产生黑色素，皮肤及毛发呈白色。

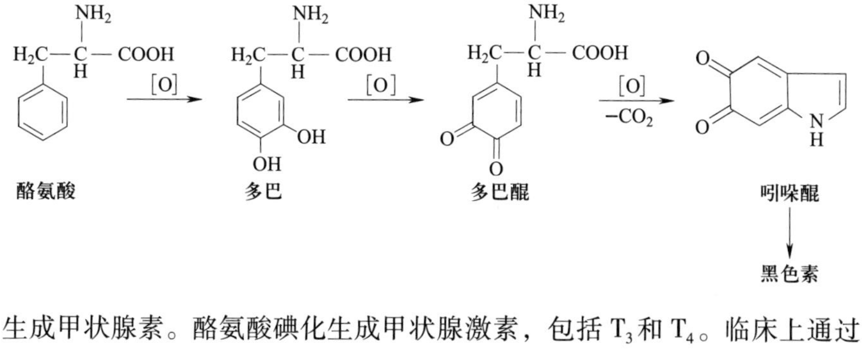

（3）生成甲状腺素。酪氨酸碘化生成甲状腺激素，包括 $T_3$ 和 $T_4$。临床上通过测定血中

$T_3$ 和 $T_4$ 的含量了解甲状腺功能状态。

（4）合成糖或脂肪。酪氨酸脱氨生成对羟苯丙酮酸，继而转化为尿黑酸。尿黑酸经尿黑酸氧化酶催化裂解为延胡索酸和乙酰乙酸，二者均可变为糖和脂肪。若尿黑酸氧化酶先天缺乏，会使尿黑酸在体内堆积，尿液呈黑色，临床称为尿黑酸症。

3. 色氨酸的代谢

（1）脱羧生成 5 - 羟色胺。

（2）转变为烟酸。色氨酸可转变为烟酸，这是人体合成维生素的特例。

### 三、氨基酸的生物合成

不同生物合成氨基酸的能力不尽相同。植物和大部分微生物能合成全部 20 种氨基酸，而人和其他哺乳动物只能合成部分氨基酸。组成人体的 20 种氨基酸中，有 8 种为人体所必需，但机体又不能自身合成，必须由食物供给的氨基酸称为必需氨基酸，包括缬氨酸、亮氨酸、异亮氨酸、苏氨酸、蛋氨酸、赖氨酸、苯丙氨酸和色氨酸。其余 12 种氨基酸，体内能合成，不一定要由食物供给，称为非必需氨基酸，包括丙氨酸、天冬氨酸、天冬酰胺、谷氨酸、谷氨酰胺、精氨酸、甘氨酸、脯氨酸、丝氨酸、半胱氨酸、酪氨酸和组氨酸。动物体内自身能合成的非必需氨基酸都是生糖氨基酸，因为这些氨基酸与糖的转变过程是可逆的；必需氨基酸中只有少部分是生糖氨基酸，而这部分氨基酸转变成糖的过程是不可逆的。所有生酮氨基酸都是必需氨基酸，这些氨基酸转变成酮体的过程不可逆，因此脂肪很少或不能用来合成氨基酸。

所有的氨基酸都不是以二氧化碳和氨气为起始材料从头合成的，而是起源于糖代谢的中间代谢产物，包括丙氨酸、甘油 - 3 - 磷酸、α - 酮戊二酸、草酰乙酸及 5 - 磷酸核糖。

1. 丙氨酸族

包括缬氨酸、丙氨酸和亮氨酸。它们是由糖酵解生成的丙酮酸转变而来的。

2. 谷氨酸族

包括谷氨酸、谷氨酰胺、脯氨酸和精氨酸。它们的共同碳架来自三羧酸循环的中间代谢产物 α - 酮戊二酸。

3. 天冬氨酸族

包括天冬氨酸、天冬酰胺、赖氨酸、苏氨酸、异亮氨酸和甲硫氨酸。它们是由三羧酸循环中草酰乙酸转换而来的。

4. 丝氨酸族

包括丝氨酸、甘氨酸和半胱氨酸。它们是由甘油酸 - 3 - 磷酸转化而来的。

5. 芳香氨基酸族

包括酪氨酸、色氨酸和苯丙氨酸。它们的碳架来自戊糖磷酸途径的中间代谢产物赤藓糖 - 4 - 磷酸和糖酵解的中间代谢产物磷酸烯醇式丙酮酸。

6. 组氨酸族

仅包括组氨酸，其合成过程复杂，碳架主要来自磷酸戊糖途径的中间代谢产物 5 - 磷酸核糖。

# 练习与应用

## 一、选一选

1. 生物体内大多数氨基酸脱去氨基生成 α - 酮酸是通过（ ）作用完成的。

A. 氧化脱氨基　　　　　　　　　　B. 还原脱氨基

C. 联合脱氨基　　　　　　　　　　D. 转氨基

2. 组成氨基酸转氨酶的辅酶组分是（ ）。

A. 泛酸　　　　　　　　　　　　　B. 烟酸

C. 磷酸吡哆醛　　　　　　　　　　D. 硫胺素

3. 鸟氨酸循环中，尿素生成的氨基来源是（ ）。

A. 鸟氨酸　　　　　　　　　　　　B. 精氨酸

C. 天冬氨酸　　　　　　　　　　　D. 瓜氨酸

4. 一碳单位的载体是（ ）。

A. 二氢叶酸　　　　　　　　　　　B. 四氢叶酸

C. 生物素　　　　　　　　　　　　D. 焦磷酸硫胺素

5. 脑中氨的主要去路是（ ）。

A. 合成谷氨酰胺　　　　　　　　　B. 合成非必需氨基酸

C. 合成尿素　　　　　　　　　　　D. 生成铵盐

## 二、填一填

1. 体内主要的转氨酶是_____和_____，其辅酶是_____。

2. 氨基酸共有的代谢途径有_____和_____。

3. 肝经_____循环将有毒的氨转变成无毒的_____，这一过程是在肝细胞的_____和_____中进行的。

4. 各种转氨酶均以_____或_____为辅酶，它们在反应过程中起氨基传递体的作用。

5. 氨在血液中主要是以_____及_____两种形式被运输。

6. 急性肝炎时血清中的_____活性明显升高，心肌梗死时血清中_____活性明显上升。此种检查在临床上可用作协助诊断疾病和预后判断的指标之一。

7. 谷氨酸在谷氨酸脱羧酶作用下，生成_____。此物质在脑中的含量颇高，为抑制性神经递质。

8. 组氨酸在组氨酸脱羧酶催化下生成_____，此物质可使血压_____。

9. 在尿素循环中既是起点又是终点的物质是_____。

## 三、答一答

1. 体内氨有哪些来源和去路？
2. 简述肠道氨的来源。
3. 简述氨基酸的来源和去路。
4. 简述体内联合脱氨基作用的特点与意义。

# 第十章

# 核酸代谢和蛋白质的生物合成

 **学习目标**

**知识目标**

掌握：核苷酸的合成和分解途径，DNA 复制和逆转录的概念。

熟悉：DNA 复制的条件和半保留复制的过程，蛋白质合成的基本过程。

了解：RNA 转录过程和加工方式，DNA 的损伤和修复。

**技能目标**

知道 DNA 复制的条件，知道遗传密码的特性。

## 【任务引入】

1958 年，双螺旋结构模型的发现者之一克里克将遗传信息的传递方向归纳为中心法则。法则指出：蛋白质是生命活动的执行者，通过基因转录和翻译，由 DNA 决定蛋白质的一级结构，从而决定蛋白质的功能；DNA 通过复制，将遗传信息代代相传。即遗传信息遵循从 DNA→DNA（复制），或从 DNA→RNA（转录），再由 RNA→蛋白质（翻译）的流动方向。此法则自提出后长期为生物学界所接受，直到 1970 年，特明（Temin）和巴尔蒂莫尔（Baltimore）发现病毒 RNA 不仅可以自我复制，并且能以其为模板指导合成 DNA，从而阐明了逆转录机制。逆转录机制的提出补充和修正了中心法则。本章内容以中心法则为主线，分别讨论复制、转录、翻译的基本概念、基本过程和生物学意义。

## 第一节　核酸的代谢

### 一、核苷酸的生物合成

核苷酸是核酸的基本结构单位。体内核苷酸可由食物消化和细胞凋亡产生的核酸降解而来，也可由机体细胞自身合成，以后者为主。核苷酸主要有两条合成途径：从头合成途径和补救合成途径。

1. 嘌呤核苷酸的合成代谢

体内嘌呤核苷酸的合成有两条途径：①由简单的化合物合成嘌呤环的途径，称从头合成（de novo synthesis）途径；②利用体内游离的嘌呤或嘌呤核苷，由简单的反应过程合成嘌呤核苷酸，称为补救合成（或重新利用）途径。肝细胞及多数细胞以从头合成为主，而脑组织和骨髓则以补救合成为主。

（1）从头合成途径。体内嘌呤核苷酸合成并非先合成嘌呤碱基，然后再与核糖及磷酸结合，而是在磷酸核糖基础上逐步合成嘌呤核苷酸。人体嘌呤核苷酸主要在肝脏合成，其次是小肠黏膜和胸腺中。嘌呤核苷酸从头合成主要在细胞液中进行，分成次黄嘌呤核苷酸（inosine monophosphate，IMP）的合成和通过不同途径分别生成单磷酸腺苷（AMP）和鸟嘌呤核苷酸（GMP）两个阶段，如图10-1所示。

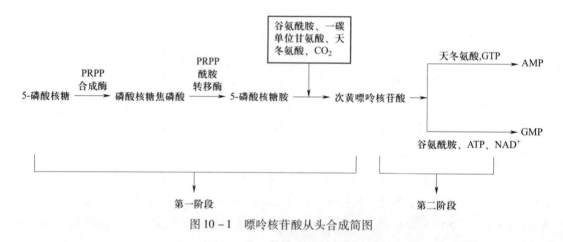

图10-1　嘌呤核苷酸从头合成简图

磷酸核糖焦磷酸合成酶（也称PRPP合成酶）催化5-磷酸核糖（R-5-P）与三磷酸腺苷（ATP）反应生成5-磷酸核糖-1-焦磷酸（PRPP）。由于PRPP可参与各种核苷酸的合成，故此步反应是核苷酸合成代谢中的关键步骤。然后，在磷酸核糖酰胺转移酶催化下，由谷氨酰胺提供酰氨基取代PRPP上的焦磷酸，生成5-磷酸核糖胺（PRA），并在此基础上经过一系列酶促反应，生成次黄嘌呤核苷酸（IMP）。整个合成过程经过11步反应完成。IMP是嘌呤核苷酸合成的重要中间产物，生成的IMP可分别接受由天冬氨酸和谷氨酰胺提供的氨基，氨基化生成AMP和GMP。

（2）补救合成途径。虽然从头合成途径是嘌呤核苷酸的主要合成途径，但嘌呤核苷酸从头合成酶系在哺乳动物的某些组织（脑、骨髓）中不存在，细胞只能直接利用细胞内或饮食中核酸分解代谢产生的嘌呤碱或嘌呤核苷重新合成嘌呤核苷酸，称为补救合成。补救合成反应中，嘌呤碱在磷酸核糖转移酶的催化下，接受由PRPP提供的磷酸核糖生成核苷酸。参与补救合成反应的两种磷酸核糖转移酶分别是腺嘌呤磷酸核糖转移酶（APRT）和次黄嘌呤-鸟嘌呤磷酸核糖转移酶（HGPRT）。此外，人体内的腺嘌呤核苷也可在腺苷激酶催化下与 ATP 作用生成 AMP。

$$A + PRPP \xrightarrow{\text{腺嘌呤磷酸核糖转移酶}} AMP + PPi$$

$$I + PRPP \xrightleftharpoons{\text{次黄嘌呤-鸟嘌呤磷酸核糖转移酶}} IMP + PPi$$

2. 嘧啶核苷酸的合成代谢

在生物体中嘧啶核苷酸的合成有从头合成和补救合成两条代谢途径。

（1）从头合成途径。嘧啶核苷酸从头合成主要在肝细胞的细胞液中进行，除了二氢乳清酸脱氢酶位于线粒体内膜上外，其余酶均位于细胞液中。在嘧啶核苷酸的从头合成途径中，先由谷氨酰胺、天冬氨酸和二氧化碳合成嘧啶环，由 PRPP 提供磷酸核糖，合成乳清酸核苷酸，在二氢乳清酸脱氢酶的催化作用下再转变为尿嘧啶核苷酸，由尿嘧啶核苷酸再进一步转化生成胞嘧啶核苷酸和胸腺嘧啶核苷酸，如图 10 – 2 所示。

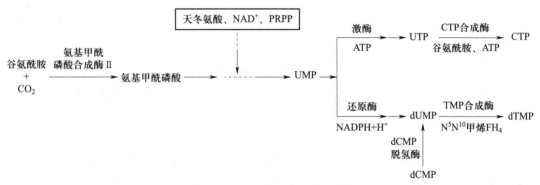

图 10 – 2　嘧啶核苷酸从头合成图

（2）补救合成途径。嘧啶核苷酸补救合成的主要酶是嘧啶磷酸核糖转移酶，但此酶对胞嘧啶不起作用。此外，嘧啶核苷酸激酶（如尿苷激酶等）也是一种补救合成酶。

$$\text{嘧啶} + PRPP \xrightarrow{\text{嘧啶磷酸核糖转移酶}} \text{嘧啶核苷} + PPi$$

$$\text{嘧啶核苷} + ATP \xrightarrow{\text{嘧啶核苷激酶}} \text{嘧啶核苷酸} + ADP$$

**课堂练习**

试以表格形式比较核苷酸从头合成途径和补救合成途径的异同。

## 二、核苷酸的分解代谢

1. 嘌呤核苷酸的分解代谢

在核苷酸酶催化作用下，嘌呤核苷酸在人体内逐步水解生成磷酸、1 – 磷酸核糖和嘌呤碱。嘌呤碱可进一步水解，最终生成尿酸，并随尿液排出体外。动物体内嘌呤碱的分解主要在肝、肾和小肠中进行，黄嘌呤氧化酶在这些脏器中活性较强，该酶为需氧脱氢酶，专一性不强，可将次黄嘌呤氧化为黄嘌呤，并进一步氧化为尿酸，还可以以蝶呤和乙醛为作用底物。

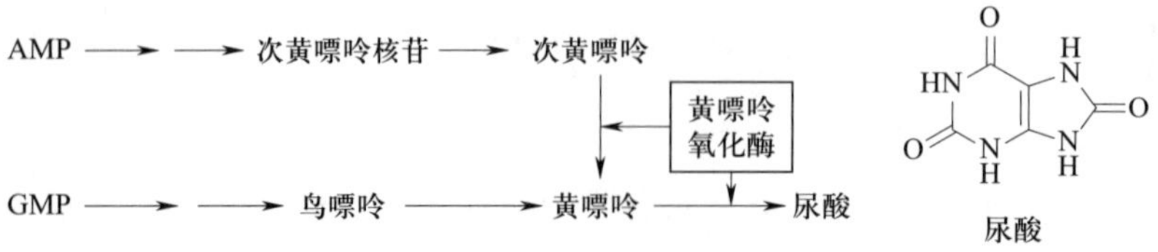

痛风是一种相当普遍的（0.3%）嘌呤代谢紊乱疾病。嘌呤碱分解代谢产生过多的尿酸，由于其溶解性很差，易形成尿酸钠结晶，沉积于人体关节部位，引起疼痛或灼痛。

2. 嘧啶核苷酸的分解代谢

嘧啶核苷酸主要在肝脏中进行分解。其在体内逐步水解为磷酸、戊糖和嘧啶碱，再经过还原、水解开环，最终产物为氨气、二氧化碳和 β-丙氨酸。胸腺嘧啶降解为 β-氨基异丁酸，可直接随尿排出或进一步分解。

【资料卡片】

**核苷酸的抗代谢药物**

核苷酸的抗代谢药物是一些核苷酸合成代谢途径中的底物或辅酶如碱基、氨基酸、核苷等的类似物。其作用机制是以竞争性抑制或"以假乱真"等方式掺入核酸，干扰、阻断核苷酸合成代谢，进而阻止核酸以及蛋白质的生物合成，最终可导致细胞死亡。此类药物的缺点是对所有细胞都有一定的杀伤作用。但因肿瘤细胞等增殖快，能摄取更多的药物，所以其受抑制程度更明显。核苷酸的抗代谢物还能抑制病毒的复制。因此，可作为抗菌、抗肿瘤、抗病毒的药物，如 5-氟尿嘧啶。

# 第二节　DNA 的生物合成

DNA 的生物合成方式包括 DNA 复制、DNA 的逆转录和 DNA 的修复。

## 一、DNA 的复制

以亲代 DNA 为模板，合成子代 DNA 的过程称为复制。DNA 的复制方式为半保留复制。

1. 半保留复制

复制时，亲代的双链 DNA 解开成两股单链，各自作为模板指导合成新的子代互补链。子代细胞的 DNA 双链，其中一条单链来自亲代，另一条单链则完全重新合成。由于碱基互补，两个子细胞的 DNA 双链，都和亲代母链 DNA 的碱基序列一致，如图 10-3 所示。

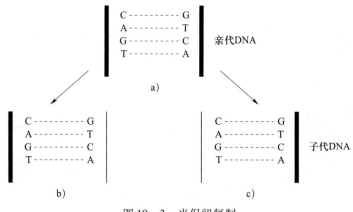

图 10 - 3　半保留复制

2. 复制的条件

DNA 复制的条件

（1）模板。复制前，DNA 双螺旋要先解开成单链，两条链均可以作为模板。

（2）引物。需要一小段 RNA 作为引物。

（3）底物。需要 4 种脱氧核苷三磷酸作为底物，包括 dATP、dTTP、dCTP 和 dGTP。

（4）需要一系列酶和蛋白质因子参加，主要包括拓扑异构酶、解链酶、引物酶、DNA 聚合酶和连接酶以及单链结合蛋白等。

特别注意的是 DNA 聚合酶在原核生物和真核生物中不尽相同，在原核生物细胞中，有 3 种 DNA 聚合酶，真核生物细胞内至少有 5 种 DNA 聚合酶。

## 二、DNA 的复制过程

DNA 复制过程就是在模板链的指导下，DNA 聚合酶催化 4 种核苷酸聚合成新的 DNA 的过程，可以分为起始、延伸和终止 3 个阶段。

1. 起始阶段

起始阶段是 DNA 母链形成复制叉和合成 RNA 引物的阶段，主要包括 DNA 双链解开，复制叉和引发体形成，合成引物，过程中需要多种酶和蛋白质因子参与。在起始位点上，通过 DNA 拓扑异构酶和解链酶的作用，使双螺旋解体，形成单链，然后与单链结合蛋白相结合，维护单链的稳定，形成复制叉。接下来需要合成 RNA 引物。当单链暴露的碱基达到一定数量时，引物酶就能识别到模板链的起始点，并以模板链为模板，按 A - U、G - C 的配对原则，以 NTP 为原料，按 5′→3′方向合成 RNA 引物片段。引物的作用在于为后续的脱氧核苷酸提供一个 3′ - OH 末端。

2. 延伸阶段

复制延伸的主要任务是在复制叉处，DNA 聚合酶以模板碱基要求，按照碱基配对规律催化 dNTP 逐个加入引物或延长中子链的 3′ - OH 末端上。DNA 聚合酶分别催化领头链和随从链从 5′→3′延长，其中前导链的延长方向与解链方向相同而连续延长，滞后链的延长方向与解链方向相反，必须等待模板链解开至足够长度才能按 5′→3′ 方向不断生成引物并合成冈崎片段。前导链的连续复制和滞后链的不连续复制在生物界具有普遍性，称为 DNA 的半不连续复制，如图 10 - 4 所示。

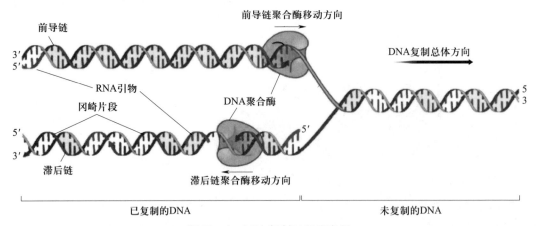

图 10 - 4　DNA 复制过程示意图

3. 终止阶段

复制终止的主要任务是 DNA 聚合酶切除引物并填补空缺，RNA 引物除去后，在冈崎片段间便留下了间隙，在 DNA 聚合酶催化下又合成 DNA 进行填补。在 DNA 连接酶的催化下，形成最后一个磷酸酯键，最后冈崎片段连接生成完整的 DNA 子链。

## 三、DNA 的逆转录

逆转录也叫反转录（reverse transcription），因与转录的方向相反而得名。其实质是以 RNA 为模板，以 dNTP 为原料，在逆转录酶的催化下合成 DNA 的过程，如图 10 - 5 所示。具体过程分为两步：首先，在逆转录酶作用下，在病毒 RNA 链上合成出一条互补的带有致癌信息的 DNA 链，形成 RNA - DNA 杂交分子。然后，以此杂交分子中的 DNA 链为模板复

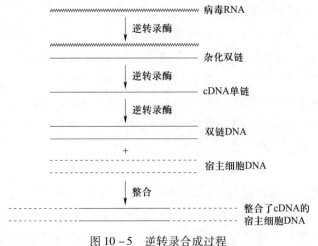

图 10 - 5　逆转录合成过程

制合成致癌的双链 DNA 分子。释放的 RNA 链可再合成下一代致癌杂交分子。致癌 DNA 分子又称前病毒，可整合到宿主细胞 DNA 中，随着复制传递给子代 DNA，引起子代细胞癌变。逆转录酶不仅在致癌病毒和动物病毒中发现，它也存在于哺乳动物的胚胎细胞和正在分裂的淋巴细胞中。

## 四、DNA 的损伤与修复

### 1. DNA 的损伤

DNA 损伤（DNA damage）又称突变（mutation），是指 DNA 分子中由于一个基因发生结构变化导致机体中的基因类型发生突然的和稳定的变化过程。突变是生物界普遍存在的一种现象。

引起 DNA 突变的因素有自发和诱发两种类型。自发因素如脱嘌呤、脱嘧啶、碱基的脱氨基作用、碱基的互变异构以及细胞代谢物对 DNA 的损伤等。诱发主要包括化学因素和物理因素两类。物理因素主要是指紫外线（UV）和各种辐射，其中紫外线照射可使 DNA 分子中同一条链上两个相邻的碱基之间发生共价结合而形成二聚体，尤其是胸腺嘧啶二聚体（T – T）。化学因素大多数是致癌物，从化工原料、化工产品和副产品、工业排放物、农药、食品防腐剂或添加剂、汽车废气等检出的致突变化合物已有 6 万多种。例如，亚硝酸可引起碱基氧化脱氨；偶氮类染料可造成个别核苷酸对的增加或减少而引起移码突变；苯并芘在体内代谢后生成四羟苯并芘，与嘌呤共价结合引起损伤。

### 2. DNA 的修复

DNA 修复是指针对已发生缺陷的 DNA 施行的补救机制，即纠正 DNA 复制或环境因素导致的 DNA 序列的某些改变，主要包括光复活修复系统、切除修复系统、重组修复系统、错配修复系统、SOS 修复系统等多种修复类型。其中切除修复是细胞内最重要和有效的修复机制，其过程包括切除损伤的 DNA 片段、填补空隙和连接。此外光修复是直接修复中的一种，其机理是可见光激活细胞内的光复活酶，将 DNA 中因紫外线照射而形成的嘧啶二聚体分解为天然的非聚合状态。

**课堂练习**

DNA 的修复的生物学意义是什么？DNA 的修复受哪些因素影响？

# 第三节　RNA 的生物合成

RNA 在传递 DNA 遗传信息和控制蛋白质的生物合成过程中发挥重要作用，储存在 DNA 上的遗传信息必须转录成 mRNA 才能用于蛋白质或多肽合成的指导。生物体以 DNA 为模板合成 RNA 的过程称为转录（transcription）。此过程以一段 DNA 单链（基因）为模板，以 4

种 NTP 为原料，按照碱基配对的原则，在酶的催化下合成相应的 RNA，从而将 DNA 携带的遗传信息传递给 RNA。RNA 合成有两种方式：一是 DNA 指导的 RNA 合成，此为生物体内的主要合成方式；二是 RNA 指导的 RNA 合成，常见于病毒。转录是基因表达的第一步，是遗传信息的中间环节。

## 一、RNA 的转录

转录是以 DNA 为模板的 RNA 酶促合成，由 RNA 聚合酶催化，需要单链 DNA 模板和核苷酸原料（ATP、UTP、GTP 和 CTP）等。RNA 合成方向为 $5' \rightarrow 3'$。转录起始于特定的位点，并在另一位点终止，这一转录区域称为转录单位。转录单位可以是一个基因，也有可能是多个基因。

1. 转录的条件

RNA 转录的条件见表 10 - 1。

表 10 - 1　　　　　　　　　　　　　RNA 转录的条件

| 模板 | DNA（不对称转录） |
|------|-------------------|
| 原料 | 4 种 NTP 及 $Mg^{2+}$、$Mn^{2+}$ |
| 酶 | RNA 聚合酶 |
| 产物 | mRNA，tRNA，rRNA，小 RNA 分子 |
| 配对 | A-U，T-A，G-C |
| 方向 | $5' \rightarrow 3'$ |
| 引物 | 不需要 |

（1）原料。包括 4 种 NTP 及 $Mg^{2+}$、$Mn^{2+}$。

（2）模板。结构基因双链中的一条链作为模板，转录产物 RNA 的碱基序列取决于模板 DNA 的碱基序列。

（3）RNA 聚合酶。也称转录酶，全称为依赖 DNA 的 RNA 聚合酶（DNA - dependent RNA polymerase，DDRP）。RNA 聚合酶不需要引物就能直接启动 RNA 链的延长，RNA 聚合酶和 DNA 的特殊序列结合后，就能启动 RNA 合成。原核生物 RNA 聚合酶由多个亚基组成，具有识别转录起始点、终止及连接各核苷酸等多种功能。真核生物的 RNA 聚合酶比较复杂，有Ⅰ、Ⅱ、Ⅲ 3 种类型，它们在细胞中的定位及转录产物也各不相同，如图 10 - 6 所示。

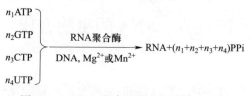

图 10 - 6　RNA 聚合酶催化下的聚合反应

（4）蛋白因子。RNA 转录时还需要一些蛋白因子的参与，如辨认转录起始点的 $\sigma$ 因子和原核生物中控制转录终止的 $\rho$ 因子。

2. RNA 的转录过程与转录后加工

转录过程可以分成转录起始、RNA 延伸和转录终止 3 个阶段。

（1）转录起始。转录起始阶段主要是指以 RNA 聚合酶以全酶的形式结合在 DNA 的转录起始部位，促使 DNA 双链解开，使第一个核苷酸连接上去，形成转录起始复合物，启动转录。位于 DNA 模板上的 RNA 聚合酶识别、结合并启动转录的部位称为启动子，它是控制转录的关键部位。转录起始需要转录装置识别并结合到启动子上，转录起始点之前有一段核苷酸序列组成的启动子，由 $\sigma$ 因子辨认启动部位，从起始点开始向模板链 5′末端方向进行，使核心酶结合在启动部位上形成复合物，在此附近的 DNA 双链因构象变化、结构松散而暂时打开，形成局部单链区域。与 DNA 复制不同，解开的两条链中只有一条具有转录功能，称为模板链或有意义链，相对应的互补链无转录功能，称为编码链或反意义链，RNA 的这种转录称为不对称转录。

（2）RNA 延伸。当第一个核苷酸合成后，$\sigma$ 因子即从全酶中脱落下来，于是核心酶在 DNA 模板链上以一定速度向模板链下游（3′→5′）方向滑行，同时 DNA 双螺旋逐渐解开，与 DNA 模板链序列相互补的三磷酸核苷逐一地进入反应体系，如图 10 − 7 所示。在 RNA 聚合酶催化下，核苷酸间以磷酸二酯键相连接进行 RNA 合成反应，合成 5′→3′方向。如此，合成出的转录本 RNA 从末端处逐步地延长。脱落的因子可以再次与核心酶结合而循环使用。转录本 RNA 生成后，暂先与模板链形成 DNA − RNA 杂交体，随后又脱离 DNA 模板链，于是 DNA 又重新形成螺旋结构。

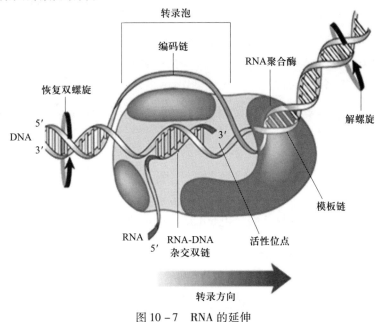

图 10 − 7　RNA 的延伸

（3）转录终止。当核心酶沿 DNA 模板滑动到转录终止部位时，停止滑动，转录产物 RNA 链停止延长并从转录复合物上脱落下来，转录本 RNA 链、核心酶、因子从 DNA 模板上释放出来，转录终止。释放的核心酶可再与因子结合，再识别起始部位，而结合另一条 RNA 链。

转录作用产生的 mRNA、tRNA、rRNA 的初级转录本全部都是没有生物学活性的前体 RNA，需经过剪切、拼接、修饰等进一步加工才能变成成熟的和有活性的 RNA，这称之为转录后加工。原核生物 mRNA 的初级转录产物不需经过加工就能作为翻译的模板，而 tRNA 和 rRNA 的初级转录产物需要经过加工，才能成为成熟的 tRNA 和 rRNA。

**课堂练习**

RNA 转录过程中涉及哪些酶？这些酶的适用条件及功能是什么？

## 二、RNA 的复制

RNA 复制是以 RNA 为模板，在 RNA 指导的 RNA 聚合酶（或称为复制酶）催化作用下，酶促合成互补 RNA 链的过程。该酶底物为三磷酸核苷（NTP），合成方向也为 5′→3′方向。病毒感染宿主细胞并在宿主细胞中产生 RNA 复制酶，具有很强的模板专一性，专一性识别病毒本身的 RNA，对宿主细胞或其他病毒无法识别。作为模板的 RNA 有 3 种：正链 RNA（可作为模板，也可作为 mRNA）、负链 RNA（作为模板）和双链 RNA（正负两条链形成）。

# 第四节　蛋白质的生物合成

蛋白质生物合成也称为翻译，是指以 mRNA 为模板合成蛋白质的过程。mRNA 的碱基序列决定蛋白质中氨基酸的顺序。蛋白质翻译是以氨基酸为原料，以 mRNA 为模板，以 tRNA 为运载工具，以核糖体为合成场所，在蛋白因子参与下经过起始、延长和终止各阶段加工成为有活性蛋白质的过程。蛋白质的生物合成是细胞内最为复杂、耗能最多的合成反应，需要多种物质的参与。

## 一、蛋白质生物合成体系

### 1. 遗传密码

遗传密码是指 mRNA 上的核苷酸，由 mRNA 3 个相邻核苷酸代表一种氨基酸，称为三联体密码或密码子，见表 10 - 2。

表 10 -2　　　　　　　　　　　　遗传密码表

| 5′末端（第一位碱基） | 中间碱基（第二位碱基） | | | | 3′末端（第三位碱基） |
|---|---|---|---|---|---|
| | U | C | A | G | |
| U | 苯丙（Phe）F | 丝（Ser）S | 酪（Tyr）Y | 半胱（Cys）C | U |
| | 苯丙（Phe） | 丝（Ser） | 酪（Tyr） | 半胱（Cys） | C |

续表

| 5′末端<br>（第一位碱基） | 中间碱基（第二位碱基） | | | | 3′末端<br>（第三位碱基） |
|---|---|---|---|---|---|
| | U | C | A | G | |
| U | 亮（Leu）L | 丝（Ser） | 终止信号 | 终止信号 | A |
| | 亮（Leu） | 丝（Ser） | 终止信号 | 色（Trp） | G |
| C | 亮（Leu） | 脯（Pro）P | 组（His）H | 精（Arg）R | U |
| | 亮（Leu） | 脯（Pro） | 组（His） | 精（Arg） | C |
| | 亮（Leu） | 脯（Pro） | 谷胺（Gin）Q | 精（Arg） | A |
| | 亮（Leu） | 脯（Pro） | 谷胺（Gin） | 精（Arg） | G |
| A | 异亮（ILe）I | 苏（Thr）T | 天胺（Asn）N | 丝（Ser）S | U |
| | 异亮（ILe） | 苏（Thr） | 天胺（Asn） | 丝（Ser） | C |
| | 异亮（ILe） | 苏（Thr） | 赖（Lys）K | 精（Arg）R | A |
| | *蛋（Met）M（起动信号） | 苏（Thr） | 赖（Lys） | 精（Arg） | G |
| G | 缬（Val）V | 丙（Ala）A | 天（Asp）D | 甘（Gly）G | U |
| | 缬（Val） | 丙（Ala） | 天（Asp） | 甘（Gly） | C |
| | 缬（Val） | 丙（Ala） | 谷（Glu）E | 甘（Gly） | A |
| | 缬（Val） | 丙（Ala） | 谷 Glu） | 甘（Gly） | G |

　　mRNA 以三联体遗传密码的方式，决定了蛋白质分子中氨基酸的排列顺序。4 种核苷酸可组成 64（4³）个不同的密码子，其中 61 个分别代表不同的编码氨基酸，UAA、UGA、UGA 是多肽链合成的 3 个终止密码，不代表任何氨基酸。AUG 是肽链合成的起始密码，同时也是代表蛋氨酸的密码子。密码子的破译是 20 世纪自然科学发展史上的一件大事。

　　遗传密码是蛋白质生物合成的依据，具有简并性、普遍性、连续性、方向性、摆动性五大特性。

　　（1）简并性。一种氨基酸具有两个或两个以上密码子的现象称为遗传密码的简并性。在 20 种编码氨基酸中，除色氨酸和蛋氨酸各有一个密码子外，其余氨基酸都有 2~6 个密码子。同一氨基酸的不同密码子互称为简并密码子或同义密码子。遗传密码的简并性主要表现在密码子的第一位和第二位碱基相同，仅第三位碱基有差异，即密码子的特异性主要由头两位核苷酸决定。这意味着第三位碱基的改变往往不改变其密码子编码的氨基酸，从而使合成的蛋白质结构不变。遗传密码的简并性对于减少基因突变对蛋白质功能的影响具有一定的生物学意义。

　　（2）普遍性。指所有生物的遗传密码都是相同的。但也不是绝对的，如线粒体中 UGA 不代表终止信号而代表色氨酸，草履虫中终止密码 UAA 和 UAG 成为谷氨酰胺的密码子。

　　（3）连续性。即密码子之间没有空格，阅读 mRNA 时是连续的，一次阅读 3 个核苷酸，也不能跳过任何 mRNA 中的核苷酸。

　　（4）方向性。密码子的阅读方向和 mRNA 的编码方向一致，均为 5′→3′。

（5）摆动性。mRNA 密码子与 tRNA 反密码在配对辨认时，有时不完全遵守碱基配对原则。翻译过程中，mRNA 上密码子的第三位碱基与反密码子的第一位碱基配对时，不严格互补也能相互辨认，称为密码子的摆动性，此特性能使 1 种 tRNA 识别 mRNA 的多种简并性密码子。

2. 其他合成条件

（1）模板。蛋白质的合成需要 mRNA 作为模板，mRNA 上三联体碱基组成的密码子决定一个氨基酸，从而把储存的遗传信息通过蛋白质得以表达。

（2）场所。蛋白质的合成场所是核糖体，核糖体由蛋白质和 rRNA 构成，包括大小不同的两个亚基，大亚基上有两个供 tRNA 结合的位点：P 位与 A 位。P 位又称给位或肽酰位，是与多肽 – tRNA 结合位点；A 位又称受位或氨酰位，是与氨基酰 – tRNA 结合位点。原核生物的核糖体是 70S，而真核生物的核糖体为 80S。

（3）运输工具。在蛋白质的合成中，tRNA 起着"搬运工"的作用。氨基酸必须结合在特定的 tRNA 上，才能组装成多肽链。tRNA 与氨基酸结合具有高度的专一性，同时 tRNA 依靠反密码环上的反密码子与 mRNA 上的密码子配对而确定所携带的氨基酸在肽链中的位置。

（4）参与蛋白质合成的酶类。参与蛋白质合成的酶主要有氨基酰 – tRNA 合成酶、转肽酶和转位酶等。

（5）参与蛋白质合成的蛋白因子。主要有：①起始因子，用 IF（原核细胞）或（真核细胞）表示；②延长因子，用 EF 或 eEF 表示；③终止因子，用 RF 或 eRF 表示。它们分别参与了氨基酰 – tRNA 对模板的识别和附着、核糖体沿 mRNA 移动和合成终止时肽链解离等。

（6）能量。需要 ATP 与 GTP 提供能量。

## 二、蛋白质的生物合成过程

1. 氨基酸的活化

分散在胞液中的各种氨基酸在合成多肽链之前，必须先经过活化，再与其特异的 tRNA 结合，转运至核糖体才能参与蛋白质的生物合成，这个过程由氨基酰 tRNA 合成酶催化并消耗能量。由氨基酸的 α – 羧基与 tRNA 的 3′ – 羟基形成酯键。氨基酸活化成氨基酰 – tRNA 后，随时根据 mRNA 中遗传信息指导的顺序，将氨基酸转运至核糖体上参与肽链的合成。此反应是在胞质中进行的。反应式如下：

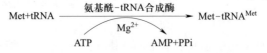

氨基酸与 tRNA 正确结合是保证翻译正确性的前提和关键步骤，氨酰 tRNA 合成酶在其中起关键作用。氨酰 tRNA 合成酶存在于细胞质中，对氨基酸和 tRNA 有高度专一性。此外，氨酰 tRNA 合成酶还具有校正活性，即酯酶活性，能将错配的氨基酸水解下来，再换上正确的氨基酸。

2. 合成阶段

遗传信息从 DNA 传递到蛋白质的过程就是蛋白质合成的过程，称为翻译，如图 10 – 8 所示。在蛋白质合成过程中直接作用的是 RNA。

（1）RNA 在蛋白质生物合成中的作用。mRNA，直接模板作用；tRNA，搬运 aa 的工具；rRNA，与蛋白质组成核蛋白体，为蛋白质合成的场所。

（2）3 种 RNA 同时起作用的过程称翻译。翻译以 mRNA 为模板，由 tRNA 搬运氨基酸，在核蛋白体上进行蛋白质合成。分为起始、延长、终止 3 个阶段。

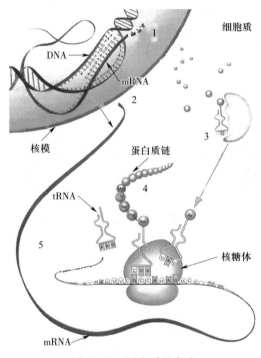

图 10 – 8　蛋白质的合成

（3）蛋白质合成的抑制剂。原核生物蛋白质合成抑制剂主要是一些抗生素，如嘌呤霉素、氯霉素、四环素、链霉素、新霉素、卡那霉素等，可用作治疗细菌感染的药物。真核生物蛋白质合成抑制剂主要是亚胺环己酮，与 80S 核糖体结合。另外，白喉毒素也是一种毒性很强的蛋白质合成抑制剂，是已知的毒性最大的毒素，只要一分子的白喉毒素就足以使真核细胞内的延伸因子 eEF – 2 失活，是对真核生物有剧毒的毒素，抑制蛋白质的合成，几微克即可致人死亡。

3. 翻译后加工与转运

大多数新生的多肽链不具备蛋白质的生物学活性，需经过进一步的加工和化学修饰过程才能转变为具有生物活性的成熟蛋白质，这一加工过程称为翻译后修饰。翻译后修饰使蛋白质组成更加多样化，从而使蛋白质结构呈现更大的复杂性。蛋白质修饰方式有一级结构的加工修饰、高级结构的形成和辅基的连接等修饰手段。一级结构的加工修饰有 N 端甲酰甲硫氨酸或甲硫氨酸的切除、氨基酸的修饰（如糖基化、羟基化、磷酸化、甲酰化）、二硫键的形成等方式。高级结构的形成则包括构象的形成和亚基聚合等方式。此外，辅基的连接也是蛋白质修饰的重要方式，如血红蛋白（HbA）的聚合。

不管是真核生物还是原核生物，在细胞质内合成的蛋白质均需定位于细胞特定的区域。蛋白质转移分为两类：翻译-转运同步进行和翻译后转运两种。转运大致有3种去向：①保留在细胞质；②进入细胞器；③分泌到细胞外。蛋白质经过转运，到合适的部位行使各自的生物学功能。

## 练习与应用

### 一、选一选

1. 下列关于遗传信息传递的中心法则描述正确的是（　　）。

A. DNA→RNA→蛋白质
B. RNA→DNA→蛋白质
C. 蛋白质→DNA→RNA
D. DNA→蛋白质→RNA

2. DNA 以半保留方式进行复制，若一完全被标记的 DNA 分子置于无放射标记的溶液中复制两代，所产生的 4 个 DNA 分子的放射性状况（　　）。

A. 两个分子有放射性，两个分子无放射性

B. 均有放射性

C. 两条链中的半条具有放射性

D. 两条链中的一条具有放射性

3. 如果缺乏下列酶之一，复制叉上一个核苷酸也加不上去。这种酶是（　　）。

A. DNA 酶合酶Ⅰ（聚合活性）

B. DNA 聚合酶Ⅰ（5′→3′核酸外切酶活性）

C. DNA 聚合酶Ⅲ

D. DNA 连接酶

4. DNA 复制时下列酶中不需要的是（　　）。

A. DNA 指导的 DNA 聚合酶
B. DNA 指导的 RNA 聚合酶
C. 连接酶
D. RNA 指导的 DNA 聚合酶

5. 紫外线照射对 DNA 分子的损伤中最常见的二聚体是（　　）。

A. T – T
B. C – T
C. G – C
D. T – A

### 二、填一填

1. DNA 复制起始时，参与从超螺旋结构解开双股链的酶或因子是_____。

2. 辨认 DNA 复制起始点主要依靠的酶是_____。

3. 原核生物 DNA 损伤修复的方式有 4 种，分别为_____、_____、

_____、_____。

## 三、做一做

1. DNA 复制需要哪些酶和蛋白质因子？

2. 逆转录酶的发现和利用有何重要意义？

# 第十一章

# 药学生化

 **学习目标**

**知识目标**

掌握：生物药物的概念，药物在体内转运转化的概念、特点、发生部位及反应类型。

熟悉：影响药物在体内转运转化的因素，生物药物的种类，药物作用的生物化学基础。

了解：药物在体内转运及生物转化的意义，生物医药行业的特征，生物药物的制备特点。

**技能目标**

知道常见生物药物的临床用途，并掌握新药筛选的生物化学方法。

## 【任务引入】

2019 年 12 月以来，湖北省武汉市持续开展流感及相关疾病监测，发现多起病毒性肺炎病例，均诊断为病毒性肺炎/肺部感染。2020 年 1 月 20 日，习近平总书记对新型冠状病毒感染疫情作出重要指示，强调要把人民群众生命安全和身体健康放在第一位，坚决遏制疫情蔓延势头。当地时间 2020 年 1 月 30 日晚，世界卫生组织（WHO）宣布，将新型冠状病毒感染疫情列为国际关注的突发公共卫生事件。2020 年 10 月 8 日，我国同全球疫苗免疫联盟签署协议，正式加入"新冠疫苗实施计划"。那么大家知道新冠疫苗属于哪一类药物吗？我们平时常用的药物在体内的转运、代谢过程又是怎样的？影响这些药物代谢的因素又有哪些呢？

药物代谢（drug metabolism）是指药物在生物体内的吸收、分布、生物转化和排泄等过程的动态变化。药物的体内过程如图 11-1 所示。药物在体内的生物转化对药物吸收、转运、分布、有效血药浓度、药效、药物的相互作用等过程都有影响，因此药物生物转化是药物代谢的重要环节。药物经口服、喷雾或静脉注射等给药途径吸收入血后，除部分直接在肝进行生物转化外，大多数药物通过体循环运至靶器官发挥药理作用后再进入肝进行生物转化，然后经肾随尿液排出体外，或随胆汁分泌入肠道，随粪便排出体外。

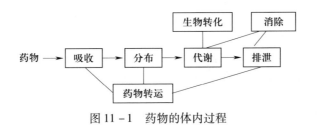

图 11 - 1　药物的体内过程

# 第一节　药物在体内的转运和代谢转化

## 一、药物在体内的转运

药物的体内过程，如吸收、分布、排泄均需通过各种生物膜，这一过程称为药物的跨膜转运。药物在体内的跨膜转运方式主要有以下几种。

1. 被动转运

被动转运是指药物由高浓度一侧向低浓度一侧扩散的过程，为不耗能的顺浓度差转运，膜两侧浓度差越大，药物转运的速度越快。被动转运的特点有：①顺度差转运；②需要载体；③不消耗能量；④量小、脂溶性极小、非解离药物易被转运。被动转运包括简单扩散、滤过和易化扩散（需要载体），临床应用的多数药物转运方式为简单扩散。

2. 主动转运

主动转运是指药物从浓度低的一侧向浓度高的一侧转运。主动转运的特点有：①逆浓度差转运；②需要载体，且载体对药物具有特异性和选择性；③消耗能量；④存在竞争性抑制现象；⑤具有饱和现象。如青霉素和丙磺舒均由肾小管同一载体转运排泄，两药同时应用时，因丙磺舒占据了大量载体而使青霉素的主动转运被竞争性抑制，使青霉素排泄减少，血药浓度维持时间延长，从而增强了青霉素的抗感染效果。

3. 其他转运方式

除上述转运方式外，体内的药物转运还可通过胞吞、胞饮、胞吐等方式进行。

## 二、药物在体内的代谢转化

1. 药物生物转化的概念

药物发挥药理作用后，在体内经化学转变，改变其极性或水溶性，使其易于随胆汁或尿液排出的过程称为药物生物转化，又称药物的代谢转化。多数药物经过生物转化作用后，药理活性或毒性减小，水溶性或极性增大，易于随胆汁或尿液排泄。但有些药物经过初步生物转化作用后，其药理活性或毒性不变或较原来增大。也有少数药物经过生物转化作用后溶解度反而降低。

### 2. 药物生物转化发生的主要部位

药物生物转化主要在肝进行，如药物的氧化反应大多数是在肝细胞微粒体中进行。药物生物转化也可在肺、肾和肠黏膜等肝外组织进行，如葡糖醛酸或硫酸盐的结合反应在肠黏膜进行。

### 3. 药物代谢酶

药物代谢酶是指催化药物在体内代谢转化的酶系。药物代谢酶主要存在于肝细胞微粒体，催化药物多种类型的氧化、偶氮或硝基的还原、酯或酰胺的水解、甲基和葡糖醛酸结合反应等；其次存在于细胞质，催化醇的氧化和醛的氧化以及硫酸化、甲基化、乙酰化和谷胱甘肽等结合反应；少数药物代谢酶也存在于线粒体，催化胺类的氧化脱氢以及甘氨酸结合等反应。

### 4. 药物的生物转化方式

体内药物的代谢是在酶的催化下进行，有氧化、还原、水解、结合4种方式。可分为两个时相：Ⅰ相反应为氧化、还原或水解反应，在药物分子结构中加入或使之暴露出极性基团，产物多数是灭活的代谢物，少数转化成活性或毒性代谢物；Ⅱ相反应为结合反应，是药物分子结构中的极性基团与体内的葡糖醛酸、甘氨酸、硫酸、醋酸等结合，药物活性减弱或消失，水溶性和极性增加，易于排出。

## 三、影响药物代谢的因素

影响药物代谢的主要因素是药物间的相互作用。药物间的相互作用分为两种情况：诱导和抑制。如果一种化合物能够加速另外药物的代谢转化，那么这种化合物称为药物代谢的诱导剂。药物代谢诱导剂多数是脂溶性化合物，并且是专一性的，如镇静催眠药（巴比妥）、麻醉药（乙醚、一氧化二氮）、抗风湿药（安基比林、保泰松）等；同理，能够抑制药物代谢的化合物称为药物代谢的抑制剂，有的抑制剂本身就是药物，其主要作用机制分为两种：一种是药物抑制另外药物的代谢转化，另一种是非药用化合物抑制药物的代谢。除此之外，种族、性别、年龄、给药途径、营养情况等也会影响药物的代谢。

## 四、药物代谢转化的意义

### 1. 清除外来异物

清除外来异物起主要作用的是药物代谢酶。药物代谢酶是进化过程中发展起来的，专为清除体内不需要的脂溶性外来异物，是机体对外环境的一种防护机制。

2. 改变药物活性或毒性。有助于药物的利用和代谢。

3. 对体内活性物质的灭活。如激素的生成与灭活的动态过程。

### 4. 阐明药物不良反应的原因

大多数药物都有一定的副作用，药物的不良反应可分为A型、B型。A型反应与药物代谢关系密切，其特点是可以预测，发生率高、死亡率低。B型反应是与药物代谢不相关的反应，如过敏反应和变态反应等。

5. 对寻找新药的意义。如改变药物的效率、代谢率、合成生理活性前体物等。

6. 对某些发病机制的解释。如芳香胺作业人员易患膀胱癌的原因。

7. 为临床合理用药提供依据

摄入体内的药物都要经过代谢转化后方能起作用，因此，研究药物的代谢转化可以为临床合理用药提供依据。例如，凡是在肝脏易被代谢转化而破坏的药物，口服效果差，以注射给药为佳。药物经过体内代谢转化，一般来说水溶性增加，但也有例外，如磺胺的乙酰化，水溶性反而降低，易患尿道结石。临床用药还会存在两种药物合用常引起药效降低或毒副作用增加的情况，或者长期服用会产生耐受性。此外，药物代谢还受种族、个体、年龄、性别、病理、营养及给药途径的差异等的影响，因此应根据药物代谢的特点选择合理的用药方式。

## 第二节　生物药物

### 一、生物药物概念

药物（medicine，remedy）是人类与疾病斗争过程中发展起来的用于预防、诊断、治疗疾病以及调节人体生理功能，保持身体健康的物质。

药物从用途上可分为预防药、治疗药、诊断药和保健药，有些药物同时具有预防、治疗或保健康复作用。常用的药物有三大类：化学药物、中草药和生物药物。生物药物是指从动物、植物、微生物等生物体中制取的以及运用现代生物技术产生的各种天然活性物质及其人工合成或半合成的天然类似物，包括生化药物、微生物药物、生物制品和生物技术药物。微生物药物中的抗生素由于发展迅速，已经成为制药工业的独立门类。

### 二、生物药物的分类

生物药物主要有以下几种类型：

1. 基因工程药物

基因工程药物是先确定对某种疾病有预防和治疗作用的蛋白质，然后将控制该蛋白质合成过程的基因取出来，经过一系列基因操作，最后将该基因放入可以大量生产的受体细胞中去，这些受体细胞包括细菌、酵母菌、动物或动物细胞、植物或植物细胞，在受体细胞不断繁殖过程中，大规模生产具有预防和治疗这种疾病的蛋白质，即基因疫苗或药物，包括以下几种：

（1）激素类及神经递质类药物，包括人生长激素释放抑制因子、人胰岛素、人生长激素等。

（2）细胞因子类药物，包括人干扰素、人白细胞介素、集落刺激因子、促红细胞生长素等。

（3）酶类及凝血因子类药物，包括单克隆抗体、疫苗、基因治疗药物、白介素、生长因子、反义药物、肿瘤坏死因子等。

2. 抗体工程药物

抗体是指能与相应抗原特异性结合的具有免疫功能的球蛋白。利用抗体功能的药物称作抗体工程药物。抗体工程药物主要包括多克隆抗体、单克隆抗体、基因工程抗体三种。

3. 血液制品药物

血液制品是指各种人血浆蛋白制品，包括人血白蛋白，人胎盘血白蛋白，静脉注射用人免疫球蛋白，肌注人免疫球蛋白，组织胺人免疫球蛋白，特异性免疫球蛋白，乙型肝炎、狂犬病、破伤风免疫球蛋白，人凝血因子Ⅷ，人凝血酶原复合物，人纤维蛋白原，抗人淋巴细胞免疫球蛋白等。

4. 疫苗

疫苗是指用微生物或其毒素、酶，人或动物的血清、细胞等制备的供预防、诊断和治疗用的制剂。疫苗的类型主要有以下几种：

（1）灭活疫苗。选用免疫原性好的细菌、病毒、立克次氏体、螺次体等，经人工培养，再用物理或化学方法将其杀灭制成。此种疫苗失去繁殖能力，但保留免疫原性。死疫苗进入人体后不能生长繁殖，对机体刺激时间短，要获得持久免疫力需多次重复接种。

（2）减毒活疫苗。用人工定向变异方法，或从自然界筛选出毒力减弱或基本无毒的活微生物制成活疫苗或减毒活疫苗。常用活疫苗有卡介苗（BCG，结核病）、麻疹疫苗、脊髓灰质炎疫苗（小儿麻痹症）、新冠疫苗等。接种后在体内有生长繁殖能力，接近于自然感染，可激发机体对病原的持久免疫力。活疫苗用量较小，免疫持续时间较长。活疫苗的免疫效果优于死疫苗。

（3）类毒素。细胞外毒素经甲醛处理后失去毒性，仍保留免疫原性，称为类毒素。其中加适量磷酸铝和氢氧化铝即成吸附精制类毒素。体内吸收慢，能长时间刺激机体，产生更高精度抗体，增强免疫效果。常用的类毒素有白喉类毒素、破伤风类毒素等。

（4）新型疫苗。主要包括亚单位疫苗、结合疫苗、合成肽疫苗、基因工程疫苗等。

5. 诊断试剂

诊断试剂按一般用途，可分为体内诊断试剂和体外诊断试剂两大类。除用于诊断旧结核菌素、布氏菌素、锡克氏毒素等皮内用的体内诊断试剂外，大部分为体外诊断制品。

## 三、生物医药行业的特征

生物医药行业是持续增长的朝阳行业，主要有以下特征。

1. 高技术

生物制药是一种知识密集、技术含量高、多学科高度综合互相渗透的新兴产业。需要高知识层次的人才和高新技术手段的应用。

2. 高投入

生物制药是一个投入相当大的产业，资金主要用于新产品的研究开发、医药厂房的建造和设备仪器的配置等。雄厚的资金是生物药品开发成功的必要保障。

3. 长周期

生物药物从开始研制到最终转化为产品要经过很多环节，一般需要 8 ~ 10 年甚至 10 年以上的时间。

4. 高风险

生物医药产品的开发孕育着较大的不确定风险。新药的投资从生物筛选、药理和毒理等临床前实验、制剂处方及稳定性实验、生物利用度测试到用于人体的临床试验，以及注册上市和售后监督等可谓是耗资巨大的系统工程。任何一个环节失败都将前功尽弃，并且某些药品具有"两重性"，在使用过程中可能因为出现不良反应而需要重新评价。

5. 高收益

生物工程药物的利润率很高。尤其是拥有新产品、专利产品的企业，一旦开发成功便会形成技术垄断优势，上市后较短时间内即可收回所有投资。

# 第三节  药物研究的生物化学基础

药物是具有预防、诊断、缓解、治疗疾病及调节机体生理功能等效应的一类物质，药的开发研究是医学和药学研究领域的一个重要分支。在药物的发现、设计与制备、药效的机制研究等药物研究环节，都离不开生物化学理论与技术。随着现代生物技术的迅猛发展，基因工程、蛋白质工程、细胞工程等现代生物化学和分子生物学技术与药物研究的结合日益紧密。利用生物技术制备药物已经成为药物研发的热点领域。

## 一、生物药物制造的生物化学基础

生物药物是以生物学与化学结合的方法或者利用生物技术直接或间接从生物材料制得。生物药物制备的方法与其他药物相比有鲜明的特点。生物药物制备方法的特点如下。

1. 目的物存在于组成非常复杂的生物材料中。

2. 目的物在生物材料中含量极微。

3. 生物活性成分离开生物体后，易变性破坏。

4. 生物药物制造工艺设计理论性不强。

5. 生物制药工艺多采用"逐级分离"法。

6. 生物药物的均一性检测与化学上纯度概念不完全相同。

## 二、生物药物制备涉及的生物技术

生物技术（biotechnology）又称生物工程（bioengineering），是利用生物有机体（动物、植物和微生物）或其组成部分（包括器官、组织、细胞或细胞器等）发展新产品或新工艺的一种技术体系。生物技术以基因工程为主导，以发酵工程为基础，还包括酶工程、细胞工程、生化工程的内容。现代生物技术的核心内容是重组 DNA 技术和单克隆抗体技术。生物工程药物是指运用重组 DNA 技术和单克隆抗体技术生产的多肽、蛋白质、激素和酶类药物，以及疫苗、单抗和细胞生长因子类药物等。

## 三、药物生物合成与生物化学技术

药物生物合成是指利用生物细胞的代谢反应（更多的是利用微生物转化反应）来合成化学方法难于合成的药物或药物中间体的一种药物合成方法，简而言之，就是利用微生物代谢过程中的某种酶对底物进行催化反应，生成所需要的活性物质。

药物生物合成技术是指通过生物体的代谢来合成特定药物的生物技术，是现代发酵工程的扩展。现已形成一个以基因工程为指导，以发酵工程为基础，将细胞工程和酶工程有机结合的生物合成技术体系。

微生物转化是利用微生物代谢过程中的某种酶对底物进行催化反应来生成所需活性物质的一种药物合成方法。由于微生物转化产物具有立体构型单一、转化条件温和、后处理简便、公害少，且能进行某些难于进行或不能合成的化学反应等特点，因此微生物转化在制药工业中应用越来越广泛。已知的可以利用微生物转化进行的有机反应达 50 多种，如水解、脱氢、氧化、羟基化、环氧化、还原、氢化、酯化、水解、异构化、氮杂基团氧化、氮杂基团还原、硫杂基团氧化、硫醚开裂、胺化、酰基化、脱羟和脱水反应等。例如，青蒿素的生物合成，就是利用合成生物学构建人工生命体及采用组装生物合成途径生产出来的。它是在酵母中构建与大肠杆菌中同样的代谢途径后，将大肠杆菌和青蒿的若干基因导入酵母 DNA 中，导入的基因与酵母自身基因组相互作用，产生出青蒿素的前体，再将从青蒿中克隆的 $P_{450}$ 基因在产青蒿素前体的酵母菌株中进行表达，将其转化为青蒿素。

# 第四节　药物作用的生物化学基础

药物作用的分子基础是药物小分子与机体生物大分子的相互作用，药物产生疗效的本质是与受体进行有效接触，从而诱发机体微环境产生与药效相关的一系列生物化学反应。药物与受体结合引发的这些生理生化反应包括受体蛋白的构象变化、细胞膜的通透性改变、酶活性的变化、能量代谢的变化等。小剂量药物就能引发显著的生物学效应的原因，是其可以与靶器官上的特异性受体发生相互作用。

## 一、神经传导与神经递质

神经递质又称突触分泌信号（synaptic signal），是指由神经元细胞分泌的通过突触间隙到达下一个神经细胞的物质，一般作用时间较短。常见的神经递质有乙酰胆碱、去甲肾上腺素等。

## 二、受体的结构与功能

受体（receptor）是位于细胞膜或细胞内能识别相应化学信使（包括神经递质、激素、生长因子、化学药物等），并与化学信使特异性结合，产生某些生物学效应的一类物质。受体的化学本质为蛋白质，部分为糖蛋白或脂蛋白。在细胞表面的受体大多为糖蛋白，而且由多个亚基组成，含调节部位与活性部位。外界的化学信息特异性地与受体的调节部位结合时，引起受体结构变化，使受体活性部位被激活。有些受体被激活后不仅有酶的催化功能，而且还有某种离子载体的功能。能识别信号分子并与之结合的受体多数存在于细胞膜上，并成为膜的组成部分，有些受体如甾体激素则存在于细胞内。下面介绍几种常见的受体类型。

1. 离子通道型

离子通道偶联受体（ionic channel linked receptor）本身构成离子通道。当受体的调节部位与配体结合后，受体别构，使通道开放或关闭，引起或切断阳离子、阴离子的流动，从而传递信息。如乙酰胆碱的受体，配体结合使通道关闭，引起钠离子内流进而传递兴奋，如图 11 - 2 所示。

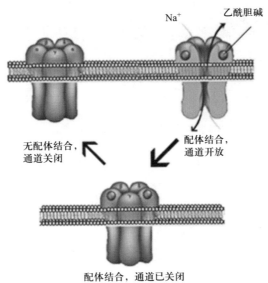

图 11 - 2 乙酰胆碱受体功能模式图

2. G 蛋白 - 效应蛋白型

G 蛋白是一类和三磷酸鸟苷（GTP）或二磷酸鸟苷（GDP）相结合、位于细胞膜胞浆面的外周蛋白，由 α、β、γ 3 个亚基组成。在基础状态，α 亚基结合 GDP，并与 β、γ 亚基构成无活性三聚体。当受体与激素结合后，受体被激活，活化受体与 G 蛋白相互作用，G 蛋白释出 GDP，并立即结合 GTP。结合 GTP 后的 G 蛋白通过改变构象使其与激素 - 受体复合体分离，并降低激素与受体的亲和力，使两者解离。同时 G 蛋白的 α 亚基与 β、γ 亚基解离，游离的 α 亚基 - GTP 对效应蛋白起调节作用，最后 G 蛋白的 α 亚基将 GTP 水解成 GDP 并释放出 Pi，结合 GDP 的 α 亚基与 β、γ 亚基亲和力高，所以与效应蛋白解离，重新与 β、γ 亚基结合成 G 蛋白三聚体。

3. 酶联受体

酶联受体（enzyme-linked receptor）本身是一种跨膜结合的酶蛋白，具有酶的性质，或者与酶结合在一起。其胞外域与配体结合而被激活，通过内侧切激酶反应将细胞外信号传至细胞内。这类受体多数为蛋白激酶或与蛋白激酶结合在一起，当它们被激活后，可使靶细胞中专一的蛋白质磷酸化，导致蛋白质功能改变。例如，酪氨酸蛋白激酶型受体是最典型的例子。

细胞内受体分布于胞质或核内，本质上都是受配体调控的转录因子，它们均在核内启动信号转导并影响转录，统称为核受体。核受体的结构如图 11 - 3 所示。核受体作为反式作用因子，基本结构都很相似，有极大同源性。例如，在受体的 N 端含有 DNA 结合的结构域，在受体的 C 端含有与激素结合的结构域。当激素与受体结合时，受体构象发生变化，暴露出受体的核内转移部位及 DNA 结合部位。当激素 - 受体复合物向核内转移时，可结合于 DNA 特异基因邻近的激素反应元件（hormone response element，HRE）上，调节基因转录。

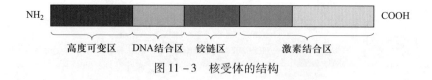

图 11 - 3　核受体的结构

# 第五节　新药筛选的生物化学方法

## 一、放射配基受体结合法

放射配体与受体结合分析是药物筛选的有效方法之一。由于配体与受体结合反应的独特性，此方法在制药界已广泛用于新药研究中。其原理是受体与药物（配体）结合的特异性和结合强度与产生生物效应的药效强度有关。实验方法是以待筛选的药物（非标记配体）与放射性核素标记的配体进行受体结合实验，在一定条件下，配体与受体相结合形成配体 - 受体复合物，随后反应达到平衡，然后分离除去游离配体，分析药物与标记配体对受体的竞争性结合程度，观察药物对受体的亲和力和结合强度，从而判断其药理活性。

## 二、逆向药理学

以往的药理学研究模式是配体（药物）→受体→基因模式，即先发现作用于某一类受体或受体亚型的药物，然后确定受体的存在，进行受体分离，进一步研究受体的相关基因家族。随着分子生物学的快速发展，有人提出基因→受体→药物的逆向药物研究模式。这一模式的理论基础是：从各种受体的相关基因家族中分离得到第一代基因，通过分析研究，发现同一基因家族的受体中含有许多一级结构相似性受体。应用基因克隆技术可以从同一基因家族变体中构建出许多原来未知的受体基因，并表达出许多新的未知受体，从而为开发选择作用性药物提供机会。例如，通过对许多 G 蛋白偶联受体超基因家族的某些受体基因进行克隆，结果发现了大麻碱受体、腺苷受体以及一些尚未知道的甾族化合物受体，这就为设计作用于单个亚型的受体的药物提供了新的生物学基础。

## 三、生化代谢功能分析法

生物体内存在着一整套复杂又十分完整的代谢网络以及调控机制，各种代谢相互联系，有序进行。人体疾病的发生往往由代谢调节网络的失衡所致，如糖代谢紊乱导致糖尿病，脂质代谢异常导致高脂血症与肥胖。因此，生化代谢功能分析是研究纠正代谢紊乱与失调物的有效实验方法。主要包括降血糖药物实验法、调血脂药及抗动脉粥样硬化药实验法、凝血药和抗凝血药实验法 3 种。

## 四、酶学实验法

药物的代谢或清除作用一般通过肝代谢或肾排泄途径完成。肝的消除主要由位于肝细胞内质网的细胞色素 $P_{450}$ 酶系统完成，肝的细胞色素 $P_{450}$ 系统在药物代谢中起关键作用，肝药酶代谢药物的分子机制及其与毒理学的关系是药理学基础理论研究的重要内容之一。

## 五、膜功能研究法

对药物作用机制的研究越来越多地集中在细胞膜或分子水平上。通过对线粒体内膜上三磷腺苷（ATP）的氧化过程的认识及细胞膜钠泵的研究，推动了对强心苷作用机制的深入了解。药理学研究中常见的有代表性的膜制备技术主要有以下两种：

1. 钙调蛋白 - 红细胞膜的制备及钙调蛋白功能的测定

钙离子在生命活动中的作用主要是通过钙调蛋白（CaM）实现。虽然无法测定 CaM 本身的活性，但可通过检测相关靶酶的活性来反映其调节功能的强弱。$Ca^{2+}$，$Mg^{2+}$ - ATP 酶是一种与钙离子转运密切相关的 CaM 靶酶。应用高速离心法制备含有 $Ca^{2+}$，$Mg^{2+}$ - ATP 酶的红细胞膜，测定 CaM 激活 $Ca^{2+}$，$Mg^{2+}$ - ATP 酶活性的变化可观察钙离子拮抗类药物的药理活性。

2. 心肌细胞膜的制备与功能测定

存在于细胞膜上的钠泵（Na - K - ATP 酶）在维持细胞膜电位和去极化、复极化过程所产生的动作电位中起重要作用。钠泵是镶嵌在细胞膜脂质双分子层中的一种特殊蛋白质，贯穿于细胞膜的内、外两面，应用差速离心法制备的细胞膜可作为细胞膜上酶活性的测定材料。例如，心脏细胞膜上的钠钾泵是强心苷类药物（如地高辛）的重要作用目标。钠通道阻滞药类抗心律失常药的作用机制与心肌细胞膜上的 $Na-K-ATP$ 酶的活性有关，β 肾上腺素能拮抗药的作用机制与膜上专一性受体及腺苷酸环化酶的功能有关。因此，心肌细胞膜的功能分析可作为这类药物筛选的研究手段。

## 练习与应用

### 一、名词解释

1. 药物代谢。
2. 药物转运。
3. 药物转化。
4. 生物药物。
5. 受体。

### 二、填一填

1. 药物代谢是指药物在生物体内的_____、_____、_____和_____等过程的动态变化。
2. 生物药物主要包括_____、_____、_____、_____、_____五大类。
3. 生物医药行业具有_____、_____、_____、_____、_____等特征。

### 三、答一答

1. 何谓生物药物？简述生物药物的来源与制备特点。
2. 简述生物药物作用的生物化学基础。
3. 简述新药筛选的生物化学方法。
4. 何谓受体？其本质是什么？常见的受体类型有哪些？

# 第十二章

## 生物化学技术

 **学习目标**

**知识目标**

掌握：离心分离方法及离心设备，膜分离技术的类型、原理及实际应用，电泳的基本原理，聚丙烯酰胺凝胶电泳和琼脂糖凝胶电泳技术，移液枪的使用方法、维护保养及注意事项。

熟悉：离心机的使用，膜分离技术的特征，电泳分离技术的分类，移液枪的种类及规格。

了解：离心原理，主要分离膜的材质，新型电泳技术。

**技能目标**

知道生物化学技术的使用方法和注意事项。

## 【任务引入】

生物化学技术是对组成人体的生物活性物质及其代谢产物，如蛋白质（氨基酸）、核酸（核苷酸）、酶、维生素、糖类、脂类物质等进行分离提取、含量测定、活性鉴定、生化分析、制备与改造的技术。生物化学技术的发展在推动生物科学理论和应用方面取得了惊人的进展。掌握生物化学技术不仅是生物化学专业人员从事研究、生产和检验工作必不可少的手段，也是其他相关学科，如生物技术、生物制药、生物工程、微生物学、分子生物学、医学、制药技术、药学、药品分析检验、食品科学、食品安全和营养检验、临床医学检验、营养学等进行基础研究、实际生产和检验的重要工具。本章就带领大家学习生物化学技术中应用较广的离心技术、电泳技术和膜分离技术等生化分离技术，为同学们将来从事这些领域的工作打下基础。

## 第一节　离心技术

离心技术是根据颗粒在做匀速圆周运动时受到一个向外的离心力的行为而发展起来的分

离技术。旋转速度越大，离心力越大。

离心技术主要用于各种生物样品的分离和制备，生物样品悬浮液在高速旋转下，由于巨大的离心力作用，使悬浮的微小颗粒（蛋白质、酶、核酸及细胞器等）以一定的速度沉降，从而与溶液分离，而沉降速度取决于颗粒的质量、大小和密度。离心技术在生物大分子的分离、纯化、鉴定，细胞和细胞器的收集等方面已得到广泛应用，是生化实验室中常用的分离、纯化或澄清的方法。

## 一、离心技术的原理

1. 离心力和相对离心力

当离心机的转子以一定的速度旋转时，离心场中的颗粒受到一定的离心力。离心力（$F_c$）按式 12-1 计算：

$$F_c = m\,\omega^2\,r \qquad (12-1)$$

式中　$m$——颗粒的质量，g；

　　　$\omega$——颗粒旋转的角速度，°/s；

　　　$r$——颗粒的旋转半径，cm。

由于在转速相同的条件下，各种离心机转子的半径不同，离心管至旋转轴中心的距离不同，所受离心力也不同，因此文献中常用"相对离心力"表示离心力。相对离心力（$RCF$）是指在离心力场的作用下，颗粒所受离心力（$m\,\omega^2\,r$）与重力（$g$）的比值，即：

$$RCF = \frac{\omega^2 r}{g} \qquad (12-2)$$

其大小用重力加速度 $g$（9.8 m/s$^2$）的倍数来表示，即用 $g$ 或 ×$g$ 来表示，如 2 000×$g$、10 000×$g$ 等。

相对离心力取决于旋转半径 $r$（单位为 cm）和转速 $n$（单位为 r/min），其计算公式为：

$$RCF = 1.119 \times 10^{-5}\,n^2\,r \qquad (12-3)$$

2. 沉降速度与沉降系数

沉降速度是指在离心场的强大离心力作用下，单位时间内物质颗粒运动的距离。沉降速度与颗粒本身的性质、介质的性质和离心条件有关。

$$v = \left(\frac{1}{18\eta}\right)d^2(\rho_p - \rho_m)\omega^2 x \qquad (12-4)$$

式中　$v$——粒子移动的速度；

　　　$d$——球形粒子直径；

　　　$\eta$——液体介质的黏度；

　　　$\rho_p$——沉降颗粒的密度；

　　　$\rho_m$——液体介质的密度。

由式 12-4 可知，粒子的沉降速度与粒子直径的平方成正比，与粒子的密度和介质密度之差成正比；离心力场增大，粒子的沉降速度也增加。

1924 年，斯韦德贝里（Svedberg）将沉降系数定义为：颗粒在单位离心力场中粒子移动的速度，用"$S$"表示，$S = v/\omega^2 r$。$S$ 是沉降系数，$\omega$ 是离心转子的角速度，$r$ 是颗粒的旋转半径，$v$ 是沉降速度。沉降系数是以时间表示的，$S$ 值一般在 $1 \sim 200 \times 10^{-13}$ s 范围，为了纪念斯韦德贝里对离心技术所做的贡献，把沉降系数 $10^{-13}$ s 称为一个斯韦德贝里单位，用符号 $S$ 表示，量纲为秒，$1S = 10^{-13}$ s。例如，动物细胞的核糖体沉降系数等于 80$S$，它的含义为 $80 \times 10^{-13}$ s。沉降系数与颗粒的形状、大小、密度和介质的密度、黏度有关。沉降系数越大在离心时越先沉降下来，细胞及细胞的各组分的沉降系数有很大的差异，所以可以利用沉降系数的差异，采用离心技术将它们分开。

根据斯韦德贝里公式可以计算出物质的相对分子质量：

$$M_r = \frac{RTS_{20,w}}{D_{20,w}(1 - \gamma\rho)} \qquad (12-5)$$

式中　$M_r$——相对分子质量；

　　　$R$——气体常数；

　　　$T$——绝对温度；

　　$S_{20,w}$——以 20 ℃的水为介质时颗粒的沉降系数；

　　$D_{20,w}$——以 20 ℃的水为介质时颗粒的扩散系数；

　　　$\gamma$——偏比容，等于溶质粒子密度的倒数；

　　　$\rho$——溶剂密度。

3. 沉降时间

沉降时间为在某一个介质中使一种球形颗粒从液体的弯月面沉降到离心管底部所需要的离心时间。沉降时间取决于颗粒沉降速度和沉降距离，沉降时间常通过多次试验获得。如果已知颗粒的沉降系数，也可通过式 12-6 计算其沉降时间：

$$t = \frac{1}{S(\ln x_2 - \ln x_1)\omega^2} \qquad (12-6)$$

式中　$S$——沉降系数；

　　　$x_2$——离心转轴中心到离心管底内壁的距离；

　　　$x_1$——离心转轴中心到样品溶液弯月面之间的距离。

## 二、离心分离方法

离心技术可用来分离细胞、亚细胞结构或生物高分子。根据分离原理不同，离心分离方法可分为差速离心法和密度梯度离心法。

1. 差速离心法

差速离心法是最普通的离心法，是用离心机将混合样品中的大分子、细胞器、病毒分离提纯的技术，主要在实验室应用。差速离心法就是采用逐渐增加离心速度或低速和高速交替进行离心，使沉降速度不同的颗粒在不同的离心速度及不同离心时间下分批分离的方法，如图 12-1 所示。此法一般用于分离沉降系数相差较大的颗粒。

差速离心首先要选择好颗粒沉降所需的离心力和离心时间。当以一定的离心力在一定的

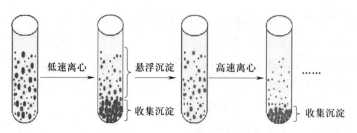

图 12 - 1　差速离心法示意图

离心时间内进行离心时，大颗粒先沉淀，取出上清液，加大转速再进行离心，又得到第二部分较大较重颗粒的沉淀及含较小和较轻颗粒的上清液，如此多次离心，使不同大小的颗粒分批分离。

差速离心法操作简单，上清液可直接倾倒出来，与沉淀分离，还可使用容量较大的转子。这种方法的主要缺点是分离效果较差，所得的沉淀是不均一的，含有较多杂质，需经过若干次的再悬浮和再离心，才能得到较纯的颗粒，由于离心时间过长，还会使颗粒变形、凝聚而失活。

2. 密度梯度离心法

密度梯度离心法是根据待分离颗粒在一定梯度介质中沉降速度的不同，用介质在离心管内形成连续或不连续的密度梯度，使具有不同沉降速度的颗粒在不同的密度梯度层内形成不同区带的分离方法。

根据操作方法不同，密度梯度离心法又可分为速度区带离心法和等密度离心法两种。

（1）速度区带离心法。速度区带离心法需预先制备好密度梯度介质，将待分离样品置于介质上进行离心，较大的颗粒比较小的颗粒更快地沉降通过介质，形成几个明显区分的区带，如图 12 - 2 所示。速度区带离心法可用于分离大小不同，沉降系数有一定差异的颗粒，与密度无关。沉降系数越大的颗粒，下沉的速度越快，区带越低。沉降系数越小的颗粒，区带位置越在较上部分出现。但这种方法有时间限制，在最低的区带到达管底前需停止离心。常用介质有蔗糖、聚蔗糖等。

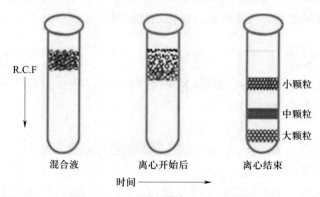

图 12 - 2　速度区带离心法示意图

（2）等密度离心法。等密度离心法主要根据待分离样品的密度差异而分离样品。待分离样品各成分在连续梯度的介质中经过一定时间的离心，沉降到与自身密度相等的介质处，并停留在此达到平衡，从而将不同密度的颗粒分离。等密度离心的有效分离取决于颗粒的浮力密度差，密度差越大，分离效果越好，与颗粒的大小和形状无关。这种方法一般应用于物质的大小相近，而密度差异较大时。常用介质有氯化铯、硫酸铯等。

## 三、离心设备

离心机可分为工业用离心机和实验用离心机。实验用离心机又分为制备型离心机和分析型离心机。制备型离心机主要用于分离各种生物材料，每次分离的样品容量比较大；分析型离心机一般都带有光学系统，主要用于研究纯的生物大分子和颗粒的理化性质，依据待测物质在离心场中的行为（用离心机中的光学系统连续监测），推断物质的纯度、形状和相对分子质量等。分析型离心机都是超速离心机。

1. 离心机的种类

离心机根据转速的不同，可分为低速离心机、高速离心机和超速离心机。

（1）低速离心机。低速离心机又称普通离心机，一般转速为 $2\,000 \sim 6\,000$ r/min，$RCF$ 可达 $6\,000 \times g$。容量为几十毫升至几升，分离形式是固液沉降分离，转子有角式和水平式，一般无制冷系统，在室温下操作，转速控制不够准确，用于收集易沉降的大颗粒物质，如红细胞、酵母细胞等。低速离心机以交流电动机驱动，电机碳刷易磨损，利用电压调压器调节转速，启动电流大，速度升降不均匀，一般转头是置于一个硬质钢轴上，因此必须进行精确平衡，以免损坏离心机。其操作方式、结构特点多种多样，可根据需要进行选择。

（2）高速离心机。高速离心机最大转速为 $20\,000 \sim 25\,000$ rpm（r/min），最大 $RCF$ 为 $89\,000 \times g$，最大容量可达 $3$ L，分离形式为固液沉降分离，通常配有各种角式转头、水平式转头、区带转头、垂直转头和大容量连续流动式转头。有些高速离心机有制冷装置，以消除高速旋转转头与空气之间摩擦而产生的热量，离心室的温度可以调节和维持在 $0 \sim 40\ ℃$，转速、温度和时间都可以严格准确地控制，并有指针或数字显示，称为高速冷冻离心机。高速离心机主要用于短时间内分离纯化微生物菌体、细胞碎片、大细胞器、蛋白质的硫酸铵沉淀物和免疫沉淀物等，但不能有效沉降病毒、小细胞器（如核蛋白体）或单个分子。

（3）超速离心机。超速离心机的转速在 $50\,000 \sim 80\,000$ r/min，最大 $RCF$ 可达 $600\,000 \times g$。离心容量由几十毫升至 $2$ L，分离的形式是差速沉降分离和密度梯度区带分离，离心管平衡允许的误差要小于 $0.1$ g。超速离心机按性能可分为分析型、制备型和分析制备型 $3$ 种。超速离心机的出现，使生物科学的研究领域有了新的扩展，它能使过去仅仅在电子显微镜观察到的亚细胞器得到分级分离，还可以分离病毒、核酸、蛋白质和多糖等。

超速离心机主要由驱动和速度控制、温度控制、真空系统和转头 $4$ 部分组成。有 $40$ 多种不同容量和性能的转头可供选择。驱动装置是由水冷或风冷电动机通过精密齿轮箱或皮带变速，或直接用变频感应电机驱动，由微机控制。其驱动轴较细，在旋转时有一定的弹性弯曲以适应转头轻度的不平衡，而不至于引起震动或转轴损伤。除速度控制系统外，超速离心机还具有过速保护系统，防止转速超过转头最大规定转速而引起转头的撕裂或爆炸，因此离心腔用装甲钢板密闭。

为防止离心过程中温度升高，超速离心机均有冷却系统和温度控制系统。温度控制是由安装在转头下面的红外线射量感受器直接并连续监测离心腔的温度，以保证更准确更灵敏的温度调控，红外线温控比高速离心机的热电偶控制装置敏感和准确。

为了减少摩擦和阻力，超速离心机还装有真空系统，其真空系统是与高速离心机的主要区别。离心机的速度<2 000 rpm 时，转头与空气摩擦产生的热量很少；速度>20 000 rpm 时，摩擦生热显著增大；当速度>40 000 rpm 时，摩擦生热则非常严重。因此，将超速离心机的离心腔密封，并由机械泵和扩散泵串联工作的真空泵系统抽成真空，温度的变化容易控制，摩擦力很小，这样才能达到所需的超高转速。

2. 离心机的组成

离心机一般由主机、转头、离心管 3 部分组成。

（1）转头。转头是离心机的重要组成部分，一般有数十种不同容量和性能的转头可供选择。按旋转时离心管中心线与离心机转轴间的夹角大小，离心机转头可分为角式转头（角度在 14°~40°之间）、水平转头（角度为 90°）和垂直转头（角度为 0）3 类。高速离心机和超速离心机的转头都有一定的使用寿命，即运转次数（与转速无关）和运转时间（最大速度下）。如果转头使用达到了规定极限还要使用，其最大额定速度值应降低10%，方可保障安全。在管理方面，每个转头必须单独建立档案，记录使用的次数和在最大转速下使用的时间。另外，转头上标定的最大额定转速是有条件的，实际使用时应遵守规定。

1）角式转头。角式转头是指离心管腔与转轴成一定倾角的转头。它是由一块完整的金属制成的，其上有 4~12 个装离心管用的孔穴，即离心管腔，孔穴的中心轴与旋转轴间有20°~40°夹角，角度越大沉降越结实，分离效果越好。该转头的优点是容量较大、重心低、运转平衡、寿命较长，是各种离心机的最高速转头。主要用于差速离心，在高速离心机上也可用于等密度离心，例如，DNA 平衡等密度离心，自形成梯度，常用转速40 000~60 000 rpm，离心时间较短，分离纯度也较高。缺点是由于颗粒在沉降时先沿离心力方向撞向离心管，然后沿管壁滑向管底，因此管的一侧会出现颗粒沉积而产生"壁效应"，壁效应易使沉降颗粒受突然变速所产生的对流扰乱而影响分离效果。由于壁效应影响很大，用于速度区带离心时回收率低，纯度也受影响，一般只用于差速离心和等密度离心，离心时间较短。

2）水平转头。水平转头由 4 或 6 个自由活动的吊桶（离心套管）构成。当转头静止时，吊桶垂直悬挂，当转头转速达到 200~800 rpm 时，吊桶荡至水平位置，这种转头最适用于密度梯度区带离心。优点是梯度物质可放在保持垂直的离心管中，离心时被分离的样品带垂直于离心管纵轴，而不像角式转头中样品沉淀物的界面与离心管成一定角度，因而有利于离心结束后由管内分层取出已分离的各样品带。其缺点是颗粒沉降距离长，离心所需时间也长。

3）垂直转头。垂直转头其离心管垂直放置，样品颗粒的沉降距离最短，离心所需时间也短，适用于密度梯度区带离心和等密度梯度离心，离心开始时和结束时液面和样品区带要作90°转向，因而沉降降速要慢。

4）区带转头。区带转头无离心管，主要由一个转子桶和可旋开的顶盖组成，转子桶中装有十字形隔板装置，把桶内分隔成4个或多个扇形小室，隔板内有导管，梯度液或样品液从转头中央的进液管泵入，通过这些导管分布到转子四周，转头内的隔板可保持样品带和梯度介质的稳定。沉降的样品颗粒在区带转头中的沉降情况不同于角式和外摆式转头，在径向的散射离心力作用下，颗粒的沉降距离不变，因此区带转头的"壁效应"极小，可以避免区带和沉降颗粒的紊乱，分离效果好，而且还有转速高、容量大、回收梯度容易和不影响分辨率的优点，使超离心用于制备和工业生产成为可能。区带转头的缺点是样品和介质直接接触转头，耐腐蚀要求高，操作复杂。

5）连续流动转头。连续流动转头可用于大量培养液或提取液的浓缩与分离，转头与区带转头类似，由转子桶和有入口和出口的转头盖及附属装置组成，离心时样品液由入口连续流入转头，在离心力作用下，悬浮颗粒沉降于转子桶壁，上清液由出口流出。

（2）离心管及管盖。离心管及管盖是转头的重要附件。离心管主要用塑料和不锈钢制成。塑料离心管的常用材料有聚乙烯（PE）、聚碳酸酯（PC）、聚丙烯（PP）等，其中PP管性能较好。塑料离心管的优点是透明（或半透明），硬度小，可用穿刺法取出梯度；缺点是易变形，抗有机溶剂腐蚀性差，使用寿命短。不锈钢管强度大，不变形，能抗热、抗冻、抗化学腐蚀，但用时也应避免接触强腐蚀性的化学药品，如强酸、强碱等。

塑料离心管都有管盖，离心前管盖必须盖严，倒置不漏液。管盖有以下3种作用：

1）防止样品外泄。用于有放射性或强腐蚀性的样品时，这点尤其重要。

2）防止样品挥发。

3）支持离心管，防止离心管变形。

## 四、离心机的使用注意事项

离心机是生物化学与分子生物学实验教学和科研的重要精密仪器，由于离心机的高速旋转会产生极大的力，使用不当或缺乏定期检修，都可能引起严重事故。因此，离心机的使用要严格遵守操作规程，按照要求进行操作，预防意外事故的发生。不同离心机的使用要根据各种离心机的使用说明进行，需要注意以下几点：

（1）离心机需放置在平坦结实的地面或实验台上。

（2）离心前需检查调速旋钮是否处于"0"位，转头各孔内确保无异物。

（3）使用离心机时，必须把离心管（包括其外管套）及其内容物在天平上平衡。已平衡的离心管及管套必须放置在对称的转头中，转头中不能装载单数的管子。保证每一对称离心管两两平衡，对称装入，负载均匀。

（4）装载液体时，根据待分离液体的性质和体积选用合适的离心管。无盖的离心管，液体不能装太多，防止离心时液体甩出，失去平衡、转头生锈或被腐蚀；而超速离心机的加帽离心管，常要求装满液体，防止离心时离心管凹陷变形。

（5）不同转头在使用时各有其最高允许转速及使用累积限，要查阅说明书，不得过速或超限使用。若要在低于室温的环境下离心，转头要在使用前进行预冷。

（6）离心过程中不得打开离心机盖，不得随便离开，注意观察仪器状况，如有异常的噪声或振动，要立即停机检查，排除故障。

（7）离心结束需等待转子完全停止转动后才能取出样品，严禁用手或其他物品迫使离心机停止转动。

（8）离心机每次使用后，要仔细检查转头，及时清洗、擦拭干净。转头长时间不用，可涂一层光蜡保护，防止变形、老化。

# 第二节 膜分离技术

## 一、膜分离技术概述

膜分离技术是指利用具有一定膜孔和选择透过特性的天然或人工合成的分离膜（见图 12 - 3），在某种推动力（浓度差、压力差、电位差等）的作用下，实现物质分离纯化或浓缩的一种操作技术。20 世纪 30 年代，人们利用半透性纤维素膜开创了近代工业膜分离技术的应用。20 世纪 60 年代以后，不对称膜制造技术取得了很大进展，包括微滤、超滤、反渗透、电渗析、透析等的膜分离技术迅速发展，并在生物物质的分离纯化过程中得到了越来越广泛的应用，而且随着膜材料和分离技术的进步，纳米分离技术等也相继问世。

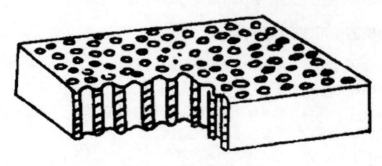

图 12 - 3 膜纵切面模式图

膜分离过程的推动力是压力差、浓度差或者电位差，有的分离过程可能是几种推动力兼而有之。

与传统的分离操作相比，膜分离具有以下特点。

1. 优点

（1）膜分离是一个高效分离过程，可以实现高纯度的分离。

（2）大多数膜分离过程不发生相变，因此能耗较低。

（3）膜分离通常在常温下进行，特别适合处理热敏性物料。

（4）操作方便，结构紧凑、维修成本低、易于自动化。

## 【资料卡片】

### 膜分离技术发展简史

高分子膜的分离功能很早就已发现。1748 年，耐克特（A. Nelkt）发现水能自动地扩散到装有酒精的猪膀胱内，开创了膜渗透的研究。1861 年，施密特（A. Schmidt）首先提出了超过滤的概念。他提出，用比滤纸孔径更小的棉胶膜或赛璐酚膜过滤时，若在溶液侧施加压力，使膜的两侧产生压力差，即可分离溶液中的细菌、蛋白质、胶体等微小粒子，其精度比滤纸高得多。这种过滤可称为超过滤。从现代观点看，这种过滤应称为微孔过滤。真正意义上的分离膜出现在 20 世纪 60 年代。1961 年，米切利斯（A. S. Michealis）等人用各种比例的酸性和碱性的高分子电介质混合物以水 – 丙酮 – 溴化钠为溶剂，制成了可截留不同分子量的膜，这种膜是真正的超过滤膜。美国艾美康思（Amicon）公司首先将这种膜商品化。自 20 世纪 60 年代中期以来，膜分离技术真正实现了工业化。首先出现的分离膜是超滤膜、微孔过滤膜和反渗透膜，以后又开发了许多其他类型的分离膜。

2. 缺点

（1）膜面易发生污染，膜分离性能降低，故需采用与工艺相适应的膜面清洗方法。

（2）稳定性、耐药性、耐热性、耐溶剂能力有限，故使用范围有限。

（3）单独的膜分离技术功能有限，需与其他分离技术联用。

## 二、膜材料及膜的分类

膜在分离过程中有 3 种功能：一是对物质的识别与透过功能，这是使混合物各组分之间实现分离的内在因素；二是界面作用，以膜为界面将透过液和保留液分为互补混合的两相；三是反应场作用，膜表面及孔内表面含有与特性溶质有相互作用的官能团，通过物理作用、化学作用或生物化学反应提高膜分离的选择性和分离速度。

生物分离过程中，对膜材料有如下要求：（1）耐压。膜孔径小，要保持高通量就必须施加较高的压力，一般膜操作的压力范围在 0.1 ~ 0.5 MPa，反渗透膜的压力更高，约为 1 ~ 10 MPa。（2）耐高温。高通量带来的温度升高、清洗和高温灭菌的需要。（3）耐酸碱。防止分离过程以及酸碱清洗过程中的水解。（4）不吸附被分离物质，易通过清洗恢复透过性能。（5）适应性好，满足实现分离的各种要求。如对菌体细胞的截留，对生物大分子的通透性或截留作用。（6）使用寿命长，成本低。

1. 膜材料的种类

（1）天然高分子材料

1）种类。纤维素衍生物，如醋酸纤维、硝酸纤维和再生纤维。

2）优点。醋酸纤维的阻盐能力最强，常用于反渗透膜，也可作超滤膜和微滤膜；再生纤维素可用于制造透析膜和微滤膜。

3）缺点。醋酸纤维膜最高使用温度和 pH 值范围有限，在 45~50 ℃，pH 3~8。

（2）合成高分子材料

1）种类。聚砜、聚酰胺、聚酰亚胺、聚烯类和含氟聚合物。其中，聚砜最常用，用于制造超滤膜。

2）优点。耐高温（70~80 ℃，可达 125 ℃），pH 1~13，耐氯能力强，可调节的孔径宽（1~20 nm）；聚酰胺膜的耐压较高，对温度和 pH 值稳定性高，寿命长，常用于反渗透。

3）缺点。聚砜的耐压差，压力极限在 0.5~1.0 MPa。

（3）无机材料

1）种类。陶瓷、微孔玻璃、不锈钢和碳素等。其中，以陶瓷材料的微滤膜最常用。多孔陶瓷膜主要利用氧化铝、硅胶、氧化锆和钛等陶瓷微粒烧结而成，膜厚方向上不对称。

2）优点。机械强度高、耐高温、耐化学试剂和有机溶剂。

3）缺点。不易加工，造价高。

（4）复合材料

1）种类。如将含水金属氧化物（氧化锆）等胶体微粒或聚丙烯酸等沉淀在陶瓷管的多空介质表面形成膜，其中沉淀层起筛分作用。

2）优点。此膜的通透性大，通过改变 pH 值容易形成和除去沉淀层，清洗容易。

2. 膜的分类

根据膜的物理结构和化学性质，可将膜分为以下几类：

（1）按孔径大小分。微滤膜、超滤膜、反渗透膜、纳滤膜。

（2）按膜结构分。对称性膜、不对称膜、复合膜。

（3）按材料分。合成有机聚合物膜、无机材料膜等。

## 三、常见的膜分离技术

1. 分类

以推动力的过程分类，膜分离技术可分为以下几类：

（1）以浓度差为推动力的过程。透析技术。

（2）以电场力为推动力的过程。电透析、离子交换电透析。

（3）以静压力差为推动力的过程。微滤、超滤、反渗透。

（4）以蒸汽压差为推动力的过程。膜蒸馏、渗透蒸馏。

以分离应用领域过程分类，膜分离技术主要包括透析、超滤、微滤、电渗析、反渗透等。其中，微滤、超滤、反渗透、电渗析为已开发生产应用的四大膜分离技术。各种膜分离过程的类型及特征见表 12-1。

表 12 – 1 各种膜分离过程的类型及特征

| 类型 | 传质推动 | 主要分离机理 | 截留粒子大致范围 | 截留物质举例 |
| --- | --- | --- | --- | --- |
| 微滤 | 压力差 0.05 ~ 0.1 MPa | 筛分 | 0.02 ~ 10 μm | 细菌、悬浮固体微粒 |
| 超滤 | 压力差 0.1 ~ 1 MPa | 筛分 | 1 ~ 20 nm | 蛋白质等大分子有机物、细胞碎片等 |
| 透析 | 浓度差 | 筛分、扩散 | 1 ~ 100 nm | 大分子物质 |
| 反渗透 | 压力差 1 ~ 10 MPa | 溶解、扩散 | 0.1 ~ 1 nm | 相对分子质量低的组分的浓缩 |
| 电渗析 | 电位差 | 离子迁移 | 1 ~ 100 nm | 非离子化合物、大分子物质 |
| 纳米过滤 | 压力差 | 溶解、扩散 | 1 ~ 100 nm | 氨基酸等可溶性、有机小分子物质 |

2. 常见的膜分离技术

（1）透析。透析（Dialysis）是应用最早的膜分离技术。1861 年，托马斯·格雷姆（Thomas Graham）首次利用来源于动物的半透膜分离出多糖、蛋白质溶液中的无机盐。其作用机理是用高分子溶质不能透过亲水膜，而能将含有高分子溶质和其他小分子溶质的溶液与纯水（或缓冲溶液）分开，在浓度差的作用下，高分子溶液中的小分子溶质（如无机盐）透向水侧，水则向高分子溶液一侧透过，如图 12 – 4 所示。透析膜一般为亲水膜，如纤维素膜、聚丙烯腈膜和聚酰胺膜等。溶质在浓度差的推动下，以扩散的形式移动。

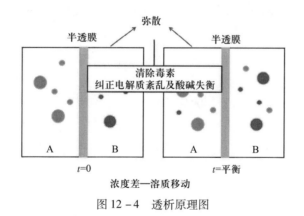

图 12 – 4 透析原理图

透析最主要的应用是血液的解毒（如肾衰竭和尿毒症患者的血液透析），也用在实验室规模的蛋白质分离纯化，如脱盐（去除蛋白质大分子溶液中的小分子盐）、去除水溶性有机溶剂和置换缓冲液等，即从样品中除去相对分子质量小的溶质和置换存在于透析液中的缓冲液。由于在样品中盐和有机溶剂的浓度高，在渗透压的作用下水向透析袋内迁移，盐分子和有机溶剂分子向透析袋外迁移。透析操作简单易行，如蛋白质的传统纯化方法是使用透析袋，将待分离液盛于透析袋内，把透析袋置于透析外液（即水或缓冲液）中，如图 12 – 4 所示。透析膜的渗透通量很小，不适于生物分子的大规模分离。

（2）微滤。微滤（microfiltration，MF）是在 50 ~ 100 kPa 的静压差作用下利用对称的微孔膜来分离悬浮物的一种膜分离过程。

微滤一般用于悬浮液（粒径 $0.02 \sim 10\ \mu m$）的过滤，由于膜孔径较大，操作压力比超滤小。微滤过程中膜两侧的渗透压差可以忽略不计，微滤适用于细胞、细菌和微粒子的分离，在生物分离中，广泛用于菌体的分离和浓缩。

微滤膜孔的大小用孔径表示，孔径直径为 $0.05 \sim 10\ \mu m$，如果微滤膜孔的大小是按分子截留来定义，那么孔径在 $0.1\ \mu m$ 的膜的截留相对分子质量为 $7.2 \times 10^6$。

微滤膜常为对称膜，又称为均质膜，是一种均匀的薄膜，膜两侧截面的结构及形态完全相同，孔的大小全部一样，被设计成各向同性膜。各向同性膜由多种聚合物制作而成，如亲水性和疏水性的聚偏氟乙烯、聚丙烯、硝酸纤维素、醋酸纤维素、丙烯腈共聚物和疏水性多醚砜。

微滤膜的水通量随着膜的截留相对分子质量或膜孔径的增大而增大，同时膜材料的种类对水通量的影响也很显著，但是实际操作中由于溶质的吸附、膜孔的堵塞等原因都会使渗透通量显著降低。实验表明，膜孔径越大，通量下降速度越快，大孔径微滤膜的稳定通量要比小孔径膜小，这主要是由于溶质微粒容易进入到孔径较大的膜孔中，使膜孔堵塞所致。

微滤多用于水处理行业，如水中悬浮物、微小粒子和细菌的去除。在制药行业可用于制备医用纯水，以及除菌、除热原。在医疗行业可用于除去组织液、抗生素、血清、血浆蛋白质等多种溶液中的菌体。

（3）超滤。超滤（ultrafiltration，UF）是以 $0.1 \sim 1$ MPa 的静压差为传质推动力，利用不对称膜的筛分性质，来截留 $1 \sim 20$ nm 的大分子溶质的膜分离过程。

超滤主要用于处理不含固体成分的料液，其中相对分子质量较小的溶质和水分子透过膜，而相对分子质量较大的溶质则被截留。所以，超滤是根据相对分子质量的差异而实现分离的方法。超滤法一般适用于分离、纯化和浓缩直径 $1 \sim 50$ nm，相对分子质量通常为 $10^3 \sim 10^6$ 的生物大分子，如蛋白质和病毒等。在膜表面被截留分子的限度常用 MWCO 表示，商业用超滤膜的 MWCO 值一般在 $(1.5 \sim 300) \times 10^3$。

超滤过程中，流体在膜的孔道内呈层流流动，超滤膜的孔道结构十分复杂，孔径大小不均，通常为不对称膜，即横断面具有不对称结构的膜。超滤膜主要由聚砜、硝酸纤维素或醋酸纤维素、再生纤维素、硝化纤维素和丙烯酸组成。在膜的表面有一层超薄层的致密皮层，致密皮层起着膜的专一特性作用，其下面是一层较厚的海绵状多孔性支撑层，支撑层的结构决定着膜的渗透通量，超滤膜的支撑层由锥形微孔组成为锥尖向上的锥形通道，减少了膜孔堵塞情况。超滤膜的渗透通量与压力差成正比，与滤液的黏度成反比。

超滤技术可用于大分子物质的脱盐和浓缩，大分子溶剂系统的交换平衡，小分子物质的纯化，大分子物质的分级分离，生化制剂或其他制剂的除菌过滤和去热原处理，也可以用来回收细胞和处理胶体悬浮液。在生化制药中可用来分离蛋白质、酶、核酸、多糖、多肽、抗生素、病毒等。超滤的优点是没有相的转变，无须添加任何强烈的化学物质，可以在低温下操作，过滤速度较快，便于无菌处理等。这些优点使分离操作简化，避免了生物活性物质的活力损失和变性。

（4）纳滤。纳滤即纳米过滤（nanofiltration，NF）是介于反渗透和超滤之间的一种以压力差为推动力的新型膜分离过程。纳米过滤能截留可以通过超滤膜但不能通过反渗透膜的溶液。

1）纳米过滤的特点

① 能截留小分子的有机物并可同时透析除盐，集浓缩与透析于一体。

② 操作压力低，因为无机盐能通过纳米滤膜而透析，使得纳米过滤的渗透压远比反渗透低，所以纳米过滤所需的外加压力比反渗透低得多。

纳米过滤的分离机理主要是静电和位阻理论，该理论认为纳米过滤中溶质的分离除了膜孔和溶质大小不同产生位阻造成粒径排斥外，还由于膜和溶质电荷产生的静电排斥作用。对于非荷电分子，粒径排斥是分离的主要原因，对荷电离子，粒径排斥和静电排斥都是分离的原因。

纳米滤膜的分离机理与渗透膜相似，纳米滤膜大多是由多层聚合物薄膜组成。一般认为纳米滤膜是多孔膜，平均孔径为 2 nm，相对分子质量截留范围为 100～200。对纳米滤膜的基本要求是，要具有良好的热稳定性，pH 值稳定性和对有机溶剂的稳定性。

2）纳米过滤过程的影响因素

① 料液性质。溶质分子的粒径是影响截留性能的重要因素，溶质分子的极性降低了纳米滤膜的截留率，溶质所带电荷与膜所带电荷相同的则截留率较高。当料液的 pH 值达到膜与溶质的等电点时，可以提高膜的截留率。

② 膜的性质。膜的性质主要指膜的物理性能，如孔径、孔径分布、孔隙率和荷电性等，膜的表面形状和结构也会影响其渗透通量、截留率和污染程度，表面荷电性会影响膜的渗透通量和选择性。

3）操作条件。渗透通量随压力的升高而增大，当压力增大时，渗透膜的溶剂量增加而盐通量不变，故脱盐率增大；随着操作的进行，膜两侧的浓度差逐渐增大而有效压力差则不断降低，所以膜通量随运行时间而下降。纳米过滤的应用主要有：

① 抗生素的回收与精制。用纳米滤膜可以除去可自由透过膜的水、无机盐，达到浓缩抗生素、维生素和发酵滤液的目的，例如，纳米滤膜已经应用于 B 族维生素、红霉素和青霉素等多种物质的浓缩和纯化过程。

② 各类肽的纯化与浓缩。与蒸发浓缩过程相比，纳米过滤可在低温下进行浓缩，并从几天缩短到几个小时，在浓缩的同时可以进行产品的纯化，小分子的有机污染物和小分子盐将与溶剂同时透过膜而肽与多肽被膜截留。

③ 超纯水制备。在生物制剂生产和医药领域对超纯水的要求很高，水中不允许含有杂质颗粒和细菌残尸，且水中有机物含量的指标 TOC（total organic carbon，总有机碳）要少于 5 ng/g。采用离子交换技术仅能达到 30 ng/g，而具有低接触角负电性的纳米滤膜能够很好地降低 TOC 含量，达到超纯水的质量要求。

（5）反渗透。反渗透（reverse osmosis，RO）是以 1～10 MPa 的静压差为推动力通过非对称膜或复合膜，根据溶解和扩散的原理，进行相对分子质量低组分浓缩分离的一种膜分离过程。反渗透是渗透的逆过程，如图 12－5 所示。用一张可透过溶剂（水），但不能透过溶质的膜隔开，两侧分别加入含溶质的水溶液和纯水。若膜两侧的压力相等，在浓度差的作用下水分子从纯水一侧向加入溶质的水溶液一侧透过，这种现象称为渗透，促使水分子透过的推动力称为渗透压。当两侧之间的压差等于渗透压时则达到平衡状态。要使溶液中的水通过渗透膜到达纯水一侧，在含溶质水溶液一侧施加的压力必须大于渗透压，溶液中的水就会通过膜到达纯水一侧，这种过程称为反渗透。反渗透膜的透过机理，目前有 3 种理论模型，分别是氢键理论、优先吸附－毛细孔理论和溶解扩散理论。

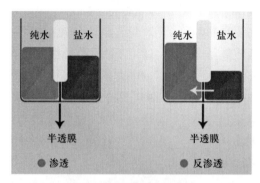

图 12－5　渗透与反渗透

反渗透通常用于海水、苦咸水的淡化，水的软化处理，废水处理，以及医药工业、化学工业的提纯、浓缩、分离等方面。此外，反渗透应用于预除盐处理也取得较好的效果，能够使离子交换树脂的负荷减轻 90% 以上。

（6）电渗析。电渗析（electrodialysis，ED）是以电位差为推动力，利用离子交换膜的选择透过性，分离小分子电解质和进行溶液脱盐的膜分离操作过程。

电渗析膜为离子交换膜，这种膜上有以共价键结合的阴离子或阳离子交换基团，阴离子交换膜只能透过阴离子，阳离子交换膜只能透过阳离子。膜的表面和孔内键合有阳离子交换基（如磺酸基—$SO_3^-$）的膜称为阳离子交换膜，键合有阴离子交换基（如季铵基—$N^+R_3$）的膜称为阴离子交换膜。

电渗析主要用于海水淡化和苦咸水淡化，在生物技术中已经应用于血浆处理，免疫球蛋白和其他蛋白质的分离。

**课堂练习**

微滤、超滤、反渗透有何异同点？

# 第三节　电泳技术

【资料卡片】

### 电泳技术的发展过程

电泳现象早在 1808 年就已经被发现，但电泳作为一种分离技术却是在 1937 年由瑞典科学家蒂塞利乌斯（Tiselius）首先提出来的，他还设计出世界上第一台自由电泳仪，建立了"移界电泳"分离模式。他用光学方法观察到在电泳迁移过程中血清蛋白质界面的移动，首先证明了血清是由白蛋白、$\alpha_1$、$\alpha_2$、$\beta$ 和 $\gamma$ 球蛋白组成的。1948 年，由于他在电泳技术方面所作出的突出贡献，获诺贝尔化学奖。

20 世纪 50 年代，以支持介质为主的电泳模式不断涌现，如滤纸、醋酸纤维素薄膜、淀粉薄膜等。20 世纪 60 年代以后发展了以凝胶为主的支持物的电泳方法，如聚丙烯酰胺凝胶、琼脂糖凝胶电泳等。1967 年，在凝胶电泳的基础上建立了 SDS－聚丙烯酰胺凝胶电泳技术。20 世纪 70 年代以后根据不同需要推出了多种电泳模式，如圆盘电泳、垂直板电泳、双向电泳、脉冲电泳、等电聚焦电泳等技术。20 世纪 90 年代又推出了分辨率极高的高效毛细管电泳。多年来，科学家们对电泳结果的分析做了大量的工作，建立了各种实验方法，电泳后对分离物质可以用染色、扫描、紫外吸收、放射自显影、生物活性测定等方法进行分析，得到所需数据。

电泳分离技术现已成为生物化学、分子生物学、免疫化学等学科中各种带电物质分离鉴定的重要方法和手段，也是目前医药学研究及药品生产、质量检验的重要手段。电泳技术可以分离各种有机物（氨基酸、多肽蛋白质、酶、脂类、核苷、核苷酸、核酸等）和无机盐，并可以用于分析某种物质的纯度及相对分子质量测定。电泳技术与层析法、指纹图谱结合起来，可用于蛋白质结构的分析。与免疫原理结合的免疫电泳，提高了对蛋白质的鉴别能力。与酶学方法结合，发现了同工酶。电泳技术是目前分离物质的一种很好的方法。

## 一、电泳技术的概念及原理

带电颗粒在电场的作用下，向着与其本身所带电荷相反的电极移动，这种现象称之为电泳。

目前虽然已经发展了很多电泳技术，但其基本原理是相同的，即不同的物质由于其带电性质、颗粒大小和颗粒形状不同，因而在电场中它们的移动方向和移动速度不同，从而可以将它们进行分离。

带电物质在电场中的移动方向取决于其所带电荷的种类，带正电荷的颗粒在电场中向电场的负极移动，带负电荷的颗粒向电场的正极移动，净电荷为零的颗粒在电场中不移动。

带电物质在电场中的移动速度主要取决于以下因素：（1）颗粒所带的净电荷量。一般所带净电荷量越多，移动速度越快。（2）颗粒的大小。一般小分子物质的移动速度较快。（3）颗粒的形状。同样大小的分子（相对分子质量相同），一般线状分子比球形分子的移动速度快。

带电物质在电场中的移动速度除了受带电颗粒本身性质的影响之外，还主要受电场强度、溶液的 pH 值、溶液的离子强度、电渗、缓冲液的黏度以及温度等外界因素的影响。

## 二、电泳技术的分类

电泳技术的分类方法有多种，可从分离目的、电场强度、电泳媒介、电泳装置、缓冲液

pH 值等不同角度进行分类。

按照电场强度的不同，分为常压电泳和高压电泳。常压电泳的电场强度一般在 2 ~ 10 V/cm（电压在 500 V 以下），高压电泳的电场强度一般在 20 ~ 220 V/cm（电压在 500 V 以上）。

按照电泳媒介不同（有无支持物），分为自由电泳和区带电泳。自由电泳的媒介为溶液（不用支持物），带电粒子在溶液中自由移动，适用于生物细胞和生物大分子的电泳分离，如显微电泳、等电聚焦电泳、密度梯度电泳等。区带电泳媒介为支持介质，被分离的物质经电泳后在支持介质上形成区带称为区带电泳。区带电泳是目前应用最广泛的一种电泳技术，适用于蛋白质、核酸等标本的分离。区带电泳根据支持介质的不同又分为滤纸电泳、醋酸纤维素薄膜电泳、琼脂糖凝胶电泳、聚丙烯酰胺凝胶电泳等。

按照分离目的的不同，分为分析电泳和制备电泳。分析电泳主要用于微量样品的检测分析，而制备电泳样品的承载量较高，在电泳分离结束后可进行特定组分的制备回收。

按照支持物的装置形式（电泳装置）不同，分为水平电泳（支持物水平放置，最常用）和垂直电泳等。

按照缓冲液 pH 值是否均一分为连续 pH 电泳和不连续 pH 电泳。连续 pH 电泳支持介质各处的 pH 值相同，如滤纸电泳、醋酸纤维素薄膜电泳等。不连续 pH 电泳支持介质各处的 pH 值不同，如聚丙烯酰胺凝胶电泳、等电聚焦电泳等。

## 三、常用电泳技术

### 1. 醋酸纤维素薄膜电泳

醋酸纤维素薄膜电泳是以醋酸纤维素薄膜作为支持物的一种区带电泳技术。醋酸纤维素薄膜是将纤维素的羟基乙酰化形成纤维素醋酸酯，然后将其溶于有机溶剂后涂抹成均匀的薄膜，干燥后就成为醋酸纤维素薄膜。该膜具有均一的泡沫状结构，厚度约为 120 μm，通透性好，对分子移动阻力少，是一种良好的电泳支持物。

醋酸纤维素薄膜电泳已经广泛用于各种生物分子的分离分析中，如血红蛋白、血清蛋白、脂蛋白、糖蛋白、甲胎蛋白、同工酶及类固醇等的分离和测定，尽管其分辨率比聚丙烯酰胺凝胶电泳低，但具有简单、快速等优点。

### 2. 聚丙烯酰胺凝胶电泳

聚丙烯酰胺凝胶电泳是以聚丙烯酰胺凝胶作为支持物的一种区带电泳技术，是生物化学中最重要的技术，主要用于蛋白质等生物大分子的分离、定性、定量及少量的制备。这种凝胶电泳的主要特点是凝胶具有电泳和分子筛的双重作用，大大提高了分辨能力。聚丙烯酰胺凝胶电泳能精细分离各种蛋白质，还可测定蛋白质和核酸的分子量，进行核酸的序列分析等，特别是在基因变异或同工酶的研究中应用广泛。

### 3. SDS – 聚丙烯酰胺凝胶电泳

SDS – 聚丙烯酰胺凝胶电泳是最常用的定性分析蛋白质的电泳方法，特别是用于测定蛋白质相对分子质量，是一种常用的变性电泳形式。

SDS – 聚丙烯酰胺凝胶电泳是在聚丙烯酰胺凝胶系统中引进一种阴离子表面活性剂 SDS

（十二烷基硫酸钠），SDS 能断裂分子内和分子间氢键，破坏蛋白质的二级结构、三级结构和四级结构，强还原剂巯基乙醇能使半胱氨酸之间的二硫键断裂，蛋白质在一定浓度的含有强还原剂的 SDS 溶液中，与 SDS 分子按比例结合，形成带负电荷的 SDS - 蛋白质棒状复合物。该复合物由于结合大量的 SDS，使蛋白质丧失了原有的电荷状态形成仅保持原有分子大小为特征的负离子复合物，从而降低或消除各种蛋白质分子之间天然的电荷差异。由于 SDS 与蛋白质的结合是与质量成比例的，因此在进行电泳时，蛋白质分子的迁移速度取决于分子大小。

4. 琼脂糖凝胶电泳

琼脂糖凝胶电泳是以琼脂糖凝胶作为支持物的一种区带电泳技术。琼脂糖是从海藻中提取出来的一种链状高聚物，主要由 D - 半乳糖和 3,6 - 脱水 - L - 半乳糖组成。琼脂糖凝胶电泳的吸附作用和电渗作用均较小，分辨率和重现性较好，电泳图谱清晰，电泳速度快，区带易染色、洗脱和定量，常用于生物大分子如血浆脂蛋白、免疫球蛋白、同工酶和 DNA 酶切片段的分离、鉴定和纯化。

由于琼脂糖凝胶孔径相当大，对大多数蛋白质来说，其分子筛效应微不足道。以琼脂糖凝胶为支持介质的电泳已经广泛应用于核酸研究中，为 DNA 分子及其片段的相对分子质量测定和 DNA 分子构象的分析提供了重要手段。琼脂糖对 DNA 的分离范围较广，用不同浓度的琼脂糖凝胶可以分离长度为 200 bp 至 50 kb 的 DNA。凝胶的浓度越低，适用于分离越大的 DNA。

5. 等电聚焦电泳

等电聚焦电泳是 20 世纪 60 年代中期问世的一种利用具有 pH 梯度的两性电解质为载体，分离等电点不同的蛋白质等两性分子的电泳技术。等电聚焦电泳与其他电泳技术相比具有更高的分辨率，等电点仅相差 0.01 pH 的蛋白质即可分开，因此特别适合于分离分子量相近而等电点不同的两性大分子物质，同时也可用于鉴别被分离物质的等电点。

目前，多采用聚丙烯酰胺作为支持介质，通过人工合成的两性电解质载体来产生 pH 梯度，如聚丙烯酰胺凝胶，相对分子质量在 300～600。有各种不同 pH 值范围的聚丙烯酰胺凝胶可供不同需要选用，如 pH 3～10、pH 3～5、pH 4～6、pH 6～8、pH 7～9 和 pH 8～10 等。不同等电点的物质经过一定时间电泳后，按各自的等电点由小到大依次排列，形成了从正极到负极等电点递增，由低到高的线性 pH 梯度。

6. 双向电泳

双向电泳是在单向电泳后，将方向调转 90°，再进行第二次电泳的技术。第一相电泳时，样品按电荷效应分离，常用等电聚焦电泳。第二相电泳时，同一区带各组分电荷密度相同，已不能再按电荷效应分离，而是按照分子量不同进行分离，常用 SDS - 聚丙烯酰胺凝胶电泳。

等电聚焦电泳可将血清蛋白分离为 50 多条区带，第二相电泳后，最终可将血清蛋白分离为 200 多个斑点，分辨率极高。

双向电泳主要用于蛋白质组的分析。其他应用还包括疾病指标的检测、细胞的分化、恶性肿瘤和药物的研究等。

### 四、电泳系统

从第一台商品自由移界电泳系统的问世以后，近年来电泳仪器的发展迅猛，尤其是随着凝胶电泳技术的成熟及广泛应用，各种类型的凝胶电泳装置层出不穷，使电泳技术得以迅速发展。凝胶电泳仪作为实验室的常规小型仪器，种类很多。随着科学技术的不断发展，电泳仪器的分析对象也越来越专门化，分辨率越来越高，操作越来越简单，性能越来越稳定。凝胶电泳系统主要包括电泳仪、电泳槽及附属设备三大类。

电泳槽是用来盛装缓冲液和进行电泳的场所，多用透明塑料膜压或用有机玻璃胶合而成。电泳槽外形有水平式、垂直式和圆盘式等多种，其中水平式电泳槽一般由电极、缓冲液槽、电泳介质支架和一个透明的绝缘盖等几部分组成。电极分别装在两个缓冲液槽内。电极应具有良好的导电性、抗腐蚀性和抗电解作用，常用铂丝或镍铬合金丝等材料。

随着电泳技术的发展，电泳技术的种类逐渐增加，凝胶电泳在制胶、电泳系统的冷却、凝胶染色及结果分析等方面手段日趋完善，科学家们研制出各种电泳附属设备，如梯度混合仪、外循环恒温系统、脱色仪、凝胶干燥系统、凝胶扫描仪、凝胶成像仪等。

# 第四节　移液枪的使用

**【资料卡片】** ........................................................................

#### 移液枪

移液枪，又称微量加样器、移液器，最早出现于 1956 年，由德国生理化学研究所的科学家施尼特（Schnitger）发明。1958 年，德国公司开始生产按钮式微量加样器，成为世界上第一家生产微量加样器的公司。这些微量加样器的吸液范围在 1～1 000 μL 之间，适用于临床常规化学实验室使用。微量加样器发展的不但让加样更为精确，而且品种也多种多样，如微量加样器、多通道加样器等。

........................................................................

单通道移液枪常用于实验室少量或微量液体的移取，常见量程有 2、10、20、100、200、1 000、5 000 μL 等规格，如图 12－6 所示。不同规格的移液枪配套使用不同大小的枪头，不同生产厂家生产的形状也略有不同，但工作原理及操作方法基本一致。随着微孔板的广泛使用，多通道移液枪的使用越来越多，常见的量程规格有 50、200、300 μL 等，可同时安装 8 个或 12 个枪头（或称枪尖、吸头、吸嘴），能快速完成微孔板的加液工作，如图 12－7 所示。

图 12 - 6　单通道移液枪　　　　　　　　　图 12 - 7　多通道移液枪

移液枪具有微量、手动、可调节的特点，并且避免了换液体时频繁洗涤的情况，减少了溶液之间污染的风险。移液枪属精密仪器，使用及存放时均要小心谨慎，防止损坏，避免影响其量程。

## 一、移液枪的使用方法

在进行分析测试方面的研究时，一般采用移液枪量取少量或微量的液体。对于移液枪的正确使用方法及其一些细节操作，是很多人都会忽略的。现在分几个方面详细叙述。

1. 量程的调节

在调节量程时，如果要从大体积调为小体积，则按照正常的调节方法，顺时针旋转旋钮即可；但如果要从小体积调为大体积时，则可先逆时针旋转刻度旋钮至超过量程的刻度，再回调至设定体积，这样可以保证量取的最高精确度。

在该过程中，不可将调节旋钮旋出量程范围外，否则会损坏移液枪内部机械装置。

2. 枪头的装配

在装配枪头时，将移液枪垂直插入枪头中，稍微用力左右微微转动即可使其紧密结合。在将枪头套上移液枪时，很多人会使劲地在枪头盒子上敲几下，这是错误的做法，因为长期以这种方式装配枪头，会导致移液枪的零部件（如弹簧等）因瞬时强烈撞击而松散，甚至会导致调节刻度的旋钮卡住。

3. 移液的方法

移液之前，要保证移液枪、枪头和液体处于相同温度。吸取液体时，移液枪保持竖直状态，将枪头插入液面下 2 ~ 3 mm，在吸液之前，可以先吸放几次液体以润湿枪头（尤其是要吸取黏稠或密度与水不同的液体时），然后缓慢松开按钮，吸上液体，并停留 1 ~ 2 s（黏性大的液体可加长停留时间），将枪头沿器壁滑出容器，排液时枪头接触倾斜的器壁。最后按下除枪头推杆，将枪头推入废物杠。

两种移液方法如下。

（1）前进移液法。用大拇指将按钮按下至第一停点，然后慢慢松开按钮回原点（吸取固定体积的液体）。接着将按钮按至第一停点排出液体，稍停片刻继续按按钮至第二停点吹出残余的液体。最后松开按钮。

（2）反向移液法。此法一般用于转移高黏液体、生物活性液体、易起泡液体或极微量的液体，其原理就是先吸入多于设置量程的液体，转移液体的时候不用吹出残余的液体。先按下按钮至第二停点，慢慢松开按钮至原点，吸上之后，斜靠一下容器壁将多余液体沿器壁流回容器。接着将按钮按至第一停点排出设置好量程的液体，继续保持按住按钮位于第一停点（千万别再往下按），取下有残留液体的枪头，弃之。

4. 移液枪的正确放置

当移液枪枪头里有液体时，切勿将移液枪水平放置或倒置，以免液体倒流，腐蚀活塞弹簧。使用完毕，可以将其竖直挂在移液枪架上，但要小心别掉下来。

## 二、移液枪的维护保养

（1）如不使用，需要把移液枪的量程调至最大刻度，使弹簧处于松弛状态，保护弹簧，并将其竖直挂在移液枪架上。

（2）根据使用频率，应定期对移液枪外表进行清洁，用肥皂水清洗或用60%的异丙醇消毒，再用双蒸水清洗并晾干。特别需要注意移液枪嘴锥处，不能残留溶液。

（3）平时检查是否漏液的方法：吸液后在液体中停1～3 s观察枪头内液面是否下降；如果液面下降首先检查枪头是否有问题，如有问题更换枪头，更换枪头后液面仍下降说明活塞组件有问题，应找专业维修人员修理。

（4）需要高温消毒的移液枪应首先查阅所使用的移液枪是否适合高温消毒后再行处理。

（5）移液枪必须按要求定期进行校准。

## 三、移液枪使用注意事项

（1）移液枪反复撞击枪头来上紧的方法是非常不可取的，长期操作会使内部零件松散而损坏移液枪。

（2）在调整取液量的旋钮时，不要用力过猛，并应注意计数器显示的数字不要超过其可调范围。注意选择量程适宜的移液枪。

（3）移液枪严禁吸取有强挥发性、强腐蚀性的液体（如浓酸、浓碱、有机物等）。

（4）吸取液体时一定要缓慢平稳地松开拇指，绝不允许突然松开，以防将溶液吸入过快而冲入移液枪内腐蚀零部件。

（5）移液枪在取样加样过程中，应注意枪头不能触及其他物品，以免被污染。

（6）用完后，要将移液枪调至最大量程，以免压缩弹簧导致弹簧不能恢复。

（7）移液枪在使用完毕后应卸掉枪头后放置在移液枪的支架上。远离潮湿及腐蚀性物质。

（8）连续可调式移液枪应定期请专业人员进行校验、调试，不要自行拆开。

# 练习与应用

## 一、做一做

1. 使用低速台式离心机要注意什么问题？
2. 什么是膜分离技术？膜分离技术和传统的分离技术相比有何优点？
3. 透析的原理是什么？主要应用是什么？
4. 什么是反渗透？有何用途？
5. 什么是电泳技术？电泳技术有何用途？
6. 何谓琼脂糖凝胶电泳？主要用于什么物质的分离？
7. 简述如何使用移液枪。
8. 欲量取 15.5、96.6 和 389 μL 的溶液，应选什么量程的移液枪，如何调节？

# 实训　高速冷冻离心机的使用方法

## 一、实验目的

1. 了解高速冷冻离心机的结构、使用方法及注意事项。
2. 掌握生物物质、微生物菌体离心分离的原理。

## 二、实验原理

离心机是利用离心力对混合溶液进行分离和沉淀的一种专用仪器，高速冷冻离心机在实验室分离和制备工作中是必不可少的工具，其最高速度可以达到 25 000 rpm，最大离心力可达 89 000 g。这类离心机通常带有冷却离心腔的制冷设备，温度控制是由装在离心腔内的热电偶检测离心腔的温度。高速冷冻离心机有多个内部可变换的角式或甩平式转头，它们大多用于收集微生物菌种细胞碎片，大的细胞器以及一些沉淀物等。

## 三、实验器材和试剂

天平、高速冷冻离心机、离心管、大肠杆菌（E. coli）发酵液。

## 四、实验操作

1. 使用前先检查调速旋钮、定时旋钮等是否在"0"处，离心管是否泄漏。

2. 选择合适的转头安装到离心腔内承载转头的轴上。

3. 接通电源，打开电源开关。

4. 将待离心的液体装入合适的离心管中，盛量不宜过多（占管的2/3体积）以免溢出，盖上离心管盖，精密平衡离心管，并对称放入转头中。

5. 调节速度旋钮和定时旋钮，至所需的速度和时间。

6. 打开启动开关，并观察离心机上的各个指示仪表是否正常工作。

7. 离心结束后自动关机，关闭冷冻开关、电源开关，切断电源。

8. 将转头取出，将离心机的盖子敞开放置。

9. 收集离心物，洗净离心管。

## 五、实验记录

发酵液体积，湿菌体质量，单位体积菌体得率。

## 六、注意事项

1. 高速离心机的转头镶置在一个较细的轴上，因此精密的平衡离心管及内含物是十分重要的。

2. 当转头只是部分装载时，管子必须相互对称地放在转头上，以便使负载均匀地分布在转头的周围。

3. 装载溶液时，要根据离心管的具体操作说明进行，要根据离心液体的性质、体积选择合适的离心管，液体不得装的过多，以防离心时甩出，造成转头生锈或者腐蚀。

4. 每次使用时，要仔细检查转头，及时清洗、擦干。转头是离心机中须重点保护的部件，搬动时不能碰撞，避免造成伤痕。转头长时间不用时，要涂一层光蜡保护。

5. 转头在使用前应放置在冰箱或置于离心机的转头室内预冷。

6. 离心过程中不得随意离开，应随时观察离心机上仪表是否正常工作，并注意声音有无异常，以便及时排除故障。

受访人　　　　　　　　　　　　　　　　　撰稿人

## 朱亚文

著名演员，曾出演《闯关东》
《红高粱》《黄金时代》《我是证人》
《北上广不相信眼泪》等多部影视作品。

## 井浦新

1974 年生于东京。
日本演员、设计师、"匠文化机构"
理事长、京都国立博物馆文化大使。

## 安东尼

作家，厨师，并已创立工作室。出版
过多本畅销书，《陪安东尼度过漫长
岁月》系列已被改编为电影，还与漫
画家丁冬合著有《二人饭店》。

## 许志强

"晓风书屋"创始人，时尚廊前总经理。

## 龚林轩

自由摄影师，自由撰稿人，
热爱烹饪和旅行。

## 安闹闹

法国美食博主、电视节目《世界青年
说》嘉宾、《你所不知道的中国》
节目嘉宾。

## 河马

热爱做饭和搜集食器，开了一个专门
分享自己制作食物的微博，名为"河
马食堂"，还有一个分享食器与食物
故事的微信公众号，"河马私家厨房"。

## 黑麦

"黑麦的厨房"创始人、音乐记者。

## zhuyi

暗黑系甜品品牌"黑法师"创始人，
HomeBistro 下酒菜公众号作者。

## 雜鱼

鱼治设计和料理工作室创始人，
《一顿自己的晚餐》作者。

## Donal Skehan

出生于爱尔兰都柏林，身兼厨师、作
家、食物摄影师等多重身份，并主持
多档烹饪电视节目，已出版
《厨房英雄》系列烹饪书。

## Gabriel Cabera

The Artful Desperado 美食艺
术博客博主。

## Talib Hudda

加拿大籍主厨，曾任丹麦哥本哈根的
米其林一星餐厅的厨师总管。
2015 年来到北京，开始他的新事业。

## Zien Sam

美国美食博客"Sam the Cooking
Guy"博主，著有三本畅销食谱书，并
有自己的电视烹饪节目。

## J. Kenji López-Alt

《The Food Lab》（食物实验室）
专栏作者，Serious Eats 烹饪总监。

## 久保田里花

居住在日本广岛的美食博主。
喜欢美食、可爱事物以及猫咪。

## Tomy

日本主妇，来自日本茨城。家有一位
可爱的 1 岁女宝宝 Hana 酱，和两只
可爱的猫咪 Anakin 和 Reia。

## 吉井忍

日籍华语作家，曾在中国成都留学，
法国南部务农，辗转台北、马尼拉、
上海等地任经济新闻编辑；现旅居北
京，专职写作。著有《四季便当》《本
格料理物语》等日本文化相关作品。

## 张佳玮

自由撰稿人。
生于无锡，长居上海，游学法国；
出版多部小说集、随笔集、
艺术家传记等。

## 老波头

上海人，专栏作家，
江湖人称"猪油帮主"；
著有《不素心：肉食者的吃喝经》
《一味一世界——写给食物的颂歌》。

## 杨函憬

goodone 旧物仓及中古厨房
创办人。

## 余师

网名"肥肥鱼"，热爱美食、旅游、
摄影，一切与艺术、美好相关的东西。
2011 年由于压力过大开始"漂泊"
生活，"在路上"的日子中，
不断体味着不同的人生与美食，
然后将其记录下来，由眼到心。

## kakeru

摄影师，美食爱好者。

## 朱添舒

美食与摄影爱好者。

特别鸣谢：

壹心娱乐、NHK / Tokyo Video Center、惟简摄影

# 四个人的
# 男子煮义

金梦，邵梦莹，Dora / interview & edit

## 苗炜

知名作家，《三联生活周刊》前副主编，热爱美食，已出版小说《面包会有的》。

**是否自己做饭？**

很少做，因为做不好。但也经常在家吃，个人来说吃得比较健康，基本以蒸煮食物为主。蒸南瓜红薯紫薯，煮虾煎鲈鱼烤三文鱼，炖牛肉，这些基本都是健康食谱范畴。还有大量的水果蔬菜酸奶，健康又方便。基本不炒菜，更复杂的就由妻子做了。

**是否认为男人与女人在做饭态度和风格上有所不同？**

没想过这个问题，但我知道如果是真的张罗家宴，能做好饭菜的通常是男性。女性可能更适合做家常便饭。

**一个人吃饭时，最常吃的食物是什么？**

一个人最常吃的是燕麦粥，还有牛肉拉面。

## 老羊

厨房达人。

**是否自己做饭？**

平时家助阿姨会根据我们的喜好来做饭，所以自己下厨频率不高，但如果有亲友来，就一定亲自下厨。祖母善于烹饪，小时候最喜欢她做的一道用鸡汤蒸煮的芙蓉蛋。有一年春节试着做给太太吃，大赞！我觉得男人说得好不如做得多，还是在厨房为爱人做可口的饭菜更为踏实。

**是否认为男人与女人在做饭态度和风格上有所不同？**

男人在体力上比女人有优势，同样也可以认真细致地投入做菜。这是一个让自己慢慢积累和沉淀的过程，用心、有耐性才能做出好味道。男人如果会做饭，在另一半眼里加分不少，而且据说大部分女人认为男人做饭时更有魅力。

**一个人吃饭时，最常吃的食物是什么？**

日常为自己做饭时，我会选用当季食材，现在天气渐凉，除了一些热汤面食，也爱做各种锅物。比如用昆布和鲣鱼干、自制高汤、酱油做牛肉锅，加入葱、大白菜、水萝卜跟豆腐，日式柑橘作为牛肉的蘸料，配上米饭，吃得很舒服。

## 鱼菲

**高级西点师，创意美食家，已出版书籍《行走的厨房》。**

## 嘉文

**米念创始人之一，一个住在食物剧场里的人。**

**是否自己做饭？**

经常自己做，以前纯粹是兴趣，现在则成了工作，但不妨碍我依然对它情有独钟。总觉得30岁前可以任性地更换工作，30岁后则要喜欢自己的工作。说起做饭的魅力，大概在于可以经常遇见不同的客户吧，因为好的客户可以让工作变得更有趣。善于选择，学会拒绝，才是做饭的快乐之本。

**是否认为男人与女人在做饭态度和风格上有所不同？**

当然有，因为男生相对理性，女生比较感性。吃饭也是如此，男生可能会因为食物本身的味道再去一次，女生或许会为了餐厅环境、菜肴摆盘这些较为"视觉化"的因素而反复光顾。

**一个人吃饭时，最常吃的食物是什么？**

一个人的餐食很简单，分工作餐和休息餐，工作餐基本是外卖或速食；休息餐也是面食或馄饨类居多，但唯一不同的是馅料会自己做，我个人喜欢鲜虾、猪肉或蟹粉的。主要为清淡＋谷物的饮食结构，蛋白质、脂肪和碳水化合物的摄入比例也在努力寻求一个平衡。

**是否自己做饭？**

经常做饭，饭局是一种"工作"与"下班"的切换，做饭会让我慢慢放松下来。在荷兰读书的时候，我住在 Hoorn（霍伦），一个北部的小城，学校分配给我一个很大的阁楼工作室，工作室楼下有花园和厨房。每天出门去邻街的市集买菜，上完课回来在厨房为自己做顿好吃的晚餐，成为一件能让我高兴的事。做饭这件事最吸引我的地方是它是一个创作过程，我需要自己去挑选食材，料理之后进行烹饪，做完一顿饭就像完成一件作品，这件作品能让朋友们喜欢，也会让我觉得很开心。

**是否认为男人与女人在做饭态度和风格上有所不同？**

男女若说做菜有不同的话，我觉得是女人更多会把食物当作一种依赖和安慰，而男人则愿意把做饭看作一种关心。

**一个人吃饭时，最常吃的食物是什么？**

个人吃饭时，最常用菌类和海鲜炖锅高汤，做一碗汤面，配一杯小酒。

# 得厨房者得天下

陈晗 / text & edit

无论如何，当你主动并热情饱满地拿起锅铲，就已经昭彰了一种爱的能力。

正在备菜的朱亚文。身为江苏人的他，日常做饭也都是家乡口味。他今天要做两道菜：藕滩子和螃蟹炒年糕。

▥在一本书上看到过一个实验：**此刻开始**，分别设想两个场景，第一个场景是你和朋友去一家高级餐厅吃饭，主厨亲自来到你们的桌边询问**对食物是否满意**；第二个场景是回到父母家里吃饭，**你在客厅看电视时**，家人正在厨房里准备晚餐。▥现在**说说看**，这两个场景中的"主厨"和"家人"，在你刚才的想象中各是男性还是女性？这是一个美国的心理学作家设计的实验，参与实验的人大部分给出了主厨**为男性**，家人为女性的答案。▥这一点都不奇怪，一些隐性的性别"歧视"存在于全世界每个人的头脑里。**看到"金融家"，直觉是男性**；看到"护士"，直觉是女性。但凡再多思考一秒，都会知道这两种职业并无性别限制。类似的例子不胜枚举，归根结底，是原始社会中**男性**狩猎、女性采摘和照顾家人的分工形象太过深刻，以至于当人们把做饭想象成职业，就直觉主体是**男性**；当把做饭想象成家务，就直觉主体是女性。▥但事实上，出色的女主厨并不少，爱为家人做饭的男人更是多。**男人进厨房有很多种理由：擅长烹饪，以此为业**；**独自生活**，要喂饱自己；热爱美食，也享受做饭的乐趣；想让家人、恋人或朋友尝到自己的手艺……在对做饭的热爱程度和能力高低上，男性与女性并不因性别而生来不同，有的只是人和人的差异。▥有一个在大多数场合下通用的真理：**会做饭的人，在异性眼中格外有魅力。**因为做饭这一行为究其本质，是一种爱的表现，**只不过爱的对象时而是自己，时而是他人，更别提当你真的做出一道美味佳肴，又有谁会拒绝美味与爱呢？**所以，男人们，厨房就在那里，如果你从来没走进过，不妨先看看美国现代恐怖小说家斯蒂芬·金的3个厨房新手秘诀：1. 文火很难出错，克制住调成中高火的欲望；2. 试试用微波炉做饭；3. 从冰箱取出的肉类，先恢复室温再烹调。▥然后，如果你初期的厨房生涯只是为了果腹，并不打算挑战多么复杂的菜肴，我们还准备了以下10条诚恳建议：1. 冰箱常备各种口味配饭酱，饿的时候一碗米饭一瓶酱，**足矣**。2. 活用电饭煲，焖米饭时不妨丢入几个削了皮的土豆、红薯、山药、芋头，或者冰箱里现有的适合长时间焖煮的食材。3. 冰箱常备肉类加工品，如培根、中式腊肠、德国香肠等，可煎食，也可与米饭同焖。4. 别小瞧了罐装食物，虽说常吃无益，但饥饿难耐时，一份午餐肉、金枪鱼或油浸沙丁鱼罐头，搭配少许主食，能救你于水火之间。5. 家中常备一包切片吐司、一包切片火腿、一瓶喜欢的沙拉酱、几个新鲜的西红柿、一棵新鲜的生菜，就算你厨艺为负，也一定能将以上食材组合成三明治。6. 即使只是为了饱腹，厨房里也应**必备这几样调味料**：盐、糖、黑胡椒粉、橄榄油、酱油、香醋。7. **常备各种粉面类**，意大利面、日式拉面、阳春面、**素面**、鸡蛋面、米粉、河粉、面线。8. **常备冷冻牛排**，即使什么都不会做，也应该学会煎牛排，既解馋又快手，煎得好还能成为拿手菜。9. 速冻食品真是伟大的发明：**速冻饺子、速冻小笼包、速冻汤圆、速冻拉面**……10. **最后一条建议**：能吃新鲜的，就不吃冷冻的。▥如果你已是资深厨男、专业煮夫，相信你已深知烹饪之妙趣。这本书中不乏你的同类，无论是厨房绅士还是厨房硬汉，看看这些男人举起锅铲的理由、烹饪路上的心得、对记忆中味道的还原、因食物而结识的机缘等，**都会让人忍不住觉得：得厨房者得天下，男人们开始意识到这一点了。**

朱亚文先将螃蟹一只只地仔细清洗，去除脏物。

螃蟹炒年糕也是江苏家常菜之一，不过南方其他地区也有各自的做法。有的地方是先将年糕煮软，再和螃蟹一起下锅同炒。但朱亚文家中的做法，是先将螃蟹汁煮出，简单调味，再用这汁去煮年糕，

年糕本就吸汁，其鲜美可以想象。出锅后，被一抢而空的一定是年糕，而非螃蟹。

朱亚文也爱喝酒，最爱的是白酒，但喝多影响工作，逢年过节才会喝一些。平时则喝葡萄酒。

Chapter 1

下厨是他们生活的一部分

◎ "我非常清楚我老婆爱吃什么，你要是问她爱吃什么，她会说'我爱吃清淡的'，但我做的肉菜没有她不爱吃的。"朱亚文说。朱亚文的家庭经营策略，有些传统但永远奏效：抓住全家人的胃。

专访 ……… ( Ψ ♀ ) ✕ 朱亚文

# 在厨房里，掌握整个家的温度

## 专访朱亚文

陈晗 / interview & text　　惟简摄影 / photo courtesy

见到朱亚文的那天，北京下了一天的雨。他从外面走进来，把雨伞收在玄关，径直走向了厨房，原来是去查看几只螃蟹的状态。之前对他的想象有很多，《闯关东》中朱传武的叛逆不羁，《红高粱》里余占鳌的粗野执拗，《北上广不相信眼泪》中赵小亮的风趣雅痞。这些角色被诠释得太过酣畅，以至于大家都相信，"他们"的身上多少带着朱亚文自己的影子。在性别界线愈发模糊的今天，这股子生猛热烈的"直男"气息，令他立即收获"行走的荷尔蒙"称号，打开他的微博评论，随处可见"我要睡你"这样的调侃。

○这些角色，可以说都离他没那么"远"。较"远"的一次，是他在《黄金时代》中演端木蕻良。他在一次访谈中说："我从没演过这么'弱'的角色。"最担心他的是太太沈佳妮，同为演员的她，对他的每部戏都给予足够的支持和信心，只是这次，她知道对他来说是个不小的挑战。他一向会在拍戏前做很多功课，这功课包含阅读和大量的思考。演端木也一样，端木蕻良和萧红的作品他都读了一遍，然后细细地琢磨，在那个年代里，端木和其他人有什么不同；端木稍嫌软弱的性格与情感表达，和他本人的成长经历及整个时代背

**PROFILE**

**朱亚文**
著名演员，曾出演《闯关东》《红高粱》《黄金时代》《我是证人》《北上广不相信眼泪》等多部影视作品。

## "大部分时间都留出来逛超市和菜市场，在那里我才会真正感到自己是在生活。"——朱亚文

景，有着怎样的关系。只有挖掘得足够深入，他才能在拍摄时打开自己，让端木的情感进驻。不过，"不在同一个时空的人，怎么可能将他（端木蕻良）的情感完全表演出来呢"？在拍摄几场非常关键的感情戏时，他索性在某一个时刻将"朱亚文"释放，不"表演"，就用真实的情感发声。至于是哪一个时刻，你可以去找看。

○而此刻，朱亚文戴着黑框眼镜站在冰箱前，弯着身子翻着肉馅，所有横冲直撞的光芒都被收敛了。翻着翻着，看到他眉头微蹙，自言自语："牛肉馅不够香，有猪五花就好了。"厨房案板上摆放着今天要用的食材，助手见他刚从雨中赶来，想让他休息一会儿，便问能不能先替他备菜，他赶忙回道："不用，千万别动。"

○他系上围裙，挽起袖子，洗干净手，从墙上挑了一把趁手的刀，在案板前站定，半开玩笑半认真地说："如果只是摆拍，我就不来了。但你们真的让我做，那就等着吃吧。"朱亚文做的第一道菜是"藕滩子"。看他温柔仔细地冲洗着香菇，熟练麻利地切着葱姜蒜和藕丁，偶尔拿起抹布擦拭一下案板……手起刀落的节律中，忽然发觉这个多少人梦中的"硬汉男神"，的确有着南方男人细腻的一面。

○朱亚文生于江苏中东部的盐城，2002 年进入北京电影学院表演系，同年便接演了他的第一部作品《阳光雨季》。如果从第一部戏开始算起，至今他已入行十余年。十余年间，他的作品诞生得不徐不疾，人气并未在某个节点一飞冲天，而是蒸蒸日上。事业以外，他也在适合恋爱的年纪遇到了对的人，适合结婚的时刻结了婚，想要小孩的时候就造生成功，喜得可爱的女儿哈哈。正如他在某个访谈中说的那样："像是被祝福了一样。"但被祝福的力量果真有这么大？能在疾风骤雨的演艺圈中守护好自己的家庭、爱人、生活，顺顺当当地过这些年月的人，是他自己。

○即使被戏称为"行走的荷尔蒙"、"变态帅"，即使在剧中常常呈现令人血脉偾张的大尺度演出，即使在微博评论中满眼皆是要"睡"他的热情粉丝，蜕去戏中角色，他仍是圈中出了名的"绯闻绝缘体"。他从不自称"好男人"，却默默地在心中定下一条条准则，有些原则来自不凡的教养，有些是在演艺圈中生存，为保护私人生活不得不竖立的"防线"。他有太多可供舆论消费的资本，只是他闭口不提。他谨慎认真地挑选作品，诚恳专注地表演创作，深知在这个"眼看他起朱楼，眼看他宴宾客，眼看他楼塌了"的环境中，"炒作"给不了他想要的生活，只有踏踏实实地当一名好演员，才能用实力承接住那些令人惶恐的爱、不明来由的恶，以及一切起伏涨落。

○这个金牛座的男人，想保护的东西其实非常明显：一种平凡百姓的烟火生活。对，就是那一抹"烟火气儿"。家庭这个概念被他牢牢地担在肩头，盛在心里，言语间透露着守护与承担的本能，还乐在其中。要说他身上那种无法忽视的男人味来自何处，健硕身形倒是其次，眉宇间的担当、踏实、执着、保护欲，或许是更重要的原因。

○"在做饭以外的空间里，烦心事其实挺多的。但一进厨房，你想把菜做好，就会专注于备料和烹调，这个过程让我觉得特别简单、放松。"会做饭这个本事，朱亚文很少对外提起。尝到他做的菜之前，以为他只是爱做，没想到，真是好吃。和他聊下厨之前，以为他只是偶得闲情下厨解闷，没想到，下厨才是他的日常。

○妻子不常做饭，爱下厨的他就独自"承包"了这项重要业务，不工作的时间，大部分都花在厨房。"我觉得厨房是决定家庭亲情关系的场所。你能让厨房的气氛 high 起来，让全家人依赖于厨房，这家人就不会有解决不了的事。"朱亚文说着，右手抓起一只大闸蟹，左手抄起根筷子，往蟹嘴里一捅，"下一道，螃蟹炒年糕。"

●刀工熟稔，切好的葱姜蒜被规整地码放成一堆堆。认真做饭时的朱亚文，表情其实很严肃，但偶尔会被我们逗笑。

**食帖 ▷ 什么时候开始自己做饭的？**

**朱亚文 ▷** 正式踏上社会开始。总在外面吃腻了，就想试着复刻一些父母做过的饭菜。一尝试，发现真的能做出那些味道，更关键的是，这过程中发现自己是喜欢做饭的。其实在做饭以外的空间里，烦心事儿挺多的。但一进厨房你想把菜做好，就不能有那么多杂念，会专注于分配、备料、烹调，这个过程让我觉得比较简单、轻松。所以我一跟别人说做饭是特别放松的事，别人都会说："啊？怎么可能？"但对我来说真的是这样。

**食帖 ▷ 自己做的第一道饭是什么？**

**朱亚文 ▷** 印象中是日式快餐店的牛肉盖浇饭。当时我特别爱吃这道饭，而且感觉自己能把汤汁收得更好吃。那次很成功，但我的做法不太一样。日式快餐店是将米饭和汤汁分开，让你拌在一起吃；而我是将汤汁熬到一定浓度后，用这个汤汁去焖米饭，这样米饭中就直接吸满牛肉汤汁的鲜味。快起锅前，将牛肉放进去稍焖一下就行，非常好吃。

**食帖 ▷ 小时候家里通常是谁做饭？**

**朱亚文 ▷** 在我离开家之前，一般是母亲做，但母亲做饭真的不是很好吃（笑）。踏上社会后偶尔回家，父亲会亲自下厨。那时我才发现，父亲做饭原来那么好吃，不过那时我的段位已经和他差不多了。现在每次回家，我和父亲在厨房里会互相配合，比如中午要做五六个菜，两三个菜我来，两三个菜他做。

**食帖 ▷ 家里做饭是以江苏菜为主？印象较深的家乡菜有哪些？**

**朱亚文 ▷** 家里我自己做菜，通常都是江苏风味。即便是北方菜，我也会想办法把它变成南方味道。青菜烧猪大肠，这是我们春节的年菜，意味着弯弯顺，什么弯路都能顺利走过，图个吉利。还有芋头羹，是一道咸鲜的汤，山药、芋头、新鲜猪肉、蘑菇，加一点点蟹黄做的一碗羹，喻义来年"遇"到好人好运，也是年菜之一。再一个是藕饼，我们叫"金钱饼"，是将肉馅夹在藕片里，裹上面糊炸，类似北方的"炸藕盒"。

江苏人对食材新鲜程度的要求很高，不过我们对"鲜"的要求和广东比较不同。广东靠海，海鲜多，我们那里更多的是河鲜。很多河鲜都有一股土腥味儿，所以我们很重视调味，比如放一些酱，豆瓣酱、豆豉酱或自家制的肉酱等。而我生在苏北，更近山东，苏北菜会比一般淮扬菜粗糙一些，风格上比较彪悍。

**食帖 ▷ 去其他城市工作或旅行时，会不会去找好吃的餐厅？**

**朱亚文 ▷** 去一个城市，我更偏爱吃那里的大排档。这样的地方对本土餐饮文化保留得比较完全，在那种氛围里，你才会有一种彻底的融入感。这也是我的饮食概念的一部分。

还有就是逛菜市场，这是必需的。现在我不怎么逛商场，因为几乎不需要自己去买衣服。大部分时间都留出来逛超市和菜市场，在那里我才会真正感到自己是在生活。

● 两面都煎至金黄，表皮焦香，咬下去一口酥软，嚼起来夹杂着少许爽脆口感，似猪软骨，其实是藕丁，藕丁被切得很细，不觉得突兀。

## "这道菜对我们两个来说，不只是一道菜那么简单，它更是一种情感交流的方式。"
## ——朱亚文

**食帖** ▷ 在北京时喜欢逛哪些菜市场？

**朱亚文** ▷ 最常逛的其实是一个大型超市，在望京。之前在很多超市和市场里买不到河虾，而我一个南方人，入秋后吃不到河虾，还是挺难受的。那家超市正好有，95 元一斤，挺贵，但也要买。这儿的河虾不敌老家那么鲜，所以我会加点椒圈爆炒。如果是老家的河虾，煮一煮就很好吃。

市场或超市，基本每三天就要逛一次，因为家里买菜做菜都是我来包办，我也非常清楚老婆爱吃什么。逛菜市场前脑子里已经有个大概的清单，不过也有例外，比如原本没打算买韭菜，却突然遇到特别好的韭菜。南方人嘛，对蔬菜的要求挺高的，韭菜我就不喜欢吃宽杆的，水分太大，韭菜味儿浑；而细杆的旱韭菜，水分没那么大，韭菜香纯正，只是在北京不太容易买到，当你找到了就会特别开心，一开心就买很多，回家这几天都要吃韭菜。

**食帖** ▷ 每天的早餐也是你做？

**朱亚文** ▷ 对，早餐都是我做，午餐可能和阿姨配合着做，但肉菜还是我做，因为……天赋吧（笑）。早餐每天都不一样，我太太爱吃黏的，爱吃米面，我们就面条一天、馄饨一天、饺子一天、汤圆一天、年糕一天，五天过去了。如果我还留了点肉汤，第六天就烫个饭，或是烙个饼，一周就过去了。

**食帖** ▷ 你太太会不会偶尔也为你下一次厨？

**朱亚文** ▷ 会，她有一道拿手菜，糖醋小排。糖醋小排我尝过很多，家里亲戚都会做，但她做的，就是邪了门儿地好。有些糖醋小排，要么是肉太烂，要么是醋下锅时机不对。首先，我不喜欢肉过于软烂，这会让我失去用牙齿咀嚼的快感；然后，醋应该到一个不刺鼻但绝对存在的程度，下得早了，出锅时会没味儿，下得晚了，就会刺鼻。你也不知道她是怎么掌握这个时机的，反正是刚刚好。

但我从来不问她是怎么做的。问了就意味着要学，学会了，这道菜很可能就又变成我做，所以，坚决不问。这道菜对我们两个来说，不只是一道菜那么简单，它更是一种情感交流的方式。每当我说想吃糖醋小排，她就会很开心地冲到厨房去做。

**食帖** ▷ 你做饭这么好吃，是跟谁学习过，还是自己修炼的？

**朱亚文** ▷ 我觉得是靠天赋（笑）。有的菜我在馆子里吃一嘴儿，回来起码能复制到 85% 以上。比如红焖羊肉，在我们那儿做羊肉是不放豆腐乳的，所以当我在外面吃红焖羊肉这道菜时，虽觉得味道似曾相识，但在常规调味料里却找不到对应的。有天吃早饭，吃了一块豆腐乳（这之前很久没吃过豆腐乳），脑子里面"当"地一下就通了，啊，是它！之后再做红焖羊肉就特别轻松，因为关键就在豆腐乳。后来我明白了为什么要用豆腐乳，因为

它有一点酒香，微苦，而羊肉甘甜，二者味道正好中和。如果还想更好吃，可以将洋葱剁末，提前下锅，炒到它们融在锅里，再放大葱、老抽、豆腐乳，和羊肉一起焖。我不太喜欢加胡萝卜，更喜欢用白菜。但一定是在羊肉二次回锅的时候才加白菜，焖一会儿，下点粉丝。

**食帖** ▷ 这么爱吃肉，不担心影响身材？

**朱亚文** ▷ 还是要健身。我平时一周至少运动五天。但不是追求脱了衣服跟青蛙一样，我这么爱吃，这辈子估计也变不成那样。健身只是为了保持基本的线条和健康。

**食帖** ▷ 厨房对你来说的意义是？

**朱亚文** ▷ 我觉得，厨房的气氛决定家庭的亲情关系。你能够让厨房 high 起来，让全家人依赖于这个厨房，这家人就没有什么是商量不了的，没有什么是不能化解的。我家的厨房不算开放式，但有一整扇玻璃门。做饭时，老婆会抱着孩子站在玻璃门外往厨房里面看，孩子特别爱看，因为厨房里热闹。

厨房装修风格是德式的，各种厨具和设计都比较科技化和人性化，当然也比较贵。最初装修时，我就和老婆说了，卧室可以小，厨房一定要大，别的可以省，厨房和洗手间，一个子儿都不能省，在能力范围内，我要用最好的，因为这套东西，未来 10 年可能都不会更换。

再者，我希望厨房能成为朋友们喝酒抽烟的地方。一开始就想到家中会有小孩，但又觉得有必要给我的朋友提供一个抽烟喝酒的角落，所以就决定把厨房设计成一个小 party 房的感觉。

**食帖** ▷ 对烹饪器具"挑剔"吗？

**朱亚文** ▷ 挑，非常挑。比如说炖汤，特别讨厌用电砂锅。我炖汤会用一个 24 升的汤桶，将食材装得满满的，再加水，让水没过原材料三分之一，慢慢煮到原材料一点点下降至露出水面三分之一。炖猪蹄汤时，一定不会只炖猪蹄，还会买两根大骨棒埋在这桶底，因为光炖猪蹄会有点腻，骨香可以调和。鸭汤也是，炖不好会有点腥，我就会把鸭皮去掉一部分，再买偏瘦的猪脊骨压在桶底一起炖。

**食帖** ▷ 有没有什么特别的厨房习惯？

**朱亚文** ▷ 有一个，不喜欢别人问我接下来要干吗。其实对方是好心，是想帮你，但我不习惯。因为我不是厨师长，没有团队，在自己的厨房里我既当将军又当兵，习惯于一个人做所有事。突然被这么一问，会打破我眼前的操作节奏。所以我的厨房习惯是告诉旁边的人："别问。"在这点上，我和父亲还有丈母娘就

特别默契，他们从来不问，却能在你将藕切碎了之后，很自然地递过来切好的葱姜蒜。因为我们都知道这一整个过程是怎样的。做饭也是个创作的过程，不了解、不在意这个过程，试图强行插入进来，感觉挺不好的。如果是我、我爸和我丈母娘三个人组合在厨房里，不夸张地说，天下无敌。

〰〰〰〰〰〰

**食帖** ▷ 传统家庭里厨房多是女人的，但现在爱下厨的男人越来越多。

**朱亚文** ▷ 这么说绝不是歧视女人，但我真的认为男人认真做起饭来，比女人擅长。主要原因可能是男人在任何事情上的探索欲，要强于多数女人。探索欲决定了你最终能将这件事做得有多好，探索得越深，呈现的结果就越丰富。比如韭菜炒肉丝，听起来简单，韭菜肉丝一起炒不就行了？对不起，真不是这样。韭菜和肉丝绝对不能在同一个锅里炒。炒肉丝时不能放韭菜，韭菜下锅前一定要把锅擦干净了再放韭菜，只有这样才既不抢韭菜香味，又不会让肉丝炒得过老。当两样东西都炒得差不多了，再加到一起，这时火候最重要，要尽量做到不出汁，收得干干的才好吃。特别害怕看到有人端上来一盘韭菜炒肉丝，韭菜和肉丝整个淹在汤汁里。老家的韭菜炒肉丝一定是干干的，只有一点点汤汁，最后可以拌米饭。当年乾隆下江南，不就是奔着一口江南小炒和美女去的吗？

〰〰〰〰〰〰

**食帖** ▷ 出去拍戏时怎么解决三餐？

**朱亚文** ▷ 我会随身带个电磁炉，或在当地买个电磁炉，这样至少能在拍戏期间给自己下个面条，能改善尽量改善。去一些偏远地区时，我会直接找老乡家，时间允许的话自己做，时间不允许就跟着老乡们吃他们的家常菜。最好吃的永远是香葱炒鸡蛋，因为鸡蛋好。他们大多是用铁锅来炒，铁锅和鸡蛋的搭配，是世界上最大的美味，用这个拌着米饭吃，就足够了。现在自己家里也会尽量吃草鸡蛋，母亲每次来北京看我们之前，都会托亲戚去乡下收一堆鸡蛋。

〰〰〰〰〰〰

**食帖** ▷ 为什么不在微博上说你会做饭？

**朱亚文** ▷ 比我做得好的大有人在，我不觉得这件事是可以炫耀的。而且如果我一直不说，当你有一天突然发现"诶？你居然会做饭"，难道不会惊喜吗？就像今天，你们吃过后会不会有一点点惊喜？

〰〰〰〰〰〰

**食帖** ▷ 现在会给女儿做辅食吗？

**朱亚文** ▷ 不会，辅食的口感不在我对烹饪的认知范围内（笑）。我很同情她，要吃半年以上这种食物。但她很幸运，因为她有一个很会做饭的老爸，一个很会做饭的爷爷，和一个很会做饭的外婆，未来不管她去到哪里，都有好吃的。fin.

● 正在认真洗菜的朱亚文。

● 正是食蟹的好时节，鲜活的大闸蟹买回来要注意保存方式，可以冰箱冷藏，但要在蟹壳表面淋少许水；也可装入浅盆来养，水没过螃蟹一半高即可，也不能让螃蟹堆叠，会致其无法呼吸。以上两种方式都可保存 5 天左右。

**"如果我一直不说，当你有一天突然发现**
**'诶？你居然会做饭'，难道不会惊喜吗？"**
——朱亚文

## ❧ 朱 亚 文 的 私 家 螃 蟹 炒 年 糕 ❧

### 螃蟹炒年糕

—— { 食材 } ——

| 大闸蟹 | 3 只 | 生抽 | 适量 |
|---|---|---|---|
| 年糕片 | 1 包 | 盐 | 适量 |
| 葱、姜、蒜 | 适量 | 糖 | 适量 |
| 料酒 | 适量 | | |

—— { 做法 } ——

① 葱姜蒜切末或切丝；年糕片先用开水焯软。

② 如果是活蟹，先用筷子从蟹嘴插入，可直接
杀死，再切成四份。

③ 热锅下油，下葱姜蒜大火爆炒出香，将切好
的蟹块放入锅中翻炒几下，加水至接近没过
蟹块，小火煮至沸腾，加料酒、生抽、盐、糖
调味。

④ 将蟹块捞出，放置待用；锅中下入年糕片，
煨煮至年糕吸足汤汁，将蟹块重新入锅，稍
许搅拌即可出锅，撒葱花点缀。

专访 ········ 〔〕 ✕ Gabriel Cabera

# 浸于艺术暖海，创造现实中的非现实

## 专访美食艺术博主 Gabriel Cabera

邵梦莹，陈晗 / interview    邵梦莹 / text & edit    Gabriel Cabera / photo courtesy

Gabriel Cabera 拍摄的照片总有种不真实的美感，斑驳的光线或从远处投来，或从暗处而生，绚烂、冷静、热情、孤寂，你可以从中见到从未见过的景象，但又觉得似曾相识，食物的距离又远又近，给人一种现实中的非现实之感。

○ Gabriel 是美食艺术博客"The Artful Desperado"的博主，在这个博客中，你可以看到关于美食、艺术、设计、文化四个领域的内容，而他的主要工作，是一名食物造型师。早些年，Gabriel 因对旅游的热爱，曾在阿纳瓦克大学学习旅游管理，毕业后他才发现，旅游管理其实是困在屋子中"确认别人玩得开心"的工作，就果断辞职了。辞职后，他去温哥华社区学院学习烹饪艺术，重拾起同样热爱的美食。现在 Gabriel 除了运营自己的博客，还供职于一家关注健康饮食的网站，为他们制作食谱以及拍摄照片，工作虽然繁多，Gabriel 却一直享受其中，在他看来，将自己不断地浸入、吸收、消化、尝试，是抓住每一次机会的必经之路，而这些机会事关你要成为怎样的人。不管脚下的这些路走得成功与否，都可以离目标更近一步。

⑩ 这是可以帮你清理冰箱的一道菜：煮熟的荞麦面、炒熟的蔬菜，配上阿根廷 Chimichurri 酱，就是一顿饱足佳肴。具体做法：欧芹、牛至、百里香、青柠汁、墨西哥辣椒用料理机搅拌均匀，加些盐和胡椒调味，制成阿根廷 Chimichurri 酱；洋葱、大蒜炒香，加入羽衣甘蓝和番茄，加些盐和胡椒调味，炒5~7分钟；荞麦面与 Chimichurri 酱混匀，加入炒好的蔬菜，撒一些奶酪碎即可。这里的蔬菜可使用冰箱中剩余的任意食材，各种食材的混搭可能会出现令人惊奇的美味。

**PROFILE**

**Gabriel Cabera**（加布里埃尔·卡贝拉）
The Artful Desperado 美食艺术博客博主。

**食帖 ▷ 你的一天通常如何度过?**

Gabriel Cabera(以下简称"Gabriel")▷ 我的一天可以这么形容:起床,喝些咖啡,吃些早餐,跑步去工作室,开始工作,为拍摄做准备,拍摄结束,编写或测试菜谱,结束工作。除了运营自己的博客,我同时也为 LuvoInc 做食物造型和摄影工作,和在工作室的工作内容相差不多,不过在公司做食物造型时,与在自己的工作室完全按自己想法来设计还是有许多不同,你需要考虑到更多与品牌相关的东西,要考虑用户喜爱什么,会有更多的规定需要遵循。同时为了平衡全职工作和自由职业,有时候忙起来也挺令人疯狂的。不过公司的工作内容会帮助我学习和尝试不同的风格,也很有意义。

**食帖 ▷ 同时要做艺术设计、烹饪、拍摄、运营个人网站这么多的事情,你如何管理自己的时间?**

Gabriel ▷ 其实快疯了,哈哈,尤其是只有一个人在做这些事的时候。我其实没有特别去规划自己的时间,只是有一点是非常确定的,那就是"只有你付出更多的时间,做更多的练习,你才会成长得更快"。很多时候,计划是在你做完某件事之后才想出

来的,所以还是应该尽量多做。还有一点,我会先把所有需要的东西准备好,为此我专门留出了一个道具室,把每一样东西都分类整理好,这样在使用时会节省很多时间。

在我空闲的时间里,我会去构思一些食谱,这样也算是更好地利用时间吧。社交媒体的部分其实对我来说很轻松,因为之前有一段工作就是与社交媒体相关,对创造内容和分享内容都非常了解,所以社交媒体的事务并没有给我很大的负担。很多人都有参与各种社交平台交流的需求,但我觉得,你只需要选择一个对你有意义的,坚持下来就可以了。

**食帖 ▷ 你的故乡是墨西哥城?**

Gabriel ▷ 对,一提到墨西哥城,我就情不自禁地激动起来,因为我真的非常非常爱它。很多人认为墨西哥城是一个充满包容性的沿海城市,但是我想说,墨西哥城不止如此!墨西哥城还有很多现代或者古典风格的、非常令人惊叹的餐厅、纪念碑、博物馆等,当然我最爱的是那儿的建筑和食物。在墨西哥,几乎所有的社交活动都是以食物为载体,这对我来说再好不过了。

◉ 棕榈树和海景餐厅。这里是 Gabriel 最爱的墨西哥海滩——图鲁姆海滩,海滩周围是古老的被海浪冲刷的痕迹,与茂密的热带绿色植被相连,Gabriel 平时会来到这里放松心情,晒晒太阳获取能量,这家海景餐厅是他经常光顾的地方。

◉ Hibiscus French 75 Punch 是一款适用于派对或聚会的鸡尾酒,由法国 75 号鸡尾酒改良,用浓缩洛神花茶、杜松子酒、柠檬汁、橘子苦酒、棕糖块、香槟或普罗赛柯起泡葡萄酒调兑,改良后的 75 号更加活泼浓郁,充满新鲜活力。浓缩洛神花茶可用 200 毫升水煮 4 包洛神花茶包 10 分钟,降温后冷藏一小时即可。

● Hibiscus French 75 Punch

WithEating

● 这款 Fidas's Mule 鸡尾酒是用墨西哥辣椒泡过的梅斯卡尔酒与青柠汁、姜汁啤酒、龙舌兰花蜜调制而成，辣度取决于辣椒的浸泡时间和数量，4 小时微辣，8 小时较辣，2 天就非常辣。梅斯卡尔酒是龙舌兰酒的一种，主产于墨西哥南部，是将采摘的龙舌兰茎用炭火烤干、磨碎，再用水煮，因此有一种特殊的炭香，这款鸡尾酒将炭火味与辣味结合，再加入姜汁啤酒的点缀，具有墨西哥的别样风味。

**食帖 ▷ 你曾说过"厨房如战场"，是为什么？**

Gabriel ▷ 其实这句话里的"厨房"指的是餐饮行业，虽然我不适合加入这个"战场"，但是我一直都很钦佩餐饮行业里的人。我曾在餐厅工作过，觉得餐厅的厨房就像一个超级古老的军事化学校，主厨可以对他的助手很凶，而助手们只能忍耐，只因他是主厨【有些像 Gordon Ramsey（戈登·拉姆齐）在电视节目中做的那样】。但是我认为现在这个习俗正在改变，主厨们会对协同合作持更开放的态度，还有他们也明白自己不能一直都对助手那么凶。之前在餐厅工作时，因为我没有把欧芹摆放到主厨希望的那样，就被臭骂一通，但我其实没有耐心去听他的训话，就辞职了，哈哈。不过我还是继续做与美食相关的工作，虽然现在的工作节奏也很紧张，也会有很多压力，但是通过给食物做造型和拍摄，做一些创造性的工作，获得更多的概念以及令人惊奇的点子，也很酷，而且我可以任意地表达自己的感受和情绪，这是非常难得的。我非常爱我现在的工作，所以做再多的事情也不会觉得多。

**食帖 ▷ 你的美食摄影很打动人，平时会用哪些方式收集创作灵感？**

Gabriel ▷ 我会尽可能地将自己沉浸在更多的艺术、食物、设计中，尤其是旅行。旅行对我来说是终极灵感的来源，旅行时，我的脑子会不断地收集气味、颜色、形状，并去思考怎样才能把这些运用到我的菜品和造型中。与此同时，我还会记一些食物日记，（不用担心，我没有要节食，我也绝对不可能节食！）在这个日记中，我会写下我喜爱的菜的味道、质感，尽力去描述各种细节，这样我就能清晰地记起每一样美食的具体特征。另外，随身携带相机也很有帮助，你可以随时去拍摄和记录，视觉化的东西更让人一目了然。因为我同时非常注重"有触感"这件事，所以会把照片以及自己的灵感想法打印到纸上，随时翻看，如果只是把它存在手机或电脑中，可能就不会再看第二次了。

**食帖 ▷ 能否分享一些拍摄技巧？**

Gabriel ▷ 首先，光很重要。想拍摄一张好照片，光一定是关键。学习一些关于拍照的基础，然后尽可能多地去练习，很快你就会发现，你可以在不同光线下发现每一件事物的不同之处。第二，如果你觉得自己拍得不好，那就不要去分享它，现代生活中充满了图像和信息，分享那些并不吸引人的东西其实很没有必

● Hemingway Daiquiri 鸡尾酒，这是 Gabriel 看到海明威那布满茂密植被、美丽光影和热带味道的哈瓦那房子后，迸发出来的灵感。这款酒是用白朗姆酒、黑樱桃甜酒、葡萄柚汁、青柠汁调配，配上樱桃和青柠片装饰。

◉ 这间摆着漂亮的桌子椅子的餐厅，是墨西哥城的 Rosetta。Gabriel 在度假时发现了这个新地点。餐厅前身是一个有着悠久历史的家族老宅，后面有一个华丽的庭院，除了环境，这家的食物 Gabriel 也大为赞赏。

● 白葡萄酒煮梨，一款非常适合宴会和聚餐的甜品，在传统做法基础上，Gabriel 还加入了一些霞多丽葡萄酒、茉莉花茶、香草豆荚，散发着甜美花香。霞多丽葡萄酒、水、糖、劈开的香草豆荚、茉莉花茶包小火煮约 5 分钟至沸，取出茶包；将梨子放入，煮 20~30 分钟后取出，汤汁再煮 15 分钟至半浓缩，加一些白葡萄酒再煮 2 分钟即可获得梨子糖浆；梨子切开后，少量淋一些糖浆即可。

要，去搜一下"Martha Stewart"（马莎·斯图尔特）的食物照片，你就会明白我的意思了。第三，就是不断地试验练习，尝试不同的造型组合和风格，直到你发现某一种风格特别适合你，同时这些尝试也能使你在应对不同情境的差异时轻松处理。

~~~~~~~~

**食帖 ▷ 你觉得男人与女人在对待食物的态度或方式上，是否有区别？**

Gabriel ▷ 我不认为有什么不同，不同性别的人享受食物的原因是相同的。而且不管是制作还是享受的核心，都应该是获取快乐，会有谁不喜欢呢？我认为食物给人带来的兴奋与喜悦是超越性别和种族的。用一个例子来证明，面对一桌子非常棒的食物，每个人不都是很享受的吗？

~~~~~~~~

**食帖 ▷ 你最爱的菜系是？**

Gabriel ▷ 当然是墨西哥菜，或者说是拉丁菜！最主要的原因是我是个墨西哥人，但原因却不止如此，在我看来，墨西哥菜有着非常复杂的风味，在种类上也很多样。除去墨西哥菜，我也很喜爱法国和西班牙菜，不过我认为法国菜和西班牙菜在很久之前也受过一些墨西哥菜的影响，所以在一定程度上，它们是相互交织的。如果让我选择某一道特定的菜，我会选择玉米饼，不管加什么，我都超爱吃！玉米饼给我带来的是温暖的故乡记忆，会让我想起自己小的时候。fin.

◉ 英格兰海味野餐菜，起源于印第安人部落，最传统的做法是将贻贝、虾、鱼、鸡、甜玉米、洋葱和甜薯一锅焖煮。现在这道菜经过了一些改变，加入洋葱、大蒜，与辣香肠一同爆香，再加入百里香、土豆、玉米、鸡蛋、贻贝、蛤蜊以及一整瓶黑啤，无须额外添加盐和香料，如果想留有汤汁用面包蘸着吃，可以再添一些水，也可加一些黄油块。

专访 ·········  ✕ Donal Skehan

# 纵使兜兜转转，也终会找到方向

## 专访爱尔兰厨男 Donal Skehan

金梦 / interview & text
Donal Skehan / photo courtesy

Donal Skehan 或许是当今爱尔兰最红的家庭烹饪风格的厨师之一，并且也是最年轻的一位。虽然年纪很轻，但他的人生资历颇丰。很多人或许不知，Donal 是从 2010 年开始才真正进入饮食界的，而他最初涉足的其实是音乐界。他曾与爱尔兰的 Lee Mulherm（李·马尔赫恩）、英国的 Lee Hutton（李·赫顿）和瑞典的 Jonathan Fagerlund（乔纳森·法格隆德）一起，组成了一个跨国男子偶像团体，叫作 Streetwize，于 2006 年正式出道。Streetwize 起初非常成功，四个阳光帅气的大男生自然吸引目光，当时他们在英国、瑞士、爱尔兰等多个国家做了巡演。然而演艺界最怕的是没特色，组合的弊端即很难施展出个人风格，加之同时期的男子团体非常多，于是在 2007 年，Donal 便脱离了 Streetwize。

○脱团之后，Donal 先是去了爱尔兰当地一家电台做主播。工作不外乎是每天分享一些名人八卦，或者介绍一些口水歌，与他之前的风光生活相距甚远。2008 年，他又去参加了当地一个叫作"Eurovision"的歌唱比赛，最终获得第六名。虽然名次一般，但这个比赛却为他带来了新契机，他受邀加入了一个本地乐队，同年推出的两首单曲都获得了第一名的好成绩。可之后，乐队间的内部问题导致他们的成绩一落千丈，最终于 2010 年解散。

○2010 年对 Donal 来说，是十分具有转折性意义的一年。乐队的解散，让他第一次认真地思考，自己想要的到底是什么。其实 Donal 自小就热爱烹饪，早在 2007 年时便建立了个人美食博客。于是他想，为什么不将对烹饪的爱转变为事业呢？靠着之前在

音乐界积攒下来的人气，他开始了自己的第一档电视烹饪节目。在这档节目上，人们惊奇地发现，原来 Donal 不只是阳光帅气，也是一个很有想法、热爱生活的大男孩。他在节目中所做的料理也多是家常菜式，任何人都易上手，因此一经播出，就反响热烈。随后他趁热打铁，同年开始了自己的《厨房英雄》烹饪栏目，并于 2012 年受邀成为英国 BBC 的儿童版《厨艺大师》比赛评委。而在 2015 年，他又多了一个身份：丈夫。

○这位荣升"煮夫"的大男孩说："我非常享受现在的每一天，我爱烹饪，也仍旧喜欢音乐。但经历一系列的事情之后，我明白了烹饪才是我想要一生做下去的事。所以我觉得不要担心，纵使兜兜转转，权当看看不同风景，因为你终究会找到属于自己的方向。"

PROFILE

**Donal Skehan**（多纳尔·斯基汉）
出生于爱尔兰都柏林，兼具厨师、作家、食物摄影师等多重身份。他主打简单、健康同时美味的烹饪路线，获得了许多人的喜爱。目前 Donal Skehan 主持多档烹饪电视节目，同时还出版了多本《厨房英雄》系列烹饪书。

● Donal 经常会回归自然进行烹饪，在没有过多技巧与调料之下，展现食物最原始的丰美。

● Donal 已是爱尔兰家喻户晓的烹饪明星，但却依然亲切随意，没有半点明星架子，并且经常与粉丝互动，教他们一些如今已渐渐被人淡忘的烹饪技艺，比如手工制作意面。

**食帖 ▷ 听说你从小就喜欢做饭？**

Donal Skehan（以下简称"Donal"）▷ 没错，与生俱来的热爱。我的外祖母和父亲也都擅长做饭，他们的影响也很重要。关于食物的最早的记忆，便是我站在高凳上，帮我妈妈一起和面做煎饼。

**食帖 ▷《Grandma's Boy》是你电视烹饪事业的开端吗？**

Donal ▷ 不是，最初是在爱尔兰本地电视台做烹饪节目，但不得不说录制《Grandma's Boy》，让更多的人认识和了解我，很多人是因为这档节目才喜欢上我，所以从 2010 年第一季开始，这档节目一直延续至今。

**食帖 ▷ 你曾担任英国儿童版《厨艺大师》的评委？**

Donal ▷ 真的是非常难忘，在我成为儿童版《厨艺大师》评委之前，我一直都是这档节目的忠实观众，所以当后来我成为其中一员的时候，自己都觉得特别不可思议，尤其是我还站在 John Torode（约翰·托罗德）的旁边。还有不得不提的是，那些孩子们真是太棒了，他们个个都是"烹饪小天才"，你很难想象，以他们的年龄，居然会有那么多奇妙创意和成熟的烹饪技巧，在儿童版《厨艺大师》做评委的每一天都非常精彩。

**食帖 ▷ 传统爱尔兰食物是怎样的？**

Donal ▷ 在我看来传统的爱尔兰食物是非常简单的，没有特别多的讲究，都是选用再日常不过的食材，土豆是我们最常吃的一种食材，它不仅美味，同时"可塑性"非常强，几乎任何做法都很适合。但是现在的爱尔兰人在饮食上已经改良很多，他们也开始慢慢注重饮食的多样性，也多了一些"冒险精神"。我最喜欢的爱尔兰菜，必须是爱尔兰炖菜（Irish Stew）！这是一种非常传统的爱尔兰食物，多以牛羊肉为主，再辅以各式配菜。这道菜最棒的一点，就是你可以在一锅里品尝到多种不同的食物，这会给我一种强烈的满足感。

**食帖 ▷ 除了做节目以外，你在家下厨的频率如何？**

Donal ▷ 由于最近几年我一直过着"在路上"的日子，所以很少有机会为自己做饭。而且我的妻子觉得我经常将厨房弄得很乱。近年来男人对烹饪是愈发地感兴趣，我想这和人们越来越重视健康饮食有关。

**食帖 ▷ 请分享一两道你最爱的食谱。**

Donal ▷ 我非常热爱亚洲食物，是泰式炒河粉的死忠拥护者，为了能经常吃到这道菜，我就自己研究了做法。另外一道当属爱尔兰传统炖鸡腿（Coq au Vin Blanc，盖尔语），这是一道非常传统的爱尔兰菜肴，我们都叫它"Mama's Dish"，因为它非常温暖，让你有家的感觉，适合在冬天享用。炖至软烂的鸡腿肉配上奶香浓郁的芝士，再热上一杯红葡萄酒，天堂也不过如此了吧。fin.

# ❧ 阳 光 厨 男 的 最 爱 料 理 ❧

## 快手泰式炒河粉

### { 食材 }

*for 4 persons*

| | | | |
|---|---|---|---|
| 米粉 | 250 克 | 豆芽 | 100 克 |
| 大蒜 | 3 瓣 | 小葱 | 适量 |
| 香菜 | 一把 | 鱼露 | 15 毫升 |
| 泰式辣椒 | 3 个 | 红糖 | 5 克 |
| 青柠 | 1 个 | 鸡蛋 | 1 个 |
| 葵花子油 | 10 毫升 | 花生碎 | 适量 |
| 基围虾 | 20 只 | | |

### { 做法 }

① 米粉泡发, 基围虾洗净去除虾线。

② 大蒜切末, 香菜、小葱、辣椒切碎, 擦少许青柠皮丝待用。

③ 葵花子油热锅, 放入葱蒜、辣椒爆香, 放入基围虾、豆芽快速翻炒。

④ 泡发的米粉沥水入锅, 加入青柠汁、鱼露和红糖, 翻炒约两分钟。

⑤ 打入一个鸡蛋, 迅速翻炒。

⑥ 撒适量香菜碎、青柠皮丝、花生碎即可。

## 爱尔兰传统炖鸡腿

### { 食材 }

*for 4 persons*

| | | | |
|---|---|---|---|
| 橄榄油 | 5 毫升 | 蘑菇 | 200 克 |
| 鸡腿 | 4 个 | 白葡萄酒 | 450 毫升 |
| 黄油 | 15 克 | 淡奶油 | 250 克 |
| 培根 | 150 克 | 百里香枝 | 2 根 |
| 大蒜 | 2 瓣 | 欧芹 | 适量 |
| 洋葱 | 1 个 | 盐、黑胡椒粉 | 适量 |

### { 做法 }

① 橄榄油大火热锅, 放入鸡腿, 两面煎至金黄后出锅待用。

② 调至中火放入黄油, 开始起泡时放入培根煎至微焦。

③ 再加入洋葱、大蒜、蘑菇快速翻炒。

④ 鸡腿回锅, 放入百里香枝, 倒入白葡萄酒。转至小火慢炖 45~50 分钟。

⑤ 鸡腿出锅去骨, 待用; 淡奶油入锅, 用盐、黑胡椒粉调味, 小火熬至较黏稠状。

⑥ 鸡腿肉回锅, 与奶油酱汁翻炒均匀, 出锅撒适量欧芹碎即可。

● 龙虾是西餐常见食材，烹龙虾对厨师技艺的要求很高，稍不注重火候，就会将肉烹老。

专访 ·········  🍴 ✕ 安东尼

# 做饭，写作，都是生活而已

## 专访作家安东尼

金梦 / interview & text　安东尼 / photo courtesy

初次知道安东尼，是通过他的文字，平淡真实，无外乎是一些生活琐事与感想，但也正是这种自言自语般的文字，让每个人都可以在里面找到自己的影子。

○其实，安东尼一开始并没想过要从事写作。大学时他初到墨尔本，便接受家里的安排读了金融相关专业。也许是突然到了全新的环境，也许是意识到今后的路一切都要靠自己，也许是他明白所谓的"黄金饭碗"，金融行业，根本不是他所喜欢的，

在到了墨尔本没多久后，安东尼就毅然转换了专业，从学金融一下子转去学当一名西餐厨师。"在他人看来也许跨度很大，但对我来说就是一个决定而已。"他将这个可能会决定一个人一生方向的"决定"，轻描淡写地带过。

**PROFILE**

**安东尼**
本名马亮，作家，厨师，并已创立工作室。出版过多本畅销书，其中《陪安东尼度过漫长岁月》系列已被改编为电影。与漫画家丁冬合著有《二人饭店》，通过漫画来教授菜肴，传达生活中的细微感受。

● 每周一次的工作室聚餐，会邀请不同的人，做不同的菜，听不同的故事，感受不同的人生。

> "意大利肉酱面应该算是最常见的意面了，就像我们的红烧牛肉面一样，但却是我最喜欢做的菜品之一。
> 意大利肉酱面虽说简单，但你问十个人，十个人都会给你不同的做法，自然，我也有自己的做法。"

○安东尼出生于一个再普通不过的小康家庭，为了生活费和学费，他也曾经连打过三份工，难免也会有不如意的时刻，但如他所言："幸运的是我遇见了很多好人。"从那时开始，他将每天在生活与工作中的细小感动都记录在 My Space 上，有时并没有什么特别的主题，就是写写今天发生的事，遇见的人。但这些细碎而充满日常气息的文字，却不知不觉吸引了很多人。

○纵使文字带给他许多快乐和名气，他从来都不认为自己是个全职作家。如果真的要谈职业，他觉得自己的本业应该是厨师。"做饭这件事是一直持续的。"每个周五，安东尼都会邀请不同的人，到他与另外两个朋友合开的工作室吃饭。他们可能是多年不见的好友，也可能是聊得来的出租车司机，可能是颇有才情的艺术家，也可能是刚认识不久的造型师。根据所请的人不同，每周的菜品也会不同。

○早上去超市购买新鲜果蔬，回来先给各式食材拍个靓照，然后便是清洗、分切、下锅烹饪。不过是平常的饭菜，却因有了他人的期待，而特别起来。

○他记得初搬到墨尔本现在的家中时，家徒四壁。他会经常到家附近的一家日料小馆吃饭，写写东西，"那家店虽然很小，但味道却十分正宗，尤其是鳗鱼饭，菜量适中，物料新鲜，配上滑嫩的厚蛋烧，满满一口都是幸福感，这是我最常点的菜品"。那家小店的鳗鱼饭如今想来可能也没有那么惊艳，但却是无可替代的味道。

○安东尼最喜欢的食物是沙拉与意面，都是简单却能令人满足的食物。"意大利肉酱面是我最爱的一种意面，也是最易做和最经典的款式。而沙拉，我最喜欢油醋口味的。"他说。安东尼当初专攻的是意大利菜和法国菜，但他认为西餐不一定要拘泥于原本的制法，"我喜欢将自己所学的，应用到我自己的'想法'中，从而创造出新的料理"。

○在他看来，写作也好，做饭也好，不过都是生活而已。在墨尔本近 10 年，从金融专业换到职业西餐厨师，到后来成为签约作家，如今又拍了电影。这 10 年间，安东尼的生活已经发生许多改变，然而他依旧腼腆，在谈话中，有时会有较长的停顿和静默，却不会让人觉得不舒服。

○他说："也许将来会出一部食谱，就叫作'方长'，因为人生不用急，好吃，好喝，来日方长。"fin.

# ❧ 安 东 尼 的 自 制 意 大 利 肉 酱 面 ❧

## 意大利肉酱面

{ 食材 }

| | | | |
|---|---|---|---|
| 意大利面 | 250 克 | 欧芹 | 适量 |
| 牛肉高汤 | 适量 | 帕尔玛干酪 | 少许 |
| 肉馅(牛肉、猪肉) | 500 克 | 盐、黑胡椒粉 | 少许 |
| 橄榄油 | 15 毫升 | 干辣椒段 | 适量 |
| 蒜末 | 适量 | 牛至叶 | 适量 |
| 番茄罐头 | 1 罐 | 新鲜番茄丁 | 适量 |
| 红葡萄酒 | 250 毫升 | 蘑菇丁 | 适量 |
| 罗勒叶 | 适量 | | |

{ 做法 }

① 锅中加油烧热，爆香蒜末，放入肉馅翻炒至变色。

② 倒入番茄罐头继续翻炒，加入少许黑胡椒粉和盐。

③ 倒入红葡萄酒，再加入干辣椒段、罗勒叶、牛至叶，翻炒均匀后，倒入牛肉高汤。

④ 放入新鲜的番茄丁、蘑菇丁，加盖小火慢炖。

⑤ 与此同时，盐水煮意大利面至断生，沥干后涂抹少许橄榄油防粘连。

⑥ 意面入锅和肉酱翻炒至全熟，撒少许欧芹，再刨少许帕尔玛干酪即可。

{ Tips }

肉馅用三分之一的猪肉和三分之二的牛肉混合均匀，纯牛肉的话肉馅会过干，而纯猪肉的话口感会过于油腻，二者中和最好，肉酱也会更香。

①

⑥

专访 ········  ✕ Zien Sam

# 如果我都能做饭，你也一定可以

## 专访美国家庭厨男 Zien Sam

金梦 / interview & text    Zien Sam / photo courtesy

翻到 Sam 的博客纯属偶然，最初是被他博客的名字所吸引，"Sam the Cooking Guy"，简单得过分，让人不禁好奇 Sam 是个什么样的人，点开发现是个美国大叔。"我就是一个爱做饭的家伙，仅此而已。"这样的自我定位，让人顿觉平易许多。平心而论，做饭吃饭本就是日常事，但是现在，这么平凡的两件事在很多人眼里似乎愈发复杂和深奥了，Sam 可不希望这样。

○"一开始我没想过会开一档烹饪节目，最初其实想做的是旅游节目。"Sam 说。也许现在所做的跟他最初的预想有些许偏差，可这偏差却歪打正着地，让他发现了自己想要传达的东西。"想象一下，如果在劳累的工作之后，没有人为你做饭，而你自己还要花很长时间才能做好晚饭的话，那份渴望美食的心估计也会在准备过程中消失殆尽。相反，如果能快速简单地制作并享用到健康、方便、美味的一餐，该是多么幸福啊，为什么不呢？"

○简单至上，这就是 Sam 想告诉所有人的。虽然他自己主打简单料理风格，但不代表他对高级料理的否定，有时他也会自嘲："只做简单料理，其实是因为技术不够。"真实、坦诚、直接、风趣，这就是 Sam，一个爱做饭的家伙。

**Zien Sam**（齐恩·萨姆）
美国美食博客 "Sam the Cooking Guy" 博主，著有三本畅销食谱书，并有自己的电视烹饪节目。

**食帖** ⊳ 为什么想做烹饪节目？

**Zien Sam（以下简称"Sam"）** ⊳ 其实，最开始我想做的是电视旅行节目，鼓励人们去一些他们认为难以到达的地方。想以身作则地去体验一些人们认为很难的事情，然后通过我自己的体验，来让大家明白有些事情并没有他们想的那么复杂。但是"9·11事件"的发生，改变了许多事情，我的计划还没开始就结束了。在那时，没人对一档旅行节目有兴趣。某一天，我无意间在电视上看到一档可以说是非常无趣的烹饪节目，我突然想："嘿，也许我能做得比他好？即使我不是专业厨师，但是如果我都可以做到的话，那么任何人都可以。"抱着这样的念头，我开始了我的电视烹饪生涯。

**食帖** ⊳ 你的节目跟其他烹饪节目的区别是？

**Sam** ⊳ 当今有许多烹饪节目，倾向于展示精细复杂的菜肴，而我的目标，是使烹饪简单到每个人都可以轻松地在家实践，谁都能为自己或他人做一顿温暖的饭菜。正如我之前所说，我不是一个厨师，不可能做出很高级别的菜肴，所以简单又美味的食物才是我努力的方向。我觉得我的这种理念正在慢慢地影响并鼓励一部分人开始做饭，让他们逐渐明白，做饭并不一定要很复杂。

● 初到北京，对于改良版"电三轮"Sam 非常感兴趣，特意合影一张。

● Sam 初去北京时，体验了一回老北京的食物。其实对于吃惯面包、牛奶、燕麦的外国人来说，偶尔吃一顿这种颇"接地气"的传统中式早餐，也是很有趣的体验。

**食帖 ▷ 什么时候发现做饭不一定要复杂才好吃的？**

Sam ▷ 说实话，坚持走简单路线，其实就是源于我缺乏技巧。在开始电视烹饪之前，我是做生物技术方面工作的，没有任何的烹饪背景，所以只能做些简单料理。但是我从一开始就相信，简单并不等于不好吃，于是开始慢慢摸索简单同时美味的烹饪方式。食物很令人惊讶的一点就是，即使你只有几种最普通的食材，只要烹饪方法适宜，就可以将它们转化为美味佳肴。

**食帖 ▷ 经常为家人做饭吗？**

Sam ▷ 经常，现在家里几乎都是我掌勺，因为我真的很喜欢做饭。我在家中和在电视上的烹饪风格其实都一样，我把它称为"big in taste & small in effort"，食物很美味，做饭却简单快速。

**食帖 ▷ 你对食材的要求是什么？什么样的食材或调味料是你的厨房常备的？**

Sam ▷ 我们喜欢吃新鲜健康的食物，所以沙拉和蔬菜对我们很重要。我们最常吃的晚餐是一份沙拉，配以牛排或烤鸡或海鲜，如虾或烤鲑鱼。而且，我来自加拿大温哥华，众所周知，温哥华有许多华人在那儿生活，从小我就在潜移默化中吃了很多中国菜，我很喜欢中国菜。所以一些亚洲的食材，如黑豆、海鲜酱、

蚝油、辣椒油、芝麻油、五香粉、辣椒酱、生姜、白菜、豆腐，这些都是我在烹饪中经常会用到的。

**食帖 ▷ 你的太太也会做饭吗？**

Sam ▷ 我妻子是个出色的厨师，但是自从我喜欢上做饭开始，她就没什么机会下厨了。在美国，有 78% 的女人负责晚餐，90% 左右的女人负责食品购买，据调查，她们通常花费在厨房的时间是男人的 3 倍。但却有 93% 的餐厅的执行主厨都是男人，不得不说这真的是个很有趣的现象。但是在家里，我觉得女人比大多数男人会更具冒险精神，她们会时不时地创新出一道菜品，来满足家人刁钻的口味。

**食帖 ▷ 你之前去过中国和日本，对这两国的食物怎么看？**

Sam ▷ 这两个国家的食物我都爱。我觉得这两个国家的吃食理念，与美国最大的区别在于，他们非常强调食材的新鲜性，通常都是现买现做。而在美国，太多人以吃冷冻加工食品或快餐为主。我还发现了一个有趣的现象，在美国人看来快餐通常指的是不健康、高热量和高脂肪的食物，但在中国和日本，快餐指代的是街头小吃，快速、美味，但不一定不健康。fin.

# ❖ Sam 的 快 手 美 味 食 谱 ❖

## 香蒜青酱煎奶酪三明治

### { 食材 }

*for 2 persons*

| 吐司 | 2 片 | 黑胡椒粉 | 适量 |
|------|------|---------|------|
| **提前做好的香蒜青酱** | | 哈瓦蒂奶酪 | 4 片 |
| | 75 克 | 黄油 | 适量 |
| **番茄** | 1 个 | | |

### { 做法 }

①准备 2 片吐司,煎锅用中火预热。

②将香蒜青酱均匀地涂抹在 2 片吐司上,番茄切片,置于酱上,撒少许黑胡椒粉。

③再放上哈瓦蒂奶酪,均匀涂抹上黄油,将三明治放入锅中煎至两面金黄即可。

## 手撕鸡肉堡

──── { 食材 } ────

*for 3 persons*

| 提前煮好的鸡胸肉 | | 提前调味的蔬菜沙拉 | |
|---|---|---|---|
| | 1000 克 | | 500 克 |
| **烧烤酱** | 200 克 | **炸洋葱圈** | 9 个 |
| **白醋** | 10 毫升 | **汉堡面包** | 6 个 |

──── { 做法 } ────

①鸡胸肉手撕成条，与烧烤酱、白醋混合搅拌均匀。

②将鸡肉条置于汉堡面包上，涂上一层烧烤酱，再依次码入蔬菜沙拉、洋葱圈即可。

# 买菜也是一种生活情趣

## 15 种日常食材的挑选方法

邵梦莹 / text & edit
邵梦莹 / photo courtesy

做好菜的第一步是买好菜，食材是否优质直接决定最终成果。不过优质的食材并不意味着一定是高价钱，或者是国外进口的食物，试着多买几次菜，多留意一些食材的细节，制作时多思考食材与制作之间的关系，其实也是一种生活情趣。中国当代文学家汪曾祺老先生就很喜爱逛菜市场，他说："到了一个新地方，有人爱逛百货公司，有人爱逛书店，我宁可去逛逛菜市。看看生鸡活鸭、新鲜水灵的瓜菜、彤红的辣椒，热热闹闹，挨挨挤挤，让人感到一种生之乐趣。"由此可见菜市场的魅力有多大。下面整理了 15 种常见食材的挑选办法，下一次再逛菜市场或超市，就可以安心地买好菜做好菜。

## ① POTATO 土豆

### ❧ 两种分类 ❧
土豆分为黄皮白肉、粉皮黄肉两种，
一般白肉较甜，黄肉口感更粉糯一点。

◉ 左为黄皮白肉土豆，右为粉皮黄肉土豆。

### ❧ 看表皮 ❧
表皮干爽无破皮的较好。凡长出芽孢的土豆都
已含有毒素，表皮有浅绿或深绿色斑块的，
也尽量不要挑选。

### ❧ 选圆形 ❧
尽量选圆形土豆，如果土豆变软、有虫蛀孔洞、
伴有腐烂气味等，也尽量避免购买。

◉ 下面压住的土豆有部分青色，尽量不要挑选。

## ② MEAT 肉

### ❧ 无腥臭味 ❧
新鲜的肉无异味，若有腥臭味则证明变质。

◉ 左为肋排排骨，右为腔骨骨头。

### ❧ 手指戳 ❧
新鲜的肉富有弹性，
用手指轻轻按压后可快速恢复。

### ❧ 不粘手 ❧
微干或者微湿是正常手感，
如果粘手则不新鲜。

### ❧ 不要过分有光泽 ❧
新鲜的肉表面有不明显的光泽，如果过于有光泽，则有可能是注水肉。牛肉本身颜色就较深一些；猪肉颜色偏粉嫩，如果猪肉肉色暗红或有紫红色血液瘀积，则是死后屠宰的肉。

◉ 新鲜猪肉肉色粉嫩，有些微光泽。

◉ 吃草料的牛肉颜色发深。

## 3
### FISH
# 鱼

### ✤看外表✤

鱼鳞应紧密有光泽，无缺损；鱼眼清澈光亮；腮色鲜红，如果鱼鳃内呈暗红色，说明有些缺氧；如果选择活鱼，则尽量挑选活蹦乱跳的鱼。

◉ 鱼眼明亮清澈。

◉ 鳃部不易打开，鳃色红润。

### ✤看内里✤

选择鱼鳃紧闭、不易打开的鱼，鲜鱼的鱼体表面光滑，鱼肉紧实有弹性，腹部没有鼓胀感，鱼骨和鱼肉紧密贴合。

◉ 鱼骨与鱼肉紧密贴合。

### ✤闻味道✤

无异味，没有过分的腥臭味。

◉ 鱼鳞完整、有光泽。

## 4
### EGGPLANT
# 茄子

### ✤看颜色✤

新鲜茄子应呈红紫色或是黑紫色，表面有光泽，如果颜色变暗趋于褐色，则说明茄子较老。

◉ 颜色紫亮饱满，形状较挺直。

### ✤看萼✤

茄子的萼与茄子之间有一圈浅绿色的环，这个环越宽，则证明茄子越嫩越好吃。

### ✤硬度适中✤

外表有瑕疵、裂痕、斑点、腐坏的茄子要避免购买。另外，茄子储存时间过长，也可以从表面的褶皱增多、捏起来有些硬这两个特征中看出。

◉ 用手轻轻捏一下，硬度适中，表面无褶皱。

## 5
### CORN
# 玉米

### ✤两种分类✤

玉米可分为糯玉米和甜玉米，一般白色的玉米为糯玉米，黄色的玉米为甜玉米，也有其他颜色的玉米，例如紫玉米、花色玉米等。

◉ 左为糯玉米，右为甜玉米，颗粒饱满、排列整齐。

### ✤颗粒饱满✤

挑选时可选择颗粒致密饱满的，这样的玉米说明水分充足，比较新鲜，如果出现瘪坏、破裂的玉米粒，则可能受到过挤压，或存放时间过长。

◉ 玉米须颜色偏深，是老玉米。

### ✤看玉米须✤

玉米须如果发干且颜色较深，则是老玉米的特征。如果颜色相对较浅且呈褐色，玉米则较嫩。还应尽量避免购买有虫的玉米。

## 6

### SWEET POTATO

# 红薯

### ✤两种分类✤

红薯主要可分为粉皮和深红色皮两种，深红色皮的红薯内瓤为白色，口感更面一点，粉皮的红薯内瓤为黄色，味道更甜。

### ✤看外表✤

外皮干净光滑，没有过多的凹凸不平，形状呈纺锤形，表面坚硬且透着光亮的红薯较好。

### ✤无疤痕小洞✤

尽量避免购买有疤痕的红薯，因为这样的红薯更易腐坏，不好保存。表面有小洞的红薯也要避免购买，因为内部很可能已经腐烂。

### ✤使红薯变甜✤

买回来拿到太阳下晒一晒，再用纸包好放在阴凉干燥处几天，这样处理过的红薯会更香甜。

● 左为深红色皮白瓤的红薯，右为粉皮黄瓤的红薯，右面的红薯外形呈典型的纺锤形，但表面有小洞，尽量避免购买。

## 7

### RICE

# 大米

### ✤看颜色✤

一般新米和陈米的差别较大，新米色泽更好，而且米粒完整，少有缺损。

### ✤抓一把✤

可试着抓一把大米慢慢倒掉，如果手中粉末感较明显则为陈米。

● 珍珠米。手持一把大米，倒掉后手中没有或者少量留有粉末则为新米。

### ✤闻气味✤

陈米一般可以闻出些微陈旧的味道，也就是存久之后的味道。新米则没有那种气味。

### ✤摸一下✤

新米表面更光滑，陈米表面则略微粗糙。袋装大米留意生产日期，以及是否有涂抹现象。

## 8

### TOMATO

# 番茄

### ✤两种分类✤

番茄有两个常见品种，一是红皮番茄，甜、酸程度都很高，味道浓郁，适合煮汤以及热菜做法；二是粉红皮番茄，甜酸度都较低，味道相较于大红番茄淡一些，适合生吃。

### ✤越红越好✤

颜色越红，说明番茄发育得越成熟，如果颜色变深、表面暗淡，则是储存时间较久的番茄。较红的番茄一般需尽快食用，避免放坏。

● 尽量挑选圆形、无棱角和斑点的番茄，颜色越红越好。

### ✤越圆越好✤

尽量挑选较圆润、皮薄且有弹性的番茄，避免棱形和有斑点的。

### ✤不要青色✤

青番茄或是底部青色区域较多的番茄，通常含有较多的番茄苷，食用过多会导致身体不适。另外，有斑点和色泽不均匀的也应尽量避免。

● 图中的番茄带有一些青色部分，说明没有完全熟透。

## 9

### MUSHROOM

# 菌菇类

### ✤外形要完整✤

选择形状较完整、没有缺块的蘑菇，避免选择奇怪的形状，注意是否有虫蛀、霉菌和杂质。

### ✤小一些的更好✤

外形越大的蘑菇越有可能会是激素催熟，而且纤维化有可能使口感偏硬。中等偏小一些的蘑菇口感会更鲜嫩。

### ✤菌盖未张开✤

一般有菌盖的蘑菇，可以选择菌盖内卷或是没有完全开伞的，营养更好；如果菌盖完全展开，口感会偏老一些，另外其盖下菌褶中的孢子已经释放，营养会流失一些。

● 左边的蘑菇菌盖内卷，右边的菌盖则完全打开。

## GREEN-LEAF VEGETABLE
## 绿叶菜

## BROCCOLI
## 西蓝花

**❀看颜色❀**

新鲜的西蓝花颜色浓绿有光泽，如果表面有变黄的地方，说明西蓝花已经较老。也可从根部的叶片新鲜度，看西蓝花是否新鲜。

**❀看完整度❀**

西蓝花表面无过多的凹凸不平，连接紧实没有缝隙的为佳。

## PUMPKIN
## 南瓜

**❀看外表❀**

南瓜种类众多，按外皮颜色来分有橙色南瓜和绿色南瓜之分，在选择时尽量选择颜色较深、条纹清晰粗重的为佳。

**❀老一点❀**

老一点的南瓜更熟，内里水分会减少，而营养物质会更丰富一些，口感也更敦实厚重，含糖量更大。

**❀外形完整❀**

挑选外形完整的南瓜，表面有损伤、虫蛀或者斑点的尽量少买。

**❀看颜色❀**

一般绿叶青菜要选择叶片完整，颜色鲜绿，没有黄叶的蔬菜，一般有些地方会直接卖清理过的干净的蔬菜，这样的蔬菜一般保存期会较短一些。

**❀储存方法❀**

甩干或是擦干绿叶菜上面的水珠，在袋子中放入一张干燥纸巾，有助于多存放几天。

**❀青菜制作❀**

蔬菜一般用手撕的方式处理，味道会更浓郁。

**❀掂重量❀**

放在手中可感受到分量，摸花球感觉硬实，花梗宽厚且切口处呈淡绿带白、湿润不干燥的最好。

**❀闻气味❀**

一般南瓜成熟后散发的味道很清香。带有瓜蒂的南瓜，说明摘下时间较短，可以长时间保存。

**❀掐外皮❀**

可以用指甲掐一下南瓜的外皮，一般可以掐出较多汁水的南瓜则说明较嫩，水较少的说明比较老，比较成熟。

**❀看南瓜子❀**

切开后观察瓜瓤，所有品种的南瓜都以饱满的黄色瓜瓤为佳；南瓜子颗粒越饱满完整，证明南瓜发育越成熟。

**EGG**

# 鸡蛋

### ✤两种分类✤

一种是蛋壳偏白的柴鸡蛋,一种是红皮的洋鸡蛋,在营养价值上其实相差不多,均可选购。

● 左为白皮的柴鸡蛋,右为红皮的洋鸡蛋。

### ✤闻气味✤

可以向蛋壳上哈一口气,然后闻鸡蛋的气味,一般新鲜的鸡蛋会有轻微的生石灰味道。

### ✤看蛋壳✤

新鲜的鸡蛋蛋壳附有一层粉霜,蛋壳略显粗糙;旧鸡蛋的蛋壳会更光亮细滑;壳上带有黑点的鸡蛋尽量不要购买。

### ✤摇一摇✤

手指掐住鸡蛋两头,在耳边晃动,如果声音沉闷、没有较大的晃动感,则是新鲜鸡蛋。

**TOFU**

# 豆腐

### ✤两种分类✤

中国的豆腐可分为两种,一种是以卤水点制的北豆腐,质地坚实,适合炒菜;另一种是石膏点制的南豆腐,质地细滑软嫩,适合煲汤。

### ✤看颜色✤

优质的豆腐为均匀的乳白色,带有些微光泽,外形完整。

### ✤摸软硬✤

北豆腐较坚实,南豆腐较软嫩,都有一定的弹性,且质地细腻无杂质。北豆腐的切面可以看到小孔洞,是正常现象。

### ✤闻味道✤

豆腐本身会有豆香味,如果闻到腥味或馊味,可能是因为存放时间过久导致,尽量避免购买。

**ORANGE**

# 橙子

### ✤肚脐小✤

橙子的肚脐即果蒂,一般果蒂内陷的橙子会更甜一些,果蒂凸出来的在橙子里面会多一小块复果。

### ✤看颜色✤

一般表皮色深的橙子,说明接受阳光照射的程度较高,相应地甜度也会高一些;橙子一般外形越长越好吃。

### ✤捏软硬✤

如果橙子皮摸起来又厚又硬,可能是没完全成熟的缘故,应尽量挑选表皮捏起来软硬适中的。

### ✤掂重量✤

同等大小的橙子,较重的那一个水分含量会更高一些,口感味道也会更佳。

### ✤怎样识别染色橙子✤

用纸巾反复蹭几下,如果纸巾染色则是染色橙子。

Chapter 2

他们知道下厨有多好玩

● 井浦新在伊朗的伊玛目清真寺。Photo by ©NHK / Tokyo Video Center

专访 ⋯⋯⋯  ✕ 井浦新

# 像茄子味噌汤似的平凡与特别

## 专访井浦新

陈晗 / interview & text
©NHK / Tokyo Video Center，食帖 / photo

他是《乒乓》里的善良少年月本诚，《蛇舌》里刺身满布并有施虐倾向的双性恋男人阿柴，《空气人形》中录像带租借店的温柔男孩纯一，《国税监察官》里性情阴郁的天才逃税顾问村云修次，《家族的国度》里老实憨厚的在日朝鲜人松浩，《11·25自决之日三岛由纪夫与年轻人们》中年轻时代的三岛由纪夫，《平清盛》中最终成"魔"的崇德上皇，也是《富贵男贫穷女》中沉着冷静的朝比奈恒介⋯⋯

**PROFILE**

**井浦新**
1974 年生于东京。日本演员、设计师、"匠文化机构"
理事长、京都国立博物馆文化大使。Photo by ©NHK /
Tokyo Video Center

## 从 ARATA 到井浦新

〇喜欢他的人仍习惯于叫他曾经的艺名"ARATA",虽然他早已用回本名——井浦新。之所以改名,是因为在拍摄《11·25自决之日三岛由纪夫与年轻人们》时,他突然希望片尾滚动的演员表上,三岛由纪夫的扮演者名字是"井浦新",而非几个大写字母。井浦新在日本演艺界被称作个性派演员,因其所接作品,大多艺术性与实验感强烈,或者题材小众。而无论是别具气质的艺术电影,还是《富贵男贫穷女》这样的高收视剧集,无论担纲主角还是配角,井浦新扮演的角色总是一种特别的存在,不耀眼,却过目难忘。有趣的是,难忘的不是他的容貌,而是他塑造的角色本身,一个个性格迥异,却都被他诠释得丰满自在,当演员与所演角色浑然一体,你就会彻底忘记去追究扮演者的身份。而这或许就是井浦新这个名字,未曾大红大紫的原因。

## 演戏也是"造物"

〇"我喜欢制作东西,着迷于日本的造物文化。当演员,其实也和制作东西的精神相通。演员就是在塑造人物,你要在脑中设计这个人的形象、性格、举止……然后将这样一个或许与自己完全不同的人物,自然地呈现出来。"井浦新说。他在大学时被星探发现,刚出道时是模特。"我做事常常凭一腔激情。"最初愿意进入模特界,完全是因为对服装的兴趣,随着与国际上喜爱的设计师接触越多,他自己也燃起了设计的热情,决定进军服装设计界。他成立了自己的设计品牌,并在东京开了实体店,主打"活动着",也就是便于活动的服装。起初很多人不看好,觉得一个模特能设计出多好的作品?但处女座A型血的井浦新,即使出于一腔激情,也绝不可能半途而废。更何况,在设计制作服装的过程里,他真正意识到自己对造物的热爱。在做出满意的作品之前,一步步去推敲打磨、反复试错、不断改善,这些在旁人看来烦琐枯燥的环节,他发现自己真的乐在其中。这股对设计、造物和艺术的迷恋,也吸引了一些机会的到来。2013年,他开始主持NHK的艺术人文类节目《日曜美术馆》,这档节目让他有机会接触到许多优秀的艺术家及作品,也经历了一些让他难忘的瞬间。有一次,节目录制地点是在日本陶艺家河井宽次郎的纪念馆,井浦新私下里也时常来逛,因为河井宽次郎正是他最仰慕的陶艺大师。录制当天,宽次郎的孙子将珍贵的馆藏作品取出,递给井浦新说:"你摸摸看。"井浦新竟嘈然语塞,仰慕已久的大师之作突然触手可及,他激动地不知该不该伸出手去。那一刻,他明白了录制这档节目对他来说的意义。

◉ 井浦新喜欢摄影,曾在日本举办过多次摄影展。这次的亚洲之旅,他也全程拍摄,并记录一些随笔,分享在《行走在亚洲公路上》的官网上。Photo by ©NHK／Tokyo Video Center

## 最难忘是"家"的味道

○井浦新迷恋创造与制作，和不同的制作者赋予物件的独特灵魂。像他这么喜欢做东西的人，当然也喜欢做饭。他常做的食物是 Pasta（意大利面）和拉面，一是因为快手，二是可以尝试很多变化。演员、设计师、主持人、理事长、丈夫、父亲……身份与工作的繁多，令他鲜有时间悠闲地做一顿饭。"多数时间仍是妻子做，"他有些不好意思地笑笑，又马上补充一句，"她的厨艺特别好。"但只要有那么一丁点空闲，他就会提前告诉妻子："今天不用准备晚饭，我来做。"在拍摄片场吃了太多难吃的盒饭和冰冷的饭团，令井浦新格外珍惜在家吃饭的时光，也会抓住一切机会给家人和朋友做饭。如果邀朋友来家中小聚，必是由他负责供餐，他从不提前规划菜单，冰箱里有什么就用什么，通常会临场创作出一些朋友们想象不到的美食来，比如阿拉伯风味炒面。

○可以慢慢制作食物的时候，他会试着复刻母亲的味道。味噌汤和生姜烧茄子，儿时母亲常做的两样食物，成为他一生离不开的味道。"说起喜欢什么样的食物，现在人们的生活条件越来越好，高级料理俯拾皆是，而真正打动自己的，却总是那些家常的、乡土的、平凡但又有些特别的食物。嗯……特别，也许指的不是食物本身，而是因为它包含了特别的情感或记忆。"井浦新在回答每一个问题时，都会认真地思索一会儿，有时眉头微皱，原来是想分享一道旅途中吃到的菜，却怎么也想不起名字来。今年他开始参与拍摄 NHK 纪录片《行走在亚洲公路上》，需要沿着贯穿亚洲 32 个国家、全长 13 万千米的亚洲公路，展开一段并不轻松的人文记录之旅。从土耳其开始，途经伊朗、格鲁吉亚、阿塞拜疆、乌兹别克斯坦、吉尔吉斯斯坦……这一站，到了中国。此行不是游玩而是拍摄，行程紧张，多半时间都在公路上度过，一路颠簸辛苦不言自明，而此刻眼前的井浦新依旧神采奕奕，跟我们回顾着这一路上吃过的有趣美食。

○这趟旅程从西亚、中亚走到东亚，跨越诸多不同的地理环境与饮食文化，摄制组里难免有人水土不服，井浦新却没有丝毫不适，全程精神饱满，"这个节目真的很适合我。我喜欢旅行，也喜欢每个地方的特色美食与民间手工艺，所以一路上身心都很愉快兴奋。"旅行、徒步、野外探索、登山，这些都是他生活中非常重要的部分，或者说，是他最主要的创作能量来源。不得不说，井浦新是个有些"怪"的男人，他曾独自背包游走日本，只为寻找河童。

○当被问到在路上的日子里，最想念的食物是什么，他说是味噌汤和饭团，"不是 7-Eleven 那种饭团，一定要是手工制作的。不过要说此刻最最想念的，还是味噌汤啊，加了茄子的味噌汤"。

● 港口的傍晚，井浦新拍着远处的风景，不知自己也已被收入画中。Photo by ©NHK／Tokyo Video Center

● 井浦新在中国的这几天，也来到了《食帖》编辑团队的工作现场。

## ✤ 井 浦 新 最 爱 的 茄 子 料 理 ✤

### 生姜烧茄子

———— { 食材 } ————

| | | | |
|---|---|---|---|
| **茄子** | 2 根 | **味啉** | 两大勺 |
| **生姜** | 15 克 | **油** | 一大勺 |
| **酱油** | 2~3 大勺 | **淀粉** | 适量 |

———— { 做法 } ————

① 将一根茄子纵切成两半，再从中间横切一刀，分成四段；表面划几刀。

② 将茄子放入热水中烫至半熟，取出，用厨房纸巾擦干水分，整体涂抹薄薄一层淀粉。

③ 生姜擦成泥，与酱油和味啉调兑成汁。

④ 热锅入油，放入茄子，表皮一面向下，两面都煎至微焦，淋上调好的酱汁，出锅装盘。

### 茄子味噌汤

———— { 食材 } ————

*for 2 persons*

| | | | |
|---|---|---|---|
| **茄子** | 2 根 | **味噌** | 适量 |
| **鲣鱼汁** | 800 毫升 | **小葱碎** | 适量 |

———— { 做法 } ————

① 茄子去皮切块，入热水中烫至半熟，取出，用厨房纸巾擦干水分。

② 热锅入油，下入茄子微炒过油，倒入鲣鱼汁将茄子煮软。

③ 加入适量味噌，搅拌至完全熔化，出锅装碗，点缀少许葱碎即可。

专访 ·········  ╳ Talib Hudda

# 新鲜与实验感，就是我的烹饪灵感

## 专访加拿大主厨 Talib Hudda

金梦 / interview & text　　何璐 / photo courtesy

初去 Talib 家吃饭时，其实是"忐忑"的，因为 Talib 才初来北京不久，刚刚租下公寓，听说状态十分简陋，用他的话来说是"整个房子里只有一张床"。纵使了解他是在米其林餐厅里做过总管的大厨，可是巧妇难为无米之炊，如果他连厨房用品都还没买，这顿饭可怎么吃？但当实地考察时，才发现 Talib 实在是过度谦虚了，他的公寓里东西虽然不多，但该有的都有，温暖、明亮、简单，关键是，厨房用品一应俱全。

○"要不要咖啡或茶？"刚进家门，Talib 就十分热情地招呼着大家。"我提前准备了一下，猪小排已经炖上，因为这道菜炖煮时间较长，不想让你们等太久。"他一边略带羞涩地解释着，一边从橱柜里取出咖啡和杯子。

○一谈到做饭，Talib 的话匣子就全面开启。"我从小就发现自己

很喜欢做饭，那时的我或许没有明确的关于'chef'的概念，但却非常确定自己未来想做与食物相关的工作。"说到为何想要成为一个厨师的时候，Talib 说是因为他的祖母。"我自小跟祖父母生活在一起，祖母非常热爱做饭，她是一个很棒的厨师，闲暇时她会教我很多有关做饭的知识和技巧，所以可以说，祖母就是我

最早的烹饪启蒙，是她让我意识到，这就是我想做的事。"

○大约是说得有点口渴了。"你们要不要尝尝我自制的可乐？"Talib 突然这样问道。在场的人皆是一愣："自制可乐？""是呀，普通的可乐通常太甜，很不健康，但我做的不一样，完全用天然食材制作，还加了很多中国的香料哦。"大约就是这样一种什么都要自己创作的天性，让 Tailb 的生活过得异常精彩。

○"我非常喜欢实验，喜欢自主创造许多东西。可能正是这样的本性，让我有机会体会不一样的生活。"Talib 自从决定成为一名厨师以来，他目标就是为米其林餐厅工作。所以 18 岁时，他只身前往纽约，开始餐馆里的修行之路。但那时的他几乎没有什么工作经验，很多餐馆都不愿他。于是，他便决定用免费工作，来换取在后厨里的一寸天地。虽然每天都很辛苦，还没有工资，但 Talib 却非常珍惜这段经历，"我觉得我在一个'真正'的餐厅后厨所学到的东西，并非'工资'所能衡量的"。

○当然，Talib 遇到的困难不止这些。后来他又转战去了其他几家位于纽约的餐厅，依然是帮主厨打打下手，有时还会被欺负，有时拮据得不得不在公园长凳上度过一夜。他却始终没有放弃成为一个"chef"的梦想，甚至有些甘之如饴："如果没有这些经历，大概也不会有今天的我。"他这样说着，有些不好意思地笑笑。

○在累积了一定经验后，一次机缘巧合，Talib 去了丹麦。在那里，他接到了哥本哈根当地非常出名的 Marchal 餐厅递来的橄榄枝。通过不懈的努力，他很快就受到了老板与主厨的赏识，被提升为厨师总管。而正巧那时，《米其林指南》来到丹麦"探店"，Tailb 就与整个后厨团队一起，帮助 Marchal 餐厅摘取了第一颗米其林星星。"那真是非常难忘的一段经历，对我的厨师生涯非常有益。"

○就在他在丹麦发展得十分不错的时候，他却突然决定来到北京。这在很多人看来是一个"不寻常"决定，可是从 Talib 的角度来想，就能豁然开朗。他就是喜欢体验不一样的生活，既然能从北美洲一路漂洋过海到遥远的北欧，再从北欧来到亚洲，似乎也是意料之中的事情。

○如今北京已经有许多不错的西餐厅，也有很多优秀的外国主厨。但是 Tailb 不想循规蹈矩，将西式菜品照搬到中国的餐厅中来，显然不符合他的兴趣，"我希望可以给北京带来一些不一样的东西"。

● Talib 的自制可乐。将生姜、香草籽、豆蔻、八角、肉桂、白砂糖 / 红糖配以纯净水调配搅匀，放入冰箱冷藏一晚，兑入 250 毫升苏打水，一杯健康、风味独特的自制可乐就诞生了。

● 刀具之于厨师的重要性，不亚于枪之于士兵。Talib 也不例外，他有许多厨师专用刀具，且多为日本职人打造。

● Talib 的午餐，桌子虽小，却十分温馨，蘑菇炖猪小排，有些中式的菜品。"我很喜欢亚洲菜肴，经常自己试做。"他说。

● Talib 家中一角，可以看出东西并不多，几本必要书籍，方便查阅资料，再加一台电视足以。

○ Tailb 热爱亚洲菜肴，从这次去他家吃饭，他准备的几道菜肴就能窥见踪影。主菜的炖猪小排几乎就是中式做法，而前菜的自制烟熏三文鱼沙拉，也辅以非常中式的葱油与中国黄瓜。他与亚洲食物的情缘是自小就有的。Tailb 生长于加拿大温哥华，众多华人的聚居地。自小他就时常接触亚洲食物，感受多个国家美食元素的融合和冲击，正因如此，Tailb 才会在制作食物上有那么多的奇思妙想，从不拘于某一种料理派系的框架之内。

○ "加拿大可以说是一个没有什么代表性菜品的国家，因为不同文化的混合，很难推举出一种菜品来代表整个国家。但是我们仍有一些经典的菜式，比如 Tourtière，它是一种脆皮肉馅饼。当然还有枫糖浆，虽然它只能算是配料。"

○ 在很多人眼中，作为一个大厨，天天待在厨房里，想来已经做够了饭，回家之后应该不会想再下厨。但 Talib 不同，在他看来，在正式的厨房里烹饪与在家中做饭很不一样："首先，在专业厨房里，你所做的一切都是为了你的顾客服务，一切要从顾客出发，而且基本上你只有一次机会，所以只能按惯有的方式去做。可是在家做饭，则是一切以自己为主，想吃什么就做什么的同时，也不用担心失败，可以尝试很多新东西。"

○ 如果你看到 Talib 在自家客厅里用木头熏三文鱼的样子，看到他用桂皮、甘草等香料制作可乐的样子，看到他用搅拌机混合葱油的样子，就会明白，这间厨房其实是他的实验室，新鲜和实验感，是最令他着迷的事。他在家里开发出来的新菜品，如果味道还不错，就会真的加进餐厅的菜单中去，好让他的顾客也可以尝尝新的口味，拥有不太寻常的一天。

● Talib 与许多西方男人一样是个星战迷。他经常不离身的笔记本就是星战主题的 Moleskine，里面记载了他的原创食谱，一些涂鸦和灵感。

# ❖ 实 验 派 主 厨 的 一 餐 ❖

*前菜*
## 自制烟熏三文鱼沙拉

### { 食材 }

#### A 自制烟熏三文鱼

| | | | |
|---|---|---|---|
| 三文鱼 | 150 克 | 山核桃树木屑 | |
| 盐 | 150 克 | (可用枫树或者其他微甜 | |
| 白砂糖 | 75 克 | 的树木木屑代替) | 10 克 |

#### B 配菜沙拉

| | | | |
|---|---|---|---|
| 中式黄瓜 | 200 克 | 韩式辣酱 | 3 克 |
| 英式黄瓜 | 100 克 | 奶油奶酪 | 15 克 |
| 白萝卜 | 200 克 | | |

#### C 自制青葱油

| | | | |
|---|---|---|---|
| 食用油 | 50 毫升 | 小青葱 | 100 克 |

#### D 酱汁

| | | | |
|---|---|---|---|
| 生抽 | 50 毫升 | 米醋 | 适量 |
| 青葱油 | 10 毫升 | | |

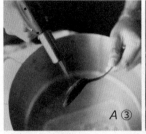 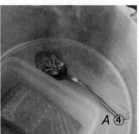 

A ③　　A ④　　B ②

B ③　　C ③　　D ③

### { 做法 }

#### A 自制烟熏三文鱼

① 将盐、糖混合均匀涂于三文鱼上,放入密闭食器中,加盖密封冷藏一晚。

② 在三文鱼底层铺一层冰块,准备一个大的密封的容器。

③ 将铺了冰块的三文鱼放入大的密封的容器中,用喷枪加热勺子,直到勺子微红。

④ 将山核桃树木屑快速撒在勺子上,产生烟雾后立即盖上盖子,让烟雾持续烟熏三文鱼 30 分钟。

#### B 自制青葱油

① 加热平底锅,青葱洗净,对半切与食用油一起放入搅拌机中搅拌至奶昔状。

② 快速倒入加热的平底锅中,小火煮开。

③ 用纱布过滤出杂质,放置自然冷却。

#### C 配菜沙拉

① 将白萝卜和中式黄瓜擦薄片,放入冰水中待用。

② 用喷枪喷烤英式黄瓜直到黄瓜表皮变黑,切小块。

③ 将中式黄瓜片与白萝卜片从冰水中取出,与英式黄瓜块混合,加入适量青葱油,搅拌均匀。

#### D 摆盘,收尾

① 将韩式辣酱与奶油奶酪混合搅匀,涂抹少许在盘底,上置配菜沙拉。

② 将三文鱼取出切薄片,置于沙拉上。

③ 将生抽、青葱油、米醋混合成酱汁,浇于沙拉上即可。

## 主菜
# 猪小排配芥蓝

### { 食材 }

| | | | |
|---|---|---|---|
| **猪小排** | 500 克 | **藕** | 1 段 |
| **红皮洋葱** | 半个 | **李子** | 1 个 |
| **大蒜** | 2 瓣 | **银耳** | 50 克 |
| **生抽** | 15 毫升 | **平菇** | 50 克 |
| **淡啤酒** | 100 毫升 | **芥蓝** | 100 克 |
| **菜籽油** | 30 毫升 | **百里香** | 少许 |
| **生姜** | 3 克 | **食盐、黑胡椒粉** | 适量 |

### { 做法 }

#### A 炖猪小排

① 菜籽油热锅，放入洋葱、姜蒜爆香，加入猪排、生抽翻炒约 2 分钟。

② 加入啤酒和适量的水，再加入藕块，加盖小火慢炖 2~3 小时。

#### B 炒配菜

① 芥蓝去叶留用，芥蓝杆削薄片泡入冰水中。

② 另起一锅，入平菇、银耳翻炒，用盐和黑胡椒粉调味。

③ 再加入百里香和蒜末，直至平菇全熟，最后放入芥蓝叶即可。

#### C 摆盘

① 李子切薄片，猪小排从锅中取出去骨，置于李子之上。

② 芥蓝杆片从冰水中取出，置于猪小排上。

③ 浇上配菜与炖猪小排的酱汁即可。

④ ⑤

### 甜点
## 南瓜子燕麦碎配桃子、西柚，
## 与香草冰激凌

———— { 食材 } ————

**A 南瓜子燕麦碎**

| | | | |
|---|---|---|---|
| 面粉 | 10 克 | 泡打粉 | 5 克 |
| 白砂糖 | 10 克 | 盐 | 3 克 |
| 冷藏过的黄油 | 60 克 | 南瓜子 (未烘烤) | 50 克 |
| 红糖 | 5 克 | 燕麦 | 50 克 |
| 肉桂粉 | 5 克 | | |

**B 桃子、西柚**

| | | | |
|---|---|---|---|
| 桃子 | 2 个 | 薰衣草 | 少许 |
| 西柚 | 1 瓣 | 蜂蜜 | 少许 |

**C 香草冰激凌**

| | |
|---|---|
| 香草口味冰激凌 | 1 勺 |

———— { 做法 } ————

① 将南瓜子燕麦碎的所有食材混合均匀，加少许水，使其可以更好地融合。

② 烤箱预热至 175℃，放入烤箱烘烤 10 分钟至焦糖色，放置自然冷却。

③ 桃子切薄片，柚子去皮掰小块。

④ 桃子片和柚子块铺在盘底，南瓜子燕麦碎掰小块。

⑤ 撒上南瓜子燕麦碎，上置一勺香草口味冰激凌。

⑥ 撒少许薰衣草，淋上蜂蜜即可。

专访 ·········  ✕ J. Kenji López-Alt

# 躲在厨具背后的"科学家"

## 专访美食专栏作者 J. Kenji López-Alt

邵梦莹 / interview & text　J. Kenji López-Alt / photo courtesy

Kenji 是这样一个男人，为了弄清煎饼中蛋白、蛋黄、奶、发酵粉等的最佳比例，蛋白打发的最佳程度，他会精细调整每个变量，制作几十次煎饼，只为确认一道食谱的可靠度；为了煮出一颗容易剥皮的鸡蛋，他会将鸡蛋与水的相对温度、煮制时间做严苛的控制，并专门请很多人来剥蛋皮，以选出最佳方案；为了列出不同温度和时间下，低温慢烤或低温慢煮的鸡胸肉的具体口感、味道、汁水的丰富度，以及适合制作的菜肴，他可以连续做上几天的鸡胸肉，并且全部吃掉，与此同时又加入不同器具制作的变量……这类实验在 Kenji 的专栏《The Food Lab》里随处可见，探寻、科普、趣味通通融入烹饪中。

○在接触烹饪之前，Kenji 一直觉得自己会成为一名科学家或工程师，谁知误入烹饪行业后就不能自已了，也许是他的内心中还是有一部分科学梦，所以创造了食物实验室。Kenji 就像一个带着厨师帽的科学家，躲在各种厨具后面观察食材之间的"化学反应"，"爆炸"或是"无声"都能让他感受到快乐。他说："我大概是世界上最幸福的人，因为我的工作就是我喜欢做的事情。"

**食帖 ▷ 你是何时爱上烹饪的？**

**J. Kenji López-Alt（以下简称"Kenji"）▷** 其实我的家人都很喜欢美食，父母也都很会做饭，但我从来没有对烹饪产生过兴趣，直到一次偶然的机会让我爱上了烹饪。在上大学时的一个夏天，我申请休学几个月，打算找份服务生的工作。我走进一家餐馆，询问是否需要服务生，他们说暂时不需要，不过当天恰好有一位厨师辞职，他们就问我会不会"用刀"，如果会，就可以直接去工作了。当时我说了个谎，说"我会"，当然也是因为我对自己的学习能力很有自信，哈哈。于是那个夏天，我第一次接触了真正的烹饪，并立刻就爱上了它，我原以为自己会成为一名科学家或工程师，不过现在也算是一名"烹饪科学家"。

在美食烹饪这条路上，父亲对我的影响比较大。他没有教我太多烹饪技巧，但是他让我知道，不管是在高级餐厅还是街边餐馆，我们要始终感激那些美好的食物，对待它们要有颗真诚的心。

**食帖 ▷ 你在 Serious Eats 主要负责什么？**

**Kenji ▷** 我现在在 Serious Eats 网站担任烹饪总监，因为 Serious Eats 每天会发布一些食谱，在其发布之前，每一步都要进行非常细致的实验，我的工作则是监督实验过程，并做一些调整，除此之外也会开发新食谱，分享做饭小贴士、新技术、有趣视频图片以及有意思的厨具等。至于创造"食物实验室"，是在 2009 年。因为我一直对科学很痴迷，就想将科学与烹饪结合，帮助我们更好地理解一道菜是如何制作出来的。这个过程除了有很强的趣味性，还会启发你做出更美味和更具特色的食物。"食物实验室"的目标就是让烹饪变得更易理解，让每个人在烹饪时都能明白"现在正在发生什么"，这样，人们就可以摆脱掉教条的食谱，创造自己对烹饪的理解，在厨房中有更出色的表现。

**食帖 ▷ 在"食物实验室"做过的印象最深刻的实验是哪一个？**

**Kenji ▷** 当我发现我可以在一个经典的烹饪技术或食谱中，再做一种改进时，会非常兴奋。例如，煮鸡蛋时怎样才能让蛋壳与蛋白更好地分离。根据鸡蛋的新鲜程度、鸡蛋和水的相对温度、加热和冷却方式等种种变量，我们做了成百上千次实验，并找来很多受测者来选出最容易剥的鸡蛋，最终找到了煮鸡蛋的最佳方式，即在沸水中放入鸡蛋，煮 30 秒钟，然后再迅速放入冰块让水慢慢冷却，再重新煮制，整个过程不超过 12 分钟。这样做的目的是使蛋清快速凝固，而不粘到蛋壳上，之后便可顺利地剥蛋壳，最后得到结果时我真的很激动。

● Kenji 在世界各地旅行时，都有拍照记录当地特色美食的习惯。这是他在成都旅行时最喜欢的中国菜之一：夫妻肺片。四川菜的麻辣鲜香一直让他很难忘，回到洛杉矶后他还不时尝试着做一些川菜。

**食帖 ▷ 怎么产生这么多有趣的想法？**

Kenji ▷ 一旦你开始从科学的角度看厨房里的世界，你的想法和灵感就会不断涌现。在厨房里有太多科学可以去探索，而你需要做的，就是从最简单的实验开始计划，并逐一实验起来。在实验中又会发现更多的问题想要讨论，那就计划下一次的实验。在这样不断的实验中，根本不用担心找不到有趣的新发现。

**食帖 ▷ 你曾说过，在地球上的最后一口食物将会是麻婆豆腐？**

Kenji ▷ 是的，我非常喜爱中国菜，尤其是西安和成都的美食，这两个城市在辣椒和香料的使用上似乎都受到了丝绸之路的影响。我也喜爱西安的穆斯林食物，一些诱人的小吃配上些冰啤酒，感觉太棒了。不过对我来说，成都和重庆的辣才是我的最爱，我喜欢那种强烈的麻辣味，还有那些用腌菜、腊肉制作的辣味美食，可以傲视全世界的美食。虽然我妻子吃四川菜时有些不适应，但是让我一辈子住在四川是绝对没有问题的，我实在太喜欢四川菜了。

**食帖 ▷ 你认为男人和女人的烹饪方式有什么区别吗？**

Kenji ▷ 我认为在性别上没有什么绝对的、硬性的烹饪方式的差异。倒是由于不同的文化，一些根深蒂固的社会角色定位和社会压力，会造成些许的不同，但是我曾跟一些非常厉害的女主厨合作过，发现这些差异，其实都是由于不同期望而造成的。

无论你的性别是什么，无论你想成为一个家常菜烹饪专家，还是为全家人制作食物的"厨师"，还是一个世界级餐厅的主厨，只要你想，你就可以，与性别无关。

**食帖 ▷ 工作之余，也会常为自己或家人做菜吗？**

Kenji ▷ 我常常觉得自己是最幸运的人，因为我的工作就是我最喜欢做的事情，就算我做的是其他的工作，我还是会利用业余时间来烹饪。以现在来说，我的生活与工作之间的界限很模糊，因为我一直在做饭，哈哈，有时午餐和晚餐都是实验剩下的食物。不过我也愿意单纯地去做一顿美食，不以拍摄和实验为目的。

其实在工作和家庭烹饪中，还是有一些差别。在食物实验室，我会烹饪更多的肉，而回到家中，做蔬菜和海鲜更多一些，我是个超级"蔬菜控"，这也是我喜欢中餐的原因之一。中国菜中有很多以蔬菜为主，肉仅作为配角出现。而在西方一定是一大盘肉摆在你的面前，少得可怜的蔬菜被堆在盘子一边，喜欢蔬菜的人，我想都会选择中国菜吧。

**食帖 ▷ 可否具体分享一个你做过的"食物实验"？**

Kenji ▷ 好的，我可以分享一下怎样制作真正美味的超级牛肉汉堡。fin.

● 这是 Kenji 最喜欢的刀具，是以碳钢制作的主厨刀，非常锋利，从刀面上的斑纹可以看出，这把刀已伴他多年。

● 2014 年，Kenji 在四川省峨眉山徒步两天，他形容四川的自然景观神圣且美丽。

○看看那些汉堡广告，超大超多汁的汉堡牛肉饼、喷香诱人的芝士片、饱满的汉堡面包、充满层次感的搭配组合，可是拆开包装纸，发现完全不是这么回事儿。照片中的汉堡是不可能的吗？不，"食物实验室"找到了做出那种诱人汉堡的方法。

○首先买回一个普通的牛肉汉堡，然后将每一样食材拆解、分析。

○一般牛肉汉堡原材料：洋葱圈、偏生番茄片、腌黄瓜片、生菜碎、烤牛排、汉堡包。

---

# 进阶 1 牛肉饼

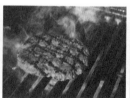

### ♣ 原汉堡 ♣

通常买来的汉堡牛肉饼使用冷冻牛肉馅，重量大约 110 克。快餐行业对速度要求很高，一切都要快速完成，烤牛肉饼时烤架会离火焰很近，既能大火力烤熟，又制造强烈的烧烤味道，不过，这样做的弊端就是会把牛肉汁烤干，牛肉也不会有弹性口感。肉饼包装时的挤压以及非常快速的烤制，将其中富含蛋白质的汁水烤干，并形成干燥的表皮。

▶ ▶ ▶ ▶ ▶ ▶ ▶ ▶ ▶

### ▶ ▶ ▶ ▶ 改进 ◀ ◀ ◀ ◀

制作同等大小的牛肉饼，但是 110 克牛肉馅制成的牛肉饼，会大于挤压后密度更高的牛肉饼，为了能与汉堡面包同等宽度，只能在厚度上稍微增加一些，大约在 0.6~1.2 厘米。如果有烤架就用烤架，注意离火焰的距离不能过近，烤制时也不要急于求成，正常烤就好。如果不方便使用烤架，也可用牛排煎锅，煎到牛肉汁变干之前取出即可。

最好避免用烤箱来烤制。因为只有煎到有些微的烤焦感，才会有烤制的味道。不想肉饼变干可先多烤一会儿牛排的一面，烤出焦香表皮时，肉饼差不多就全熟了，这时翻过来稍烤一下，并放上芝士片至熔化即可。

## 进阶 2 洋葱

**❖原汉堡❖**

洋葱为什么要切成圈呢？只是因为切成圈后洋葱的风味会更浓吗？不是的，切成洋葱圈是为巩固结构。不过很多人都有这样的经历：咬一口汉堡，结果把整个洋葱圈都吃掉了，更糟的是，洋葱圈把其他配料也给"拉"了出来。

▶ ▶ ▶ ▶ ▶ ▶ ▶ ▷

▶ ▶ ▶ ▶改进◀ ◀ ◀ ◀

Kenji 曾经在食物实验室中做过实验：洋葱切成什么形状，放到汉堡里可以保持最好的味道与口感。经过洋葱丁、洋葱圈、洋葱条（两种：一是先切成洋葱片再切成条，二是将洋葱对半切开再切条）、洋葱酱、洋葱泥等各种形态的实验，最终，先切片再切条的洋葱获胜。

## 进阶 3 番茄片

**❖原汉堡❖**

每个汉堡中两片。快餐行业需要储存一定的食物，所以在选用番茄时，会挑没有完全熟透的番茄。不过这样的番茄只会增添软面的口感，以及清淡的番茄味，并未发挥出番茄本应在汉堡中呈现的酸甜口味。

▶ ▶ ▶ ▶ ▶ ▶ ▶ ▷

▶ ▶ ▶ ▶改进◀ ◀ ◀ ◀

找一个熟透的番茄切成片状即可。宁可不加番茄片，也不要使用没熟透的番茄。

## 进阶 4 腌黄瓜

**❖原汉堡❖**

四五块横切腌黄瓜，这个还是可以通过的。

▶ ▶ ▶ ▶ ▶ ▶ ▶ ▷

▶ ▶ ▶ ▶改进◀ ◀ ◀ ◀

腌黄瓜可选取更新鲜、更爽脆的，切时可以斜着切，切厚一点，这样黄瓜片更大，咬下去汁水更足。

## 进阶 5 生菜碎

**❀原汉堡❀**

生菜片撕小块, 只有薄薄一层, 量少且容易小块小块地掉下来。

▶ ▷ ▶ ▷ ▶ ▷ ▶ ▷

**▶ ▶ ▷ ▷改进◀ ◀ ◁**

把生菜切成丝, 这样不仅能够增加爽脆口感, 还可提升汉堡的新鲜度, 其缝隙还有助于吸收牛肉饼的肉汁, 不过这对买来的汉堡并不管用, 只适用于自己制作的肉汁饱满的汉堡。

## 进阶 6 汉堡面包

**❀原汉堡❀**

很软, 微甜, 一般汉堡面包的样子。

▶ ▷ ▶ ▷ ▶ ▷ ▶ ▷

**▶ ▶ ▷ ▷改进◀ ◀ ◁**

可以用烤架来替换面包机烤面包, 另外面包也可换成其他喜爱的口味, 例如坚果面包、全麦面包、奶酪面包。 要注意大小应相同。

## 进阶 7 堆叠排列

**❀原汉堡❀**

制作汉堡, 叠放方式也很重要。买来的汉堡一般是按照牛肉饼、芝士片、腌黄瓜、番茄酱、洋葱圈、番茄、生菜、沙拉酱的顺序从下至上组合。首先, 这样的组合方式将肉饼放在最下面, 重量集中在底部, 上面的配料很容易松散掉落; 其次, 腌黄瓜放在肉饼和酱汁上很容易变得不再爽脆; 所有配料都堆在热牛肉饼上, 热气上升也会令食材变得湿软。

**▶ ▶ ▷ ▷改进◀ ◀ ◁**

首先, 在底层先涂沙拉酱, 第一是因为当你咬下去的第一口, 除了偏干的面包, 舌头可以率先感受到湿润美味的酱汁; 第二是沙拉酱可以起到黏合面包和其他配料的作用。

其次, 放上生菜丝和洋葱条, 这样可以建构一个稳定紧实的中间结构, 还可以接住上面的黄瓜汁、番茄汁和肉汁, 保护下面的面包不被弄湿。

然后, 摆上腌黄瓜和番茄, 番茄可以为牛肉饼提供一个平整的平台, 可以使其稳定地摆放在上面。

最后, 放上牛肉饼, 在面包顶再涂一些沙拉酱和番茄酱, 使味道上下平衡。

大功告成。

专访 ········· ⓨ ✕河马

# 给每一道菜都安一个家

## 专访河马

金梦 / interview & text   Dora, 河马 / photo courtesy

"说实话，我热爱食器胜过食物本身。会开始做饭并非因为喜欢烹饪，而是为了食器。"与许多烹饪爱好者不同的是，河马做饭的初衷其实是对食器的爱。他希望自己搜集的食器，能充分实现它们的价值，这才开始走入厨房。自古老祖宗讲究美食需"色香味俱全"，其中"色"被排在首位。一道菜品如果想要被称为"美食"，"美"是必要条件。而这"美"，除了菜品自身的卖相要好之外，还要有精美的摆盘，与相得益彰的食器。

○国内爱做饭的年轻人，大多听说过"唯有美食与爱不可辜负"这句话。河马对这句话的理解，是应给每一道美好的食物，都安一个"家"。河马说："你想想，如果一道菜品它既有味道，又有卖相，但最后装盛它的容器却是一个粗制滥造之物，这道菜品是不是瞬时就减了一半的魅力呢？"

PROFILE

**河马**

河马，本名陈超，因为十分喜欢河马这种动物而自称"河马"。热爱做饭和搜集食器，时常在家宴请朋友，开了一个专门分享自己制作食物的微博，名为"河马食堂"，还有一个分享食器与食物故事的微信公众号，"河马私家厨房"。

# 河 马 食 堂

○一进河马家门，首先看到的是一面巨大的落地窗，几缕阳光穿透，洒在斑驳的木质地板上；而窗边是一整面书墙，满满当当地排列着书籍杂志，不留一丝缝隙，书架上都装不下的杂志，被垒成一摞摞，整齐地堆放在书架周围的空地上，比人还高。人们常说看一个人的家，就能约莫看出这个人的性格，那么河马的家给人的第一感觉，便是"执着"与"长情"，喜欢的东西都不可丢。

○河马提前几个小时就在准备今天的晚餐菜品了，"其实通常准备工作要从前一天晚上开始。一些需要花时间的菜要提前备好，比如提前炖猪蹄，做红烧肉"。于是，在河马的标签中，又加入了一个"擅规划"。

○"如果是要准备像牡丹饼这样耗时较长的甜点，就会提前把红豆泡上，然后在去农贸市场前把红豆煮上。到了菜市场，会根据当天的新鲜蔬菜品种，对菜单进行临时修改。回家后，先把各类蔬菜择洗干净备用，脑子里一边想象各种菜使用时的形态，一边把配料处理齐全，比如切好葱末、姜丝、蒜末等。然后将餐桌摆好，把花插上，把当天要用的食器取出来。泡好茶后，就根据各道菜的不同料理方法，以及客人的到达时间，开始正式制作了。"在常人看来，这前期的准备工作可能已经异常麻烦，但河马却一直有条不紊，游刃有余。

○河马经常在家举办"家宴"，用他的话说是欠的"饭债"。"我的这么多食器，除了自己搜集的以外，其实有很多是朋友们去不同的地方旅游时帮我搜寻而来的。你知道，食器这东西既重又易碎，所以每当朋友费心地帮我带回来时，我都很不好意思，于是就想用做饭来'补偿'他们。但平常工作忙，慢慢地积攒的'饭债'越来越多，所以只要一有空，我就会邀那些'债主'来家小聚。"

○虽说起初是为了食器才开始做饭，但随着食器越收越多，给朋友做的"还债"家宴越来越频繁，河马对烹饪的兴趣也浓厚起来。"会经常想，如何才对得起这么好看的一个碗"，或者"如何对得起从大老远帮你背碗回来的朋友"，他对做饭这件事愈发认真起来，还给自己的家宴起了个名字：河马食堂。

○"之所以会不时邀请朋友来家做客，一是的确欠了很多'饭债'，二是我很享受与朋友一起边吃边谈的亲密感。每次聚餐朋友都会带一两个新朋友来，高兴的是无论是新朋友还是老朋友，他们都非常认同我的生活方式，也喜欢我做的菜。而且会不自觉地被我对食器的热爱所影响，有的人也开始换掉家中餐具，或者开始帮我一起淘食器。"在享受美食之余，也可品玩承载食物之器，将对食物与器物的珍重传递给更多的人，这大概就是河马食堂的意义吧。

● 蒸时蔬。不难发现河马也很注重时令饮食，茄子、芦笋、南瓜、西葫芦和西蓝花，都是应季蔬菜。

● 自己做的糖渍李干，采用新鲜李子，低温烘烤近 7 个小时，酸甜得宜，非常适合做开胃小点。

● 茗荷，收获于每年 7~9 月，多产于中国江淮地带，有镇咳祛痰、消肿解毒、消积健胃等功效。因上市时间较短，所以比较适合腌渍，可保存更长时间。河马的茗荷是他特意从贵州老家带回，说起原因，一是在北京很难买到，二是"家乡背回来的，总是不一样"。

# 食器的魂

○说起和食器最初的渊源,河马只模糊记得,"有一年,我去日本,无意间路过一家食器店,顿时就被吸引住了。那些碗碟就那样静静地摆在那儿,它们大多是深色,古朴低调,但是你就是可以感到它们是发着光的。大概就是从那时起吧,我开始迷恋食器,如今也有十多年了"。

○食器如人一般,它们是"静止的活物",有着各自的性情:玻璃器皿玲珑干净,适合夏天,装盛点凉拌小菜,看着就通透清爽;陶器厚重,适合大菜,从视觉上就让菜品提升一个等级;瓷器则是皆可,装得下"小家碧玉",也承载得了"大家闺秀"。

○有人认可欣赏,便必定有人反对怀疑。在许多人眼中,搜集食器似乎并没有搜集邮票或古董物件来的"值得",他们认为所谓的食器,不过就是一些更好看的碗、碟罢了,何来"价值"一说?河马明显不以为然。

○"首先,美好的东西永远没有人嫌多,也许有些人觉得我搜集这么多碗碗碟碟,是一种浪费,那是他们不能感受这些食器的美。况且我搜集的食器都是可用的,不是只供观赏的摆设,单凭实用性来说,就已经很'值得'了。也许有人会觉得单从一个碗的实际作用和它的价格来看,它是贵的。但是细想,每一个食器都经过了多道工序打磨,与多双巧手摩挲,才有此刻的面貌。正是这背后的心意与劳作,才赋予了食器与其中的食物以生命力,就冲着这一点,我就觉得我搜集的这些食器,已经是'物超所值'了。"说到这里,河马的脸上露出淡淡的满足的笑容。

# 河马吃食心得

○不可否认,做饭确实存在"天赋"这种东西,河马没有经过什么特殊的锻炼,全靠自己琢磨就出了师,并且手艺人人称赞。"我觉得对于做饭来说,'原创'是一个相对而言的概念,就拿中国来说,十几亿人口,你怎么知道这道菜是否在你不知道的地方被实践着呢?所以可以说,某些食谱是在烹饪技巧上有所改变,食材搭配方案上有所不同。"

○"我对食材的要求只是新鲜、健康、应季。"对于如今越来越流行吃西餐的现象,河马也有自己的见解:"我还是最喜欢中餐,一道简单的家常菜,不同的人做就会有不同的味道,留下很多个人印记,而西餐是相对标准化的东西,比如烘焙,你只要照着配方按部就班地做,基本都能做个八九不离十。但做中餐不是,它是多年经验的累积,不是克数所能简单量化的。"

○河马非常认同日料中的烹饪精神:"在中国,我们的料理非常容易'随大流',比如一种菜品流行起来,可能满大街都开着相关的店铺,过个三五年可能大众口味一变,又追逐新的流行菜品。可日本料理不同,不少老店都是坚持百年,就只做那一种东西,永远觉得可以将这样东西做得更好,包括他们对待食器的态度也是我极其欣赏的。"

● 河马自制消暑饮品,原料是自己熬煮的桑葚果酱,调兑冰苏打水。

● 河马收藏的几只小河马,说起"河马"这个名字,"其实没什么特别原因,就是因为我喜欢河马"。

● 这只是河马收藏食器中的一小部分,一半为日本食器家的作品,也有很多是从中国景德镇等地淘回来的。

◉ 河马的一餐，包括小菜凉拌秋葵鸡丝，主菜红烧肉和红油猪蹄，配菜蒸时蔬，以及主食菌菇饭，同时配有红茶与自己腌渍的茗荷。

◉ 红烧肉，虽说是经典中国菜式，每个人却都能做出不一样的味道来。

◉ 为了准备一顿与朋友的晚餐，河马从早上就开始买菜准备，下午会简单收拾房间。

# ✤ 河 马 食 堂 私 房 菜 ✤

## 主菜
### 红油猪蹄

#### { 食材 }

| 猪蹄 | 两只 | 红油辣椒 | 适量 |
|---|---|---|---|
| 青红椒 | 4~5个 | 食用油 | 适量 |
| 青笋 | 一小块 | 酱油 | 适量 |
| 葱姜蒜 | 适量 | 盐 | 适量 |
| 八角 | 少许 | 白砂糖 | 适量 |
| 黄酒 | 少许 | 料酒 | 适量 |

#### { 做法 }

①将猪蹄清理干净，剁成小块。

②猪蹄与凉水一同入锅，加入黄酒煮开。

③猪蹄捞出重新清洗放入砂锅，加入姜块和清水。

④大火煮开后，转小火慢炖至猪蹄软糯，备用。

⑤另起一锅上火，锅热后加入食用油，放入姜片、蒜瓣爆香。

⑥再加入青红椒块、青笋条，略微翻炒，加入猪蹄和原汤。

⑦再加入八角，适量酱油、盐、白砂糖、料酒，还有足量的红油辣椒。

⑧加盖炖煮至完全入味后，撒一把葱花即可。

## 主食
### 菌菇饭

#### { 食材 }

| 香菇 | 2~3朵 | 大米 | 3人份 |
|---|---|---|---|
| 杏鲍菇 | 一小把 | 酱油 | 少许 |
| 白玉菇 | 一小把 | 味啉 | 少许 |
| 蟹味菇 | 一小把 | 白砂糖 | 少许 |
| 茶树菇 | 一小把 | 清酒 | 少许 |

#### { 做法 }

①将菌菇加盐浸泡后清洗干净，沥干水。

②把白玉菇、蟹味菇拆散，香菇、杏鲍菇切片，茶树菇去掉老根拆散。

③入油热锅，放入杏鲍菇和茶树菇翻炒。

④再将香菇、蟹味菇、白玉菇放入同炒。

⑤入酱油、味啉、白砂糖、清酒，翻炒入味至全熟。

⑥提前用砂锅将米饭煮好，将炒好的各类菌菇放入。

⑦将米饭和菌菇拌匀，可以撒一点七味粉，增加米饭口味的丰富度。

● 黑麦现在每周只接 3 桌食客，其余时间会跟朋友一起出去活动，或是在家中尝试新食谱、看看电影。

专访 ⋯⋯⋯  ✕ 黑麦

# 不听音乐的厨师不是好记者

## 专访黑麦

邵梦莹 / interview & text 何璐 / photo courtesy

黑麦是一名音乐记者，也是名厨师，在自己的家里开了一间意大利传统菜私厨。做饭在他看来是一项爱好，一件好玩的事儿，后来做得多了，就有人跟他说"开间私厨吧"，他没想太多，直接把家里装修了一下就开张了。但他也没有把这件事看得多严肃正经，食客预约、安排时间、收入情况全部委托朋友来做，自己只专心买菜、做饭、等食客来，其他一概不多过问。他形容自己的私厨"随性、自由、没态度"，食客只管吃得开心，没有条条框框的限制。

**PROFILE**

**黑麦**
"黑麦的厨房"创始人、音乐记者。

○黑麦总是给人淡定随性的感觉，拿起主厨刀做起菜来也灵活自如。不过这种淡定也是靠着长年累月的积累，比如在澳洲留学时给各种餐厅帮工，在各种朋友聚会上担任"大厨"。黑麦爱做饭，却不太张扬，轰轰烈烈是一种爱法，细水长流也是一种爱法，黑麦对做饭的喜爱可能更偏向于后者。

## 做饭是一件好玩儿的事

〇对于做饭这档子事儿，黑麦自小就有兴趣。小时候喜欢看奶奶做饭，后来上了幼儿园，老师教怎么用鸡蛋拼金鱼，黑麦回到家就把奶奶家的鸡蛋、松花蛋、咸鸭蛋全部找出来，认真拼起金鱼来，觉得不够好看，又用水果罐头给小鱼做眼睛，用香菜做水草，忙活一番，逗乐了全家人："谁吃得了那么多蛋？"这算是黑麦记忆中第一次做饭。上小学和初中时，父母经常出差，但会留一些腌好的鱼冻在冰箱，黑麦想吃时，就可以随时拿出来，蒸、炸、烤、煎，变着法儿地做。那时的黑麦也会做些简单的炒菜、煮面。他觉得做饭这件事非常好玩，可以玩很久。

〇黑麦去澳大利亚念书时，第一份兼职就是在一家意大利餐厅里帮厨。除了做比萨、面包、咖啡，每天还会做经典的白酱、青酱、红酱等酱汁，渐渐地会做的越来越多。后来他也去过一些海鲜餐厅、台湾小吃店、广州菜餐馆做帮工，厨房技艺得到了很全面的提升。留学期间，黑麦所有的兼职工作都与食物有关，不仅是为赚得生活费，也是因为喜欢。

## 私厨更像是取经途中

〇黑麦 14 岁的时候，喜欢看一档美食节目：19 岁的英国厨师 Jamie Oliver（杰米・奥利弗）教大家做菜。黑麦毫不掩饰对 Jamie 的喜爱，他说自己喜欢 Jamie 那种活泼、混搭、不造作的做菜风格，他觉得做菜就该是件愉快的事，为什么要板着一张脸呢？

〇开私厨对黑麦来说，像一个取经的过程，通过制作一桌一桌的饭菜，来一步一步地学习和成长，最后或许会真的开一家餐厅。在开私厨前，他并不知道私厨是什么。最初他只是喜欢叫朋友来家里吃饭，当朋友劝说他开间私厨时，黑麦感觉会挺好玩，就麻利地开始重新装修客厅了。他家的客厅是主要的就餐空间，为了使客人尽可能感觉亲切舒适，又有一些不同于自己家的独特感受，他在房间里新增了一个小吧台，就在厨房和客厅的中间位置。吧台高度大致一米五，台上摆满各式小器物，还有飞机航模。吧台靠墙的一侧贴满摇滚歌手的剪报，吧台后面有酒、茶、咖啡、水池、放映机，客人吃饭时，黑麦就坐在这个小吧台后。朋友来玩的时候，也经常在这个小吧台坐着，设计它的初衷就是想营造 bistro（小饭馆）的感觉，让人放松下来。

〇开私厨的过程中，黑麦最享受的部分是做菜，沟通时间、联系客人等都拜托好友来管理，甚至收入方面也不太在意。至今私厨开了一年多，也遇到过一些难忘的客人。有一次接待过 13 个人，每个人都吃得很开心，最后所有的食物都吃光了，连沙拉汁都被抹干净，让黑麦很有成就感。黑麦觉得之所以会有好些人来光顾自己的餐厅，甚至一来再来，一是因为不难吃，二是因为他做的是意大利家庭式菜肴，并非意大利餐厅常见的菜式，吃得出人情味儿。

## 认真做饭，认真听歌

〇黑麦喜欢摇滚乐，他的名字就来源于 Neil Young（尼尔・杨）的《Hey Hey，My My》。高中时他组过乐队，在三里屯的酒吧里演出过几次。留学归来在电台当过音乐节目主持人，并在杂志负责编写音乐板块，虽然不搞乐队了，音乐仍是生活中很重要的部分。现在，音乐与下厨这两个爱好也得以结合。黑麦做饭时会听音乐，电子、摇滚，有时来点儿独立音乐，厨房墙壁上贴满音乐杂志剪报。黑麦说："做饭的时候耳朵是不被占用的，反而可以听得很认真。现在的人，很少会抽出时间踏踏实实地听音乐了，可能听一会儿就不知不觉开始玩手机、刷微博。"

〇在"黑麦的厨房"，不仅能享受到视觉与味觉的盛宴，更有黑麦精心准备的音乐大餐。黑麦平时放爵士音乐比较多，有时候是 Grant Green（格兰特・格林），天气热的时候听比较清凉。有时

●厨房墙壁上贴了很多杂志剪报，涉及音乐、电影、动画片、设计等不同主题。

◎ 朋友来做客都会坐在吧台的位置，想喝什么，黑麦就在吧台后面制作后拿出来。茶、咖啡、酒一应俱全。墙壁上留有一块空白，可留给小型投影仪播放视频用。

候会放一个多米尼加钢琴音乐家 Michel Camilo（米歇尔·卡米洛）的拉丁爵士乐，有加勒比的感觉，热闹但又不会喧噪。

○大家都说黑麦是一个会玩音乐的厨师，他会根据食客的年龄喜好、当天的用餐氛围来搭配音乐，电子、摇滚、古典，黑麦都会尝试。有很多客人吃完饭还会问黑麦要吃饭时的歌单。

## 做让人能够记住的一餐

○黑麦想做的是能给人留下深刻印象的一餐，组成这样的一餐，既需要好的环境和氛围，也要有令人回味的食物。环境要舒服、干净，没有过多主人的痕迹，氛围则需要自己去调动和调节，有些人可能会对去陌生人家里吃饭不习惯，黑麦就会先做一个自我介绍，让客人对这间私厨有一些了解，再简单地聊聊天，根据当天的氛围播放一些音乐，让大家更好更快地融入当下的环境，放松下来。

○在菜品上黑麦会先端出一道很大盘的沙拉，因为黑麦私厨主打意大利家庭菜，风格较为奔放自由，只有像鱼这样不好分的食物，才会给每个人单独装盘，其他食物都是大家一起吃。接下来会安排两道主菜，一道是白肉，一道是红肉，在每道主菜之间再用冷盘或烧烤类小吃来过渡，比如生火腿拼盘和烤蘑菇，饭后再上一些甜品，就是相对完整的一餐了。也有一些客人不是专为食物而来，只是想在这里安静地吃饭谈事情，对于饭菜没有过多要求，这种情况黑麦也会尽量去满足客人的要求。

○私厨对黑麦来说没那么严肃，多做一些，下次能做得更好，客人能吃得更开心，就可以了。

● 黑麦当天上午去菜市场现买的食材，用来准备与朋友们的晚餐。黑麦擅烹鱼鲜，所以食材基本以鱼鲜类为主。

# ✤ 黑 麦 私 房 食 谱 ✤

## 虾仁青酱比萨

———— { 食材 } ————

### 青酱用

| | | | |
|---|---|---|---|
| 罗勒叶 | 60 克 | 黑胡椒粉 | 适量 |
| 松子仁 | 75 克 | 迷迭香 | 适量 |
| 大蒜 | 3 瓣 | 帕玛森奶酪碎 | 50 克 |
| 橄榄油 | 50 毫升 | 新鲜柠檬汁 | 10 毫升 |

### 比萨皮用

| | | | |
|---|---|---|---|
| 高筋面粉 | 280 克 | 低筋面粉 | 120 克 |
| 温水 | 180 克 | 盐 | 10 克 |
| 酵母 | 10 克 | 糖 | 20 克 |
| 黄油 | 30 克 | | |

### 其他

| | | | |
|---|---|---|---|
| 虾仁 | 16 只 | 龙蒿草 | 适量 |
| 马苏里拉奶酪碎 | | | |
| | 100 克 | | |

———— { 做法 } ————

① 罗勒叶洗净擦干，与制作青酱用的材料一起放入料理机中搅拌均匀，制作青酱。

② 将制作比萨皮中的面粉、酵母、盐、糖混合均匀，分次加入温水揉和面团，面团成形后加入黄油继续揉，直到可以拉出薄膜，放在温暖的地方密封发酵至两倍大即可；多出来的面团按分量分开冷冻，以备下次使用。

③ 烤箱预热 200℃；烤盘中撒些许面粉，将面团擀成饼状填满烤盘，并用叉子插几个洞，抹上制作好的青酱，注意留有 1 厘米边缘。

④ 整齐码入虾仁，撒上马苏里拉奶酪碎，放入烤箱烤 15 分钟，撒上龙蒿草即可。

## 烤蔬菜黄鱼

**{ 食材 }**

| | | | |
|---|---|---|---|
| **大黄鱼** | 1条 | **橄榄油** | 适量 |
| **土豆** | 1个 | **姜** | 1个 |
| **茄子** | 1根 | **海盐** | 适量 |
| **小洋葱** | 1个 | **黑胡椒粉／粒** | 适量 |
| **番茄** | 1个 | **青柠** | 1个 |

**{ 做法 }**

① 土豆、番茄、茄子、姜切片,洋葱切块备用。

② 鱼洗净去鳞和内脏,放在烤纸上,分别在鱼膛和烤纸上淋少许橄榄油,并加海盐和黑胡椒粉调味。

③ 烤箱预热200℃;将姜片、土豆片、茄子片、番茄片、洋葱块塞入鱼膛中,鱼面再摆几片土豆和茄子,撒上几颗黑胡椒粒,挤入少量青柠汁。

④ 用烤纸包好,放入烤箱烤15分钟即可。

● 盛夏，龚林轩在意大利佛罗伦萨的街头。

专访 ·········  ✕ 龚林轩

# 爱上烹饪后，吃的旅程愈发有趣

## 专访龚林轩

金梦 / interview & text　龚林轩 / photo courtesy

初见龚林轩，实在想象不到眼前这个干净、安静的大男孩，这么喜欢做饭。"我的生活大抵由两部分组成，一半献给厨房，一半在路上。"他如是说道。已经游历过大半个地球的他，眉宇间透露出对这个世界以及新事物的好奇与期待。而他对厨房的热爱，无非是因为爱吃。"爱吃与会做是相辅相成的"，这是他一贯信奉的真理。有时候他可以只是为去一家垂涎已久的餐馆，便开始一段新的旅程；有时旅行归来，便迫不及待地钻进厨房，将一路所闻所学立即实践起来。

PROFILE

**龚林轩**
自由摄影师，自由撰稿人，热爱烹饪和旅行。

○龚林轩自认为不算是很会做饭的人，他只是喜爱做饭，所做菜肴也以西式居多，用他的话来说"中式菜肴需要一口锅气，又不只是锅气"，那是需要多年经验方可练成的功夫，无法急于求成。好在"会做"与"爱做"本就不矛盾，也不影响他去品尝世界的美食，在不断追寻世界各地美食，再不断丰富自身烹饪技能这样一个循环往复的过程中，他乐在其中。

● 龚林轩做的意式熏火腿包无花果，看似毫无关联的两种食材，搭配起来却令人惊喜。

● 龚林轩的手工自制海鲜比萨，大虾、贻贝的鲜搭配樱桃番茄的酸甜，辅以芝麻菜独特的香。

● 一个真正的大厨，其实是艺术家与厨师的结合，不仅要懂得各种烹饪技法，还要有卓越的美学天赋，比如如何进行食材搭配，如何摆盘。品尝美食绝不只是为了饱腹，而是享受一种"吃食的艺术"。

"我觉得意面是一种'世界性'的食物，很少有人会不喜欢吃意面。同时它非常易于烹饪，一道菜便可解决一顿饭。
海鲜番茄意面方便简单，有海鲜在，怎么样都不会难吃。"
——龚林轩

**食帖 ▷ 你是何时爱上烹饪的？**

**龚林轩 ▷** 大概是几年前，第一次去苏格兰的时候。当时住在朋友家，还有个意大利人也一起住。那时我们特别想吃中国菜，就去当地超市买食材来煮。当时煮得非常随意，却也香味四溢，连意大利的朋友也被吸引，忍不住加入我们，最后他还把剩下的菜打包当作午餐。那时我觉得，做菜这件事太有成就感了，而且让人快乐，是那种由衷的快乐，就是从那一刻开始喜欢上做菜。现在早餐都是自己做，几乎每天都做，早餐做法通常简单，不吃早餐对身体的弊端也多，所以只有早餐，我是一直坚持自己做的。

**食帖 ▷ 爱上烹饪后，自己的生活是否有什么改变？**

**龚林轩 ▷** 我觉得就是更加爱吃了吧！在我看来爱做饭与爱吃是相辅相成的。我越喜欢做菜，就会越来越喜欢美味；而越是遇到好的餐厅，越是经历到不同的体验，感受到越多佳肴带来的快乐，就越是逐渐总结出一套自己的"吃"的心得来。如今在吃这件事上，自己越来越倾向于回归原味，这样才能体会到每种食材的精华。这种体验与小时候吃油炸食品时的那种欢乐完全不同，是一种由身到心的满足感。因为生长在南方的缘故，小时候喜欢浓油赤酱，但现在开始注重健康，更喜欢清淡一点的。

**食帖 ▷ 常做的食物中，西式多还是中式多？**

**龚林轩 ▷** 西式更多些吧。西式菜肴不同于许多中式菜肴需要大火爆炒，而是多以烤、拌、炖为主，比较方便。再者，中国菜要做好太难了，中国菜是不可量化的，靠的不只是那锅气，更多的是经验，是只可意会不可言传的东西，要真的做好中国菜是需要时间的。比如今天我想做个红烧肉，看着食谱照做是能做出来，但只是及格，很难满分。

虽然各种风格的料理都有我喜欢的部分，但要说到"最"喜欢，那肯定是火锅了。我非常喜欢火锅里的虾滑，吃火锅对我来说就是在吃虾滑。

**食帖 ▷ 你觉得男人做饭和女人做饭有什么区别吗？**

**龚林轩 ▷** 男人做饭和女人做饭如果真的要说区别，可能在于仔细程度吧。女人可能更喜欢做蛋糕这类可被量化的食品。而男人做饭就会没那么注意所谓的"用量"。记得有一次一个女性朋友来我家，教我做蛋糕吃，她手法娴熟，斤克精细，但当看到我只是凭感觉将各种食材乱倒一通时，她简直要发火。

似乎在旧观念的家庭里，家中琐事都归女人，厨房一般也是女人包办的；而在餐馆里，由于锅器沉重，杂事繁多，男人体力相对更好，所以餐馆的烹饪一般是男人为主。如今，在餐馆中以男人为主导的地位可以说是一直没变，但在家庭中，男人

似乎越来越会煮菜，并且如今的大众开始认为男人会煮菜是件了不起的事，是可以为其人格魅力加分的。而我一直信奉的一个道理是：喜欢吃自然就会做。

**食帖 ▷ 对你来说，烹饪的魅力是？**

**龚林轩 ▷** 最大的魅力是可以了解到许多外在看似不搭的食材，在煎、炖、焖、烤等不同烹饪方式变幻的过程中，居然可以巧妙地融合，变成不可思议的美味。这种经验对我来说是前所未有的，在品尝美食的道路上，不仅是味觉在不断丰富，我的眼界也在不断开拓。但话说回来，这些还是要靠"会吃"来辅助，烹饪让我更热衷于在世界上寻找有趣的餐厅，使我的旅程更加有趣。

**食帖 ▷ 在做饭方面是靠天赋多一些，还是靠后天的兴趣和练习？**

**龚林轩 ▷** 我觉得做所有事都是天赋大于练习。这么说吧，每个人都可以是厨师，但真的要定义"厨师"两个字太难了，菜做得好但无聊，只能算是"厨"。一个真正好的厨师需要美学、味觉以及眼界的高超结合，尤其是美学，尤其需要天赋。

**食帖 ▷ 跟大家分享一下旅行中寻觅美食时比较难忘的经历吧。**

**龚林轩 ▷** 旅行中真的有非常多有趣的故事，譬如我在博洛尼亚新年夜吃的一碗红烧肉，在巴黎罗斯福站左转的椅子上啃过的一块杏蛋糕，这些食物背后都有不同的故事。作为一名合格的吃货，我几乎每天都在找吃的，曾经只是为了一家餐厅而去了法罗群岛。当然也有随机尝试，无意间发现一家好吃的餐馆，远比有目的地寻找得来的幸福感要强烈。

**食帖 ▷ 每天的生活作息大致如何？**

**龚林轩 ▷** 其实我每天的生活很简单平常，早晨起床后为自己做一顿早餐，然后晨跑一小时，接着便是午餐，工作，晚餐这样，偶尔会打游戏来调剂一下。fin.

◎ 阴天，起床后先为自己做一份简单却丰盛的早餐，煮一杯咖啡，身体渐渐苏醒。

# ❖ 龚 林 轩 的 晚 餐 食 谱 ❖

## 海鲜番茄意面

### { 食材 }

| | | | |
|---|---|---|---|
| **意大利宽面** | 一人份 | **干牛至碎** | 少许 |
| **番茄** | 1 个 | **干罗勒碎** | 少许 |
| **腌鳀鱼** | 少许 | **烘过的孜然** | 少许 |
| **洋葱** | 半颗 | **新鲜欧芹** | 少许 |
| **贻贝** | 500 克 | **橄榄油** | 适量 |
| **口蘑** | 200 克 | **白葡萄酒** | 少许 |
| **蒜** | 少许 | **盐和黑胡椒粉** | 少许 |

### { 做法 }

① 大锅做水加少许盐,倒入意式宽面,按包装
   建议烹饪时间长短决定何时捞出,当然最好
   是自己做的新鲜意面。

② 番茄切丁,待橄榄油热透后倒入,蒜片打底,
   倒入腌过的鳀鱼,煎出香味。

③ 再加入干牛至碎、干罗勒碎和少许烘过的孜
   然;口蘑切片后入锅,煎至金黄。

④ 洋葱爆香,加入贻贝稍加翻炒,加入白葡萄
   酒,焖煮一会儿,等贝类开口,盛出待用。

⑤ 将贻贝和酱汁混合搅匀浇在意面上,撒适量
   切碎欧芹即可。

Chapter 3

**他们为了爱和记忆下厨**

◉ 不需要过多的督促和指引，慢慢自己就对食物非常感兴趣，一家三口每一顿饭都吃得很欢乐。

专访 ⋯⋯⋯⋯  ✕ 安闹闹

# 抓住她的胃，是我的浪漫

## 专访安闹闹

邵梦莹 / interview & text　何璐 / photo courtesy

安闹闹来自法国普罗旺斯，本职工作是做互联网推广，为了追寻爱情，来到中国。在中国的四年时间里，闹闹追寻的爱情有了结果：他和中国姑娘虫虫结婚，生了一个混血宝宝，辞去互联网营销工作，阴差阳错地进入美食圈，拍摄电视节目，又计划开餐厅—— 诸多人生的重大转折都在这四年轰轰烈烈地发生了。一般人会认为闹闹很幸运，但事实上，是他积极的人生态度与努力，令他抓住了这一切。与闹闹相处久了就知道，他是一个从内到外都高度统一，非常具有逻辑性的人，既能很快地适应新环境，又能保持住内心的想法和准则。

PROFILE

**安闹闹**
法国美食博主、电视节目《世界青年说》嘉宾、《你所不知道的中国》节目嘉宾。

○从一个互联网工作者变身成一名厨师，其实是由一段段小意外造成的。做饭这件事，闹闹5岁就开始学习了。他有好几个兄弟姐妹，小时候，妈妈每次为这么多人做饭时都忙碌非常，有时候就让闹闹帮忙打下手，并对他说"你帮我弄一下这个，做好后就让你先吃一口"，而闹闹从小爱吃，很容易听指挥。他经常在妈妈的厨房里帮忙搅拌鸡蛋，混合面粉。17岁闹闹上大学时，自己在外租房子，因为学校饭菜太难吃，就开始看菜谱学做饭，厨艺进步神速。突然有一天，他发现最近来家里吃饭的朋友越来越多，这才意识到，自己的手艺可能还不错。

○2012年闹闹来到中国，当时做的工作，是负责中国某品牌在国外的网络推广。正值微博兴起，闹闹也时不时地在微博上分享一些生活日常，比如他做的漂亮食物、他可爱的混血宝宝、他积极正面的生活态度。闹闹的中文非常流利，所有社交媒体都用中文分享。这让微博网友们觉得很有趣，不断有人留言求食谱做法，每天都有很多人成为闹闹的新粉丝。对闹闹而言，这只是生活片段的分享，并未想过会因此而人气大增。但对于这些突降的喜爱，他也感到高兴，更有了分享的热情。伴随着知名度越来越大，电视节目也纷纷找来，闹闹开始思索，为什么不将对美食的热爱转变为事业呢？于是他辞掉工作，进入了新的人生阶段。

## "喜欢和享受吃饭的姑娘最漂亮。"

○闹闹31岁的时候，完全想不到自己有一天会在中国安家。之所以会来到中国，可以从4年前与一位中国姑娘的一面之缘说起。2011年，闹闹原本在英国做着互联网营销工作，在一次朋友的聚会上，他认识了一位中国的留学姑娘，虫虫。其他人都在客厅聊天，他们俩就在厨房准备食物，闹闹准备法餐，虫虫准备中餐。第二天闹闹就约了虫虫去他家吃饭，为了跟虫虫多相处几个小时，闹闹就一直在做饭，上菜，两人吃到很晚。当时，彼此已对对方心生好感，只不过虫虫早已做好了回中国的打算，聚会那天，正是她要回国前的倒数第三天。虫虫回国后，两个人每天都用手机聊天，在这样异国相处三个月后，有一天，闹闹突然对虫虫说："我去中国找你吧！"然后，他就真的来到了中国。现在闹闹和虫虫已经结婚，还生了个可爱的宝宝憨憨，很甜蜜。很多人都对"安闹闹"这个名字很好奇，其实是因为闹闹虫虫曾经相隔两地时，"丈母娘"嫌女儿的手机总在响，用北方话说就是"闹腾"，所以，安东尼就变成了安闹闹，一直叫到现在。

○相见的第一面，闹闹之所以会对虫虫产生好感，是因为他觉得虫虫是一个懂得享受美食的人，不会为了瘦而不吃东西。在他眼中，喜欢和享受美食的姑娘格外漂亮，身材、容貌都是其次。而虫虫对闹闹的第一印象就是"这个是喜欢抬杠、非常有趣的男生"。

○闹闹和虫虫从来不会出去过纪念日和情人节，他们庆祝的方式，就是一起在家做顿饭。这种平淡与真实，在他们看来是最浪漫的事。

## 通过食物表达"我爱你"

○闹闹在社交网络上说过这么一段话："除了赚钱，男人也会下厨房做好吃的东西跟爱人、家人或朋友分享，让自己和大家快乐，这个也叫成功。"这种对成功的定义很有趣，因为在几十年前的中国和法国，男人和女人都有明确的分工，做食物是女人的事情，男人很少会给全家人做饭，尽管时代在发展，很多人还是会持有这样的观念。但闹闹不以为然，他完全支持女人出去工作，拥有自己的事业和选择的权利；他也支持男人多回归家庭，多下厨房，给家人们多做几顿饭。用他的话说："如果你本身不是一个很有钱或很帅的男人，你就不用非要变成一个高富帅，学习两三道菜，做给心爱的人吃就可以了。不管有钱没钱，女人都更喜欢稳定温暖的男人，下厨就是一件温暖浪漫的事，我就是用这个方法追到我老婆的。"

○通过食物来传达爱意和温暖的方式，其实在闹闹小的时候就学会了。在法国时，每个周末他们家都会请奶奶和舅舅来吃饭，时常是10个人、12个人或15个人一起做饭吃饭，各种各样的开胃菜、主菜、点心，一家人在一起慢悠悠地品酒、享用美食、聊天，从上午开始，一直到下午三四点才结束。这种通过食物去交流感情的方式，闹闹一直觉得很棒。

○有一次，闹闹在重庆录制了一周的节目，回到北京家中时，发现儿子长高了，会说的话也多了很多，他为自己错过儿子的成长瞬间感到失落。"我很想念我的儿子和妻子，一个男人肯定需要努力工作，但是和自己的家人在一起始终是最重要的。如果要送我去非洲做六个月的节目，不管多少酬劳我都会说NO。"

● 闹闹来到中国后，开始和虫虫正式谈恋爱，两人都很喜欢跟朋友们聚会，冰箱侧面挂满了两人的合影。

## 来到中国，就要了解这里的文化

○因为参与一些美食节目的录制，闹闹已经去过中国的很多地方，上海、杭州、重庆，都是他很喜欢的城市。有一次去重庆的一个苗寨拍摄，那里有一对老夫妻，自己做腊肉。他们用一口非常老的柴火灶做菜，做得比大多餐厅里的都美味。他喜欢这样自然而有积淀的味道。在大都市里，闹闹很少能接触到这类民间美食文化，所以每当有机会去外地拍摄，可以深入感受中国民间美食文化时，他都十分珍惜。在学习一些地方特色饮食制作的同时，他也会做一些法国菜给当地人品尝。

○来中国后，闹闹爱上了几款中国调味料：酱油、辣椒、花椒。法国没有卖酱油的，所以现在闹闹每次回法国，都要特意背几瓶酱油回去，他说法国有很多食材都很适合加酱油。还有中国的生姜、绍兴酒、黄酒等，也是闹闹经常使用的调味料。虽然闹闹喜欢这些调味料，但他并不会过多使用，以至于将食材本味盖掉。"香料存在的意义，是为了让食物味道更有趣一点，但不应该改变和遮盖食材的原味。"闹闹说。

## 做饭是艺术和科学的结合体

○闹闹评价自己是一个"喜欢艺术的科学家"。大学时他学的是科学相关学科，但他始终觉得科学太严肃，生活还是需要一些艺术的成分。他认为："音乐和视频是进入到我们的感官中，而食物则是进入到我们的胃中，变成我们身体的一部分，是可以影响我们自身基础构造的一种艺术。与此同时，它也可以影响你的心情和想法，对精神产生积极作用。如果我给别人做好吃的食物，就可以让他们更快乐一些，这是很棒的事。如果每个人都为自己做一些好吃的，他们会发现生活其实很美好。"不过，做饭也有科学的一面，它也需要对时间、温度、味道、颜色等方面的科学控制。所以闹闹喜欢做饭，一定程度上也是追求将科学与艺术相融合的初衷。

○闹闹热爱做饭还有一个原因：专注做一种食物，其结果是自己可以享受到的。这结果，不仅可以变成身体的一部分，灵魂也可以由此得到治愈。闹闹自己在下厨的时候，有时像一个DJ，有时像李小龙，动作麻利流畅有节奏感，神情专注又兴奋，查看一下烤箱，打开一下橱柜、冰箱，晃一晃炒锅，撒一点调料，旁人看着，忍不住哼起歌来。

## "食物可以激发想象力。"

○闹闹之所以被很多人喜欢，还因为他是个超级奶爸。闹闹有时会在社交媒体上发些与憨憨的合影，以及给憨憨做的食物，羡慕声不绝于耳。儿子憨憨出生6个月后，开始可以吃一些正常食物，闹闹就马上研究起来。最开始他会做一些健康食物，比如将土豆、胡萝卜、西葫芦简单地蒸一蒸，不加盐油。随着儿子逐

渐长大，闹闹会逐渐添加一些其他配料，比如憨憨7个月大的时候，他开始加入一些胡椒粉，8个月大的时候，加一点黄油……口味逐渐丰富，其实是为了让儿子的味觉能力跟着发展，同时摄入更丰富的营养。

○除了注重营养，闹闹还试着让儿子尝一些新奇的味道，比如给憨憨吃一片百里香、一片薄荷，或是一小块柠檬，以启发宝宝的味蕾和想象力。

○平时会有很多家长来问闹闹，为什么自己家的孩子不爱吃饭，闹闹这样解释："一是可能因为你做得不好吃；二是孩子可能不知道这个菜是什么，所以不想吃。"闹闹会鼓励家长让他们与孩子一起做饭，让孩子自己洗菜、切菜，自己参与食物的制作，这样不仅能让孩子了解自己吃的到底是什么，也可以增加他们的成就感和责任感，还能锻炼照顾自己的能力。现在闹闹在做饭时，1岁大的憨憨有时也会帮忙洗洗土豆或胡萝卜。

○2015年是闹闹在中国安家的第四个年头，他正计划着开一家餐厅。虽然当爱好变成事业时会有很多问题出现，但对于积极乐观的闹闹来说，似乎也不会有太大的问题，"可能我以后需要做更多的饭，但无论何时，最重要的都是给家人做饭"。

● 闹闹和虫虫在亲吻他们的儿子憨憨。憨憨性格很开朗，对世界充满好奇心，喜欢爬上爬下，闹闹和虫虫完全相信儿子的能力，不会特别限制憨憨的"危险动作"，只会默默在旁保护他。

● 法国人大多有自己酿酒的传统，闹闹家里专门有一个放藏酒的酒柜，里面有他自酿的栗子酒、核桃酒、桃子酒，也有一些荨麻酒、红酒和中国的黄酒等。

# 烤肉馅土豆泥

## { 食材 }

| | | | |
|---|---|---|---|
| **胡萝卜** | 2 根 | **牛奶** | 300 毫升 |
| **香菇** | 50 克 | **胡椒** | 适量 |
| **紫皮洋葱** | 半个 | **橄榄油** | 适量 |
| **豆豉** | 20 克 | **盐** | 适量 |
| **肉馅** | 200 克 | **黄油** | 适量 |
| **土豆** | 4 个 | | |

## { 做法 }

① 土豆去皮切块，加入到沸水中加盖焖煮 15 分钟，加盐或海盐调味。

② 用橄榄油炒香洋葱，加入切好的胡萝卜块、香菇块，煸炒两分钟后加入肉馅、磨好的胡椒粉、豆豉继续翻炒，加入少量水焖煮 5 分钟至八分熟。

③ 土豆捞出控水，放入料理机中，加入牛奶、黄油、黑胡椒粉搅打均匀。

④ 将肉馅平铺在烤盘中，倒入打好的土豆泥并铺整齐。

⑤ 烤箱预热 200℃，烤 15 分钟即可。

# 南瓜汤

————— 【 食材 】—————

| | | | | |
|---|---|---|---|---|
| **青皮南瓜** | 500 克 | **油** | 适量 |
| **洋葱** | 少量 | **盐** | 适量 |
| **腊肉** | 4 片 | **胡椒粉** | 适量 |

————— 【 做法 】—————

① 洋葱先煎两分钟，加入已去皮的南瓜块，南瓜翻炒至稍有变色时，倒入煮锅，加开水、腊肉、少量盐，煮至南瓜软糯。

② 捞出腊肉，将南瓜块和汤一起放入搅拌机中，搅拌均匀，可加盐和胡椒粉调味，盛入小碗中。

③ 煮熟的腊肉切小块，无油煎制，点缀在南瓜汤中即可。

## 熏三文鱼沙拉

**{ 食材 }**

| | | | |
|---|---|---|---|
| **黄芥末籽酱** | 15毫升 | **熏三文鱼片** | 3片 |
| **意大利香醋** | 10毫升 | **生菜** | 3人份 |
| **橄榄油** | 10毫升 | **南瓜子** | 适量 |
| **蜂蜜** | 5毫升 | **葡萄干** | 适量 |

**{ 做法 }**

①沙拉汁：向黄芥末籽酱中加意大利香醋，再慢慢添加橄榄油，注意边添加边搅拌，最后加入蜂蜜搅匀即可。

②生菜撕块，撒入南瓜子、葡萄干、切成小条的熏三文鱼，淋上调好的沙拉汁即可。

专访 ········ ✗ zhuyi

# 每一顿饭都值得最好的珍惜

## 专访 zhuyi

邵梦莹 / interview & text　zhuyi / photo courtesy

zhuyi 是生活在上海的成都人，做过 IT 行业，开过咖啡馆，然后，和妻子一起创立了一个甜品品牌：黑法师，主做暗黑系创意甜品。经营甜品品牌之余，zhuyi 也写美食博客，热衷于分享一些做饭心得、旅行中的美食见闻。在家做饭时，zhuyi 很喜欢搞点小"实验"：用不同食材、调味料和烹饪方法，来开发出新的味道，比如用川菜调料腌日本小菜，用日式高汤煮中式食材。也因下厨多年的缘故，一般实验出来的成果还是不错的。在 zhuyi 看来，每一顿饭、每一次与家人和朋友的交流，都是需要缘分的，有点像日本茶道的"一期一会"。所以对于每一顿饭，zhuyi 都会用心准备安排，味道、环境、器具都不怠慢。"做饭这么好的事情，怎么能让给老婆呢？"从他口中说出，好像非常理所当然。从 IT 从业者转变为甜品店老板，在旁人看来或多或少是要惊讶一下。但对他来说一切都是自然而然的事，只要对手中的事物足够专注，就可以做好任何事。

◉ 南澳洲林肯港，位于艾尔半岛东南端和斯潘塞湾西岸，是南澳大利亚重要港口，这里的海鲜每天打捞后，有很多都直接运送到其他国家。除了大海，还有一些荒芜的地方，能看到巨大的芦荟，以及巨型食肉蚁等。

PROFILE

**zhuyi**
暗黑系甜品品牌"黑法师"创始人，HomeBistro 下酒菜
公众号作者。

食帖 ▷ **为何从开咖啡店，转变为做甜品品牌？**

zhuyi ▷ 其实黑法师是我和妻子共同创立的品牌。2006 年时我们在上海开了一家单品咖啡店，当时，单品咖啡还不像现在这么受欢迎，不过开咖啡店本身还是很有意思。开咖啡店时，我们就会自己做甜品、蛋糕、饮料，而且做得还不错，后来想想，干脆做一个甜品品牌吧。最开始设计品牌时，是先考虑给产品定位，其中一项就是统一色调。我们想做些不一样的东西，如果有一个颜色能够与其他甜品颜色区分开来，那就是黑色。首先，一般的甜品都是五颜六色，突然有一个黑色系甜品出现是很特别的一件事；第二，做黑色的甜品对我们来说充满挑战，没有人在做这件事，因此更有意思。表面上看，黑色的变化性较差，但其实可以从类型上入手，比如做黑色牛轧糖、黑色马卡龙、黑色西饼、黑色月饼等，另外还有白色与黑色之间渐变色的运用，做出来还是挺酷的。其实去创造黑色甜品，不是只有定颜色这么简单，还有做什么、怎么做、大小、具体甜度和苦度的设定等，我和妻子会先想好一个具体的方案，再告诉很多年甜品制作经验的法国甜点师去实现，其间不断调整。

食帖 ▷ **从什么时候开始爱上烹饪的？**

zhuyi ▷ 一直都挺喜欢的。过去在北京工作，很忙，每天中午要出去找吃的很麻烦，而且就算馆子很多也会吃腻。后来回到上海，家里有了厨房，就开始自己做，做着做着朋友都说好吃，就很开心。做饭、吃饭、拍一拍照，觉得挺有意思的。于是开始有意识地将日常一些很有意思的菜拍下来，心想：积累得多了，或许还可以出一本书呢，哈哈。

食帖 ▷ **你现在在写一个下酒菜公众号，但你似乎也说过自己不胜酒力？**

zhuyi ▷ 太能喝酒的人，怎么喝都喝不醉，于是一直喝。但像我这种喝酒容易脸红上头的人，喝一两杯就会微醺，一边吃些自己做的小菜，跟朋友聊聊天，在家也像在一个小酒馆（Bistro）一样，放松随意，很喜欢这种状态。所以我给自己的公众号起名为"HomeBistro 下酒菜"，就是想表达这样一种感觉。在这个公众号中，其实想分享一些真正好的内容，如果有图片或者食谱设计得不够好，我会重新去做，而不是觉得差不多了就发，还是想用心地去分享好东西，所以更新也比较慢。发送一些并不够好的内容是没有意义的。

食帖 ▷ **会每一天都给自己和家人做饭吗？**

zhuyi ▷ 会的，我的妻子一般会做一些 Brunch、甜品，但正餐一般都是由我来做，这么好的机会怎么能让给她呢，哈哈！原来在北京没时间做，回到上海虽然也很忙，但会尽量做一些，现在工作室离家很近，每天中午给自己做顿饭，又很快能回到工作室投入工作状态，真的感觉非常幸福。

食帖 ▷ **你是地道的成都人，日常饮食是否无辣不欢？家中常备哪些食材或调味料？**

zhuyi ▷ 其实我什么口味都吃，什么口味都会去尝试，还喜欢看一些烹饪书籍和国外的美食节目去找灵感。川菜是我从小吃到大的，我的味觉体系中肯定会有川菜的一部分，但也很愿意尝试新的东西，还有大家都觉得川菜一定是很辣的，其实它可能还没有贵州菜和湖南菜辣。

●土耳其伊斯坦布尔金角湾旁的鱼市，那里的烤鱼非常有名，是延续一个多世纪的快餐美味，鱼一般是新鲜打捞的，鲜美程度可想而知。吃饭时，周围还有海鸥、猫和美景相伴。

● 加州一号公路海岸边，这条线路沿着美国西海岸蜿蜒前进，总长超过1000公里，一边是壮阔无边的大海，一边是陡峭茂密的群山，沿路风景很美，被称为世界上最美丽的一条公路。

家中一定会常备的食材有花椒、红油、豆瓣酱。因为我也很喜欢日式料理，所以清酒、味啉也不会断。鱼露也挺喜欢的。西餐不是特别喜欢，但黄油、橄榄油会有。食材会常备着牛排，因为牛排是很好做的一道菜，不过一个月也不会做太多次。其实，我认为中餐是世界上最牛的！中国料理的跨度太广了，像粤菜、本帮菜、杭帮菜，每一个地方的菜系都可以跟其他某一个国家的菜系来相提并论，并且调料和食材都各有特色，省与省之间的差异就非常大。

食帖 ▷ 你曾说过"一些食材的折腾、混搭像是在做实验，这也是烹饪的乐趣"。

zhuyi ▷ 平时生活里，最重要的一件事就是"吃"，当你做一些尝试、改变，这件事就变得更有趣起来。比如日本人做高汤、法国人做高汤和中国人做高汤可能完全不一样，使用的高汤不一样，做出来的食物肯定也是会变化的；又或者是用川菜调味料来腌日式小菜，这样出人意料的组合有时会做出很惊喜的美味。虽然有时也会搞砸，但概率较小，毕竟做了这么年的菜，对食材和味道的把握还是有一些经验的。

食帖 ▷ 你非常注重"赏心悦目"的重要性。

zhuyi ▷ 对，我认为喝酒吃饭是一个完整的体验。对现代人来说，在家或去外面吃饭，味道只占这一餐的一半，还有30%~40%要给视觉，视觉包括菜肴的呈现形式、用餐环境、食器的选择和摆放，这些都是我比较看重的。我很喜欢日本茶道中的一个说法：一期

● zhuyi 从美国带回的黄油保存杯。

● zhuyi 时常去美国，图中的小朋友是他在美国的好朋友的女儿，他们两个的关系很要好。

● 伊斯坦布尔的鸡肉布丁 Kazan Dibi。

一会，我觉得大家在一起吃一顿饭，是很难得的缘分，如果有好的环境氛围，一切充满美感，那它给你带来的回忆也不同寻常。现代人吃饭都喜欢先拍一拍，发到网络上希望有人点赞，中国自古以来也讲求菜品"色香味俱全"，这说明人们一直都很重视菜品的美感。

食帖 ▷ 在你看来，男人与女人在下厨方式上是否有不同？

zhuyi ▷ 厨房里面有些活儿还是需要力气大的人干，比如在切大块的肉时，比如需要单手摇晃铁锅或铸铁锅时，对女性来讲真的有点吃力。但是在做菜的思维方式上，我觉得并没有什么不同，你怎样做菜，取决于你见识到了多大的世界。有些女性做的菜或者甜品真的很厉害，这个跟性别是没有关系的。作为职业来说，男性确实会有一定的体力上的优势，单纯地作为烹饪爱好者来说，还是取决于你见识过多大的世界。

食帖 ▷ 你很爱旅行，想必也遇到过很多印象深刻的食物？

zhuyi ▷ 今年4月底的时候，我去了伊斯坦布尔，在那里品尝了一种甜品叫 Kazan Dibi，它的口感很像年糕，上面有一块白色的部分用喷枪烤焦，鲜美又有些甜味。一开始只知道是他们那里最有名的甜品，回去一查不得了，是用鸡肉做的布丁，中国直接会翻译成鸡肉布丁，它是用鸡胸肉在里面撕碎，然后与米粉、糖打成布丁。用肉做的甜品还是挺令人印象深刻的。还有在美国发现的一个储存黄油的杯子。当时住宿地的房东有一个铃铛形的碗，黄油在里面是半融化的状态，倒扣在一个装水的杯子上，因为黄油跟空气完全隔开，所以可以储存很久，而且黄油还会保持在松软状态，用的时候拿刀子刮一点抹一下，顺滑的感觉就像在涂护肤霜，很令人惊喜。后来我也买了一个，实在是好用。fin.

## ❦ z h u y i 的 下 酒 菜 食 谱 ❦

### 海味莴笋烧鸡

这是一种非沿海地区的海鲜味调味方式，秘诀是用海产干货——淡菜、墨鱼干等，这些食材混合以后，和走地鸡一起烹饪鲜美无比，为了增加口感，习惯上还要加入玉兰片或者笋片等。

| { 食材 } | | | |
|---|---|---|---|
| 淡菜 | 30克 | 葱 | 适量 |
| 墨鱼干 | 1只 | 姜 | 适量 |
| 走地鸡 | 1只(约2斤) | 花椒 | 适量 |
| 莴笋 | 1~2根 | 八角 | 适量 |
| 黄酒 | 适量 | 盐 | 适量 |

{ 做法 }

① 墨鱼干剪小片，和淡菜一起预先浸泡，尤其是墨鱼干要泡软再用。

② 鸡肉剁成块儿，焯水沥干。

③ 起油锅，下姜片、葱段、花椒爆香，下鸡肉块煸炒，其间加黄酒提香。

④ 鸡肉炒至发白，就可以加水没过，同时加入墨鱼干、淡菜、八角、姜块小火焖煮。

⑤ 大概煮半小时至45分钟，起锅前加入切块的莴笋，加盐调味，煮熟装盘。

## 家常豆腐

人们很喜欢把麻辣做法的豆腐称作麻婆豆腐，但其实麻婆豆腐的要求是很多的，比如要用嫩豆腐、牛肉末，所以一般的家常做法，还是叫家常豆腐更合适。使用带豆香味的老豆腐制作这道菜比较好。

### { 食材 }

| | | | |
|---|---|---|---|
| **豆腐** | 1块 | **姜** | 适量 |
| **半肥猪肉末** | 50克 | **蒜** | 适量 |
| **青蒜苗** | 1把 | **花椒** | 适量 |
| **豆瓣酱** | 1勺 | **高汤** | 适量 |
| **豆豉** | 5~6粒 | | |

### { 做法 }

① 起油锅下姜末、蒜片、花椒爆香，再下豆瓣酱、豆豉，小火炒到颜色发红。

② 下猪肉末，尽量炒散，直到肉末变色半熟，再加高汤或者清水焖煮片刻。

③ 下豆腐块儿，保持有足够的汤水可以没过豆腐，稍微焖煮让豆腐入味。

④ 起锅前下青蒜苗，蒜苗叶片切菱形装饰，汤汁可以略勾芡。

⑤ 装盘后，爱吃麻的人可再撒少许花椒粉。

## 极简版粉蒸肉

这里对极简的理解是，用最少的调味料来确立味型，初学做菜的时候往往各种调味料乱入，以为可以增加味道，其实反而得不偿失。粉蒸肉有很多版本的做法，这里用到的调味料是最基本的，另外，米粉也是自己炒的。

### { 食材 }

| | | | |
|---|---|---|---|
| **五花肉** | 250克 | **酱油** | 适量 |
| **南瓜** | 半斤 | **花椒** | 一小把 |
| **豆瓣酱** | 适量 | **八角** | 2枚 |
| **黄酒** | 适量 | **大米** | 100克 |

### { 做法 }

① 大米、八角、花椒在平底锅里炒香，炒到颜色发黄，一起打磨成带颗粒的粗粉，再用少量酱油和清水拌匀成湿润的米粉。

② 五花肉切片，用酱油、黄酒、豆瓣酱抹匀后放入冰箱冷藏2~3小时，也可提前一夜腌制。

③ 南瓜或者其他根茎类蔬菜，如芋头、土豆，切块，铺在蒸碗底部。

④ 腌制好的肉片在调好的米粉里裹一下，把米粉裹匀，再铺在蒸碗的南瓜块上。

⑤ 上锅蒸至少1小时即可；上桌时可用葱或香菜装饰。

专访 ……… 👨‍🍳 ✕ 许志强

# 不做书店了，或许就开一家餐馆

## 专访许志强

陈晗 / interview & text　王姝一，Dora / photo

没想到的是，这或许是最后一次坐在这个窗边。这是北京的第一家复合型书店"时尚廊"，2008年10月开业，选址在世贸天阶的时尚大厦2层，一千余平方米的空间里，包含着许志强7年的努力。音乐、美食、美酒、书、讲座……许志强将他对复合型书店的构想，逐一在这家书店实现。在网络书店的打击下，实体书店越来越少，只卖书的书店更是举步维艰，许志强在刚接手这家书店时就已意识到，它的功能必须更加多元化，要吸引那些没有买书和读书习惯的人，也走进这家书店。许志强的确做到了，在很多实体书店的经营每况愈下时，时尚廊却一直在进步，这么多年来，大家对这家书店的爱有增无减。

### "心碎。"

○然而高额的房租仍旧是个问题。"这家店已进入关门倒计时，会重新选址开店。或许这是我们最后一次坐在这个窗边吃午餐。"许志强微笑着说，"新店不再由我接手。"这其中发生过什么，都不需要在此时仔细追究，他的微笑里，透出了与既成事实和解的情绪。虽然之后几天在他的社交媒体上，还是看到了两三张空荡荡的书架照片，以及所配的文字："心碎。"

### 一天10份的炒米粉

○不只是他，很多喜欢时尚廊的人都心碎了。书倒是还可以通过其他途径买，但更多人关心的，是在新店开张前的几个月，去哪儿才能一边吃着据说是全京城最好吃的提拉米苏，一边听仰慕已久的名家现场讲座？去哪儿才能一边听着DJ有待挑选的爵士乐，一边翻看国外最新的设计杂志？喜欢这家书店的人，大多不会只因它是一家书店而喜欢。书店里的用餐区域，和用于讲座或展示书

◉ 据说是全北京最好吃的提拉米苏。

PROFILE

**许志强**
"晓风书屋"创始人，时尚廊前总经理。

● 关闭倒计时时中的时尚廊，书架已经空了许多。

● 每天限量供应 10 份的福建炒米粉。许志强也经常自己在家做。

● 意式烤鸡腿饭，复刻自厦门黑糖咖啡馆的招牌菜。特别腌制并烘烤的鸡腿，搭配番茄酱与苹果泥。

籍的区域一样大，平时习惯于来这里吃一份意大利面，喝一杯葡萄酒，看一本书度过一下午的人，比在书架区域浏览驻足的人更多。更何况，这里还有每天只做 10 份的福建炒米粉。

○许志强生于福建漳州，炒米粉是按家乡味道做的，也是他最常吃的食物。起初，这道炒米粉只是他请朋友来书店吃饭时，单独请后厨做的家乡小吃，尝过的朋友却都格外喜欢，建议他加进菜单，许志强心想，有何不可呢？于是，你才会在时尚廊菜单满目的西式简餐里，突然看到"福建炒米粉"，后来还有了"潮州鱼丸汤"。

## 1987 年，第一家书店

○这当然不是许志强经营的第一家书店。1987 年，他在福建漳州开了家很小的书店，叫"晓风书屋"，后来，这个名字响彻全国书店行业。20 世纪 80 年代的中国书店里面都是些什么书呀，教辅、武侠、言情……而 20 几岁的许志强，希望那些屁股口袋里插着一本诗集的青年，可以真正地从路边书店里，找到自己喜欢的书。于是，他和弟弟向亲友借了 5000 元钱，租了个几平方米的店面，在书架上摆满社科和西方文化艺术类书籍，又从喜爱的词句"杨柳岸晓风残月"中撷取两个字作为书屋的名字。书屋一开张，就吸引了整个漳州及周边城市的爱书人前往。在 20 世纪八九十年代，晓风书屋作为中国最早的民营书店之一，理所当然地成了漳州的重要文化地标，它在漳州所掀起的读书风潮和思想碰撞，使之已然超越"书店"这种载体本身，而成为一种文化现象。

○晓风书屋很快便走出漳州，开到了福州和厦门。那时，许志强时常往返于福州、漳州、厦门之间，巡看每一家书店。有段时间他住在厦门，结识了许多在当地开书店、咖啡馆、画廊的朋友，闲暇时会招呼他们来家中，吃饭喝酒，他亲自下厨。做的多是海鲜，比如从当地市场八市购来的螃蟹、蛤蜊、鱼、海蛎、虾，清蒸或白灼，不过多调味，吃的就是一个"鲜"字。有时也做海蛎煎，"但怎么样都比不了我父亲做的，他做的海蛎煎无人能及"。他说父亲用的海蛎自然比别处的大和多，鸡蛋可加可不加，薯粉还是要的，煎的火候要恰到好处，入口皆是海蛎饱满而热腾腾的鲜香。

## 从中餐到西餐，爱上"吃"的科学

○台湾和广东潮州也有海蛎煎，只不过在两地分别被叫作"蚵仔煎"和"蚝烙"。许志强虽生于福建漳州，祖籍却是潮汕。漳州与潮汕，在饮食文化上本就有相似之处，比如尚清鲜，本地海产资源皆丰饶，甚至在偏好的烹调方式上也接近，如清炒、煲煮、腌卤。在他刚来北京接手时尚廊时，时尚廊的餐厅最先做的就

● 许志强正在切的是樱花木飘烤小排。

是中餐，以潮汕菜为主。经营一段时间后人气平平，他这才意识到潮菜的清鲜，或许不是多数北方人习惯的口味；再考虑到书店主打国外艺术设计类书刊，周边消费人群也多以年轻白领为主，潮菜似乎真的不是最好的选择。

○思前想后，还是西餐最合适。餐厅需要转型，主厨至关重要。转型第一年，许志强请来自己的老友，在厦门开黑糖咖啡馆的老麦来开发菜单。而后老麦向他推荐了一个人——日本厨师宇野雅仁。宇野曾游学欧洲各国，后在纽约米其林三星餐厅担任副厨师长，从烹饪技艺到后厨管控力都十分出色。在许志强做出"一定给你在北京找个女朋友"的承诺后，宇野来到北京，接手后厨，是他一手开发了"樱花木熏烤小排"、"鲜虾番茄汁意大利面"等时尚廊的招牌餐点，并带领整个后厨团队不断进步。每款菜品都经过反复试验，单是一份甜品如提拉米苏，宇野就亲自改良数次，最终确定了现在这款配方和做法，尝过的人大多会说："这是我吃过的最好吃的提拉米苏。"后来宇野还是回到了日本，接任他的是一直跟随他学习的副主厨仙蓉。"仙蓉以前在厦门黑糖咖啡馆工作，刚来时尚廊时还是个小女孩，你看现在，已经是独当一面的女主厨。"许志强说。无论宇野还是仙蓉，都很重视许志强在美食上的意见。在外吃到惊艳的菜肴，或是发现

了新鲜的做法，他都会回来与宇野和仙蓉分享，也常带他们去优秀的西餐厅品鉴学习，吸取灵感，使餐厅保持进步。这个过程对他来说也是学习，对西餐了解得越多他就越喜欢，"因为我发现，西餐的吃法其实很科学。一套完美的西餐，吃下来需要三个小时左右，上菜顺序及配酒，比如香槟、红白葡萄酒、威士忌等，都有其内在逻辑"。

○头盘、汤、副菜、主菜、蔬菜类菜肴、甜品、饮料，一套比较完整的西餐，通常按此顺序逐一上菜，由轻入重再入轻，每道菜品量少而精，专心享用完一道再进入下一道，用餐节奏不疾不徐，再加上烹调方式比较健康，整顿饭吃下来，身心饱足而舒适。许志强认为拥有与之相似的科学性和合理性的，还有日本的怀石料理。

## 周末做什么？逛菜市

○许志强对吃的热情，让时尚廊的美食水准超过许多人对一家书店的预期，用"最美味的书店"来形容也不过分。周末时，他偶尔邀些朋友来书店小聚，吃个晚餐，做的菜式通常是菜单上没有的，有些是他近来请后厨开发试验的西式菜品，有些则是潮州菜和福建菜。虽然烹饪制作都交给中西兼能的后厨团队完成，

北京西罗园潮州人开的杂鱼海鲜店，许志强周末闲暇时会来买菜。

但潮州菜或福建菜的食材，他要亲自采买。一大早便开车去西罗园，北京城里的一个潮州人聚居区，路边有许多卖潮州水产、蔬菜、卤水、调味料等的小店。每家各有所长，他会在第一家买小杂鱼和鲜海蛎，下一家买沙茶酱和普宁豆酱，再下一家买卤味，最后拎着大包小包的食材去一家连招牌都没有的小店里坐定，吃上一碗手打牛肉丸煮粿条，临走前跟老板买一包冷冻牛肉丸带走。然后将这些食材带回书店的厨房，少许叮嘱两句做法，之后便期待它们被端上当晚的聚会餐桌。

○"如果不开书店了，我可能会开一家餐厅。"很多年前，许志强就说过这样的话。他开书店，是喜欢和书本邂逅的感觉，"无论是否带着目的，你都有可能在书店里邂逅一本不曾期待的好书"。而现在，他发现开餐厅也是一样，与一道真正的美味相遇，所带来的全身心的喜悦，或许更加直白、强烈。

● 在西罗园除了买买鱼鲜，也要顺便买一些正宗的潮汕调味料、蔬菜和卤味，最后再吃一碗手打牛肉丸煮粿条，满足。

● 有时许志强会和主厨仙蓉交换一些菜品制作上的意见。

专访 ……… ⊗ ✕ 雜鱼

# 在老北京四合院里，扎下闽南菜的根

## 专访雜鱼

邵梦莹 / interview & text　何璐 / photo courtesy

雜鱼，原本为杂鱼，在厦门是一道有名的闽南菜，将渔民打捞起各式不同种类的小鱼，一起用酱油水调制烹饪。在北京的一条古老的胡同内，就有这样一间做地道闽南菜的私厨，名叫"雜鱼治"，至于这个治字是不是为了让人联想到"治愈"之意，主厨雜鱼则淡淡地解释说"装酷而已"。雜鱼来自厦门，2014 年开始开设这间私厨，每天只做一桌菜，四人起订，从不拼桌，所以想来品尝，先请凑好四人，且确认时间。最疯狂的时候，雜鱼连做了 14 天菜没有休息，每天从早忙活到晚，只为给客人分享一餐温暖盛宴。来北京的 4 年时间，雜鱼做了很多菜，想了很多事，吃了很多的油条豆浆糖油饼，也学会了很多的北方话。在他的小院里待着，除了舒服二字，再没有合适的词语来形容。

○雜鱼从小就对食物感兴趣，家人们也都烧得一手好菜，耳濡目染地，自己也会做许多美味。2009、2010 年左右，正值豆瓣最火的时候，雜鱼偶然间翻到了一个美食相册，照片都是一些日常的饮食场景，而他被那份温暖打动的同时，突然冒出了一个想法："这些我也可以做啊！"其实当时的雜鱼已经有了些做饭的心得，只是未曾专心研究过。这之后，雜鱼开始买很多的料理书和杂志，看大量的纪录片和视频，不断地学习、摸索、练习。那时候雜鱼很喜欢拉面，就疯狂地做了一个月的拉面

实验，汤头、温泉蛋、叉烧等每一样食材都反复地试验，单是温泉蛋，他就试做了一个星期，豚骨汤和叉烧则研究得更久。这个时候，雜鱼已萌生出开家餐厅的想法，2011 年他从厦门来到北京，本意就是如此。当时，日本美食剧《深夜食堂》播出正热，雜鱼也曾想过开一家这样的"食堂"，不过最终觉得自己年纪太轻，人生阅历不够丰盛，还不足以容纳这么多人的情感与故事，来京之后，还是做起了过去的设计职业。

PROFILE

**雜鱼**
鱼治设计和料理工作室创始人，《一顿自己的晚餐》作者。

## 开私厨的日子

○ 既不幸又幸运地，杂鱼在 2013 年时被裁员了。这给了杂鱼一些思考的时间："我该做些什么？要重拾以前想做的美食吗？嗯！"于是，杂鱼开始筹划开一间私厨，并成立自己的设计工作室。地点挑挑选选，最终选了北京东堂子胡同里的一座安静的两进四合院。这座四合院青砖铺地，有竹子和葡萄架，不时地，还有小动物的光顾，黄鼠狼、野猫已是常客，它们吃起葡萄和院子里的其他植物毫不嘴软，不过杂鱼也不介意，还是会主动喂它们一些水和食物。除了茂密生长的植株，更多的是一些杂鱼没养活的枯枝残叶，他将这些枯叶收集起来，好看的就插在透明瓶子中，倒也别有一番美意。

○ 屋内空间不大，但东西摆放整齐且富有美感，这可能也是杂鱼身为设计师自带的好眼光，一张有着漂亮纹理的长木桌摆放在中间，搭配几把木椅子和一条长凳，右手的地方是一张小沙发，旁边的书柜中摆放着各式料理书籍，左手边则是一个小吧台，在小吧台后是杂鱼做饭的厨房。这间厨房里，活动空间不足一平方米，其中还放置了一台冰箱，一般人在这么小的空间里，想做些稍微大点的动作都不易，杂鱼在里面做饭却轻松自如。冰箱上面是一个储物柜，里面摆满了各式调味料，炉灶上方则是摆满食器的架子。杂鱼在里面动作很麻利，转身、取

放调料、冲洗食物、开冰箱，连贯得像在跳原地的华尔兹。

○ 一个人对生活是否充满热爱，是可以从他的家中布置中窥见的。杂鱼对这间小院子的用心程度，可以从任何一个细微角落感受到，不过除了舒服用心的环境，作为一间私厨，菜品当然更重要。为了还原地道的厦门味道，杂鱼经常请父母帮忙寄运厦门的海鲜和食材，因为海鲜的鲜度较难保持，寄运的时间虽已很快，但鲜度还是难以控制。为此，杂鱼跑遍了北京大大小小的市场，去寻找自己想要的海鲜。最终他选定了三家市场，为了做一顿饭，三家都要跑一趟，因为每个市场都有他想要的不同食材。即使如此，杂鱼依旧坦言："北方水质偏硬，即使用一样的食材，也不可能百分百地还原出厦门味道。"而地道的厦门调味料倒是不难买到，网购即可。对于北方口味，杂鱼会做一些兼顾，但不会做过多改变。他从小看着妈妈、叔辈、外婆做闽南菜，闽南菜就是他的根，他必须要保留。海烧白肉、姜酱鸡、闽南老鸭汤、厦门面线糊、蚵仔煎、酱油水大虾，他喜欢将这些传统闽南菜分享给所有人，温暖那些在北京的游子。

○ 如果确定当天要为客人准备一餐，杂鱼的一天会这么度过：早晨 7 点，准时出发去菜市场，因为早晨的食材是最新鲜的，所以要赶早。一般杂鱼会逛几个不同的市场，每个市场各有所长，比如他会去京深市场买海鱼，去旁边的生禽市场买活鸡活鸭，再去大红门温州人聚集的市场里面买蔬菜，三个地方的

● 院子里的葡萄架，葡萄几乎都被野猫和黄鼠狼吃了。

● 因为杂鱼写得一手好字，每做一餐都会手写菜单，后面配有一句"祝君好胃口"，这样的小字条随处可见，比如建议大家"多喝水"的字条。

● 一些残枝败叶，倒也成了美丽的点缀。

● 客人们吃饭时，雏鱼则静静地待在吧台后面。

● 雏鱼的小厨房，不足一平方米。

中间，还有一个早市可以买到新鲜的水果。这一圈走下来，需要至少3个小时。回家后，开始准备食材，要炖的先炖上，要煮的先煮好，稍做休息，下午1点的时候开始处理全部的食材。到三四点时开始收拾屋子，摆摆盘子，5点全部准备好，只等客人过来。客人到齐后，雏鱼开始进行最后步骤的制作，因为他希望客人可以吃到最热乎的饭菜。雏鱼做好一道就端一道上桌，一般4人餐会有5道菜，鱼、肉、菜配合齐全，加上汤和饭后水果，圆满饱足。来雏鱼这里吃饭的人，有的是一家人，有的是闺密们，其中多数是雏鱼之前有过了解的朋友，偶尔也有慕名而来的美食家。在雏鱼看来，一顿饭吃得开心更重要，如果当天菜做得不够好，他会真诚地跟客人道歉。

○客人吃饭时，雏鱼会坐在设计于厨房前的小吧台后面，让吧台完全遮挡住自己，避免"主人"的角色露出过多而让食客拘谨。同时，客人有需要时又可以马上知道并及时出现解决。在吧台后面，雏鱼有时会静静地听客人对菜的评价，有时会听听客人们的闲聊，也有时会沉浸在自己的世界里。开私厨、不

断地与客人打交道的一年时间里，雏鱼迅速培养出一种技能，即对人敏锐的感知能力，他说自己可以在与对方交谈几句话之内，就大致判断出这个人是什么性格。这样的好处是，在与之相处时会更知道怎么让对方舒服自在。有时候雏鱼还会聊聊星座和风水，赢得很多女孩的赞赏。一般客人吃完后不会久留，因为周围的居民区里有很多老人，雏鱼怕吵扰到邻居。客人走后，雏鱼会开始收拾清理，观察哪道菜剩下了，剩多少，并思考原因，猜测客人的口味、食量，再结合之前坐在吧台后听到的评价，来总结这一餐还有哪些地方有待改进。

○雏鱼对私厨的理解很简单，他认为私厨有一些匠人的精神，需要主人全心全意投入其中，不能求快求量，而是求心意。雏鱼花一整天奔走忙碌，只为做好一顿饭，并且只被几个人品尝，其间的价值，有心人才能体会。比起照单全收，雏鱼更希望自己的私厨能够以口碑相传，朋友介绍的客人会变成新朋友，新朋友再介绍新朋友，结果所有过来吃饭的，或多或少都有"远房亲戚"般的复杂关系。

## 一顿饭的意义

○雜鱼小的时候，每年夏天都会去他们老家的小村子。村里的家族做饭时，有其他人来了就多一双筷子，大家一起吃，没有过多的讲究，一切自然而温暖。后来雜鱼来北京工作，同住的室友也是从厦门而来，雜鱼就经常做菜分享，也有很多住得近的朋友会专程过来蹭饭，他说这种感觉就像小时候一样。

○父母是雜鱼烹饪的启蒙者，其中父亲的影响更大一些。"其实，家乡菜就是你从小吃到大的土菜，那些都是父辈经验的累积，也是一种生活技巧的凝聚，他们活了大半辈子，吃过的看过的东西远超于你。有时我也会稍做改良，但是知道那些根是不能变的，不懂的事情一定还是要向他们请教。"不久前，雜鱼在自己的小院中重温父亲当年教他做的饺子，十分感慨："最美的味道，就是简单地呈现原味。"

○开了私厨之后，雜鱼对人的看法也发生了改变。通过食物，他感受到了更多人心底的包容度。饭菜如果做得不好，他会跟客人说声抱歉，客人回一句："没关系，你也辛苦一天了。"简简单单的一句话，就会让雜鱼感动。在他看来，能让客人吃出家一样的味道，感受到人与人之间的情感联系，正是这间私厨的意义所在。

○做私厨的这两年，也让雜鱼对责任有了更好的认识，做任何事都更加认真。"所有人都因你而来，没有他们，你就没有机会做这顿饭。"人是摆在第一位的。雜鱼会先去了解客人对食材的状态，细心地询问客人是否有忌口，对辣和甜的接受程度等，等到客人来时，会留意观察客人的需要，沏热茶还是冷茶，冰水还是热水。如果客人生病了，他会做一些清淡的食物。对待食材也是一样，必须对它负责，雜鱼有时会给肉按摩，跟它说话，他觉得真诚地对待这些食物，才会做出真正美味的一餐。

○雜鱼虽是个浪漫的人，但他不是一个完全的浪漫主义者。他觉得趁年轻时，做几件可以养家糊口的工作是必要的事情，所以在一年或几年后，雜鱼还是想开一家餐馆。

● 雜鱼的沙发和书架。

● 做一顿晚餐所需的食材，都是雜鱼早上现去菜市场买回来的。

● 三人份的一顿正餐：闽南酱油水大虾、蔗汁鸡腿肉、盐烤三文鱼。

## 闽南酱油水大虾

"酱油水"是闽南地区常用的烹饪方式。他们喜欢追求食材的新鲜原味，喜甜带微咸。过程里无须再加盐，因为酱油已经有足够的咸味。

────── { 食材 } ──────

| | | | |
|---|---|---|---|
| **海白虾** | 500 克 | **红辣椒** | 少量 |
| **腌甜萝卜干** | 适量 | **减盐酱油** | 40 毫升 |
| **小葱段** | 适量 | **噫汁** | 30 毫升 |
| **姜丝** | 适量 | **白糖** | 少量 |

────── { 做法 } ──────

① 将购买回来的海白虾泡水里，免得虾头氧化变黑。

② 姜片切丝，放入热锅冷油煸炒一下，散发出香味即可。

③ 虾沥干水，倒入锅中翻炒，倒入酱油、噫汁，加些许白糖翻炒。

④ 放入切好的腌甜萝卜干，加入少量水，盖上锅盖，焖煮至沸腾。

⑤ 放入切好的辣椒和小葱段，出锅装盘即可。

## 酱汁鸡腿肉

这是道很容易出彩的菜，家常简单，小技巧就是汤汁切勿盖过煎过的鸡腿表面，容易破坏美感。

### { 食材 }

| | | | |
|---|---|---|---|
| **去骨大鸡腿** | 1 只 | **黑醋** | 15 毫升 |
| **甜洋葱** | 半个 | **豉油鸡汁** | 60 毫升 |
| **姜** | 适量 | **噲汁** | 30 毫升 |
| **面粉** | 适量 | **白糖** | 适量 |
| **花雕酒** | 40 毫升 | **芝麻菜** | 适量 |

### { 做法 }

① 将豉油鸡汁、花雕酒、噲汁、黑醋、白糖混合均匀制成酱汁。将姜丝切成末，半个洋葱顺着条纹切块，放入调好的酱汁中浸泡。

② 鸡腿两面裹上少量面粉，薄薄的一层即可。

③ 将带皮的鸡腿面放入热锅煎熟，待底面焦脆后翻面。

④ 将调好的酱汁倒在鸡腿的两边，注意不要直接浇到鸡肉表面。

⑤ 盖上锅盖，焖 5 分钟，酱汁变得浓稠后放入芝麻菜，煎 1 分钟左右。

⑥ 装盘切块即可，并将酱汁浇在鸡肉上。

## 盐烤三文鱼

如果没有烤箱，用平底不粘锅也可以制作。
方法是中高火煎至鱼肉两面焦黄，再小火煎
至熟即可。

### { 食材 }

| | | | |
|---|---|---|---|
| **新鲜三文鱼** | 一块 | **百里香** | 适量 |
| **海盐** | 适量 | **金橘** | 2个 |
| **迷迭香** | 适量 | **鲜花椒** | 少量 |

### { 做法 }

① 轻轻搓揉按摩三文鱼，分别在两面涂上海盐。
② 揉入些许迷迭香、百里香，挤入些金橘汁，
一起腌制10分钟。放入烤箱，小火烤20
分钟。
③ 烤箱调成大火，再烤10分钟收紧皮脂让鱼
焦脆。
④ 冷油热锅，撒入鲜花椒至出香；挤些金橘汁
在烤好的鱼肉上，将热好的油淋上去即可。

# 当男人独自在家时，他们吃些什么？

## 余师的六道私房菜

余师 / text & photo　金梦 / edit

中国自古以来，似乎就有男主外、女主内的传统，即男人在外打拼事业，女人在家相夫教子，操持家务。而如今，这种情况虽说有所改善，但是一般家庭过日子，还是女人做饭居多。所以一旦家中女人外出，这个家中的男人大概就要连吃几天外卖或泡面。

### 一顿饭的意义

○对于一般单身上班族男士来说，所谓"吃饭"，仅仅为了"不饿"而已，通常糊弄了事。殊不知长此以往会对健康带来不小的隐患，所以，掌握几道简单男人料理的确很有必要。

○俗话说：早晨要吃好，比如一份营养均衡的鸡蛋羹，搭配一些白灼青菜，或再添一碗清粥；中午则要吃饱，一碟极易下饭的粑粑海椒，再配一小盘应季时蔬，吃完浑身舒畅；晚餐由于人体新陈代谢速度降低，不建议吃得过饱，不妨以饱腹感强且热量较低的土豆来代替精米白面作为主食，同时荤素搭配。

○由于男性的日均能量消耗，较之女性来说大些，而且一般午餐与晚餐的间隔较长，所以不少男性一般到下午三四点便觉饥肠辘辘，这时不妨自制一顿简单的下午茶，将准备倒入垃圾桶的剩吐司简单改良，就成为一道美味小点，配一杯红茶或咖啡享用，也算忙中偷闲。

○遇到球赛，想要喝两杯的话，下酒菜必不可少，自己做一份椒麻鸡翅，啃个痛快。

○现在，"会做饭"已经成为男人魅力的标签之一，所以，若想在心爱的她面前露一手，掌握一道私房硬菜必不可少。一道香辣排骨，鲜香麻辣；煮过的肉汤，加些配菜进去，又成一道美味，一汤一菜一饭，既不复杂，又吃得温暖满足。

PROFILE

**余师**

网名"肥肥鱼"，热爱美食、旅游、摄影，一切与艺术、美好相关的东西。2011年由于压力过大开始"漂泊"生活，"在路上"的日子中，不断体味着不同的人生与美食，然后将其记录下来，由眼到心。

# ❧ 简 便 早 餐 ❧

## 嫩滑鸡蛋羹

简单快手的营养早餐，非常适合日常需要早起的上班族们。

### { 食材 }

| | | | |
|---|---|---|---|
| **鸡蛋** | 2 个 | **酱油** | 一小勺 |
| **凉白开水** | 蛋液的 | **虾皮** | 少许 |
| | 1.5 倍 | **葱花** | 少许 |

### { 做法 }

① 鸡蛋搅打均匀，加入凉白开水。
② 将蛋液用筛子过滤一遍，口感会更细腻。
③ 将表面泡沫撇干净，盖好保鲜膜。
④ 放入已经烧开水的蒸锅，大火蒸 8 分钟，关火后再焖 2 分钟。
⑤ 淋上酱油，撒上虾皮、葱花即可。

### { 小贴士 }

撇去蛋液浮沫是将气泡除去，加盖保鲜膜则可以阻止空气进入，这样在蒸蛋羹时便不会出现气孔。

# ❧ 快 手 午 餐 ❧

## 耙耙海椒

海椒是四川对辣椒的称呼，有着海纳百川之意味。
这道菜是童年时期母亲经常做给我吃的一道简单下饭菜，非常开胃。

### { 食材 }

| | | | |
|---|---|---|---|
| **大青椒** | 3 个 | **菜籽油** | 适量 |
| **盐** | 适量 | **醋** | 少许 |

### { 做法 }

① 青椒洗净，去籽切段备用。
② 热油起锅，用中火煸炒辣椒至虎皮青椒状。
③ 入醋和盐调味，翻炒几下出锅。
④ 使用捣锤，将炒好的青椒捣碎即可。

### { 小贴士 }

使用了捣锤，青椒会更加入味，拌到饭里超香。

# ❖ 男 人 的 下 午 茶 ❖

## 椰香面包布丁

很简单的快手小点，如果家里有吐司放硬了或者快过期，都可以将其"变废为宝"，改良为一道美味的下午茶小点。

### ——— { 食材 } ———

| | | | |
|---|---|---|---|
| **吐司面包** | 2~4 片 | **糖** | 一大勺 |
| **鸡蛋** | 1 个 | **葡萄干** | 适量 |
| **牛奶** | 100 毫升 | **椰蓉** | 少许(可不加) |

### ——— { 做法 } ———

① 将吐司面包切成小块，放入烤碗，烤箱预热至 180℃。

② 鸡蛋打散，加入糖和椰蓉，倒入牛奶，混合搅拌均匀。

③ 将鸡蛋牛奶混合液倒入烤碗，撒上葡萄干。

④ 放入提前预热的烤箱，中层上下火，烘烤10~15 分钟即可。

### ——— { 小贴士 } ———

如果食用人多，可以适量多加入牛奶，即可保证奶香浓郁、香嫩柔滑的口感。

## ❧  饱　足　晚　餐  ❧

### 山椒肉末土豆泥

灵感源于《孤独的美食家》，猪肉与土豆的完美结合。

—— { 食材 } ——

| | | | |
|---|---|---|---|
| **猪肉末** | 300 克 | **菜籽油** | 少许 |
| **土豆** | 2 个 | **生抽** | 一小勺 |
| **泡椒** | 4 个 | **盐** | 适量 |
| **姜、蒜** | 少许 | **红薯淀粉** | 少许 |

—— { 做法 } ——

①土豆削皮，泡椒、姜、蒜切成末。

②土豆切块，上锅蒸 30 分钟左右，可用筷子试探熟度。

③用木锅铲碾压土豆，使其成土豆泥。

④炒锅烧热，入油，五成热时加入姜末、蒜末、泡椒末爆香。

⑤加入肉末炒至全熟，少许生抽提香，加盐调味。

⑥加入适量水烧开，入水淀粉勾薄芡，再淋于土豆泥上即可。

—— { 小贴士 } ——

勾芡时水可以略多点，这样与土豆泥的口感调和得更好，不会过于浓稠。

# ❖ 夜 宵 T i m e ❖

## 椒麻鸡翅

简单好味的下酒菜, 热量也不高, 深夜吃也
无负担。

### { 食材 }

| | | | |
|---|---|---|---|
| **鸡翅尖** | 15个 | **花椒** | 一小把 |
| **干辣椒** | 一把 | **盐和菜籽油** | 少许 |

### { 做法 }

① 辣椒用剪刀剪成小段, 鸡翅入沸水煮五分钟
后捞出洗净。

② 锅里入油, 待油热后加入辣椒段与花椒, 小
火炒香。

③ 加入鸡翅尖, 翻炒均匀。

④ 入盐调味, 起锅即可。

### { 小贴士 }

肉类先用水煮, 可以去腥和少油。

# ❖ 私 房 硬 菜 ❖

## 香辣回锅排骨

这是跟我爸学的一道硬菜，重点就是辛香十足，特别下饭。

――――― { 食材 } ―――――

| 精排 | 700 克 | 油 | 一大勺 |
|------|--------|------|--------|
| 二荆条辣椒 | 一大把 | 花椒 | 一小把 |
| 小米辣 | 一小把 | 白砂糖 | 少许 |
| 姜、蒜 | 少许 | 生抽、盐 | 适量 |
| 郫县豆瓣 | 少许 | | |

――――― { 做法 } ―――――

① 鲜姜切片、切末，辣椒切小条，蒜切末。
② 排骨清水洗净，过沸水焯去浮沫。
③ 锅大火做水，放入排骨，煮 20 分钟捞出。
④ 热油起锅，加入姜蒜末爆香，再加入郫县豆瓣、花椒。
⑤ 排骨入锅，不断翻炒，再加入姜片和少许生抽、盐调味。
⑥ 加入辣椒段同炒，入少许糖调味，收汁出锅即可。

――――― { 小贴士 } ―――――

煮好的肉汤不要扔，加点冬瓜同煮，入盐调味，即成冬瓜排骨汤，鲜美无比。

Chapter 4

# 他们在美味中度过一生

# 他们的生之趣味：才华、理想、美食哲学

## 19 位名家的吃食人生

金梦、邵梦莹、Dora / text & edit    Ricky / illustration

① *Confucius* ❖❖❖ 孔子 ❖❖❖

○孔子，中国著名的大思想家、教育家、政治家，儒家学派创始人，被世人称为"孔圣人"，也是中国被记录在案的"吃家"名人第一人。

○孔子是中国最早对饮食卫生标准有所设定的美食家。《论语·乡党》中，他提到："食饐而餲，鱼馁而肉败，不食。色恶，不食。臭恶，不食。失饪，不食。不时，不食。割不正，不食。不得其酱，不食……"即变质食物不吃，不新鲜食物不吃，肉类部位分割不合宜的不吃，蘸料与主菜不搭亦不吃。但他提倡"不撤姜食"，据说每餐餐后都要嚼食数片生姜，同时也不建议多食，多食则伤。

○古时候，烹饪方法十分单一，生鲜类食物多是生食为主，如"鱼脍"，意即生鱼片。孔子那时便讲究食用"鱼脍"时配芥末，让人联想到日本刺身吃法。孔子反对暴饮暴食，主张"食不语"，并早在几千年前就提出了如今备受现代人推崇的理念"不时，不食"，也就是"应季饮食"的概念。他认为只要是食物就会有其生长周期，不到该"食"之时就"食"，是违背"天时"。

李白与酒

*Li Bai*

❖❖❖ 李白 ❖❖❖

○李白，唐代伟大的浪漫主义诗人，被誉为"诗仙"。李白好酒人尽皆知，"李白斗酒诗百篇"，即指在其一生著有的上千诗篇中，描写酒的就多达 200 多篇。而他的好友杜甫在《饮中八仙歌》里，也以李白"酒中仙"压轴，足见李白爱酒的名声之大。李白在《南陵别儿童入京》一诗中写有"白酒新熟山中归，黄鸡啄黍秋正肥"的诗句，其中提及的"白酒"跟现代中国的蒸馏白酒，可是完全不同的。据记载，那时的"白酒"其实是"白醪酒"，最早由汉高祖刘邦下令，以家乡名酒的传统工艺酿制，据传是以清泉水、米、麦为原料，三酿六晒，反复酿造而成。入口香醇甘甜，酒精度数不高，却回味悠远，后被作为御酒之一，至唐达到鼎盛。

○而在"白酒"中，有几种品种为李白最爱，一种是"春酒"，也称"冬醪"，是在冬天反复酿造，在春天饮用的特殊白酒，在《留别西河刘少府》一诗中，李白留下了"东山春酒绿，归隐谢浮名"之诗句。而另一种则是"新丰酒"，李白在《东山妓》一诗中曾经提及："南国新丰酒，东山小妓歌。"

○虽说李白一生潇洒不羁，以酒为伴，自称"酒仙"，换来的却是"以饮酒过度，醉死于宣城"（《旧唐书》）的结局，不免令人唏嘘。

## *Du Fu*

✦✦✦ 杜甫 ✦✦✦

○杜甫，唐代伟大的现实主义诗人，被后人称为"诗圣"，其诗被称为"诗史"。杜甫出身其实不错，自小生于仕宦之家，想来珍馐佳肴必不少吃，对美食应是颇有心得。他有一首《阌乡姜七少府设脍戏赠长歌》，描写的是冬天在黄河里凿冰捕鱼，制作鱼脍。另一首《与鄠县源大少府宴渼陂》中有诗句："饭抄云子白，瓜嚼水精寒。"描写的是做客人家时，吃到的别致的白米饭与水果。在当时年代，一碗不"间黄粱"的纯白米饭已是奢侈。

○然而命运捉弄，热爱美食的他，却时常处于有上顿没下顿的状态。据《旧唐书》记载，说杜甫"啖牛肉白酒，一夕而卒于耒阳"，后人分析，是由于杜甫长期处于饥饿状态，突然间暴饮暴食，导致肠胃无法负荷，而被"撑死"的。

杜甫与白米饭

## *Li Yu*

✦✦✦ 李渔 ✦✦✦

李渔与螃蟹

○明末清初的文学家、戏曲家李渔是个大美食家，他的作品《闲情偶寄》中就有一章专门讨论饮食，叫作"饮馔部"。他认为食物"清则近醇，淡则存真"，使用过多的调味料而掩盖住食物原味是很要不得的做法。在众多的食物中，李渔嗜食螃蟹，他称："蟹之鲜而肥，甘而腻，白似玉而黄似金，已造色、香、味三者之至极，更无一物可以上之。"而他心目中最好的烹蟹方法是"蒸而熟之，才能不失真味"，边吃边剥，香气得以更好地存留，现代流行的香辣炒蟹、酱蟹等，应是入不了李渔的眼。在每年螃蟹还没上市时李渔就开始攒钱，还笑称自己的购蟹之钱为"买命钱"。李渔不赞成为了美味而轻视动物生命的行为："物不幸而为人所畜，食人之食，死人之事。偿之以死亦足矣，奈何未死之先，又加若是之惨刑乎？"

## *Yuan Mei*

✤✤✤ 袁枚 ✤✤✤

○清代著名文学家袁枚不仅会品尝，还会制作，在他的《随园食单》中，就系统地介绍了中国烹饪技艺，以及我国从十四世纪至十八世纪流行的 326 种南北菜肴特点和美酒名茶。《随园食单》分为须知单、戒单、海鲜单、江鲜单、特牲单、杂牲单、饭粥单、茶酒单等 14 个部分，是一部浓缩版的中国饮食百科全书。袁枚认为美食之美，不在数量而在质量，讲求营养的同时还要注重食物搭配、味道以及上菜顺序，"要使清者配清，浓者配浓，柔者配柔，刚者配刚，方有和合之妙"、"咸者宜先，淡者宜后；浓者宜先，薄者宜后；无汤者宜先，有汤者宜后"。《随园食单》提过茶叶蛋最佳的煮制时间为两炷香，即 4 个小时，"有愈煮愈嫩者：如腰子、鸡蛋之类是也"。

## *Su Shi*

✤✤✤ 苏轼 ✤✤✤

○一提到东坡肉，就会想起北宋时期的大文豪苏轼，相传东坡肉就是"吃货"苏东坡所创。在其《东坡集》中有一《猪肉颂》："黄州好猪肉，价贱如粪土。富者不肯吃，贫者不解煮。慢著火，少著水，火候足时他自美。每日起来打一碗，饱得自家君莫爱。"东坡肉切成 2 寸大方块，加酱油及酒慢火焖制，煮至软烂入味，年老无牙者也可食用。关于东坡肉的起源地有黄州、徐州、杭州等诸多争议，但总归是江浙一带的名肴。除了《猪肉颂》，苏轼还专门写过《菜羹赋》和《老饕赋》等，无不透露出他对美食的痴爱。

## *Lu Xun*
### ❖❖❖ 鲁迅 ❖❖❖

○鲁迅，著名的文学家、思想家、教育家，中国现代文学的奠基人。说起鲁迅先生，大多数人的印象是伟大的作家、思想家，以文风犀利而著称，却显少有人知道鲁迅其实是个"吃家"。从北京京味菜到上海本帮菜再到家乡味，鲁迅对各类地方美食可说是如数家珍。

○鲁迅在北京度过约15年时间，其间他跑遍了京城出名的馆子，广和居是他的最爱之一。广和居有一道中式甜点实为他的心头好，是用蛋清、糯米粉、砂糖、清水所制，讲究"一不粘勺"，"二不粘盘"，"三不粘牙"，故取名为"三不粘"。鲁迅为浙江绍兴人，而绍兴又是著名的霉干菜区，家乡的许多美味里他的最爱即霉菜扣肉。绍兴所产的霉干菜清新爽口，不会有普通腌菜的厚重之感，恰能平衡肉的油腻。

○鲁迅非常喜爱甜点与零食。他最爱的一款点心便是源于满族的萨其马了。这种糕点外表沾满蜂蜜糖浆，是用面粉、鸡蛋调和均匀，入锅油炸所制，入口香甜。单从吃食喜好看来，这位以"犀利"著称的文豪其实也有柔软的一面。

○说起鲁迅与吃，还有一个不得不提的便是螃蟹，"第一个吃螃蟹的人"这句话就是鲁迅最早提出的。他本人经常会买蟹回家宴请客人，或者自己享用，做法多是简单地隔水蒸，再配以生姜和醋，最大程度保留螃蟹的鲜美。

## *Zhang Daqian*
### ❖❖❖ 张大千 ❖❖❖

○张大千，中国泼墨画家、书法家，被西方艺坛赞为"东方之笔"。张大千为四川内江人，受四川美食文化影响颇深。他自诩为美食家，曾说道："以艺事而论，我善烹饪，更在画艺之上。"

○他讲究做菜要多见油，但是不浮油，不喜欢勾芡，也不喜欢用味精，认为会破坏食物的自然鲜美，并且不吃剩菜，不吃死的海鲜。张大千还是一名典型的肉食者，在台北居住期间，他有一个专门用来烹饪蒙古烤肉的地方，被称为"烤亭"，可见其对肉的执念。在他亲自撰写的《大千居士学府》中，张大千用行草记述了十七道他爱吃的家常菜食谱，其中包括粉蒸肉、回锅肉、红烧肉等。

猫山汪汪
Mimi & Wangwang

食帖
WithEating
别册

# 无法想象
# 没有猫咪的生活

part A

Agnes_Huan 歡／interview & text

Tomy／photo courtesy

*p r o f i l e*

Tomy

Instagram：@tomy_tomy

家庭主妇。来自日本茨城。家有一位可爱
的 1 岁女宝宝 Hana 酱，和两只可爱的猫咪，
分别是 15 岁的 Anakin 和 3 岁的 Reia。

Tomy 说自己只是一位普通的家庭主妇，没有
受过任何与料理有关的培训。最初开始在网上分
享料理照片时，仅仅是做些沙拉类的简单小食和
饮品。慢慢地，她的厨艺一天天提升，对各个国
家的美食都跃跃欲试。关注她的网友也给了她很
大的鼓励，令她在做饭这件事上愈发有热情和动
力，现在居然已成为很多人眼中的料理达人。

自从家中新添了一位可爱成员——1 岁的小
女儿 Hana 酱，家中的两只猫咪就时常黏在 Hana
酱的身边。而 Tomy，则悄悄地在一旁举起相机，
将这些温馨的片刻记录下来。

# *Interview* 食帖 × Tomy

**一直都喜欢制作料理吗？**

我其实和很多美食博主一样，都是家庭主妇，对于料理也没有经过专门的学习和培训。只不过从接触 Instagram 开始，渐渐欣赏到了世界各国的美食料理的诱人照片，看了之后心里痒痒，也想试试看，于是才认真地着手学做料理。比起最初在网络上分享的简单料理，现在已经可以非常顺利地完成各种想做的料理，种类不断增加，难度也在提高，我很享受一步步挑战的过程。而且，从进入 Instagram 开始，就被大家的料理和品味所折服。比如摆盘的造型、照片的拍摄角度，或者使用的器具，我每天都在学习。最近开始对制作面包和甜品很感兴趣，虽然经常失败，但这也是挑战。也许正是因为从我分享的照片里，能看到这些点滴的进步，令许多和我一样在努力学做料理的朋友产生了共鸣，才愿意关注我吧。

**和猫咪们是怎么相识的？**

现在家里有两只猫，Anakin 是公猫，15 岁，是我丈夫在路上看到的，一路上跟着我们跑，就把它带回家了。它很调皮，一会儿过来蹭蹭，一会儿又独自玩耍，比较自我。虽然它性格如此，和 Reia 却相处得很好。另外，它特别喜欢木天蓼（一种猫草）。

Reia 是只母猫，3 岁。它很小的时候，钻进我们家的院子玩耍，我们就收养了它。它非常黏人，一遇到人就会全身柔软得像个球一样。如果我们抚摸了 Anakin，Reia 也会立马凑过来。此外 Reia 非常喜欢照相机，只要一拿出照相机，Reia 就会直冲过去，做出"你不拍我拍谁"的气势。

这两只猫的取名灵感都来自《星球大战》，因为我丈夫最爱这部电影。

Tomy 的爱猫 Reia（左）和 Anakin（右）。

Tomy 制作的点心。

爱上镜的 Reia。

最初只能做些沙拉，现在的 Tomy 已经可以顺利完成各种想做的料理。

说说你和它们的日常。

因为家里有个很小的宝宝，所以基本的生活重心就是照顾宝宝。Anakin 平日里会在客厅以外的随便一个房间里打盹，肚子不饿是不会露面的。Reia 喜欢和小孩待在一起，每当我的宝宝抚摸它或者拉它的毛发，它就会静下来，享受这个时刻。宝宝午睡的时候，它也会去别的房间午睡。宝宝一醒，两只猫又变得活跃起来。安静了一上午的 Anakin 这时候也会靠近我，让我抚摸。而 Reia 则会趴在能看到我们活动的猫塔上睡一会儿，或者一动不动地远眺，不知道它在想什么。

每天晚上丈夫回家后，和晚饭的时间，是两只猫咪最兴奋的时候。它们吃饱喝足后，就会开始"运动"了：它们俩互相追逐嬉戏，互相挥舞爪子，场面十分激烈。晚间抚摸 Anakin，是丈夫在洗澡后的例行工作，它会一直在浴室外等着丈夫。

会为猫咪们制作食物吗？

我们家的猫粮只选择市面上出售的干食和猫专用的鲣鱼干。大人平时吃的食物会损伤猫的身体健康，不会喂给它们，所以也没有特地做过喂它们的食物。两只猫都很喜欢鲣鱼干，只要一闻到味道就会靠过来。

日常拍摄中有哪些趣事？

最好玩的一件事情就是，我正要拍摄的食物，一不留神就被爱吃的女儿给悄悄拿走，并吃完了（笑）。

猫咪在你的生活中是怎样的存在？

关于宠物，我从小就和猫一起生活，所以根本无法想象没有猫咪的生活是怎么样的。女儿出生后，慢慢地把重心转移到她身上，和猫咪一起玩耍的时间有所减少。每当看到女儿和猫咪玩乐的样子，我都觉得特别幸福，他们都是我的家人。猫咪们不需要带出去散步，每天大部分时间在午睡，基本不需要很特别的照顾，但在我们疲劳的时候，它们却能给我们莫大的抚慰。

Reia 很喜欢和 Hana 酱玩耍。

比较自我的 Anakin。

## 树莓慕斯蛋糕

{ 工具 }

**直径 6 厘米 X 高 4 厘米 慕斯圈** 5 个

{ 食材 }

| | |
|---|---|
| **小饼干** | 5 块（直径 6 厘米左右） |

**白色慕斯部分**

| | |
|---|---|
| 优酪乳 | 30 克 |
| 砂糖 | 30 克 |
| 鲜奶油 | 120 毫升 |
| 明胶 | 3 克 |

**粉色慕斯部分**

| | |
|---|---|
| 树莓果泥 | 50 克 |
| 砂糖 | 20 克 |
| 优酪乳 | 20 克 |
| 明胶 | 2 克 |
| 鲜奶油 | 80 毫升 |

**果冻镜面部分**

| | |
|---|---|
| 树莓和蓝莓泥 | 50 克 |
| 水 | 100 克 |
| 砂糖 | 20 克 |
| 明胶 | 2 克 |

① 先将小饼干放在慕斯圈底部。

② 制作白色慕斯： 明胶用一大勺热水化开。鲜奶油加砂糖打发后，加入优酪乳混合均匀。最后加入溶化的明胶进行搅拌。倒入慕斯圈的饼干底上。放入冰柜冷冻至少20分钟，直到慕斯凝固。

③ 制作粉色慕斯： 明胶用一大勺热水化开。树莓果泥与溶化的明胶混合备用。鲜奶油加砂糖打发后，加入优酪乳混合均匀。最后与待用的树莓果泥混合均匀。取出冷冻的慕斯圈，浇在白色慕斯层上。继续放入冰柜冷冻至少30分钟，直到慕斯凝固。

④ 制作果冻镜面： 明胶用一大勺热水化开。树莓和蓝莓泥混合，水微微加热后与砂糖混合，再与果泥混合均匀，最后加入溶化的明胶拌匀，过滤出大约100毫升的果汁。待果汁微凉，浇在慕斯圈最上层即可。放入冷柜冷藏30分钟。

⑤ 慕斯整体凝固后，从冰柜取出并脱模。最后准备些水果做表面的装饰，也可以用打发的鲜奶油进行装饰。

Reia 也是 Tomy 料理的忠实粉丝。

# 它的样子
# 像是在说：
# "拍我！拍我！"

Agnes_Huan 歡／interview & text

久保田里花／photo courtesy

*profile*

久保田里花
Instagram：@abimaru7
居住在日本广岛的美食博主。喜欢美食、
可爱事物以及猫咪。

自小就喜爱料理的久保田，自从结婚后，开设了 Instagram 的账号，接着便如同许多喜爱美食的用户一样，被上面令人眼花缭乱的各国美食图片所吸引。渐渐地，自己也动了分享日常料理的念头。

而因家中有两只大花猫常年相伴，每每在拍摄的间隙，两只馋嘴的小家伙会禁不住美食的诱惑，频频入镜，竟然抢了不少美食的风头。比起食物，两只"馋猫"的忠实粉丝反倒多了起来，那么它们是如何来到这个家的呢？

# Interview 食帖 × 久保田里花

盛装打扮过的圣诞 Komame。

可以介绍一下这两只猫咪吗？
Don 是一只不知品种的杂种猫，16 岁。16 年前路过一家宠物店，店里正好在为它募集领养人，我们就领养了它。它是黑白交杂，有一点点胡须的花猫。非常喜欢亲近人，性格也比较沉稳。当我 1 岁的女儿哭闹的时候，它还会表现出关心的样子，慢慢靠过去，像个绅士。它非常喜欢秋刀鱼，遇到秋刀鱼的时候，会慢慢靠近，小爪子反复拍打。此外，它也是个聪明的小孩，家里各种门都能打开（笑）。

另一只猫咪 Komame，3 岁。与它相识的经历是，有一次我遇到了打击，心情沉重，回家路上路过了一家宠物店，进去逛逛就见到了它，一见钟情，就带回家了。它的名字来源，是因为我本人喜欢小豆子（komame 在日语中是"小豆子"的意思）。它很亲近人，也有猫本身的小傲娇，可以说是个天使与魔鬼的结合。它是名副其实的吃货，奶酪和生鱼片是它的最爱。每当我拍摄料理的时候，它就会迅速窜到镜头前面，表现出"拍我！拍我！"的样子。

Komame 就是喜欢赖在餐桌上不走。

经常上桌和家人一起用餐的 Komame。

你和猫咪们有什么有趣日常？

平时我和小猫们都各做各的，当我坐在沙发上的时候，它们会来到身边打转，并用身体磨蹭我求爱抚。当我要上床休息的时候，它们又会横在我的被子上。Komame 每次只要在我洗澡的时候，一定会跟我进浴室，然后站在浴缸上，看着我洗澡。我家这两只猫都爱散步，所以偶尔会给它们系上绳子，带它们去家附近散步。

拍料理时猫咪们会怎么做？

Komame 是只要我一拍照，它就要入镜，虽然一般都是捕捉到它头后部的样子。Don 是只要有秋刀鱼料理的时候，就会慢慢地靠近秋刀鱼，然后用小爪子，一会儿碰一下一会儿碰一下，一旦我疏忽大意，鱼就被它叼走啦。偶尔它们会好奇地去闻刚做好的食物，可能是被热菜的热气吓到了，一闻就表现出很吃惊的表情，特别可爱。

和猫咪一起生活后，生活有什么改变吗？

原本我觉得，吃饭的时候让猫咪上桌子有些不雅，但一天天过去，却也习惯了和它们一起吃饭的感觉，没有它们在桌边反而会不习惯。

主妇久保田制作的可爱料理。

打算"偷袭"秋刀鱼的 Don。

## 柠檬戚风蛋糕

### ┨ 食材 ┠

| | |
|---|---|
| **柠檬** | 1 个 |
| （刮皮备用，其余榨汁添水，取 100 毫升） | |
| **鸡蛋** | 3 个 |
| **细砂糖** | 70 克 |
| **盐** | 少许 |
| **薄力粉** | 90 克 |
| **色拉油** | 20 克 |

### ┨ 做法 ┠

① 把鸡蛋的蛋白和蛋黄分离。在蛋白里加入细砂糖 40 克和盐，打发成蛋白霜。

② 在蛋黄里加入剩下的 30 克细砂糖，打发蛋黄至变白为止。

③ 在第二步的成品里加入色拉油和刮下的柠檬皮，并加入柠檬汁和清水，一起搅拌，最后添加薄力粉，搅拌均匀即可。

④ 加一勺蛋白霜到第三步的成品中去搅拌。

⑤ 剩下的蛋白霜加入到第四步的成品中，搅拌均匀，随后倒入模子中，放入 170℃已经预热好的烤箱中，烤制 35 分钟后，此蛋糕即可出炉。

⑥ 出炉即倒扣放凉。脱模后可放水果和鲜奶油进行装饰。

①

②

③

④

⑤

久保田的爱猫 Komame（左）和 Don（右）。

## Mei Lanfang
✦✦✦ 梅兰芳 ✦✦✦

梅兰芳与梅氏鸡粥

○梅兰芳，京剧大师，举世闻名的中国戏曲艺术大师，著名旦角表演艺术家，成就了一派独特的艺术风格，世称"梅派"。
○京剧向来讲究"手、眼、身、步、法"，五要素缺一不可，对于旦角的要求更高，尤其是在嗓音、形体方面。对形体和嗓音的注重，令梅兰芳在吃上十分讲究，多数情况下以清淡饮食为主，以淮扬菜最得其心。他还特此聘请了一个淮阳师傅为他量身打造菜肴，后世称为"梅家菜"。其中最出名的当属一道鸡粥，做法考究：煮粥需选用精细糯米，鸡肉需用脂肪含量低的鸡脯肉，煲粥的汤底则是砂锅煨出来的老鸡汤，粥煮好了，再用蔬菜汁勾一道芡，以太极八卦图案为灵感，化名"梅氏鸡粥"，为梅兰芳每天必喝之粥。

## Liang Shiqiu
✦✦✦ 梁实秋 ✦✦✦

○梁实秋，中国著名的散文家、文学批评家、翻译家，哈佛大学文学硕士。这么一位名声赫赫的文学家，也难逃美食的诱惑。
○说起梁实秋最爱的美食，非爆肚莫属，北京致美斋的爆肚正是他的心头好。1926年，他留美归来，刚下车，就直奔致美斋，他说，在海外想吃的家乡菜，以爆肚为首。灌汤包是梁先生又一"挚爱"，他曾在《雅舍谈吃》一书里写过灌汤包，说灌汤包要趁热乎劲儿吃，"先吸汁"，"后吃馅"，"最后吃皮"，方可体会到其中美妙。
○晚年的梁实秋身患糖尿病，忌甜食，但作为一个资深吃家，又怎能容忍美食当前，却无动于衷？因此他常私下里偷吃解馋，惹得家人与医生又气又无奈。

梁实秋与灌汤包

林语堂与竹笋炒肉

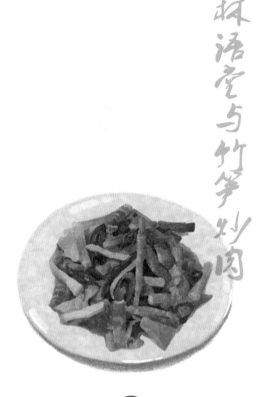

## ⑪ *Lin Yutang*

❖❖❖ 林语堂 ❖❖❖

○林语堂说过一句话："人世间如果有任何事值得我们慎重其事的，不是宗教，也不是学问，而是吃！倘若要试验一个人是否聪明，只要去看他家中的食品是否精美便知。"提倡闲适哲学和生活艺术的林语堂，把饮食的重要性排在首位。他爱吃竹笋炒肉，他认为，吃一样食物，首先吃的是它的组织肌理，齿间触感要有趣味，竹笋之所以美味就是这个原因；其二则是"味道的调和"，即烹饪中的调味手法。林语堂有句关于饮食的话尽显幽默："我们的生活并不在上帝的掌握中，而是在厨子的掌握中。"足见其对吃的重视。

## ⑫ *Wang Zengqi*

❖❖❖ 汪曾祺 ❖❖❖

○用作家、剧作家、散文家、书画家这些称谓来称呼汪曾祺并不全面，美食家也是他的重要头衔。汪曾祺诸多散文中都可看出他的美食阅历，《故乡的食物》《口蘑》《豆腐》《五味》《萝卜》《昆明的吃食》《鱼我所欲也》《鳜鱼》《干丝》通通都用食材来做标题，其中多篇文章还在《中国烹饪》上发表过。除了写文章，汪曾祺在烹饪上也很厉害，很多认识并吃过汪曾祺做的饭的人，无不印象深刻。汪曾祺创造过很多菜，其中有一道是"塞馅回锅油条"。1977 年他在给朱德熙的信中说"我最近发明了一种吃食"，"嚼之声动十里人"，具体做法就是劈开油条，切成一寸长的段儿，在窟窿内塞入榨菜葱丝肉末馅，重回油锅炸一遍即可。汪曾祺还有一个习惯是喜欢逛菜市场，他说："看看生鸡活鸭、新鲜水灵的瓜菜、彤红的辣椒，热热闹闹，挨挨挤挤，让人感到一种生之乐趣。"

汪曾祺与塞馅回锅油条

## ⑬ Zhou Zuoren
### ❖❖❖ 周作人 ❖❖❖

周作人与烧鹅

○周作人谈论饮食的文章也很多，多数收录在《知堂谈吃》中。《知堂谈吃》讲的都是日常生活中的食物，例如《北京的茶食》《故乡的野菜》《喝茶》《谈酒》《再论吃菜》《记盐豆》等37篇散文。不过最让周作人喜爱的还当属浙东绍兴菜，其中鹅是周作人比较喜欢的食材，他在《烧鹅》一文中写道："鸭虽细滑，无乃过于肠肥脑满，不甚适于野人之食乎。但吃烧鹅亦自有其等第，在上坟船中为最佳，草窗竹屋次之，若高堂华烛之下，殊少野趣，自不如吃扣鹅或糟鹅之适宜矣。"除此之外也写过《吃烧鹅》《吃鹅肉》和《鸡鸭与鹅》等描写鹅肉的文章。

## ⑭ Akira Kurosawa
### ❖❖❖ 黑泽明 ❖❖❖

黑泽明与牛排

○如果不是黑泽明的女儿黑泽和子写了本书——《黑泽明的食桌》，恐怕很多人都不会知道这位享誉世界的电影大师，也如此爱吃。黑泽和子曾在访谈中笑谈全家人都要为"导演黑泽明"服务，每天她和母亲最重要的任务，就是照料黑泽明的饮食起居。

○和黑泽明相识或一同工作过的人都知道，他是赤裸裸的肉食者，不可一天无肉，尤其是牛肉，在片场吃午餐，有时就是一大份牛排。他也爱吃鸡蛋，医生越是提醒他注意胆固醇过高，少吃鸡蛋，他越是一天吃上好几颗。据说黑泽明也喜欢吃甜品，每餐饭后都要吃一些蛋糕羊羹等，尤其是女儿和子做的自家制咖啡冻，已经成了黑泽家饭后的固定甜点。黑泽家的咖啡冻做法并不复杂：1.手冲咖啡；2.将冲煮好的咖啡移入锅中，加入已经加热熔化的吉利丁，搅拌均匀；3.倒入布丁容器中，稍微放凉后移入冰箱冷藏至少2小时；4.食用时可以淋少许糖浆或鲜奶油。

## *Kitaoji Rosanjin*

❖❖❖ 北大路鲁山人 ❖❖❖

○北大路鲁山人是日本著名的画家、陶艺家、书法家、漆艺家、篆刻家，同时也是当之无愧的美食家和烹调家，他的料理美学影响了整个日本的饮食理念。他认为美味的关键在于食材，食材本身的滋味才是至真至美。但烹调的人也关键，选用了好的食材，也要求料理食材的人懂得每种食材的特性，才能发挥出各自的精髓。

○讲究食材的同时，北大路鲁山人也极为看重食器，他说："食器是料理的衣装。"年轻时他也曾为生计进公司当小职员，工资微薄，每天午餐常吃豆腐，因为豆腐好吃又便宜。可别看他吃得朴素，盛装豆腐的容器却不可小觑，一个刻花红玻璃碟子，是他花了与当时身份完全不符的大价钱买来的古董。在鲁山人看来，清淡简朴的食物也可以是至高美味，但绝不能以粗糙的姿态来吃，而是要用相衬的食器，吃出一派风流。后来在他经营的会员制食堂"美食俱乐部"和著名料亭"星冈茶寮"中，使用的食器就都由他亲手设计烧制。晚年的鲁山人住进山林，过着隐居的闲适日子，自己做饭给自己吃，一日三餐中有一餐不能满足，他都不可忍受。直至临终前住院的日子里，他仍热情地邀请病友来他家中品尝美食。

北大路鲁山人与豆腐

## *Thomas Jefferson*
✦✦✦ 托马斯·杰斐逊 ✦✦✦

○托马斯·杰斐逊，美国第三任总统，《独立宣言》主要起草人，除了在政坛成绩傲人以外，他在美食领域也颇有作为，因曾多次出使美食天堂——法国，而爱上了法国的美食与红酒。据传当年杰斐逊离开法国时，他的行李里装满了各式红酒和法国美食。他还会每年定期从法国进口美食，以解"相思之苦"。

○在一解个人口腹欲望之时，杰斐逊也非常重视美国农业的发展。在欧洲游历时，他格外留心考察当地农业，注重学习他国经验，同时积极拓展美国在欧洲的农业市场。身为橄榄油的头号粉丝，杰斐逊曾放话"每个人都会成为橄榄油的消费者"，事实上，后来确实是他率先将橄榄树引入美国，这对美国农业的影响无疑是巨大的。

○18、19世纪的美国，番茄等茄科植物的科普率很低，常被视为毒物，而杰斐逊身先士卒地种植和食用番茄，从此打破了美国人对于番茄的误解。如今，美国已成为世界排名前列的番茄消费大国。

○除了食物本身，杰斐逊还将欧洲餐桌礼仪带到了美国政坛，首创了白宫晚宴，这对于缓和各个政党在第二天正式会议中的紧张感起到了重大作用。

## *Ernest Miller Hemingway*
✦✦✦ 海明威 ✦✦✦

○欧内斯特·米勒尔·海明威，被誉为20世纪最著名的小说家之一，诺贝尔文学奖获得者。说起海明威，不得不提他与酒的情缘。酒之于他可谓是"成也萧何，败也萧何"，不可否认的是，酒精确是他的"缪斯"，在酒精的帮助下，他完成了早期代表作品《太阳照常升起》，一举成名。1940年出版的长篇小说《丧钟为谁而鸣》，再次让世人对他刮目相看，更不用提后来为他赢得诺贝尔文学奖的《老人与海》。

○据说海明威喝酒如喝水一般，可以一睁眼就开喝，换着花样喝。在饭前他喜欢来一杯苦艾酒，饭间则搭配红酒，运动前要饮一杯伏特加，运动后则是威士忌掺苏打，而晚上睡前必去酒吧再来几杯，不醉不归。

○但由于常年酗酒带来的各种病痛，让海明威的晚年生活过得异常辛苦。他不仅丧失了记忆和语言能力，同时神经错乱，终于不堪忍受，举枪自杀。酒精点燃了他在文学成就上的光辉，也熄灭了他生命的星辰。

## Honoré de Balzac
✧✧✧ 巴尔扎克 ✧✧✧

○巴尔扎克是名副其实的"吃货",虽然他并没有专为美食写一本书,不过他经常在小说中用食物来描写人物的性格,比如美丽的农村少女像火腿,脸上布满苍老皱纹的老女人像牛杂碎。他还会通过人物选择的餐厅,以及大量的饮食场景来表现人物背景,《人间喜剧》中饮食场景就十分多见。巴尔扎克在世时,正值法国餐厅兴起,爱吃的巴尔扎克几乎吃遍了法国的餐厅,还为《萨瓦兰美食圣经》作序。每当截稿之后,巴尔扎克都会大吃特吃一番,据说他一次可以吃掉上百只牡蛎、十二份羊排、4瓶葡萄酒,还有各种鸡鸭鱼肉。当你看到巴尔扎克的肖像,请不要惊讶于他圆滚滚的腰身。

## Alexandre Dumas
✧✧✧ 大仲马 ✧✧✧

○要说"资深吃家",世界文豪大仲马当仁不让。他会吃,会做,会品,还会写!除去《三剑客》《基督山伯爵》这两部经典著作,大仲马还有一部《美食大辞典》(Le Grand Dictionnaire de Cuisine),在他自己的描述中,这本美食辞典才是他最得意的作品。在这本辞典中,大仲马按照食材和烹饪方法从A到Z排序,共记录750余个词条,从法国盛产苹果之地及苹果分类,到鸡的分类和做法,再从大蒜的味道到法国饮茶文化与怪事,充满了大仲马式的描写。客观描述的同时也有趣闻传言,十分轻松易读。据说大仲马的拿手料理之一是土豆沙拉,做法非常简单:先将土豆连皮一起在沸水中煮软,将土豆皮剥去,土豆切块装入碗中,加入适量盐、黑胡椒粉、橄榄油和白葡萄酒调味,搅拌均匀,静置凉凉,端上桌前再加少许醋、欧芹和小葱,轻轻拌匀即可。

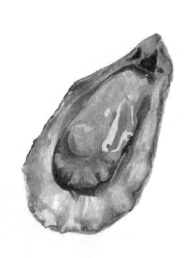

# REGULARS

*Recipe*

# 大丈夫
# 冬日晚餐

❋ ❋ ❋

kakeru / text & photo
Dora / edit

⊛ 这其实是为较有耐心的大丈夫准备的晚餐提案。薄饼、牛排、浓汤，冬天里为自己做一顿这样的晚餐，从内到外都暖和舒坦，多冷的空气都能抵御。

## 法式薄饼配香醋蘑菇牛排

法式薄饼通常都是搭配甜食来吃。突发奇想地用牛排、蘑菇、若干青菜，搭配香醋，别有一番风味。

### ——— { 食材 } ———

#### 法式薄饼用

| | | | |
|---|---|---|---|
| **鸡蛋** | 2 个 | **无盐黄油** | 40 克 |
| **牛奶** | 180 毫升 | **盐** | 1/4 小勺 |
| **全麦面粉** | 160 克 | **水** | 118 毫升 |

#### 香釉醋用

| | | |
|---|---|---|
| **黑醋或意大利香醋** | | **红糖** 一小勺 |
| | 100 毫升 | |

#### 香醋蘑菇牛排用

| | | | |
|---|---|---|---|
| **牛排或牛里脊** | 500 克 | **口蘑或喜欢的蘑菇** | |
| **黑胡椒粉** | 适量 | | 170 克 |
| **粗盐** | 适量 | **菠菜** | 170 克 |
| **黄油** | 两大勺 | **盐** | 适量 |
| **大蒜碎** | 半头 | **橄榄油** | 适量 |

### ——— { 做法 } ———

① 制作法式薄饼：将黄油放入平底锅，大火加热至气泡消失，变成褐色。

② 将蛋、面粉、盐、褐色黄油、牛奶及水一起放进搅拌机混合均匀；放在冰箱静置 30 分钟，让气泡稳定。

③ 舀一勺面糊倒进锅里，边倒边顺时针（或逆时针）将面糊均匀地覆在锅面；等边缘稍微变干，面皮稍有气泡鼓起时，用铲子将边和锅分离一小处，利于翻面；之后加热大概 10 秒，具体看火力和面糊的多少，注意别过久煎焦，也不要太短，水汽留下太多会影响面皮弹性；做好的面皮放在一边凉凉。

④ 制作香釉醋：加红糖和醋到锅中，小火沸腾，一直保持小火煮 10~15 分钟，直到液体减少，成糖浆状态，冷却静置。

⑤ 制作牛排：牛排上抹少许橄榄油及粗盐和黑胡椒粉，静置一会儿，之后热锅，一面煎完，翻面再煎即可。时间依肉的厚度决定。大火 1 分钟左右。

⑥ 制作蘑菇及菠菜：热锅放入黄油，加入蘑菇煎至褐色；加入菠菜、盐以及黑胡椒粉，直到菠菜稍微萎缩，加入大蒜碎及香釉醋，至蘑菇吸收香釉醋汁即可出锅。

⑦ 将以上食物组合即可。

# 韩式香辣蛤蜊浓汤

没想到韩式辣酱还可以这样吃，配面包或者一颗水波蛋、米饭、面条，都是极好的。

## { 食材 }

### 蛤蜊汁用

| | | | |
|---|---|---|---|
| **蛤蜊** | 750 克 | **清酒** | 100 毫升 |

### 浓汤用

| | | | |
|---|---|---|---|
| **意大利腌肉**<br>（培根也可） | 42 克 | **中筋面粉**<br>**全脂牛奶** | 一小勺<br>375 毫升 |
| **橄榄油** | 一小勺 | **韩国辣酱** | 一小勺 |
| **洋葱** | 半个 | **味噌酱** | 一小勺 |
| **芹菜丁。** | 85 克 | **土豆** | 半个 |
| **香叶** | 1 片 | **黑胡椒粉** | 适量 |

### 土豆淡奶油混合物

| | | | |
|---|---|---|---|
| **土豆** | 半个 | **蛤蜊** | 15 个 |
| **淡奶油** | 95 克 | | |

## { 做法 }

① 蛤蜊洗干净备用。

② 蛤蜊中加入清酒小火煮 2~3 分钟，之后把肉剥出来。

③ 用滤网将蛤蜊汁滤出备用。

④ 准备做浓汤的所有食物（我用的是紫土豆，用普通的土豆即可）。

⑤ 锅加热，先倒橄榄油及腌肉进去，等到腌肉变成褐色，倒入洋葱、芹菜和香叶，直到洋葱呈透明色，加入剩余面粉、牛奶、蛤蜊汁及韩式辣酱、味噌酱、半个土豆、黑胡椒粉，不停地搅拌，直到味噌融化，小火煮大概 20 分钟；之后用搅拌棒或搅拌机，将煮物混合均匀。

⑥ 另起一锅，煮奶油及土豆混合物，直到土豆软烂；把此物与步骤 5 中的混合物再次混合加热，之后加入 15 个蛤蜊，不要搅拌，直到蛤蜊全部煮开。

# 吃甜哪是
# 女人的特权

❋❋❋

朱添舒 / text & photo

### S'More

⊛ S'More 是美国传统的野外露营小食，如今也是家庭派对上十分受欢迎的饭后甜点之一。简单快手如它，只需三种原料：将加热的棉花糖叠上巧克力，夹入两片蜂蜜全麦饼干中压紧，就可以享用。温热的棉花糖融化了苦甜的巧克力，双层甜蜜流于口感质朴的全麦饼干之间，一切都恰如其分，小小一口都十分具有满足感。

⊛ 看到这里，有些姑娘大概会开始担心卡路里。而就像 S'More 的名字本身源自 "some more"，生活也需要一点甜，偶尔一小块的犒赏又何妨，Why not relax, enjoy yourself, and have s'more?

─── { 食材 } ───

| **蜂蜜全麦消化饼干** | **可可脂含量 65%** |
| --- | --- |
| 20 片 | **左右的黑巧克力** |
| **棉花糖** 10 块 | 10 块 |

─── { 做法 } ───

① 取可微波盘子一个，放上蜂蜜全麦消化饼干一片，叠上一块棉花糖。

② 放入微波炉中，中火以 10 秒为间隔停顿，大约加热 30 秒直至棉花糖膨胀。

③ 取出后迅速在棉花糖上叠放巧克力块，再覆以另一片消化饼干，压紧即可。

## 黑啤提拉米苏

⊕ 充满日光温度与麦芽焦香的粗犷黑啤，搭配清淡柔和的马斯卡彭芝士，酒香醇厚，丝滑口感中融合了黑啤朴实的微苦与回甘，搭配浓郁苦甜的巧克力碎，十分经典且沉稳，适合想要偶尔一解酒瘾却又不胜酒力的姑娘们，也适合装在小罐里作为送给老爸与男性朋友的甜点。

### { 食材 }

| | | | |
|---|---|---|---|
| **马斯卡彭芝士** | 200 克 | **黑啤** | 120 毫升 |
| **糖** | 35 克 | **手指饼干** | 9 根 |
| **淡奶油** | 45 克 | **可可粉** | 适量 |

### { 做法 }

① 将马斯卡彭芝士与糖放在一个大碗里，用打蛋器打至顺滑。

② 淡奶油打发 2~3 分钟至有尖角出现，将打发的淡奶油与①混合拌匀。

③ 将黑啤倒进浅碗里，取手指饼干在黑啤里蘸一下使其沾满啤酒，不要浸很长时间。

④ 将手指饼干放在杯底（适当折断），用勺子取②中的芝士糊适量铺在手指饼干上，再撒入少量可可粉，重复此步骤直到杯满，撒可可粉在最后一层的表面。

⑤ 冷藏 12 小时即可享用。

## Column
# 要不要和我一起去找米？

※※※

杨函憬 / text & photo

⊛ 接下来，我要回忆一件特别恶心的事情，那就是——种！大！米！

⊛ 在著名的雨朵镇，也就是我的故乡，因为朋友们老不相信这个诗意名字的真实存在，所以它的出名，始于怀疑！我在那里长到直至可以出逃的年龄，要知道，跳出农门对于当时的我们来说太重要了，所以会拼了命地去考大学。让我坚持的最大动力往往就是：我他妈的再也不想去种大米了！

⊛ 我们家的田，一亩多，方方正正，靠近小河边。每年这块田的光荣任务，就是养活一家五口人，但好笑的是，在我十岁前，我们一年中有半年没有米吃，饿着呢！亩产万斤的神话时代我倒是没经历过，亩产一丁丁的时代我经历了。当时种的是传统的稻米品种，每年秋收时，都要把最好的留出来做种子，一年一年传下去。而我，饿到没米吃时就会惦记那串种子，仿佛那是希望，只可以看，却不可以动。那时，小河的水清澈着幽深着呢，有一年我和小伙伴在插秧的时候，坐上木盆顺流漂去好远好远，差点淹死。好了，我们还是来说说种大米的恶心事吧！

⊛ 最恶心的，莫过于制造肥料了。首先，我们需要养猪，然后猪先生每天吃了拉，拉了吃，把猪圈搞得湿答答的，这时我们就要为它放进干干的稻草，然后它就在这"稻草床"上继续吃了拉，拉了吃，循环往复一年，天哪，整个猪圈粪深几米！猪先生，简直就是造粪机！我们把这叫草粪，冬天里，我们要用担子将它们一担担地运去田里，开始沤肥，也就是发酵，估计和馒头面包的发酵原理差不多吧。同时呢，我们人，也是有厕所的，我们也在吃了拉，拉了吃地造粪，但一家五口，永远敌不上一头猪。顺便提一下，那时的猪吃的是我们割的猪草和粗粮。

⊛ 春天，春天终于来了！人粪与猪粪就到了要相聚的时候，这回可不能用担子了，要用粪桶，因为全是流质啊。那个臭，简直是乡土味的最佳代表。这个时候，我们就要在田里堆成小山状的猪粪中间，掏出一个洞来，把粪水倒进去，搅拌搅拌，猪八戒的五齿钉耙就是专门用来在这个时候扒粪的。春天啊，当鲜花盛开，一片芬芳的时节，我们，我们居然在造粪！油菜籽榨油剩余的渣，也在这个时候加进来了，而我们，对的，你没有看错，需要把鞋脱掉，赤脚跳进粪里，踩啊踩，踩啊踩，直到这历经一冬发酵的干粪，变成黏质的均匀的黑色粪团。这个过程有时会持续一天到两天，后来的后来，也就顶多加了双雨鞋，因为有时真的会受伤，比如踩到了药瓶玻璃片之类。

⊛ 到秧苗长起来了，田也耕好了，到了插秧季的时候，我们踩制的粪就要派上用场了。加水，加水，再踩一次，

◉ 又到了找米的季节，有谁想和我一同去寻找？

◉比种大米更恶心的是，那些传统的大米品种居然就这么消失了

◉ 储备草料喂猪，以为第二年的种大米事业制造肥料。

仿佛回炉炼制一样。然后有一个人专门负责传粪给其他的农人，每个人插秧的标准动作是这样的：分出小几根的秧苗，右手心握住它的根，同时再用根去沾上一团粪，握紧，然后插入软泥里，有多少株秧苗，就有多少团粪相配。我们端米饭碗的手，天啊，想不到竟然要先握粪。

⊛ 也不知道，田里的鳝鱼呀、螺丝呀，它们是怎么想的！反正鱼在这个时候，休想活在田里！

⊛ 后来的事，还有很多，要除稗草，人猫腰一行一行除过去。黄昏回家时，两手全是伤痕，你想吃掉大米，它当然和你有仇啦。还要在该断水时断水，该抽水时抽水。可能还会有大风大雨和冰雹，那时候的水稻简直是弱爆了，倒成一片，我们自然也哭成一片。还有害虫，我们当然是要用农药杀死它的，当然偶尔，也有人喝农药杀不死不想活了的自己。再后来，就是秋收了，四下里打谷声爆响，新米，一年一度的新米终于要上桌了！我在这个时候能做的事，就是作为捆稻草的童工，而这，正是下一年种大米的必须粪草料。

⊛ 可是啊！这件恶心的事情，我却一直怀念到现在！那时候不够吃的大米，会在田里摔倒成一片的大米，叫着一些很土的名字的大米，却是最美味的大米。我们用它捏饭团，我们用它做猪油拌饭，我们用一碗辣椒水搭配就干掉它好几碗。我甚至怀疑，那时米不够吃，是因为它太好吃了！后来啊，袁隆平和他的杂交水稻来了，在我十岁的时候，终于可以吃上一碗饱饭。谢谢他老人家啊。再然后呢？那些传统的小物种大米就这样消失了，猪也没有了它的稻草床，种大米用的是雪白的尿素和碳酸氢铵，再也没有从前种大米的恶心事了。因为更恶心的是，好吃的传统大米品种居然就这样被消灭了。

⊛ 而我关于大米的小物种探寻计划，恰恰在这个秋天生长了出来。谁在心里，还存着像我一样的大米种子呢？这么恶心的种大米的事，好想好想在哪个春天重温一回。

### 乡村食谱：
### 常用来搭配一碗好米饭的
### 薄荷炒土豆

#### 〖做法〗

① 土豆当然是传统品种，也就是芽眼多、个头小、长得丑的类型。

② 土豆洗净，去皮，切薄片，不用再过水淘，以保持表面淀粉层。

③ 最好是用古法压榨的菜籽油，爆香姜、蒜，以及糟辣椒，然后捞出。

④ 土豆片热锅下锅翻炒至快熟，加高汤或水少量，同时将盐及爆香的佐料加入。

⑤ 煮至收汁时，加入酱油及新鲜薄荷叶，翻炒后快速出锅。

⑥ 薄荷在雨朵镇又名鱼香菜，没有鱼吃的人，仅以此代替鱼肉。

⑦ 此菜具适合配白米饭和贫穷而宁静的好时光。

# 大叔！
# 炒面一份！

吉井忍（日）/ text & photo courte

⊛ 一般说来，"男人料理"大致可分两种：一是适合多数男性吃的菜肴，简单来讲就是调味浓郁、高热量油水足的热菜。菜肴的温度非常重要，一定要热乎乎的。"趁热吃"三个字最能缓解饥饿所带来的紧张不安。"男人料理"的另一层意思是适合由男人来做的料理。传统观点认为女性擅长做菜，男人则是粗枝大叶的马大哈。所以要让男人做的料理，需要简单直接，不至于太复杂。但我在此稍微提出疑问，这种看法多半源自"男主外女主内"的老派观念。更何况无论是中国、日本还是欧美，堪称一流的厨师多半是男性。

⊛ 不啰唆了，回到正题。今天想给大家介绍的"男人料理"是日式炒面。炒面这个东西，做起来并不复杂，油水足，香味甚至在百米开外都能闻到，外加炒面的动作也很利落帅气，称得上是当之无愧的"男人料理"。在日本，炒面现身的标准场合是节日里的神社附近，不管是夏日盂兰盆节还是春天赏夜樱节，只要人多热闹，就会支起摊子，摆上一大块铁板做炒面。只见大叔闷头用铁铲子翻炒面条，看到客人走近就抬起头大声吆喝道："保证好吃！来一份吧！"

⊕ 我父亲就很喜欢这种炒面。今年夏天回国之际，全家一起参加夏日祭。平时车来车往的街道，那天晚上因交通管制而变得人山人海。我们那天特意不吃晚餐就出门，一路上都在讨论该吃些什么，父亲边确认钱包里的零钱边宣布："不能错过炒面啊。"一路上有几十个小吃摊：章鱼烧、热狗、大阪烧、刨冰、巧克力香蕉……当然，还少不了各种炒面。由于每家炒面摊的风格略有不同，父亲货比三家后，才选了一份。吃完笑眯眯地告诉我，别家炒面都是一盒 600 日元（约合人民币 32 元），而那家只需 500 日元，上面还加了一个荷包蛋。不过男人就是比较粗心吧，炒面标配的猪肉不见踪影，我猜这就是 100 日元的差价的出处。

⊕ 看着父亲孩童一般的笑容，我不禁想起多年前的场景。父亲不但喜欢吃炒面，还当过我们家的炒面师傅。原来我小时候父亲工作繁忙，经常去国外出差，回家吃晚餐的次数也不多。很多周末是我和母亲（后来还有妹妹）一起过的，全家聚餐的机会真是难得才有。所以偶尔周末父亲在家，他会负责午餐或晚餐，作为"家庭服务"。记得父亲做的菜肴都比较简单，比如从美国学来的培根荷包蛋、日式炒饭、拉面、烤肉和炒面等。做得快、香味足、热量高，深得"男人料理"的精髓。

⊕ 父亲做日式炒面，一般是在我们吃完他做的大阪烧之后。做大阪烧需要用到铁板，而铁板大小刚好适合做炒面。我和妹妹虽然已经装了一肚子的大阪烧，但看到父亲从冰箱里拿出两袋碱水细面，还是会用期待的眼光等他做出炒面。材料是猪肉片、卷心菜和日式辣酱，刚好和大阪烧所需材料相同。面条翻炒完毕后浇上辣酱，在铁板上沸腾、略焦，继而散发出极为诱人的香味。

⊕ 今天介绍的食谱，并不是过去父亲常做的版本。因为日式炒面用的碱水面条在北京不易买到。在这里我们改用真空包装的乌冬面，味道比较接近，而且做法更为简单，适合本期"男人料理"的主题。希望男性读者动手一试，也欢迎女生和男友共进周末午餐的时候尝一尝。

## 日式炒面

### { 食材 }

| | | | |
|---|---|---|---|
| **乌冬面** | 真空包装，两个面饼 | **柴鱼片** | 3~5 克 |
| **五花肉（片）** | 150 克 | **日式辣酱** | 适量（可以用蚝油代替） |
| **卷心菜** | 4~5 枚 | **胡椒粉** | 依个人喜好 |
| **植物油** | 半汤匙 | | |

### { 做法 }

①切菜、准备面条：卷心菜洗净切片。用小锅煮开水，打开乌冬面真空包装，将里面的乌冬面放入滚水里。加热 30 秒后捞起沥干水分，备用。

②炒肉、炒面：开中火预热平底锅，放入植物油和猪肉片，炒 1 分钟后放入卷心菜，烧至八成熟。下乌冬面略炒一下，淋入辣酱或蚝油，翻炒均匀即可出锅。

## Column
## 食不言，饭后语
## 07
# 独酌与斗酒

老波头 / text
Ricky / illustration

⊛ 我已说过，中国人只有饮酒的文化，没有品酒的习惯。

⊛ 所谓饮酒，还是客气的说法，基本上，就是你一杯，我一杯，干了再注满，把台面上的酒喝完为止。

⊛ 说起台面，实际上酒桌这个词也是中国人的发明，自古喝酒非得和吃饭完全结合起来，连同日本人和韩国人亦跟着学。外国人当然有餐酒的搭配，但是他们一杯威士忌或白兰地能够笃悠悠地摇上半天，包括酒吧文化的净饮法，我们近来才慢慢接受。

⊛ 有酒有菜，是中国人的方式。很难想象，武松和鲁智深对饮，边上没有几斤牛肉的场景，穷如孔乙己者，温一碗黄酒，还是要配一碟茴香豆。

⊛ 奇怪的是，即使真正的中国酒鬼，独酌时也甚少干杯。上海近郊有大伏天吃烧酒羊肉的习俗，有些老人家清晨四五点即到羊肉铺，通常是二两白酒或是半斤黄酒，配一碗羊肉面，先用羊肉慢慢送酒，最后吃面。这种吃法，就是江浙人说的咪老酒了，咪字，形容一小口一小口地喝，是相当贴切的。

⊛ 但是两人以上，推杯换盏，多数要干杯，人一多，干杯的可能性更大。文文雅雅地喝，倒不打紧，老友相聚，酒逢知己千杯少，过量一点，也没什么关系。不过大多数场合，尤其是生意应酬时，一定是愈热烈愈好，最好是喝倒两个，双方的老大醉得抱在一起跳舞，才叫尽欢。闹到后来，已不是饮酒，而是斗酒了。

⊛ 斗酒，很少发生在好朋友之间，商业应酬时则随时会发生危险。像我，虽然一点也不怕喝酒，但是想到那些对手个个面目可憎，就有点不甘心，而且这种酒桌，多数要喝白酒，又是我不喜欢的品种。

⊛ 怎么办？装醉是招妙棋，可前提是：第一，别人不知你的深浅；第二，你有出色的演技，同时还得提防自己人的出卖。

⊛ 我原来在一家企业工作时，起先倒装得不错，结果那天战况实在太激烈，我方和对手全部醉倒，只剩我一人清醒。没法子，总要埋单并且送大家上车吧，双方的司机看在眼里，翌日即走漏风声。

⊛ 从此被逼着充当主将，好在我还

有一记绝招，趁别人立足未稳，先把分酒器倒满，三两白酒一口干了，十之八九无人敢来挑战。这一招称作令狐冲，拎壶冲的意思。

⊛ 但是此招仅对白酒有效，啤酒黄酒之类得用更大的杯子，人家觉得度数低，也不会怕你。

⊛ 不管斗什么酒，开始之前请记得先把肚子填饱，最好是连吞三块肥肉，让猪油把胃包住，喝起来就立于不败之地了，比屯馒头或米饭都管用。空腹喝的话，十分酒量减去五分，等于自寻死路。

⊛ 我有次托大，事先没吃什么东西。当天的酒是奥运冠军庄泳带来的"十四代"，日本最佳清酒。一来爱煞这款，二来自恃酒量，特意挑个大盅对庄泳的中杯，没想到女将威猛，近十公升的酒喝完，一败涂地。武行说江湖四大忌——和尚、道士、女人、小孩，喝酒也一样。

*Column*

鲜能知味
*06*

# 男人就是要
# 生鲜凶猛,
# 大块吃肉

张佳玮 / text
Ricky / illustration

❉《老人与海》里,圣地亚哥老头在海上,对付文学史里最有名的大马哈鱼,同时吃金枪鱼充饥。海明威写得很细:从鱼脖颈到尾部,割下一条条深红鱼肉,塞进嘴里咀嚼;他觉得这鱼壮实、血气旺盛,不甜,保留着元气;临了还想:"如果加上一点儿酸橙或者柠檬或者盐,味道可不会坏。"

❉ 比起日本人用米、酱油和山葵来捏金枪鱼寿司,海明威描述的这种吃法,就挺爷们。姑且不论他是不是要扮硬汉,但海明威爱吃生鲜海味这点,确实不加矫饰。早年在巴黎时,他爱吃的是:

"冰冷冷的白葡萄酒冲淡了牡蛎那金属般微微发硬的感觉,只剩下海鲜味和多汁的嫩肉。"

❉ 在欧洲,吃牡蛎算是很男人的料理。除了天生鲜味,还有其他意义:牡蛎与女性,在各类饮食文化里都有挂钩。中国人以前叫牡蛎作西施乳,是读书人起的名字,只是听来稍有淫秽。李时珍认为牡蛎"肉腥韧不堪",非得用鸡汤来煮,那是中原居民,还没吃惯海味。

❉ 法国人吃牡蛎,讲究生吃,认为

可以壮阳。莫泊桑名篇《我的叔叔于勒》里头，中产阶级家庭坐海轮去泽西岛，看见富人吃生牡蛎嘴馋，也想附庸风雅，可见那时候吃牡蛎一如抽雪茄，带有阶级的神话色彩。法国北边诺曼底诸位，自觉那里牡蛎有鲜味，大概英吉利海峡的流水格外动人；南法蔚蓝海岸，马赛与尼斯这里，对此论调嗤之以鼻：牡蛎就要大且肥，瘦牡蛎一丢丢，吃了有何滋味？

✳然而在尼斯，正经海鲜馆子里，牡蛎起码分三款：一是地中海牡蛎，略咸，法国人吹嘘说这是"地中海的鲜"；二是大西洋牡蛎，不够鲜，但极为肥大，柔韧结实，耐嚼，东方人爱吃口肉的，尤其赞美，但法国人对此悻悻然，觉得这牡蛎不好配白葡萄酒；三就是尼斯和马赛本地近海牡蛎，被吹说有神味。什么味呢？杏仁！——说是杏仁味，也无非是先嚼下来有腥鲜咸，后味有些回甜罢了。让人想起老北京卖白薯："栗子味的！"当然也有种奇怪的说法：牡蛎越腥，壮阳效果越好——虽然仔细想起来很让人不爽。

✳说到壮阳，中西方都相信高蛋白食物。中国古代，相信牛鞭狗鞭驴鞭的作用。传说陕西以前，驴鞭——有些地方也叫驴肾——很是珍贵，一个县官一年也吃不到个好驴肾。所以北京卖驴肾——又叫钱儿肉——的摊贩，非常低调，得使些黑话，才买得到手。你叫摊贩停住，我要买驴肾，人家眼一翻，懒得理你；你得低声下气，说我要买钱儿肉，人家左顾右盼看无人注意，包袱底摸将出来一截，就势切给你。这切还有讲究：非得斜切了吃才成，不然坏了神通——这就有些巫医色彩了。阿拉伯人那边，11世纪的学者阿勒加扎利说：天使加布里尔曾建议，肉粥拌胡椒能增强性能力。这玩意听来毫无科学根据，只能说古代男人大多缺营养，所以吃点肉和香料，就能振奋起来。

✳倒是秉承了许多阿拉伯风味的西班牙人，在饮食时，有些做法很爷们，比如：一块石头，烧得滚烫，端上来；一方牛肉，厚墩墩的，也没喂过料。直接切了块，往石板上一搁，烟与水汽并起，吱吱有声。两面都烫过了，肉汁锁住，脂肪焦黑，这时候在几种酱汁里头选，兑着吃。这种馆子，门口偶或还要挂肌肉男造型，一副"我们爷们就要吃这个"。在佛罗伦萨，大男人则流行吃牛肚包：说穿了就是牛肚三明治，加各类腌蔬菜，随你挑。妙在牛肚包炖得熟烂，虽然还保留着点动物内脏的味道，爱的人觉得够野性，恨的人觉得略腥膻，但还好，不太重，恰到好处能够挑起你的食欲，又不犯恶心；三明治配的面包外脆里嫩，牛肚香浓滑韧。

✳我吃过最爷们的肉，在 Il latina 那个店。中午开店之前，门口总能排起长队，全都是馋肉的老饕。开店了，老板也不跟你装模作样，一等你坐下来就问是不是要一公斤牛排。要？好。一公斤牛排上桌时，貌不惊人，烤得焦黑，乌沉沉一大坨。但你切开一块，便看见牛肉层次了：外黑，是烤焦脆了的；内红，是生牛肉；中间略有泛白，是已经烤热但还没流失的肥牛肉脂肪。赶紧吃，第一口，觉得外面的黑肉焦脆但略咸，里头的红肉汁鲜但略淡；嚼了几下，牛肉是越嚼越有劲，咸味和牛肉汁兑在一起，味道妙不可言。吃一口肉刚觉得腻口，喝一口甜酸的店里专配红葡萄酒，全救回来了，接茬吃；吃完了，满盘冒热气的牛肉汁，真不舍得浪费，就着面包稀里哗啦都吃完了，咕咚咕咚把酒灌下去。吃完这些，无论多冷的天，你都觉得脸热如沸，心头突突跳，一个饱嗝上来，满嘴都是热乎乎的牛肉味：这你才能知道，直接吃肉，是件多爽脆的事。

## ◉ 食帖零售名录 ◉

**网站**
亚马逊
当当
京东
中信出版社淘宝旗舰店
文轩网
博库网

❖❖❖❖❖❖❖❖❖

**北京**
西单图书大厦
王府井书店
中关村图书大厦
亚运村图书大厦
三联书店
Page One 书店
万圣书园
库布里克书店
时尚廊书店
单向街书店

❖❖❖❖❖❖❖❖❖

**上海**
上海书城福州路店
上海书城五角场店
上海书城东方店
上海书城长宁店
上海新华连锁书店港汇店
季风书园上海图书馆店
"物心"K11 店（新天地店）

❖❖❖❖❖❖❖❖❖

**广州**
广州购书中心
新华书店北京路店
广东学而优书店
广州方所书店
广东联合书店

❖❖❖❖❖❖❖❖❖

**深圳**
深圳中心书城
深圳罗湖书城
深圳南山书城
深圳西西弗书店

❖❖❖❖❖❖❖❖❖

**南京**
南京市新华书店
凤凰国际书城
南京大众书局
南京先锋书店

❖❖❖❖❖❖❖❖❖

**天津**
天津图书大厦

❖❖❖❖❖❖❖❖❖

**郑州**
郑州市新华书店
郑州市图书城五环书店
郑州市英典文化书社
生活·读书·新知三联书店
郑州分销店

❖❖❖❖❖❖❖❖❖

**浙江**
博库书城有限公司
博库网络有限公司电商
庆春路购书中心
解放路购书中心
杭州晓风书屋
宁波市新华书店

❖❖❖❖❖❖❖❖❖

**山东**
青岛书城
济南泉城新华书店

❖❖❖❖❖❖❖❖❖

**山西**
山西尔雅书店
山西新华现代连锁有限公司
图书大厦

❖❖❖❖❖❖❖❖❖

**湖北**
武汉光谷书城
文华书城汉街店

❖❖❖❖❖❖❖❖❖

**湖南**
长沙弘道书店

❖❖❖❖❖❖❖❖❖

**安徽**
安徽图书城

❖❖❖❖❖❖❖❖❖

**江西**
南昌青苑书店

❖❖❖❖❖❖❖❖❖

**福建**
福州安泰书城
厦门外图书城

❖❖❖❖❖❖❖❖❖

**广西**
南宁书城新华大厦
南宁新华书店五象书城
南宁西西弗书店

❖❖❖❖❖❖❖❖❖

**云贵川渝**
贵州西西弗书店
重庆西西弗书店
成都西西弗书店
成都方所书店
文轩成都购书中心
文轩西南书城
重庆书城
新华文轩网络书店
重庆精典书店
云南新华大厦
云南昆明书城
云南昆明新知图书百汇店

❖❖❖❖❖❖❖❖❖

**东北地区**
新华书店北方图书城
大连市新华购书中心
沈阳市新华购书中心
长春市联合图书城
长春市学人书店
长春市新华书店
黑龙江省新华书店
哈尔滨学府书店
哈尔滨中央书店

❖❖❖❖❖❖❖❖❖

**西北地区**
甘肃兰州新华书店西北书城
甘肃兰州纸中城邦书城
宁夏银川市新华书店
新疆乌鲁木齐新华书店
新疆新华书店国际图书城

❖❖❖❖❖❖❖❖❖

**机场书店**
北京首都国际机场 T3 航站楼
中信书店
杭州萧山国际机场
中信书店
福州长乐国际机场
西安咸阳国际机场 T1 航站楼
中信书店
福建厦门高崎国际机场
中信书店

❖❖❖❖❖❖❖❖❖

**香港**
绿野仙踪书店